U0267803

北京理工大学“双一流”建设精品出版工程

Principles of Quantum Radar

量子雷达原理

张胜利 ◎ 著

北京理工大学出版社
BEIJING INSTITUTE OF TECHNOLOGY PRESS

内 容 提 要

本书从量子雷达的基本原理、高斯态量子雷达、非高斯态量子雷达和实用量子雷达的接收机设计四个方面对量子雷达的基本情况进行了总结。本书可以为从事雷达、量子信息、信息与电子对抗等领域的科研和教学人员提供参考，也可以作为从事相关研究的研究生和工程师的参考书。

衷心感谢国家自然科学基金对量子雷达的研究给予的资助（项目资助号：11574400，62171036）。

版权专有　侵权必究

图书在版编目(CIP)数据

量子雷达原理 / 张胜利著. -- 北京 : 北京理工大学出版社, 2023.2

ISBN 978-7-5763-2143-2

Ⅰ. ①量… Ⅱ. ①张… Ⅲ. ①量子-雷达 Ⅳ. ①TN958

中国国家版本馆 CIP 数据核字(2023)第 034911 号

责任编辑：王玲玲　　**文案编辑**：王玲玲
责任校对：刘亚男　　**责任印制**：李志强

出版发行 / 北京理工大学出版社有限责任公司
社　　址 / 北京市丰台区四合庄路 6 号
邮　　编 / 100070
电　　话 / (010) 68944439（学术售后服务热线）
网　　址 / http://www.bitpress.com.cn

版 印 次 / 2023 年 2 月第 1 版第 1 次印刷
印　　刷 / 北京捷迅佳彩印刷有限公司
开　　本 / 787 mm×1092 mm　1/16
印　　张 / 17.5
字　　数 / 399 千字
定　　价 / 46.00 元

图书出现印装质量问题，请拨打售后服务热线，负责调换

序一

量子雷达技术是量子信息技术与传统雷达技术相结合的产物。

量子雷达的诞生是两方面因素共同作用的结果。一方面，量子信息技术日渐成熟，以量子密码、量子计算和量子精密测量为代表的量子技术给新一代信息处理带来了巨大变革。量子信息技术给传统目标探测带来了新的机遇。另一方面，随着微波光子和激光技术的飞速发展，传统雷达中目标信息的载体也逐渐向单光子领域逼近。信号的量子效应凸显，逐渐成为雷达的设计和分析中不可回避的重要问题。量子雷达技术可以把目标的探测问题转化为量子态的区分问题，进而借助于高精度量子态区分和量子测量完成目标探测，有望成为强背景下暗弱目标探测的重要工具。

量子雷达技术成为世界上各主要国家高技术激烈竞争的焦点之一。美国、欧盟和我国也相继开展了量子雷达技术的理论和实验研究。在目前已经形成的多种量子雷达方案中，基于量子纠缠态的量子雷达方案是分辨率最高、目标探测性能最好、未来应用潜力最大的量子雷达方案。

国内外关于量子雷达的成果呈快速增长的趋势。但遗憾的是，量子雷达的成果分散在量子物理、计算机和信号处理等几个不同学科的专业性期刊中，尚缺少一本能够系统、全面地介绍量子雷达原理的专著。

本书针对量子雷达原理进行了系统性总结，内容包括了量子雷达的研究概况、量子雷达基本原理、量子信息基本知识、量子雷达的性能指标计算方法、高斯态和非高斯态量子雷达等基本理论，以及国际上第一个量子雷达实验的理论剖析等。

书中内容详实、插图丰富，计算结果可靠，是作者近十余年来所承担的两个自然科学基金项目的成果总结，是一本关于量子雷达的重要参考书。

中国科学院院士、中国科学技术大学教授
郭光灿

序二

这是一本关于量子雷达的著作。

近年来，量子信息技术迅猛发展。利用量子特性进行的量子保密通信、量子计算和量子传感与探测等全新的量子技术不断涌现，给传统保密通信、计算科学与技术、雷达技术等领域带来了革命性影响。

2008 年，美国麻省理工学院 S. Lloyd 教授发表的 *Enhanced sensitivity of photodetection via quantum illumination* 一文，奠定了量子雷达的理论基础，也掀起了量子雷达的研究热潮。经过十余年的发展，量子雷达也从理论研究发展到实验研究，从光波段发展到微波波段，实用的量子雷达技术正向我们走来。

我国在量子雷达技术领域早就开始了许多有益的探索。其中，中国科学技术大学、北京理工大学等高校，中国电子科技集团公司、中国科学院物理研究所等机构是国内量子雷达研究的先行者，他们的工作也是促成本书成稿的动力所在。2011 年，作者开始量子雷达相关的研究工作，至今已有十多年的积累和储备；作者是最早获得国家自然科学基金面上项目支持的量子雷达研究的研究者之一，本书是在其《非高斯条件下的量子照明研究》《基于机器学习的强压缩态量子照明雷达研究》两项基金研究成果的基础上撰写而成的。

这本书内容涵盖了量子雷达的基本模型、高斯态量子雷达、非高斯态量子雷达、量子雷达接收机等关于量子雷达的基本架构和部件原理等内容，并对国际上第一台量子雷达实验装置进行了剖析。本书内容由浅入深，理论分析与数值仿真并重，有理论有实验，是目前唯一的系统性介绍量子雷达原理的专著。这本书应该是有志从事量子雷达相关研究的高校及科研院所的教师和研究生的重要参考书，对于从事传统雷达和通信设计与研究的广大科研人员也具有一定的参考价值。

中国科学技术大学、中国科学院量子信息重点实验室

韩正甫

前言

PREFACE

量子信息是20世纪末期兴起的新型信息处理技术，它的特点是以量子体系的量子态来加载和编码信息、以量子力学基本规律来变换和演化量子信息，最后以量子测量来解码和提取信息。

由于量子态的不可复制性和相干叠加性，量子信息处理技术在密码学和计算机科学中具有独特优势。建立在量子不可复制原理和海森堡测不准原理上的量子密码，可以在相距遥远的通信双方建立起完全保密的会话密钥，并借此实现通信的无条件安全。量子态的叠加性给计算机带来了新的福音，特别是1994年，P. W. Shor提出的大数因子分解的量子算法，首次把大数因子分解的指数复杂度降低到多项式量级，这意味着以大数因子困难性为基础的RSA公钥算法在量子计算条件下已不再安全，量子计算条件下的公钥密码体系将面临新的严峻挑战。1996年，印度工程师I. Grover提出了量子搜索算法，给无序数据库的数据搜索带来了平方加速。2008年，英国的布里斯托大学和美国麻省理工学院的科学家们提出了求解大规模线性方程组的量子算法，可以把求解稀疏矩阵方程的复杂度由$O(n)$降低到$\ln n$，实现了算法效率的指数性提高。

近来，将量子信息中的量子态区分技术应用到传统的目标探测与识别中，诞生了量子雷达技术。从传统雷达的发展历程来看，量子雷达仅仅处于整个未来量子雷达体系的雏形阶段。从功能上看，目前的量子雷达主要集中在实现目标存在与否的判断。然而，由于量子态区分的精度高、功耗小、突破传统理论极限等优势，量子雷达得到了国内外诸多研究机构的高度关注，基于量子雷达的量子成像与量子测距也都相继展开。本书结合我们近年来在量子雷达方面的最新研究成果，首先用前6章就量子雷达的基本概念和基本模型进行了系统性介绍。前6章自成体系，特别适用于学时有限的本科生及研究生课程。然后，逐步深入，分别从高斯态量子雷达、非高斯态量子雷达、量子雷达接收机等几个方面系统、深入地讨论了量子雷达的实际性能。最后，为了与量子雷达实验接轨，我们还在第14章对国际上第一个量子雷达实验装置进行了介绍。有兴趣、有条件的读者可以对实验量子雷达展开研究。

北京理工大学　张胜利

2023年2月

致　　谢

在本书的筹划、准备和撰写阶段，我得到了许多热心人的帮助，没有他们，本书是不可能完成的。

首先，我想感谢中国科学技术大学量子信息重点实验室的韩正甫教授。韩老师是我迈入量子信息技术大门的领路人。其次，我想感谢中国科学技术大学量子信息重点实验室的邹旭波教授。正是邹老师的推荐和指导，我才注意到并转到量子雷达这个崭新的研究方向。我还想特别感谢德国美因茨大学的 Peter van Loock 教授。在访问 Peter van Loock 教授的一年时间里，他在连续变量量子信息的相关理论方面给我进行了系统的指导，而正是这些知识成为量子雷达研究的主要工具。

感谢北京理工大学物理学院姚裕贵院长的关心和支持，他对量子雷达的兴趣也是促成本书得以筹划的重要原因。感谢北京理工大学物理学院的苏文勇副院长、吴宁副研究员、徐大智副研究员。事实上，本书的撰写几经反复、几经波折，甚至一度暂停，正是以上几位同志的鼓励令我下定决心完成了剩余书稿。希望本书能够清晰地阐述量子雷达的基本原理，也希望更多的学者和有志之士能够关注量子雷达这一新兴的研究领域。

非常感谢国家自然科学基金委员会对于《非高斯条件下的量子照明研究》（项目编号：11574400）和《基于机器学习的强压缩态量子照明雷达研究》（项目编号：62171036）两个面上项目的资助，使我能够有条件对量子雷达进行长期、系统的学习和研究。非常感谢北京理工大学研究生院对本书出版给予的资助。

最后，非常感谢我的亲人杨颂、杨应彪、李喜荣在本书撰写过程中给予的照顾和鼓励。

目录
CONTENTS

第二部分 高斯态量子雷达

第三部分 非高斯量子雷达

第1章
绪 论

1.1 量子雷达的基本情况

量子雷达是量子信息科学与雷达技术相结合的新兴研究方向，它借助量子信息中的量子态区分理论、纠缠探测理论，可以实现更高分辨能力、更低功耗、更强防欺骗功能的暗弱目标探测，在未来预警、侦测、深空探测等领域都将产生十分重要的应用。量子雷达的核心部分，又称量子目标探测，是把量子纠缠态的区分应用到传统目标探测过程中而产生的新技术。量子雷达的思想最早是由美国麻省理工学院的 S. Lloyd[1] 提出的。它的最大特点就是把宏观目标存在与否，同量子态的区分映射起来，借助量子态的区分技术实现宏观目标的探测与识别，其原理如图 1.1 所示。

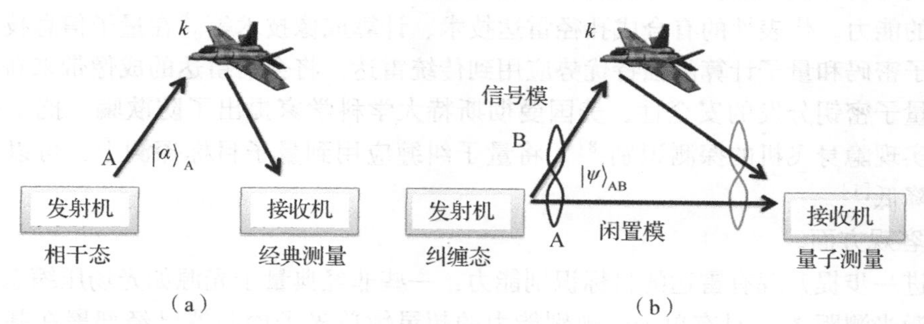

图 1.1 传统雷达（a）与量子雷达（b）的对比

在传统的目标探测中，向目标所在的区域发送一束激光或电磁波。若目标存在，则目标会对入射的光波或电磁波进行反射。通过探测物体反射的光或电磁波（通常称为回波信号），即可获得目标的信息并实现暗弱目标的测量。量子雷达与传统目标探测的显著区别是利用一对或多对纠缠着的量子光场进行目标探测。纠缠态与目标作用后，借助量子测量装置，利用量子态区分的理论和方法，实现目标信息的提取。在同等探测能量的情况下，量子目标探测比传统目标探测具有更低的虚警概率。这一优越特性具有巨大的应用潜力。它可以提高目标探测过程的信噪比，提升目标探测的灵敏度，同等条件下降低探测系统的功耗。原则上，利用量子雷达可探测到更加精小的隐形目标。

1.2 量子雷达研究的必要性

量子雷达研究的必要性主要有主观和客观两个方面的因素。

(1) 主观方面。

近年来，量子信息技术突飞猛进。1984 年，美国的科学家 C. H. Bennet 和加拿大的科学家 G. Brassard 共同提出了第一个量子密钥分发协议——BB84 协议[2]。这是目前影响最大、研究最彻底、安全性最高的量子密钥分发协议。与传统密钥分发不同，量子密钥分发的安全性基础是量子力学的基本原理。可以在相距遥远的通信双方建立起完全保密的会话密钥，并借此实现通信的无条件安全。

1994 年，P. W. Shor 提出的大数因子分解的量子算法[3]，首次把大数因子分解的指数复杂度降低到多项式量级。量子大数因子分解算法的提出，让许多针对量子计算机的意义和前景的质疑顿时烟消云散。这同时意味着以大数因子分解困难性为基础的 RSA 公钥算法在量子计算条件下已不再安全，量子计算条件下的公钥密码体系将面临崩溃。1996 年，印度工程师 I. Grover 提出了量子搜索算法[4,5]，给无序数据库的数据搜索带来了平方加速。2008 年，英国的布里斯托大学和美国麻省理工学院的科学家提出了求解大规模线性方程组的量子算法[6]。证明了量子计算可以把求解稀疏矩阵方程的复杂度由 $O(n)$ 降低到 $\ln n$，实现了算法效率的指数性提高。由于大规模线性方程组在传统机器学习和人工智能方面的广泛应用，量子计算也有望提供更高速、更高效的量子机器学习系统[7]。

与此同时，我们知道，计算机技术与传统雷达的深入融合大大地提升了雷达进行目标探测和识别的能力。代表性的有合成孔径雷达技术、计算成像技术等。在量子信息技术成熟以后，将量子密码和量子计算的独特优势应用到传统雷达，将会给雷达的成像带来新机遇。比如：基于量子密钥分发的安全性，美国曼彻斯特大学科学家提出了防欺骗、抗干扰成像雷达，有望实现隐身飞机的探测识别[8]。将量子纠缠应用到量子目标探测上，可以实现虚警概率大幅降低[1]。

(2) 客观方面。

为了进一步提升现有雷达的目标识别能力，一些非经典量子光源如光场压缩态已经成功地应用于激光测距[9]。具有单光子甄别能力的超灵敏单光子探测器已经部署在基于单光子探测的雷达中[10]。这些量子光源和量子器件的引入倒逼传统雷达向量子雷达进行升级，也必然要求从量子信息技术的角度重新设计、分析和研制未来量子技术条件下的目标探测技术。可以相信，未来量子雷达技术将会为更高分辨力的目标识别提供有力支撑。

1.3 量子雷达体系全貌

截至目前，国内外已经开展了许多关于量子雷达的研究。图 1.2 展示了未来可预见量子雷达体系全貌。根据其工作机制，目前量子雷达可以大致分为以下三个大类：

(1) 量子干涉雷达。

该雷达以马赫－曾德尔干涉仪作为基本模型，利用两路光信号的干涉实现位相测量，并把位相测量结果映射到所关心的待检测物理量上[11]。此种雷达的灵敏度取决于干涉仪所输

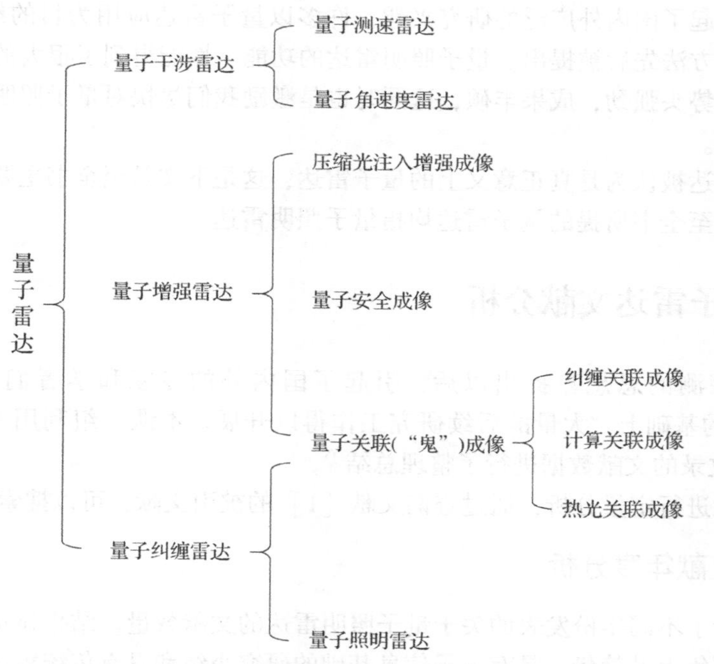

图 1.2 未来可预见量子雷达体系全貌

入的量子态，具有可以达到海森堡测量极限的测量精度[12]。目前研究人员已经在光学[13]和原子[14]系统中分别实现了高灵敏位相测量。利用量子干涉的原理可以实现高精度距离、速度和角速度的测量[15]。将量子干涉直接应用到目标探测方面，需要克服信号同步、相干性保持、线路损耗等问题。国内的中国科学院安徽光学精密机械研究所、中国电子科技集团公司第三十八研究所等机构已经开始对量子干涉雷达进行研究[16,17]。

（2）量子增强雷达。

量子增强雷达利用量子态的压缩特性可以实现传统雷达在性能、功能上的提升。压缩光注入可以提升传统激光雷达成像的精度[9]。基于量子态不可克隆原理和量子密钥分发协议，可以发展出抗欺骗、抗主动干扰的量子安全成像雷达[8]。2012 年，美国罗切斯特大学光学研究所的研究团队成功研制出一种抗干扰的量子雷达，这种雷达利用光子的量子特性来对目标进行成像[8]。由于任何物体在接收到光子信号之后都会改变其量子特性，所以这种雷达能轻易探测到隐形飞机，而且几乎是不可被干扰的。基于量子态中的量子关联可以实现量子关联成像，又叫量子“鬼”成像[18,19]。随着近年来的发展，量子关联成像派生出基于纠缠态的量子关联成像、计算关联成像及基于热光场的关联成像。量子关联成像可以实现非接触成像，在超衍射极限方面具有广阔的应用前景。

（3）量子纠缠雷达。

量子纠缠雷达是以量子力学中的量子纠缠态为信号源的新体制雷达。事实上，早期的基于量子纠缠态的量子关联成像技术也可以视为量子纠缠雷达的范畴之一。2008 年，美国麻省理工学院的 S. Lloyd 教授发表了名为 *Enhanced Sensitivity of Photodetection via Quantum Illumination* 的文章。这篇文章真正开启了基于量子纠缠态的目标探测与识别的新篇章。S. Lloyd 教授所提出的以量子纠缠为核心的雷达又被称为量子照明雷达[20]。从 2008 年至今，量子照明雷达引起了国内外广泛的研究兴趣，许多以量子雷达应用为目的纠缠源制备方法、目标信息后处理方法先后被提出。量子照明雷达的功能、性能得到了很大的拓展和提升。量子照明雷达发展势头强劲，成果丰硕，这同时也是激励我们尽快对量子照明雷达进行总结和完善的动机之一。

量子照明雷达被认为是真正意义上的量子雷达，这是下文乃至全书主要讨论的问题。为了简明，下文乃至全书所提的量子雷达均指量子照明雷达。

1.4 量子雷达文献分析

量子目标探测的思想自提出以后，引起了国内外的专家和学者们的广泛兴趣。在S. Lloyd[1]方案的基础上，大量的后续研究工作得以开展。本课题组利用 Web of Science 对2008—2022 年收录的文献数据进行了整理总结①。

经过对文献进行定量分析，通过查询文献［1］的被引文献，可以搜索到文献 475 篇②。

1.4.1 文献年度分析

图 1.3 展示了不同年份发表的关于量子照明雷达的文献数量。结果显示，近年来，量子雷达的研究呈逐年上升趋势。具有量子信息基础的研究小组和具有传统雷达优势的研究团队同时开始向量子雷达进行探索研究。

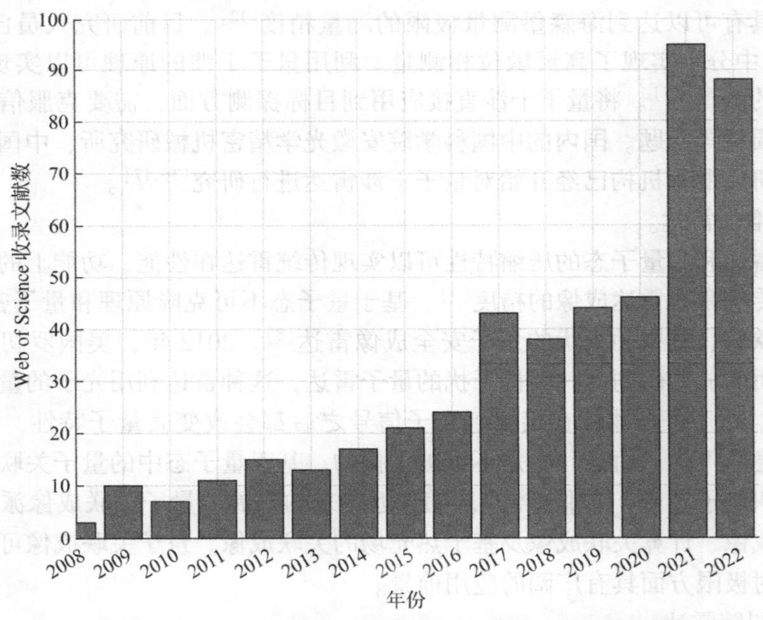

图 1.3 Web of Science 收录的不同年份的量子雷达文献

① 国际上尚没有“Quantum Radar”的准确定义。在 Web of Science 搜索 Quantum Radar 可以找到许多基于量子干涉、基于压缩态注入等多种以量子雷达命名的文献。本书主要讨论以量子照明雷达为主的文献。

② 含美国专利 2 项。

1.4.2 文献国家分析

为了更加准确地统计各个国家在量子雷达上发表文献的数量，没有区分文献的署名单位的位次。例如，把所有标记有美国的论文都计入美国，把所有标记有意大利的论文都计入意大利。统计结果显示，论文总数超过文献总量 475，但是却可以更精细地统计出在量子雷达方向各个国家的成果数量。

表 1.1 中给出了 2008 年以来以国家为单位进行的文献分类。容易看出，美国在量子雷达方面占据优势地位。而且在美国，麻省理工学院几乎占据了美国所有发表的关于量子雷达的文献的 90%。我国在量子雷达方面的发文数量仅次于英国，居于第 3 位。我国发文单位广泛分布于中国科学院、中国电子科技集团、高等院校等诸多研究机构，发展后劲充足。

表 1.1 2008 年以来量子雷达论文发文情况

国别	Web of Science 收录数量	高区论文
美国	189	17
英国	101	13
中国	82	6
意大利	58	10
加拿大	54	6
德国	43	10
日本	28	5
西班牙	22	6
澳大利亚	21	3
丹麦	10	1

表 1.1 给出了 *Science*、*Science Advances*、*Phys. Rev. Lett.* 等的高区论文期刊上的发文分布。从发文数量上看，美国、英国、意大利、加拿大、德国、日本等国家居于首位。我国在高区论文上仍需要继续突破。

量子雷达相关的学术专著目前仍然较少。TTT Exelis 公司 M. Langagorta 博士撰写了 *Quantum radar* 一书[21]。中国电子科技集团公司第十四研究所周万幸研究员等学者将该书引进并汉化推广[22]。中国电子科技集团公司第十四研究所江涛研究员撰写了《量子雷达》专著，总结了量子雷达和量子传感的基础理论和方法，提出了量子雷达探测的新概念[23]。

1.5 国内外量子雷达的发展趋势

大体上，目前从已经发表的文献来看，量子雷达研究可以分为以下几类：

(1) 量子雷达中新型纠缠源的研究。量子照明过程中纠缠态的选择对于量子雷达的效果起着关键作用。美国麻省理工学院的 J. H. Shapiro 和 S. Lloyd 把量子雷达的研究从理想的单光子领域推广到多光子领域。S. Tan 等人利用相空间的方法在任意维度多光子数空间中验证了两模压缩真空态在量子雷达中的优势[24]。A. Devi 等人证明了光子数态和光子最大纠缠态比同等平均光子数的相干态更有优势[25]。2014 年，本课题组从光子擦除所产生的非高斯纠缠态出发，验证了非高斯态可以进一步降低虚警概率[26]。2018 年，美国得克萨斯 A&M 大学 LongFei Fan 和 Zubairy 教授提出了组合光子擦除和光子增加的非高斯操作优化量子雷达的思想[27]。北京计算科学中心孙昌璞院士团队将纠错码用于保护量子纠缠，并应用到量子雷达中，目标探测的信噪比大幅提升[28]。除了光学波段以外，其他波段的量子雷达也已经逐渐展开。

2015 年 2 月，S. Barzanjeh 等学者在《物理评论快报》上报道了微波量子雷达的理论方案。这个当时由德国亚琛工业大学为牵头单位的联合课题组利用光机电装置（electro - optomechanical）实现了本地光信号与微波信号的纠缠。发射机将微波信号送出并探测目标，接收机接收返回的微波信号并再次利用光机电装置实现微波到光信号的转换。利用本地光信号和新转换的光信号之间的联合测量装置实现目标的区分。数值研究表明，在虚警概率方面，微波量子雷达与传统微波雷达有数量级上的改进。2020 年 5 月，S. Barzanjeh 与奥地利的科学家一道利用极低温环境下超导线路腔产生的微波纠缠实现了实验室内工作范围为 1 m 的量子雷达[29]。从实用化角度而言，一个微波段的量子雷达更容易与现有装备融合，具有更加广阔的发展空间[30]。

值得说明的是，为了提高量子照明在医学成像和工业成像方向的适用性，以色列巴伊兰大学的科学家 S. Sofer 等学者开始了对 X 光波段的量子雷达成像[31]的研究。

（2）探测方案的设计。

高效的探测和信号后处理方式可以大大提升量子雷达的性能。S. Guha 等人结合实验中的现行技术，设计了利用光学平衡零拍测量和光学参量放大技术进行量子目标探测的方案[32]。E. Lopaeva 等人从参量下转换光源出发，利用光子数测量手段成功提取出目标存在与否的信息，首次实验验证了量子目标探测的可行性[33]。本课题组从信号放大的角度出发，讨论了在接收机中进行信号放大并进一步降低目标误判概率的工作条件[34]。

（3）研究量子目标探测方案的机理和噪声分析。美国路易斯安那州立大学的 M. Wilde 等学者建立了高斯态量子雷达的信号分析基础理论[35]。C. Weedbrook 从量子关联（discord）的角度研究了量子目标探测中增益与量子关联的关系，分析了纠缠破坏信道条件下量子目标探测优于传统目标探测的原因。S. Ragy 从二阶 Renyi 熵的角度分析了基于光子数测量的量子目标探测的原理[36]。本课题组从信道的角度，分析了存在确定性光子损耗以及存在概率性光子损耗两种情况下量子目标探测的可行性，从对抗光子损失的角度验证了量子目标探测所具有的鲁棒性[37]。

（4）研究多用途的量子雷达。

早期的量子雷达只能用于判断目标的存在与否，并不能获取目标的空间和位置信息。2017 年 10 月，当时在美国麻省理工学院就读的 QunTao Zhuang 和研究人员 ZheShen Zhang 等学者提出了可以同时测量目标距离和速度的量子雷达[38]。2020 年 2 月，英国格拉斯哥大学的 T. Gregory 等学者利用 355 nm 的参量下转换和电子倍增电荷耦合器件（EMCCD），实现了可用于成像的量子雷达[39]。2020 年 5 月，意大利的帕维亚大学的 L. Maccone 和中国科学院重庆绿色智能研究院的任昌亮提出了可以三维成像的量子雷达，并证明了采用基于 N 个光子的最大纠缠态，可以把非合作点目标的位置精度提高 $\sqrt{N}$ 倍[40]。

（5）研究目标的量子散射特性。

由于目标探测过程中所采用的信号不同，同一个目标在传统雷达和量子雷达下的散射特性是不同的。这使得需要从量子信号与目标的相互作用过程出发，重新研究典型目标在量子信号下的散射截面[41,42]。西班牙科学家研究了电磁屏蔽斗篷对量子目标探测的影响[43]，证实了即使在斗篷存在条件下，基于两模纠缠态的目标探测的信噪比仍然优于相干态，是后者的两倍。南京邮电大学采用图形处理器（GPU）对宏观目标的量子散射特性进行了数值仿真[44]。

（6）研究量子目标探测在量子通信和量子存储中的应用。

原本为了提高噪声环境下的暗弱目标探测性能而提出的量子目标探测思想在其他方面也有重要的应用。2009 年，J. Shapiro 独立证明了量子雷达方案与现有的经典光通信相结合，可以发现和甄别信道潜在的被动窃听[45]。2013 年，J. Shapiro 的课题组又在噪声达 8.3 dB 的纠缠破坏信道上验证了这一理论成果[46]。量子雷达的思想还可以改进光存储介质上的信息提取技术。S. Pirandola 首次证明了在照射到存储介质上的光场的平均光子数相同的情况下，借助于量子纠缠态的量子读取技术可以获取更多的信息[47,48]。

1.6 国外量子雷达研究团体

随着量子雷达技术的日趋成熟，越来越多的研究团体加入量子雷达和其他新型量子雷达的研究队伍中。将有代表性的国外团队列表，见表 1.2。

表 1.2 国外量子雷达技术相关的研究团队

国别	研究单位	代表性成果	代表人物
美国	罗切斯特大学	实现量子安全成像雷达	R. W. Boyd
美国	麻省理工学院	量子雷达的性能极限研究	S. Lloyd，J. H. Shapiro
美国	亚利桑那大学	量子雷达的方案设计	S. Guha
美国	亚利桑那大学	量子雷达与量子传感	庄群韬，ZheShen Zhang
美国	路易斯安那州立大学	量子雷达的基础理论	M. Wilde
美国	海军研究实验室	量子雷达方案研究	M. Lanzagorta
加拿大	加拿大国防研究与发展署	量子雷达性能评估	D. Luong
加拿大	谢布克大学	微波量子雷达研究	J. Bourassa
加拿大	多伦多大学	量子雷达性能优化	B. Balaji
以色列	巴伊兰大学	X 光波段量子雷达	S. Sofer
意大利	都灵理工大学	量子雷达的实验验证	E. D. Lopaeva，M. Genovese
意大利	帕维亚大学	三维量子照明雷达	L. Maccone
印度	班加罗尔大学	量子雷达纠缠光源设计	A. R. U. Devi
西班牙	巴斯克大学	量子雷达与隐身	E. Solano

1.7 本书的章节安排

按照难度由简入繁的原则，将本书分为以下四个部分：

（1）第一部分为量子信息与量子雷达，包括第2~6章。

量子雷达是量子信息技术与传统雷达相结合的产物，首先需要对量子信息做一个简要介绍，为此，第2章安排量子信息中的量子态以及量子信息的基础知识。

在第3章中介绍了量子态演化与经典仿真。量子态演化是受量子力学基本规律支配的，这也是量子雷达的设计和分析所必须遵从的规律。介绍了量子态演化的特点和相关理论。同时，在没有量子雷达设备或量子计算机的情况下，需要采用经典计算机上的仿真来对量子雷达进行研究、设计和验证。为此，对量子态演化的经典仿真进行了介绍，这一部分也是目前现行量子雷达的研究和分析中不可回避的问题。

第4章中重点讨论量子测量基本公设和量子测量基本概念。量子测量是量子力学中的重要内容，也是任何量子计算和量子信息处理中信息提取的重要手段。在量子雷达中，量子测量同样发挥着十分重要的作用，它是沟通微观量子态与宏观目标存在性的桥梁。

第5章主要依据量子雷达接收机所收到的量子态进行目标存在性区分。

第6章讨论了存在环境噪声时量子雷达的仿真问题，特别是对量子切诺夫定理的提出背景和计算方法进行了重点阐述。

通过第2~6章的讨论，可以对量子雷达基本模型产生全面深刻的认识。因此，第2~6章特别适合学时有限的研究生课程。

（2）第二部分为高斯态量子雷达，包括第7、8章。高斯态是量子光学中十分常见的量子态，也是目前量子光学实验室中最易制备、最易操作、理论分析工具最为成熟的量子态。高斯态量子雷达提出时间较早，其工作机理和性能分析也较为全面。

第7章介绍高斯态与量子信息。由于高斯态的特殊性质，对其理论描述非常简洁方便。在第7章中，重点介绍高斯态及态演化的相空间表示方法。这一方法在第8章的高斯态量子雷达的性能分析中有着广泛应用。

第8章利用相空间方法对高斯态量子雷达的误判概率进行讨论。借助于相空间的普适性，在全参数范围内对弱噪声、中等强度噪声、高强度噪声条件下的目标探测进行了系统性比较和分析。

（3）第三部分为非高斯态量子雷达，包括第9~11章。

随着研究深入，人们逐渐认识到非高斯态和非高斯操作具有更为丰富的结构。采用非高斯量子态可以为更高性能的量子目标探测提供有力支撑。用三章的内容分别介绍非高斯态与非高斯操作的光子数空间表征、相空间表征以及非高斯操作下含光子损耗的量子雷达。具体地：

第9章主要讨论非高斯态和非高斯操作的光子数空间描述。光子数空间是最直接、最常用的描述方法，特别适用于光子数布居较低、信号强度和噪声强度都较小时的量子雷达。

第10章讨论的是非高斯态和非高斯操作的相空间描述。相空间描述方法一般只适用于高斯量子态和高斯操作。在量子雷达研究中，许多非高斯态和非高斯操作可以表示为一些高斯量子态的线性组合。只要分别在相空间中完成每个高斯量子态的描述，利用相空间向光子数空间转换的线性性质，就可以描述任意线性组合所表示的非高斯态。本章从相空间的角度完成了对光子擦除、光子催化等非常典型的非高斯操作的描述。这为研究非高斯条件下的量子雷达提供了重要条件。

第 11 章讨论了光子损耗特别是非高斯型光子损耗下的量子雷达，重点分析了不同类型的上行信道、下行信道对量子雷达性能的整体影响。最后，为了提升量子雷达在非高斯型光子损耗下的性能，本章提出了采用双边光子擦除的办法进行量子纠缠态的预处理，提升发射信号与接收信号的量子纠缠，进而抵消了光子损耗带来的性能损失。

（4）第四部分为实用量子雷达的接收机设计，包括第 12 ~ 14 章。

作为第四部分，将主要介绍量子雷达的接收机设计。在前面各章关于量子雷达的讨论中，往往采用渐近误判概率来描述任意多份量子态发射和接收时的目标探测性能。然而，渐近误判概率能否达到？该如何逼近渐近误判概率呢？这就是接收机的设计问题。实际上，全局量子测量需要大规模量子存储和量子测量，这在目前实际操作中还有诸多技术问题亟待解决。为此，设计基于局域量子测量的接收机是量子雷达走向实用的关键。

第 12 章介绍了传统雷达的接收机方案，重点讨论了对收到的信号进行逐份平衡零拍测量的目标探测方案。从目标探测的误判概率和接收机操作特性曲线的角度对典型参数下的传统雷达接收机性能进行了分析。

第 13 章介绍了量子雷达的接收机方案。特别是，采用了非线性光学分束器实现了收到的量子态与闲置模式量子态的耦合，并结合多次的光子数测量的结果实现了目标存在与否的区分。最后，通过选取与传统雷达相同强度的目标探测信号，从误判概率和接收机操作特征曲线两方面对量子雷达和传统雷达进行了对比。

第 14 章介绍了国际上第一个量子雷达的实验装置。结合意大利国家计量研究所的 Marco Genovese 教授团队的量子雷达实验，给出了实验的基本模型、仿真方法和实验结果。通过量子雷达与传统雷达的性能对比，进一步证实了量子雷达在强背景噪声下暗弱目标探测中的突出优势。

此外，最后一章即第 15 章，就量子雷达的未来应用前景进行展望。

图 1.4 给出了各个章节在量子雷达各个模块上的分布情况。

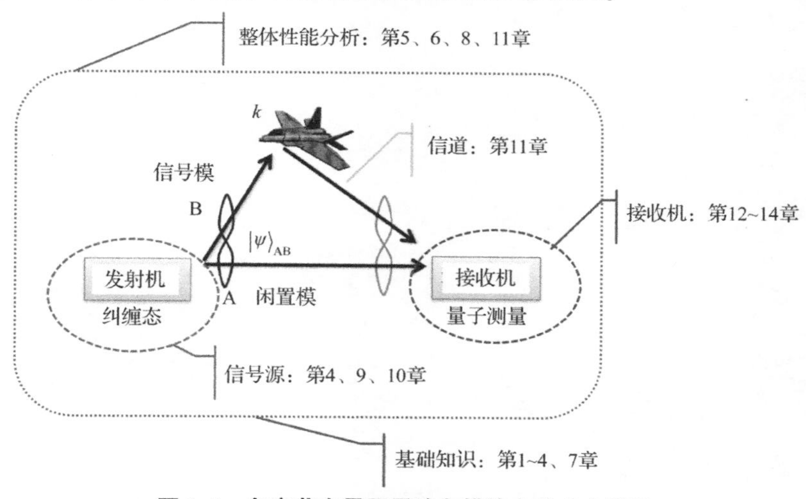

图 1.4　各章节在量子雷达各模块上的分布情况

第一部分　量子信息与量子雷达

第2章 量子态基本知识

通俗地讲，可以认为量子雷达是用量子态进行目标探测的新技术。在目标探测的过程中，量子态的本质、性质及量子态的演化在量子雷达的目标探测过程中发挥着举足轻重的作用。为此，本章有必要对量子态和量子纠缠进行简单介绍。为了方便非物理专业的读者，将更多地采用数学的语言来描述。

2.1 量子态

量子态是量子力学中最基本的概念。在宏观世界中，描述宏观物体的位置和位置的变化可以用坐标 $\vec{x}$ 和速度 $\vec{v}$ 两个物理量来表示。而描述微观世界中基本粒子的状态就要用量子态来表示。通常用狄拉克符号 $|\boldsymbol{\psi}\rangle$ 来表示一个量子态。

宏观世界中，一个不计厚度的硬币的朝向只有两种：向上或向下。向上和向下可以分别标记为 $|0\rangle$ 和 $|1\rangle$。在微观世界中，一个微观粒子的状态则有多种可能。它可以处于 $|0\rangle$ 和 $|1\rangle$ 两个相互正交的状态，也可以处于二者的叠加态。如

$$|\boldsymbol{\psi}\rangle=\frac{1}{\sqrt{2}}(|0\rangle+|1\rangle) \tag{2.1}$$

即为 $|0\rangle$ 和 $|1\rangle$ 的等幅叠加态。最为生动的例子就是奥地利的著名物理学家薛定谔所提出的薛定谔猫。在未对薛定谔猫进行测量之前，无法确定该猫是“死”还是“活”。严格地说，它处在这种叠加的状态上。而对它的状态进行测量就会人为地把它投影到“死”和“活”这两种宏观上相互背离的状态。

在物理实现上，一个二能级系统可以是一个光子，它有 $|H\rangle$（水平偏振）、$|V\rangle$（竖直偏振）两个相互正交的状态，也可以处于二者的任意叠加态 $\alpha|H\rangle+\beta|V\rangle$。一个二能级系统也可以是一个电子，有自旋向上 $|\uparrow\rangle$、自旋向下 $|\downarrow\rangle$ 及二者的任意叠加态 $\alpha|\uparrow\rangle+\beta|\downarrow\rangle$。

除了二能级量子态以外，也可以有高维量子态，比如光子的轨道角动量，它的维度可以是无限大。一个光子的轨道角动量可以取 $2l+1$，l 为任意正整数。用轨道角动量的语言来描述，一个光子的状态可以是[49]

$$|\boldsymbol{\psi}\rangle=\sum_{n=-(2l+1)}^{2l+1}c_n|n\rangle \tag{2.2}$$

除了有限维量子态，还能遇到无限维量子态。在量子光学中，比如经常用到的是相干态

$$|\alpha\rangle = \sum_{n=0}^{\infty} \frac{e^{-|\alpha|^2/2}\alpha^n}{\sqrt{n!}}|n\rangle, \quad n = 0,1,2,\cdots,\infty \tag{2.3}$$

则是无限个相互正交的 Fock 态$|0\rangle, |1\rangle, |2\rangle, \cdots, |n\rangle, \cdots$的线性组合。

注意，这里提到了 Fock 态的概念。

定义 2.1.1 Fock 态，又叫光子数态，它是光子数算符的本征态。$|n\rangle$为 n 光子 Fock 态。

光子数算符和本征态都是量子光学的专业术语[50]。可以先跳过这些专业术语，简单地认为 Fock 态就是一个包含全同的 n 个光子的量子态。

在量子光学中，光子数态非常重要。光子数态的集合$\{|n\rangle\}(n=0,1,2,\cdots)$可以组成一个无限维希尔伯特空间中的一组基，而这个无限维空间就是在本书中经常提到的光子数空间。

定义 2.1.2 纯态，是指一个量子系统所具有的精确量子态。

量子光学中的所有可能的量子纯态，都可以表示成 Fock 态的线性组合的形式，即

$$|\boldsymbol{\psi}\rangle = \sum_{n=0}^{\infty} c_n |n\rangle \tag{2.4}$$

式中，c_n 为复数，并且满足$\sum_{n=0}^{\infty}|c_n|^2 = 1$。由于光子数态$|n\rangle$是一组基矢，只需用列向量$(c_0, c_1, c_2, \cdots, c_n, \cdots)^{\mathrm{T}}$即可以标识唯一的量子纯态。

与量子纯态相对应，量子信息中也有量子混态的概念。事实上，混态是开放量子系统中最常见、最一般的量子态。

定义 2.1.3 量子混态是量子纯态的概率组合，它是指一些量子纯态所组成的系统。

比如，某一粒子以一定的概率 p_1 处于$|\boldsymbol{\psi}_1\rangle$态，以概率 p_2 处于$|\boldsymbol{\psi}_2\rangle$态，…，以概率 p_n 处于$|\boldsymbol{\psi}_n\rangle$态（这里的$|\boldsymbol{\psi}_1\rangle, |\boldsymbol{\psi}_2\rangle, \cdots, |\boldsymbol{\psi}_n\rangle$均为纯态），则此粒子的量子态可以表示为

$$\boldsymbol{\rho} = \sum_n p_n |\boldsymbol{\psi}_n\rangle\langle\boldsymbol{\psi}_n| \tag{2.5}$$

式中，$\langle\boldsymbol{\psi}_n| = (|\boldsymbol{\psi}_n\rangle)^{*\mathrm{T}}$为$|\boldsymbol{\psi}_n\rangle$的轭米共轭，即复共轭的转置。因此，如果用一个列向量$(c_0, c_1, c_2, \cdots, c_n, \cdots)^{\mathrm{T}}$表示纯态$|\boldsymbol{\psi}\rangle$，则混态$\boldsymbol{\rho}$必须用一个密度矩阵来表示。

例 2.1.1 量子纯态的密度矩阵表示。

设量子态$\boldsymbol{\rho}_0 = |0\rangle\langle 0|$。根据式（2.5），该量子态仅有一个$|0\rangle$态组成，并且概率为 1。它实质上是一个纯态，但是也可以用矩阵的形式加以表示。在$\{|0\rangle, |1\rangle\}$基下，可以写其密度矩阵为

$$\boldsymbol{\rho}_0 = \begin{pmatrix} 1 & 0 \\ 0 & 0 \end{pmatrix} \tag{2.6}$$

例 2.1.2 由$|0\rangle$和$|1\rangle$等概率地组成混态。

该量子态将以 0.5 的概率处于$|0\rangle$，以 0.5 的概率处于$|1\rangle$。可以写作

$$\boldsymbol{\rho}_1 = 0.5|0\rangle\langle 0| + 0.5|1\rangle\langle 1| \tag{2.7}$$

在$\{|0\rangle, |1\rangle\}$基下，可以表示为

$$\boldsymbol{\rho}_1 = \begin{pmatrix} 0.5 & 0 \\ 0 & 0.5 \end{pmatrix} \tag{2.8}$$

2.2 量子态的直积

可以用$|\psi\rangle$表示某个微观粒子（如光子）的量子态。那么该如何表示多个微观粒子、多个光子的量子态呢？在量子力学中，可以用$|\psi\rangle$的直积（又叫克劳内克积，Kronecker Product）来表示。如

（ⅰ）$|\psi\rangle \otimes |\psi\rangle = |\psi\rangle^{\otimes 2}$表示两个完全相同的纯态$|\psi\rangle$的直积。在不引起混淆的情况下，一般简写如下：

$$|\psi\rangle|\psi\rangle \equiv |\psi\rangle \otimes |\psi\rangle \tag{2.9}$$

（ⅱ）$|\psi\rangle \otimes |\phi\rangle$表示两个纯态$|\psi\rangle$和$|\phi\rangle$的直积。

（ⅲ）$\rho_1 \otimes \rho_2$ 表示两个量子混态ρ_1 和ρ_2 的直积。

直积的定义与数学上一致。

定义 2.2.1　直积定义。

设A为$m \times n$的矩阵，B为$p \times q$的矩阵：

$$A = \begin{pmatrix} a_{11} & a_{12} & a_{13} & \cdots & a_{1n} \\ a_{21} & a_{22} & a_{23} & \cdots & a_{2n} \\ \vdots & \vdots & \vdots & & \vdots \\ a_{m1} & a_{m2} & a_{m3} & \cdots & a_{mn} \end{pmatrix}, B = \begin{pmatrix} b_{11} & b_{12} & b_{13} & \cdots & b_{1q} \\ b_{21} & b_{22} & b_{23} & \cdots & b_{2q} \\ \vdots & \vdots & \vdots & & \vdots \\ b_{p1} & b_{p2} & a_{p3} & \cdots & b_{pq} \end{pmatrix} \tag{2.10}$$

则$A \otimes B$为一个$mp \times nq$的矩阵：

$$A \otimes B = \begin{pmatrix} a_{11}B & a_{12}B & a_{13}B & \cdots & a_{1n}B \\ a_{21}B & a_{22}B & a_{23}B & \cdots & a_{2n}B \\ \vdots & \vdots & \vdots & & \vdots \\ a_{m1}B & a_{m2}B & a_{m3}B & \cdots & a_{mn}B \end{pmatrix} \tag{2.11}$$

例 2.2.1　设$|\psi\rangle = c_0|0\rangle + c_1|1\rangle = \begin{pmatrix} c_0 \\ c_1 \end{pmatrix}$，$|\phi\rangle = d_0|0\rangle + d_1|1\rangle = \begin{pmatrix} d_0 \\ d_1 \end{pmatrix}$，则

$$|\psi\rangle \otimes |\phi\rangle = \begin{pmatrix} c_0 d_0 \\ c_0 d_1 \\ c_1 d_0 \\ c_1 d_1 \end{pmatrix} \tag{2.12}$$

例 2.2.2　M个量子态$|0\rangle$的直积$|0\rangle^{\otimes M} = \underbrace{|0\rangle|0\rangle\cdots|0\rangle}_{M个}$。

把量子态初始化为零态是量子计算的重要一步。$|0\rangle^{\otimes M}$是M个零态的直积，一般是量子计算的初始态。按照例 2.2.1 中的定义$|0\rangle = (1,0)^{\mathrm{T}}$，$|0\rangle^{\otimes M} = (1,\underbrace{0,0,0,\cdots,0}_{2^M-1个})^{\mathrm{T}}$。于是，如果$|0\rangle$是二维希尔伯特空间中的量子态，$|0\rangle^{\otimes M}$就是$2^M$维希尔伯特空间中的量子态。

2.3 量子纠缠态

量子纠缠态（Quantum Entanglement State）是量子世界中最具神奇色彩、最为神

秘的地方。

简而言之，量子纠缠态是不能写成直积态的量子态。它是很多种量子态的统称。

1935 年，爱因斯坦、波多尔斯基和罗森等三人发表了一篇论文，它用量子纠缠的概念来质疑量子力学的完备性[51]。然而，截至目前，一次次的实验证实了量子力学是完备的，量子纠缠的非局域性是存在的。这也是量子力学最令人费解的地方。如今，量子纠缠被证实为一种真实存在[52]。2019 年，英国格拉斯哥大学的科学家 Miles J. Padgett 等学者拍摄了世界上首张量子纠缠态的照片[53]。它实质上是一种两个或多个微观粒子所处的叠加态。它是量子计算和量子信息中的重要资源。最简单的量子纠缠态可以表示为（以光子为例）

$$|\boldsymbol{\psi}_{AB}\rangle=\frac{1}{\sqrt{2}}(|0\rangle_A|0\rangle_B+|1\rangle_A|1\rangle_B) \tag{2.13}$$

式中，下标 A 和 B 分别标识两个光场 A 和 B。二者处于同时为 0 光子或者同时 1 光子的叠加态上。这种叠加性可以用来证实量子力学确实存在非局域关联。这种关联可以用来进行通信，也可以用来进行计算，这即是量子通信和量子计算[54]的原理。目前，世界各国都在量子纠缠态的制备上做出了很大努力。我国在多光子态的制备上一直保持领先地位，现在可以实现 10 个光子的量子纠缠[55]。

除了光子偏振的纠缠态以外，还存在电子自旋的纠缠、轨道角动量纠缠、弱光强光的纠缠等。

2.4 量子态的部分求迹

直积是量子态所在的希尔伯特空间中的扩展，可以帮助实现少个量子态向多个量子态的级联。而**部分求迹**是一个缩小希尔伯特空间的操作。通过该操作，可以从多个直积的量子态出发计算出所关心的少数几个或多个量子态。

类似地，在概率论中，对联合事件 A 和 B 的描述需要用到联合概率密度 $p(a,b)$ 的概念。知道联合概率密度 $p(a,b)$ 满足：

$$p(a,b)>0 \tag{2.14}$$

$$\int p(a,b)\,\mathrm{d}a\mathrm{d}b=1 \tag{2.15}$$

如果事件 A 和 B 相互独立，则 $p(a,b)=p(a)p(b)$；否则，$p(a,b)\neq p(a)p(b)$。而若已知事件 A 和 B 的联合概率密度 $p(a,b)$，也可以从联合概率密度 $p(a,b)$ 出发求出事件 A 或 B 的概率密度。具体地：

事件 A 本身的概率密度

$$p(a)=\int p(a,b)\,\mathrm{d}b \tag{2.16}$$

同理，事件 B 本身的概率密度为

$$p(b)=\int p(a,b)\,\mathrm{d}a \tag{2.17}$$

由 $p(a,b)$ 的归一性易知

$$\int p(a)\,\mathrm{d}a=1,\ \int p(b)\,\mathrm{d}b=1 \tag{2.18}$$

$p(a)$，$p(b)$ 又分别叫作事件 A 和 B 的边缘概率密度。

量子态直积给出了多份量子态的联合量子态，如果对其中某一个或某几个感兴趣，需要利用部分求迹（Partial Trace）这一操作把其他无关的量子态进行积分，类似上述求边缘概率密度的思想。为了理解部分求迹，先看一下**求迹**（Trace）。

求迹是矩阵论中的术语。

$$\mathrm{Tr}[\boldsymbol{A}] = \sum_i \boldsymbol{A}_{ii} \tag{2.19}$$

即是对矩阵 $\boldsymbol{A}$ 的所有对角元求和。

而部分求迹，则是指对于直积的多个矩阵中的某一个或某几个进行对角元求和。最简单的，如果 $\boldsymbol{M}=\boldsymbol{A}\otimes\boldsymbol{B}$，则

$$\mathrm{Tr}_A[\boldsymbol{M}] = \mathrm{Tr}[\boldsymbol{A}]\boldsymbol{B} \tag{2.20}$$

$$\mathrm{Tr}_B[\boldsymbol{M}] = \mathrm{Tr}[\boldsymbol{B}]\boldsymbol{A} \tag{2.21}$$

例 2.4.1　直积态 $\boldsymbol{\rho}_A\otimes\boldsymbol{\rho}_B$ 的部分求迹。

如果 A，B 的量子态的密度矩阵分别为 $\boldsymbol{\rho}_A$，$\boldsymbol{\rho}_B$，则会有 $\mathrm{Tr}[\boldsymbol{\rho}_A]=1$，$\mathrm{Tr}[\boldsymbol{\rho}_B]=1$。对密度矩阵的部分求迹，形式更加简洁。设 $\{|i\rangle, i=1,2,\cdots,D_A\}$ 为 $\boldsymbol{\rho}_A$ 所在希尔伯特空间中的一组基，$\{|k\rangle, k=1,2,\cdots,D_B\}$ 为 $\boldsymbol{\rho}_B$ 所在希尔伯特空间中的一组基，D_A，D_B 分别为 $\boldsymbol{\rho}_A$ 和 $\boldsymbol{\rho}_B$ 的维度，则

$$\boldsymbol{I}_{D_A} = \sum_{i=1}^{D_A} |i\rangle\langle i|,\ \boldsymbol{I}_{D_B} = \sum_{k=1}^{D_B} |k\rangle\langle k| \tag{2.22}$$

$$\boldsymbol{\rho}_A = \boldsymbol{I}_{D_A}\boldsymbol{\rho}_A\boldsymbol{I}_{D_A} = \sum_{i=1}^{D_A} |i\rangle\langle i|\boldsymbol{\rho}_A \sum_{j=1}^{D_A} |j\rangle\langle j| \tag{2.23}$$

$$= \sum_{i=1}^{D_A}\sum_{j=1}^{D_A} |i\rangle(\langle i|\boldsymbol{\rho}_A|j\rangle)\langle j| \tag{2.24}$$

$$= \sum_{i=1}^{D_A}\sum_{j=1}^{D_A} (\langle i|\boldsymbol{\rho}_A|j\rangle)\,|i\rangle\langle j| \tag{2.25}$$

同理，有

$$\boldsymbol{\rho}_B = \sum_{k=1}^{D_B}\sum_{l=1}^{D_B} (\langle k|\boldsymbol{\rho}_B|l\rangle)\,|k\rangle\langle l| \tag{2.26}$$

于是，有

$$\boldsymbol{\rho}_A\otimes\boldsymbol{\rho}_B = \sum_{i=1}^{D_A}\sum_{j=1}^{D_A}\sum_{k=1}^{D_B}\sum_{l=1}^{D_B} (\langle i|\boldsymbol{\rho}_A|j\rangle)(\langle k|\boldsymbol{\rho}_B|l\rangle)\,|i\rangle\langle j|\otimes|k\rangle\langle l| \tag{2.27}$$

$$\mathrm{Tr}_A[\boldsymbol{\rho}_A\otimes\boldsymbol{\rho}_B] = \sum_{i=1}^{D_A}\sum_{j=1}^{D_A}\sum_{k=1}^{D_B}\sum_{l=1}^{D_B} (\langle i|\boldsymbol{\rho}_A|j\rangle)(\langle k|\boldsymbol{\rho}_B|l\rangle)\sum_{p=1}^{D_A}(\langle p|i\rangle\langle j|p\rangle)\otimes|k\rangle\langle l|$$

$$= \sum_{p=1}^{D_A}\sum_{k=1}^{D_B}\sum_{l=1}^{D_B} (\langle i|\boldsymbol{\rho}_A|j\rangle)(\langle k|\boldsymbol{\rho}_B|l\rangle)\delta_{p,i}\delta_{p,j}\otimes|k\rangle\langle l| \tag{2.28}$$

$$= \mathrm{Tr}[\boldsymbol{\rho}_A]\sum_{k=1}^{D_B}\sum_{l=1}^{D_B}\langle k|\boldsymbol{\rho}_B|l\rangle\,|k\rangle\langle l| \tag{2.29}$$

$$= \boldsymbol{\rho}_B \tag{2.30}$$

式中，$\delta_{i,j}$ 为 delta 函数，即

$$\delta_{i,j}=\begin{cases}1, & i=j\\0, & i\neq j\end{cases} \tag{2.31}$$

同理，可以得到

$$\mathrm{Tr}_B[\boldsymbol{\rho}_A\otimes\boldsymbol{\rho}_B]=\mathrm{Tr}[\boldsymbol{\rho}_B]\boldsymbol{\rho}_A=\boldsymbol{\rho}_A \tag{2.32}$$

可以看出，对于直积态$\boldsymbol{\rho}_A\otimes\boldsymbol{\rho}_B$来说，对$A$的部分求迹就得到了$B$的密度矩阵，对$B$的部分求迹就得到了$A$的密度矩阵。直积态$\boldsymbol{\rho}_A\otimes\boldsymbol{\rho}_B$的情况完全类比于相互独立的两个事件$p(a,b)=p(a)p(b)$的情况。

例 2.4.2 二能级最大纠缠态的部分求迹。

如方程（2.13）中所给出的二能级最大纠缠态为一个纯态，然而，当部分求迹时，就会得到

$$\mathrm{Tr}_A[\,|\boldsymbol{\psi}_{AB}\rangle\langle\boldsymbol{\psi}_{AB}|\,] \tag{2.33}$$

$$=\frac{1}{2}\mathrm{Tr}_A[\,(\,|00\rangle\langle00|+|00\rangle\langle11|+|11\rangle\langle00|+|11\rangle\langle11|\,)\,] \tag{2.34}$$

$$=\frac{1}{2}\mathrm{Tr}_A[\,(\,|0\rangle\langle0|\otimes|0\rangle\langle0|+|1\rangle\langle1|\otimes|1\rangle\langle1|\,)\,]+\frac{1}{2}\mathrm{Tr}_A[\,|0\rangle\langle1|\otimes|0\rangle\langle1|+|1\rangle\langle0|\otimes|1\rangle\langle0|\,] \tag{2.35}$$

$$=\frac{1}{2}(\,|0\rangle\langle0|+|1\rangle\langle1|\,) \tag{2.36}$$

及

$$\mathrm{Tr}_B[\,|\boldsymbol{\psi}_{AB}\rangle\langle\boldsymbol{\psi}_{AB}|\,]=\frac{1}{2}(\,|0\rangle\langle0|+|1\rangle\langle1|\,) \tag{2.37}$$

值得说明的是，对于非直积态，部分求迹后的态的直积并不等于联合量子态：

$$|\boldsymbol{\psi}_{AB}\rangle\langle\boldsymbol{\psi}_{AB}|\neq\mathrm{Tr}_A[\,|\boldsymbol{\psi}_{AB}\rangle\langle\boldsymbol{\psi}_{AB}|\,]\otimes\mathrm{Tr}_B[\,|\boldsymbol{\psi}_{AB}\rangle\langle\boldsymbol{\psi}_{AB}|\,] \tag{2.38}$$

2.5 常见的量子态

上文中出现了相干态和两模压缩真空态，这是量子光学中最常见的量子态。从1963年Glauber提出相干态的概念以来[56]，人们在光场量子态、量子统计方面进行了大量的研究，先后诞生了一系列关于量子光场的新原理、新概念和新检测方法。这里简单介绍几种在本书中经常用到的量子态。

2.5.1 单模热态

热态（thermal state）是一个混态，它在光子数态组成的基下可以表示为

$$\boldsymbol{\rho}_{\mathrm{th}}=\sum_{n=0}^{\infty}\frac{1}{(1+N_B)}\left(\frac{N_B}{1+N_B}\right)^n|n\rangle\langle n| \tag{2.39}$$

$$=\sum_{n=0}^{\infty}Q_n|n\rangle\langle n| \tag{2.40}$$

式中，$Q_n=\dfrac{1}{(1+N_B)}\left(\dfrac{N_B}{1+N_B}\right)^n$。

热态的平均光子数可以表示为

$$\langle \hat{N} \rangle = \langle \hat{a}^{\dagger}\hat{a} \rangle = \sum_{n=0}^{\infty} Q_n n = \sum_{n=0}^{\infty} \langle n | \boldsymbol{\rho}_{\text{th}} | n \rangle n = N_B \tag{2.41}$$

热态的光子数涨落可以表示为[57]

$$\langle \delta_{\hat{N}}^2 \rangle = \langle \hat{N}^2 \rangle - \langle \hat{N} \rangle^2 = N_B(N_B + 1) \tag{2.42}$$

热态的平均光子数 N_B 是热态的重要参数，它与热态的“热”有关。这里的热指温度。温度越高，热态的平均光子数越多。热态不具有相干性。在诸多实验中，热态往往被认为是噪声所具有的量子态。降低热噪声最直接的方法是降低量子体系的温度。可以在许多量子科学实验中看到低温、制冷等术语就是这个原因。在超导量子计算中，核心量子处理器的温度都是在几个到几十纳开尔文（$1\ \text{nK} = 10^{-9}\ \text{K}$）之间①。

在量子雷达的研究中，会经常用到热态来模拟环境中的热噪声。

2.5.2　相干态与湮灭算符

式（2.3）给出了相干态的定义。它实质上是湮灭算符的本征态。湮灭算符是量子光学中的一个术语，数学上可以理解为一个行数和列数相等的矩阵，即方阵。如果写在光子数态组成的基下，湮灭算符可以表示为

$$\hat{a} = \sum_{n=1}^{\infty} \sqrt{n} | n-1 \rangle \langle n | \tag{2.43}$$

注意，$| n-1 \rangle$可以用一个列向量表示，$\langle n |$ 则为 $| n \rangle$ 轭米转置，是行向量。所以 $\hat{a}$ 实际上可以写成如下一个方阵

$$\hat{a} = \begin{pmatrix} 0 & 1 & & & & & & & \cdots \\ & 0 & \sqrt{2} & & & & & & \cdots \\ & & 0 & \sqrt{3} & & & & & \cdots \\ & & & 0 & 2 & & & & \cdots \\ & & & & 0 & \ddots & & & \cdots \\ & & & & & 0 & \sqrt{n-1} & & \cdots \\ & & & & & & 0 & & \sqrt{n}\cdots \\ & & & & & & & & \ddots \end{pmatrix} \tag{2.44}$$

其中，用矩阵表示了基向量：

$$| 0 \rangle = (1,0,0,0,\cdots)^{\text{T}} \tag{2.45}$$

$$| 1 \rangle = (0,1,0,0,\cdots)^{\text{T}} \tag{2.46}$$

$$| 2 \rangle = (0,0,1,0,\cdots)^{\text{T}} \tag{2.47}$$

$$| 3 \rangle = (0,0,0,1,\cdots)^{\text{T}} \tag{2.48}$$

$$\cdots$$

如果对光子数进行有效截断，比如截断到 $D=4$，只考虑 $| 0 \rangle$，$| 1 \rangle$，$| 2 \rangle$，$| 3 \rangle$组成的子空间，则湮灭算符可以写作

---

① 0 开尔文是热力学的最低温度。0 开尔文（0 K）对应着 −273.15 ℃。

$$\hat{a}=\begin{pmatrix}0 & 1 & & & \\ & 0 & \sqrt{2} & & \\ & & 0 & \sqrt{3} & \\ & & & 0 & 0\end{pmatrix} \tag{2.49}$$

湮灭算符 $\hat{a}$ 具有十分有趣的性质：

(1) $\hat{a}$ 是非轭米算符，$\hat{a}\neq\hat{a}^\dagger$。

(2) $\hat{a}$ 作用在光子数 $|n\rangle$ 态上将会得到 $|n-1\rangle$，即把光子数减少 1：

$$\hat{a}\,|n\rangle=\sqrt{n}\,|n-1\rangle \tag{2.50}$$

特别地，$\hat{a}\,|0\rangle=\mathbf{0}$。

(3) $\hat{a}$ 重复 n 次作用在光子数 $|n\rangle$ 态，得到真空态：

$$\hat{a}^n|n\rangle=\sqrt{n!}\,|0\rangle \tag{2.51}$$

(4) $\hat{a}$ 是非幺正矩阵，$\hat{a}\hat{a}^\dagger\neq\hat{\boldsymbol{I}}_\infty$。

(5) $\hat{a}$ 与 $\hat{a}^\dagger$ 的对易子为单位矩阵

$$\hat{a}\hat{a}^\dagger-\hat{a}^\dagger\hat{a}=\hat{\boldsymbol{I}}_\infty \tag{2.52}$$

(6) 湮灭算符的轭米转置 $\hat{a}^\dagger$ 为产生算符，并且有以下关系：

$$\hat{a}^{\dagger n}\,|0\rangle=\sqrt{n!}\,|n\rangle \tag{2.53}$$

性质 (4) 和性质 (5) 中的 $\hat{\boldsymbol{I}}_\infty=\boldsymbol{I}_\infty$ 是指无限维空间中的单位矩阵。在下文中，如果没有特殊说明，$\boldsymbol{I}$ 都指代无限维空间的单位阵。

需要说明的是湮灭算符的物理实现问题。由于湮灭算符本身是非物理操作，只能利用一些物理操作来近似地逼近湮灭算符。对于湮灭算符及其轭米共轭算符 $\hat{a}^\dagger$ 的量子光学方案的设计、实现及应用也是近年来在量子信息领域一个十分活跃的话题，最近在强光场条件下的湮灭算符设计方面也取得了一些进展，对于 $|n=100\rangle$ 的光子数态，设计出了可行的光子湮灭方案[58]。

方程 (2.3) 介绍的相干态恰为湮灭算符的本征态。事实上

$$\hat{a}\,|\alpha\rangle=\hat{a}\sum_{n=0}^{\infty}\frac{\mathrm{e}^{-\frac{|\alpha|^2}{2}}\alpha^n}{\sqrt{n!}}\,|n\rangle \tag{2.54}$$

$$=\sum_{n=1}^{\infty}\frac{\mathrm{e}^{-\frac{|\alpha|^2}{2}}\alpha^n\sqrt{n}}{\sqrt{n!}}\,|n-1\rangle \tag{2.55}$$

$$=\alpha\mathrm{e}^{-\frac{|\alpha|^2}{2}}\sum_{n=1}^{\infty}\frac{\alpha^{n-1}}{\sqrt{(n-1)!}}\,|n-1\rangle \tag{2.56}$$

$$=\alpha\mathrm{e}^{-\frac{|\alpha|^2}{2}}\sum_{m=0}^{\infty}\frac{\alpha^m}{\sqrt{m!}}\,|m\rangle \tag{2.57}$$

$$=\alpha\,|\alpha\rangle \tag{2.58}$$

相干态的参数 α 可以是实数，也可以是复数。不同大小的 $|\alpha|$，代表了不同强度的相干态。在下文可以看到，$|\alpha|^2$ 代表了相干态的平均光子数。

需要说明的是，参数为 0 的相干态 $|\alpha=0\rangle=|0\rangle$ 与零光子数态 $|0\rangle$ 是完全一样的。因为通过相干态的表达式 (2.3) 不难看出，只有 $n=0$ 的零光子数态才有非零系数。

$|0\rangle$态又叫真空态。然而，真空态并不是空的。宏观上，真空环境可以传递光波和电磁波。2019 年，伯克利大学、香港大学的张翔教授的团队还证明了真空中量子涨落还可以用来传递声子振动，揭开了能量传递新的机制[59]。

真空涨落是什么？即使在真空态中，如果用一个极精密的仪器去测量真空态光场的电场正则分量，测得的结果平均值是零，然而测量的结果的方差不为零。这个方差是数理统计的概念，在物理上习惯地叫作真空涨落。这些正则分量可以用一个轭米算符来表示，是可以实际观测的物理量，在第 4 章中会介绍如何利用现有的测量工具来测量量子化光场的正则分量。在量子力学中，电场的这些正则分量主要有正则坐标分量和正则动量分量①：

$$\hat{x} = \frac{\hat{a} + \hat{a}^\dagger}{\sqrt{2}}, \quad \hat{p} = \frac{\hat{a} - \hat{a}^\dagger}{\mathrm{i}\sqrt{2}} \tag{2.59}$$

式（2.59）中，$\hat{x}$，$\hat{p}$ 均为轭米算符，都是可以观测的物理量，可以通过平衡零拍测量（Balanced Homodyne Measurement）进行测量。

如果计算 $\hat{x}$ 在真空态中的涨落，就需要分别计算真空态时正则坐标分量 $\hat{x}$ 的平均值和方差。这个平均值在数学上就是数学期望。这里在量子物理中，这个数学期望对应着

$$\langle 0 | \hat{x} | 0 \rangle = 0 \tag{2.60}$$

$$\langle 0 | \hat{x}^2 | 0 \rangle = \frac{1}{2} \tag{2.61}$$

于是，会发现真空态光场中 $\hat{x}$ 平均值为零，$\hat{x}^2$ 平均值不为零。于是可以计算得方差

$$\langle \delta_{\hat{x}}^2 \rangle = \langle 0 | \hat{x}^2 | 0 \rangle - \langle 0 | \hat{x} | 0 \rangle^2 = \frac{1}{2} \tag{2.62}$$

其中，$\langle \delta_{\hat{A}}^2 \rangle$ 表示可观测量 $\hat{A}$ 的涨落。

同样的道理，可以计算出

$$\langle 0 | \hat{p} | 0 \rangle = 0 \tag{2.63}$$

$$\langle 0 | \hat{p}^2 | 0 \rangle = \frac{1}{2} \tag{2.64}$$

$$\langle \delta_{\hat{p}}^2 \rangle = \langle 0 | \hat{p}^2 | 0 \rangle - \langle 0 | \hat{p} | 0 \rangle^2 = \frac{1}{2} \tag{2.65}$$

事实上，不仅真空态具有大小为 1/2 的涨落，任意的相干态 $|\alpha\rangle$ 都具有大小为 1/2 的涨落。

2.5.3　压缩态

压缩态（squeezed state）是量子光学中最常出现的量子态。它在精密测量、量子纠缠态及引力波探测中都具有重要应用。2018 年 10 月，在张家界召开的第十八届全国量子光学学术会议上，中国科学院物理所的吴令安研究员对“压缩态”的翻译进行了更正。她认为叫作“挤压态”更加科学、规范。

无论是压缩态还是挤压态，都反映了一个现象，即这种状态的某些性质被压缩了。到底是什么属性呢？为了回答这个问题，首先要了解压缩态产生背景。

① 在中文文献中，这两个量有时也会叫作位置算符和动量算符。

激光技术的飞跃发展推动了一系列技术革新，以激光为基础的精密测量、测距、传感的新技术不断地刷新着人们对光和物质操控精度的纪录。目前，人们逐渐认识到这个精度已经逼近了真空涨落。能否把涨落降低到真空涨落以下，以进一步提升操控的精度呢？答案是可行的，1970 年，D. Stoler 在国际上首次引入压缩态的概念[60]。1976 年，H. P. Yuan 从理论上构造了广义光子湮灭算符的本征态即所谓的双光子相干态，因这种双光子相干态具有压缩效应，故人们又称之为压缩态[61]；1985 年，C. K. Hong 和 L. Mandel 两人在推广普通压缩概念的基础上，首次在国际上提出了第一种高阶压缩的概念[62]。1987 年，M. Hillery 在发展普通压缩概念的基础上，首次在国际上提出了振幅平方压缩的概念[63]。与此同时，国内的学者也做出了一系列开创性工作。1990 年，张智明、徐磊、柴晋临和李福利等四人在国际上首次提出了单模辐射场的振幅 N 次方压缩的概念[64]。

截至目前，人们已经在腔 QED[65]、光与原子相互作用系统[66]、原子系统[67,68]、光子晶体微腔[69]、半导体介电材料[70,71]、光学回音壁微腔[72,73]、光学频率梳[74-76]及光力学系统[77]等系统中成功制备出压缩态。

如果以压缩度作为衡量压缩态质量的指标，利用腔中的简并参量下转换技术是诸多技术中最成熟的。在 1986 年，吴令安等学者率先在世界上制备出了 3 dB 的单模压缩态[78]。截至目前，最强压缩的纪录仍然由德国 H. Vahlbruch 等人所保持，他们于 2016 年实现了 15 dB①的压缩[79]。2018 年山西大学光电研究所王雅君团队实现了 13.2 dB 的压缩[80]。此外，为了解决引力波探测对压缩态的需要，制备声波波段（10 Hz ~ 10 kHz）的单模压缩态也提上日程。2004 年，Mckenzie 等人实现了频率为 200 Hz 的压缩态，压缩度为 5.5 dB[81]。2007 年 Vahlbruch 等人率先实现世界上第一个引力波探测全波段压缩光源（6.5 dB），频率最低值可达 1 Hz[82]。截至目前，声波频段最强的压缩纪录为 2012 年澳大利亚国立大学 M. S. Stefszky 等人所实现的 11.6 dB 压缩态的制备[83]。

这里先给出一个压缩真空态的表达式②

$$|\xi\rangle = \hat{\boldsymbol{S}}(\xi)\,|0\rangle \tag{2.66}$$

$$\hat{\boldsymbol{S}}(\xi) = \exp\left[\frac{1}{2}\xi\,(\hat{\boldsymbol{a}}^{\dagger})^2 - \frac{1}{2}\xi^*\,(\hat{\boldsymbol{a}})^2\right] \tag{2.67}$$

式中，$\hat{\boldsymbol{a}}^{\dagger}$ 是 $\hat{\boldsymbol{a}}$ 的轭米共轭。为了方便，在模型中总是假设 ξ 是一个实数，即 $\hat{\boldsymbol{S}}(\xi) = \exp\left[\frac{\xi}{2}(\hat{\boldsymbol{a}}^{\dagger 2} - \hat{\boldsymbol{a}}^2)\right]$。

方程（2.67）中 $\hat{\boldsymbol{S}}(\xi)$ 用到了矩阵的幂指数运算的形式。这里需要补充一下关于矩阵运算的相关知识。如果 $\boldsymbol{A}$ 是一个方阵，矩阵的指数运算 $e^{\boldsymbol{A}}$ 的定义为

$$e^{\boldsymbol{A}} = \exp\boldsymbol{A} = \sum_{k=0}^{\infty}\frac{\boldsymbol{A}^k}{k!} = \boldsymbol{I} + \boldsymbol{A} + \frac{\boldsymbol{A}^2}{2} + \cdots \tag{2.68}$$

式中，$\boldsymbol{I} = \boldsymbol{A}^0$ 为矩阵 $\boldsymbol{A}$ 的 0 次幂。因此，由于 $\hat{\boldsymbol{a}}^{\dagger}$ 和 $\hat{\boldsymbol{a}}$ 均是一个矩阵，于是 $\hat{\boldsymbol{S}}(\xi)$ 本身也是一个矩阵。

单模压缩态可以看作单模压缩操作 $\hat{\boldsymbol{S}}(\xi)$ 作用在真空态上所形成的量子态。单模压缩操

---

① 压缩态 dB 的定义参考式（2.78）。

② 更一般的压缩相干态可以参考第 2.5.4 节。

作 $\hat{S}(\xi)$ 本身是一个酉正矩阵，它可以用具体物理过程来确定性实现。光学参量振荡（Optic Parametric Oscillation）是制备单模压缩态最为常见的方式。

数学上，单模压缩态在光子数态组成的基矢上可以表示为

$$|\xi\rangle=\frac{1}{\sqrt{\cosh(\xi)}}\sum_{k=0}^{\infty}\left(\frac{\tanh(\xi)}{2}\right)^{k}\frac{\sqrt{(2k)!}}{k!}|2k\rangle \tag{2.69}$$

这是一个有趣的量子态，它仅在偶数光子数态 $|0\rangle$，$|2\rangle$，$|4\rangle$ 上有非零系数。在任何奇数光子数态 $|1\rangle$，$|3\rangle$，$|5\rangle$ 的相应系数恰为零。

在图 2.1 中清晰地给出了单模压缩真空态 $|\xi=0.5\rangle$ 在各个光子数态上的分布概率

$$P_n=\frac{1}{\cosh(\xi)}\left(\frac{\tanh(\xi)}{2}\right)^{n}\frac{n!}{(n/2)!\,(n/2)!} \tag{2.70}$$

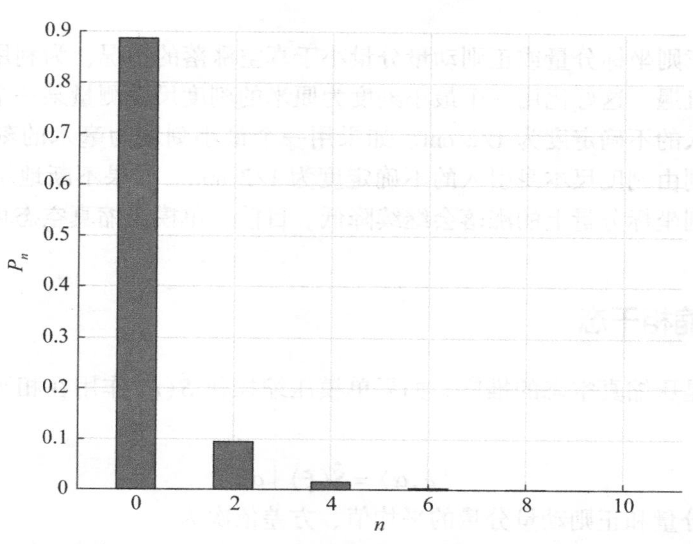

图 2.1　单模压缩真空态 $|\xi=0.5\rangle$ 在各光子数态上分布示意图（光子截断到 $D=12$，即在 $\{|0\rangle,|1\rangle,\cdots,|11\rangle\}$ 组成的子空间进行量子态模拟）

下面看一下其“压缩”性质。如果一个量子光场被制备成单模压缩真空态 $|\xi\rangle$，可以去测量其正则坐标分量和正则动量分量，可以发现

$$\langle\hat{x}\rangle=\langle\xi|\hat{x}|\xi\rangle=0 \tag{2.71}$$

$$\langle\hat{x}^2\rangle=\langle\xi|\hat{x}^2|\xi\rangle=\frac{1}{2}e^{2\xi} \tag{2.72}$$

$$\langle\delta_{\hat{x}}^2\rangle=\langle\hat{x}^2\rangle-\langle\hat{x}\rangle^2=\frac{1}{2}e^{2\xi} \tag{2.73}$$

$$\langle\hat{p}\rangle=\langle\xi|\hat{p}|\xi\rangle=0 \tag{2.74}$$

$$\langle\hat{p}^2\rangle=\langle\xi|\hat{p}^2|\xi\rangle=\frac{1}{2}e^{-2\xi} \tag{2.75}$$

$$\langle\delta_{\hat{p}}^2\rangle=\langle\hat{p}^2\rangle-\langle\hat{p}\rangle^2=\frac{1}{2}e^{-2\xi} \tag{2.76}$$

于是，发现压缩态条件下，正则坐标分量的涨落大于 $\frac{1}{2}$，正则动量分量涨落小于 $\frac{1}{2}$。

于是，正则动量分量的涨落“压缩”了，而正则坐标分量的涨落“反压缩”了。不难看出，ξ 越大，正则坐标分量的涨落“反压缩”越严重。为了定义压缩程度，通常引入压缩度的概念。

定义 2.5.1 压缩度。

人们以真空涨落 1/2 为基准，定义压缩度（单位是 dB）

$$S_{\mathrm{dB}} = -10\log_{10}\frac{\langle\delta_{\hat{x}}^2\rangle}{1/2} \tag{2.77}$$

于是，压缩真空态 $|\xi\rangle$ 的压缩度为

$$S_{\mathrm{dB}} = 20\xi\log_{10}\mathrm{e} \tag{2.78}$$

如果取 $\xi<0$，则正则坐标分量的涨落“压缩”了，而正则动量分量的涨落“反压缩”了。

量子光场的正则坐标分量或正则动量分量小于真空涨落的情况，为利用光场进行更加精密的测量提供了机遇。这好比用一个最小刻度为厘米的刻度尺去测量某一个物体的长度，则由刻度尺本身引入的不确定度为 1/2 cm。如果用一个最小刻度为毫米的刻度尺去测量某一个物体的长度，则由刻度尺本身引入的不确定度为 1/2 mm。如果不断地增加压缩度，则在压缩真空态的正则坐标分量上的涨落会继续降低。目前，单模压缩真空态可以应用到引力波探测中。

2.5.4 压缩相干态

压缩相干态是压缩真空态的推广。如果单模压缩操作 $\hat{S}(\xi)$ 作用在相干态上，则将会得到压缩相干态：

$$|\xi,\alpha\rangle = \hat{S}(\xi)\,|\alpha\rangle \tag{2.79}$$

此时，正则坐标分量和正则动量分量的平均值、方差依次为

$$\langle\xi,\alpha\,|\,\hat{x}\,|\,\xi,\alpha\rangle = \sqrt{2}\mathrm{e}^{\xi}\mathrm{Re}(\alpha) \tag{2.80}$$

$$\langle\xi,\alpha\,|\,\hat{x}^2\,|\,\xi,\alpha\rangle = 2\mathrm{e}^{2\xi}(\mathrm{Re}(\alpha))^2 + \frac{1}{2}\mathrm{e}^{2\xi} \tag{2.81}$$

$$\langle\xi,\alpha\,|\,\hat{p}\,|\,\xi,\alpha\rangle = \sqrt{2}\mathrm{e}^{-\xi}\mathrm{Im}(\alpha) \tag{2.82}$$

$$\langle\xi,\alpha\,|\,\hat{p}^2\,|\,\xi,\alpha\rangle = 2\mathrm{e}^{-2\xi}(\mathrm{Im}(\alpha))^2 + \frac{1}{2}\mathrm{e}^{-2\xi} \tag{2.83}$$

$$\langle\delta_{\hat{x}}^2\rangle = \frac{1}{2}\mathrm{e}^{2\xi} \tag{2.84}$$

$$\langle\delta_{\hat{p}}^2\rangle = \frac{1}{2}\mathrm{e}^{-2\xi} \tag{2.85}$$

压缩相干态的平均光子数为

$$\langle\xi,\alpha\,|\,\hat{a}^{\dagger}\hat{a}\,|\,\xi,\alpha\rangle = \cosh(2\xi)\,|\alpha|^2 + \sinh^2(\xi) + \frac{\sinh(2\xi)}{2}(\alpha^2 + \alpha^{*2}) \tag{2.86}$$

在图 2.2 中，给出了 $\alpha = 0.4 + 0.3\mathrm{i}$ 一定时，正则坐标分量的方差和正则动量分量的方差随着相干态参数的变化情况。可以看出，随着 ξ 变大，正则坐标分量的方差逐渐变大，正则动量分量的方差逐渐减小。

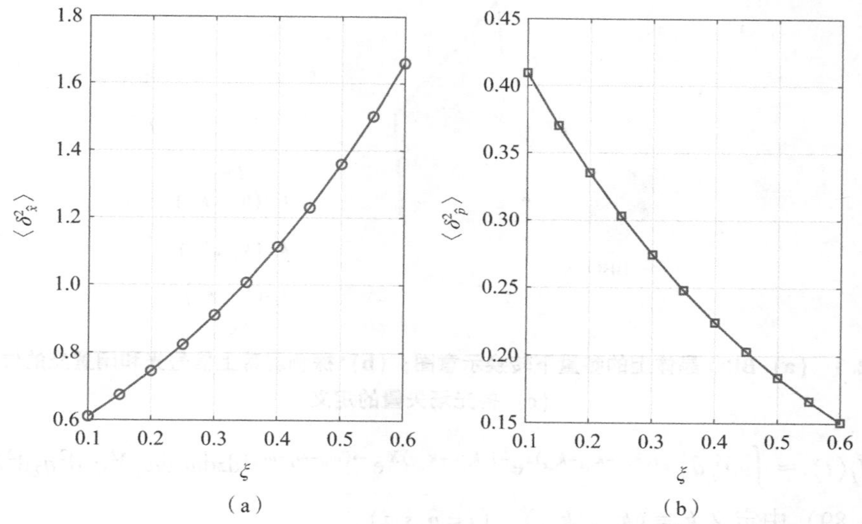

图 2.2　压缩相干态 $|\xi,\alpha\rangle$ 的正则坐标分量（a）和正则动量分量（b）的方差（光子数空间为 $\{|0\rangle, |1\rangle, \cdots, |34\rangle\}$，其他参数为 $\alpha = 0.4 + 0.3\mathrm{i}$）

2.5.5　参量下转换态

参量下转换英文全称为 Spontaneous parametric down - conversion，简称为 SPDC。它是量子光学中一个十分重要的技术。卡罗尔·艾利与史砚华首先用自发参量下转换机制制造出纠缠态[84]。鲁巴·戈什（Ruba Ghosh）与伦纳德·曼德尔最早利用自发参量下转换实验获得双粒子干涉条纹[85]。

经过 50 余年的发展，参量下转换不断成熟，在基于光子的量子纠缠的所有文献中，几乎都能看到参量下转换的身影。这里对参量下转换的原理作简要介绍，更多关于参量下转换的详细介绍可以参考 1970 年大卫·伯纳姆（David Burnham）与唐纳德·温伯格（Donald Weinberg）的论文[86]。

光学参量下转换通常通过一束较强的激光去照射一个非线性晶体来实现，如图 2.3 所示。最典型的非线性晶体是偏硼酸钡晶体（beta - barium borate，BBO）。由于工作波长不同，人们有时也用磷酸二氢钾（KDP）、周期极化铌酸锂晶体（Periodically Poled Lithium Niobate，PPLN）等。在非线性晶体内部，将会发生入射光子向出射光子对的转换。一束 532 nm 的激光经过非线性晶体可以产生两束 1 064 nm 的光。从微观上看，一个入射光子将会被转换成两个光子，在文献中，这对出射的光子分别被称信号光子（Signal photon）和闲置光子（Idle photon）。

在理论上，参量下转换后产生的光子态可以表示为[87]

$$|\boldsymbol{\psi}_{\mathrm{SPDC}}\rangle = \hat{S}_{\mathrm{SPDC}}\,|0\rangle\,|0\rangle \tag{2.87}$$

其中，定义泵浦光的传播方向为 z 向，与传播方向 z 垂直的平面内的坐标向量为 $\boldsymbol{X}$。算符 $\hat{S}_{\mathrm{SPDC}}$ 的具体形式为：

$$\hat{S}_{\mathrm{SPDC}} = \exp\left[-\frac{1}{\mathrm{i}\hbar}\int \boldsymbol{H}_I(t')\,\mathrm{d}t'\right] \tag{2.88}$$

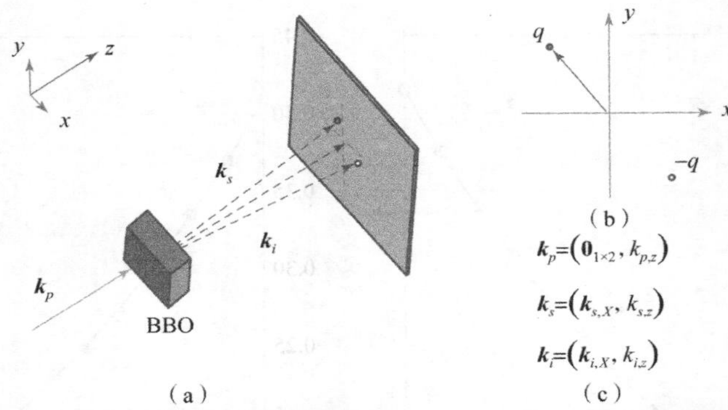

图 2.3 (a) BBO 晶体上的参量下转换示意图；(b) 探测屏幕上信号光和闲置光的位置；(c) 各光场矢量的定义

$$\boldsymbol{H}_I(t) \approx \int g\hat{\boldsymbol{a}}_{\kappa_s}^\dagger \hat{\boldsymbol{a}}_{\kappa_i}^\dagger \mathrm{e}^{\mathrm{i}(k_{p,z}-k_{s,z}-k_{i,z})z}\mathrm{e}^{-\mathrm{i}(\boldsymbol{k}_{s,X}+\boldsymbol{k}_{i,X})\boldsymbol{X}}\mathrm{e}^{-\mathrm{i}(\omega_p-\omega_s-\omega_i)t}\mathrm{d}z\mathrm{d}\omega_s\mathrm{d}\omega_i\mathrm{d}^2q_1\mathrm{d}^2q_2\mathrm{d}^2\boldsymbol{X} \tag{2.89}$$

式（2.89）中定义 $\boldsymbol{k}_j \equiv (\boldsymbol{k}_{j,X}, \boldsymbol{k}_{j,z})$，$(j=p,s,i)$。

首先，设晶体在 z 方向上的长度为 L，对于 z 方向上的积分 $\int \mathrm{d}z$，则表示为

$$\int_0^L \mathrm{e}^{\mathrm{i}(k_{p,z}-k_{s,z}-k_{i,z})z}\mathrm{d}z = L\mathrm{e}^{\mathrm{i}\Delta kL/2}\mathrm{sinc}(\Delta kL/2) \tag{2.90}$$

式中，$\Delta k = k_{p,z} - k_{s,z} - k_{i,z}$ 是在 z 方向上的位相失谐条件，$\mathrm{sinc}(\gamma)$ 函数定义为

$$\mathrm{sinc}(\gamma) = \begin{cases} 1, & \gamma = 0 \\ \dfrac{\sin(\gamma)}{\gamma}, & \gamma \neq 0 \end{cases} \tag{2.91}$$

当 $L \to \infty$ 时，$\mathrm{sinc}(\Delta kL/2)$ 逼近于 $\delta_{\Delta kL/2,0}$。于是，参量下转换需要有

$$\Delta k = k_{p,z} - k_{s,z} - k_{i,z} = 0 \tag{2.92}$$

这即是动量守恒条件。

其次，对于时间的积分 $\int \mathrm{d}t$，有

$$\int_0^T \mathrm{e}^{-\mathrm{i}(\omega_p-\omega_s-\omega_i)t}\mathrm{d}t = T\mathrm{e}^{-\mathrm{i}\Delta\omega T/2}\mathrm{sinc}\left(\frac{\Delta\omega T}{2}\right) \tag{2.93}$$

式中，$\Delta\omega = \omega_p - \omega_s - \omega_i$ 是频率域的位相失配。

当 $T \to \infty$ 时，$\mathrm{sinc}\left(\dfrac{\Delta\omega T}{2}\right)$ 又趋向于 $\delta_{\frac{\Delta\omega T}{2},0}$。于是，只有在

$$\Delta\omega = \omega_p - \omega_s - \omega_i = 0 \tag{2.94}$$

时，才会发生有效的参量下转换。式（2.94）又称为参量下转换的能量守恒条件。

为了简化分析，可以设泵浦光场近似为平面波，并且泵浦光与晶体在横向上的作用区域足够大，则有

$$\int \mathrm{d}^2\boldsymbol{X}\mathrm{e}^{\mathrm{i}(\boldsymbol{k}_{s,X}+\boldsymbol{k}_{i,X})\boldsymbol{X}} = (2\pi)^2\delta(\boldsymbol{k}_{s,X} + \boldsymbol{k}_{i,X}) \tag{2.95}$$

于是，信号模式与闲置模式在横向上的分量恰为反关联，$\boldsymbol{k}_{s,X} + \boldsymbol{k}_{i,X} = \boldsymbol{0}$。如果令 $\boldsymbol{k}_{s,X} = \boldsymbol{q}$，则

$$\boldsymbol{k}_{i,X} = -\boldsymbol{q} \tag{2.96}$$

可以把参量下转换过程中的算符 $\hat{\boldsymbol{S}}_{\mathrm{SPDC}}$ 表示为

$$\hat{\boldsymbol{S}}_{\mathrm{SPDC}} = \exp\left[\int (f(\boldsymbol{q},\Omega)\hat{\boldsymbol{a}}_{q,\Omega}^{\dagger}\hat{\boldsymbol{a}}_{-q,-\Omega}^{\dagger} - H.C.)\mathrm{d}^2\boldsymbol{q}\mathrm{d}\Omega\right] \tag{2.97}$$

式中，$H.C.$ 表示轭米共轭，$\omega_s=\omega_p/2+\Omega$，$\omega_i=\omega_p/2-\Omega$，$f(\boldsymbol{q},\Omega)$取决于泵浦光场和非线性晶体的相互作用。

根据对易关系$[\hat{\boldsymbol{a}}_{\boldsymbol{q},\Omega},\hat{\boldsymbol{a}}_{\boldsymbol{q}',\Omega'}]=\delta_{\boldsymbol{q},\boldsymbol{q}'}\delta_{\Omega,\Omega'}\hat{\boldsymbol{I}}$，并且当$[\hat{\boldsymbol{A}},\hat{\boldsymbol{B}}]=0$时，利用关系$\mathrm{e}^{x(\hat{\boldsymbol{A}}+\hat{\boldsymbol{B}})}=\mathrm{e}^{x\hat{\boldsymbol{A}}}\mathrm{e}^{x\hat{\boldsymbol{B}}}$，易知

$$|\boldsymbol{\psi}_{\mathrm{SPDC}}\rangle = \bigotimes_{q,\Omega}\exp[f(\boldsymbol{q},\Omega)\hat{\boldsymbol{a}}_{q,\Omega}^{\dagger}\hat{\boldsymbol{a}}_{-q,-\Omega}^{\dagger} - H.C.]|0\rangle|0\rangle \tag{2.98}$$

参量下转换产生的光可以写作

$$|\boldsymbol{\psi}_{\mathrm{SPDC}}\rangle = \bigotimes_{\boldsymbol{q},\Omega}|\boldsymbol{\psi}_{\mathrm{TMSS}}\rangle_{\boldsymbol{q},\Omega} = \bigotimes_{\boldsymbol{q},\Omega}\sum_n c_{\boldsymbol{q},\Omega}(n)|n\rangle_{\boldsymbol{q},\Omega}|n\rangle_{-\boldsymbol{q},-\Omega} \tag{2.99}$$

式中，$c_{\boldsymbol{q},\Omega}(n)=\sqrt{\dfrac{\mu^n}{(\mu+1)^{n+1}}}$，$\mu=\sinh^2|f(\boldsymbol{q},\Omega)|$。

如果考虑某一个确定的矢量$\boldsymbol{q}$和确定的频率Ω，它的形式可以表示为

$$|\boldsymbol{\psi}_{\mathrm{TMSS}}\rangle = \sum_{n=0}^{\infty}\frac{1}{\sqrt{1+N_S}}\left(\sqrt{\frac{N_S}{1+N_S}}\right)^n|n\rangle|n\rangle \tag{2.100}$$

式中，N_S恰好为输出的每一路上的平均光子数。不难发现，参量下转换的两路输出在光子数上总是保持相同，同时为0光子态，即$|0\rangle|0\rangle$；同时为1光子态，即$|1\rangle|1\rangle$；同时为2光子态，即$|2\rangle|2\rangle$；同时为3光子态，即$|3\rangle|3\rangle$等。这是一种经常用到的光子数纠缠态。

最后，值得强调一下，该量子态中存在一定的双模压缩，又称为**两模压缩真空态**[88-90]。

两模压缩真空态与单模热态有着十分密切的联系。如果对两模压缩真空态的其中一路进行部分求迹，则可以得到

$$\begin{aligned}\boldsymbol{\rho} &= \mathrm{Tr}_2[|\boldsymbol{\psi}\rangle\langle\boldsymbol{\psi}|] \\ &= \sum_{k=0}^{\infty}(\boldsymbol{I}\otimes\langle k|)|\boldsymbol{\psi}\rangle\langle\boldsymbol{\psi}|(\boldsymbol{I}\otimes|k\rangle) \\ &= \sum_{n=0}^{\infty}\frac{1}{1+N_S}\left(\frac{N_S}{N_S+1}\right)^n|n\rangle\langle n|\end{aligned} \tag{2.101}$$

此式恰为一个单模热态，其平均光子数恰恰为N_S。

两模压缩真空态在连续变量量子通信和连续变量量子计算[91,92]中有着极其广泛的应用，而在量子雷达中，往往把两模压缩真空态作为目标探测的信号源加以使用。

2.6 小结

量子态的调控和处理是依据量子雷达进行目标探测的重要环节。本章简单介绍了下文中经常用到的量子态的基本概念、量子态的基本操作，最后，还对常见的几种量子态进行了梳理。这些常用的量子态既包括纯态（相干态、压缩态）、混态（热态），还包括纠缠态（参量下转换态），是量子雷达的分析和设计中经常使用的重要资源，也是量子信息基础知识的重要组成部分。

第3章

光量子态的演化与经典仿真

在量子雷达中，用量子态与目标相互作用并从量子态的变化获得目标的信息。而量子态如何与待测的潜在目标相互作用并加载目标的相关信息呢？这就需要对量子态与目标作用过程中的量子态演化进行研究。本章着重介绍光量子态的演化与仿真。光量子态是以光为物理载体，而光以光速传播，因此，光量子态又叫飞行量子态，也是最适合用于与待测目标相互作用的量子态。虽然承载光量子态的光的波长一般在微米量级，但光量子态的演化与仿真方法同样也适用于更大波长的微波光子的量子态描述。因此，光量子态的演化与仿真对于研究未来微波波段的量子雷达也具有重要意义。

3.1 量子态的演化

量子态的演化即指量子态的动力学演化，通俗地说，就是量子态随时间的变化。求解出量子态的演化，可以给出任意时刻量子态的具体形式，为提取量子态的相关信息、设计量子态与目标的相互作用提供有力依据。

在实验室宏观低速的经典系统中，物体运动必须遵从牛顿运动方程这一客观规律；而在量子系统中，量子态的演化同样也要遵从一定的自然规律，这个规律就是薛定谔方程。薛定谔方程是微观量子体系量子态的偏微分方程：

$$\mathrm{i}\hbar\frac{\partial|\boldsymbol{\psi}\rangle}{\partial t}=\boldsymbol{H}|\boldsymbol{\psi}\rangle \tag{3.1}$$

式中，$\hbar=h/(2\pi)$，$h=6.62\times10^{-34}\,\mathrm{J\cdot s}$，是普朗克常量；$\boldsymbol{H}$ 是由系统能量所决定的哈密顿量。

这个著名的方程于1926年由奥地利的著名物理学家薛定谔首先提出[93]。只要知道了初始时刻的量子态 $|\boldsymbol{\psi}(t=0)\rangle$，通过求解薛定谔方程就可以计算出任意时刻量子系统的量子态 $|\boldsymbol{\psi}(t)\rangle$。

特别地，当 $\boldsymbol{H}$ 不随时间变化而变化时，即 $\boldsymbol{H}$ “不含时”，任意时刻量子态可以表示为

$$|\boldsymbol{\psi}(t)\rangle=\mathrm{e}^{-\mathrm{i}\frac{\boldsymbol{H}t}{\hbar}}|\boldsymbol{\psi}(0)\rangle \tag{3.2}$$

因为 $\boldsymbol{H}$ 是体系的哈密顿量，它是一个轭米矩阵①。根据式（2.68），$\boldsymbol{U}=\mathrm{e}^{-\mathrm{i}\frac{\boldsymbol{H}t}{\hbar}}$ 是一个与 $\boldsymbol{H}$ 具有相同维度的矩阵。而且，$\boldsymbol{U}$ 满足

① 轭米矩阵定义是：轭米转置仍为它自身的矩阵。

$$U^{\dagger}U = UU^{\dagger} = I \tag{3.3}$$

即 U 是酉矩阵。

不同的酉矩阵对应着不同的量子态演化规则。使用不同的酉矩阵，就意味着对量子态进行不同的量子态演化。通过对酉矩阵的优化，可以提高目标信息获取效率、降低发射机功率，提高量子雷达的实际性能。

值得说明的是，薛定谔方程可以预测一个封闭量子系统从初始的一个纯态会在什么时间演化到另一个什么样的量子纯态。如果系统不是封闭的，而是开放系统，系统会与环境之间有能量交换而发生耗散。那么量子系统就要用量子混态来描述。而混态的动力学演化也可以用一个方程来描述。该方程本质上也是由薛定谔方程衍生而来的。该方程叫主方程（Master Equation）[94]。典型的主方程具有如下形式：

$$\frac{\mathrm{d}\boldsymbol{\rho}}{\mathrm{d}t} = -\mathrm{i}[\boldsymbol{H},\boldsymbol{\rho}] + \mathscr{L}(\boldsymbol{O})\boldsymbol{\rho} \tag{3.4}$$

式中，$\mathscr{L}(\boldsymbol{O})\boldsymbol{\rho} = 2\boldsymbol{O}\boldsymbol{\rho}\boldsymbol{O}^{\dagger} - \boldsymbol{O}^{\dagger}\boldsymbol{O}\boldsymbol{\rho} - \boldsymbol{\rho}\boldsymbol{O}^{\dagger}\boldsymbol{O}$，$\boldsymbol{O}$ 为与系统能量耗散有关的算符。

3.2 光量子态演化的经典仿真

量子态的经典仿真是指利用经典计算机来表征和模拟量子态。在对光量子态的经典仿真中，Fock 态即光子数态是最常用的一组基，量子纯态或混态在该基下可以写成向量和矩阵。只要求解关于这些向量或矩阵的微分方程，即可完成量子态演化的经典仿真。特别是，可以利用非常成熟的商业软件，如 MATLAB、MATHEMATICA 等对量子态的演化进行非常方便的仿真。

3.3 光量子态在 MATLAB 中有效截断与表示

严格地说，光量子态需要无限维希尔伯特空间来描述。为不失一般性，设量子态为 $|\boldsymbol{\psi}\rangle = \sum_{n=0}^{\infty} c_n |n\rangle$。由于 Σ 的下标为 0、上标为无限大，基矢的个数也应为无限大，即

$$\{|0\rangle, |1\rangle, |2\rangle, \cdots, |100\rangle, \cdots, |\infty\rangle\} \tag{3.5}$$

然而，在计算机中，由于计算机的计算资源是有限的，必须用有限维量子态空间去近似一个无限维空间，这即是无限维空间的有效截断问题。如果截断所保留的空间维度太低，则失去了较多的高维信息。如果截断所保留的空间维度太高，则会消耗较多的计算存储空间和仿真计算时间。在实际操作过程中，在计算误差允许的范围内，往往保留较低的空间维度，以节约仿真所需的时间。

一般地，用 D 维空间来近似无限维希尔伯特空间。D 维空间中的 Fock 态可用 D 行 1 列的列向量来表示：

$$|0\rangle = (1,0,0,\cdots,0)^{\mathrm{T}} \tag{3.6}$$

$$|1\rangle = (0,1,0,\cdots,0)^{\mathrm{T}} \tag{3.7}$$

$$|2\rangle = (0,0,1,\cdots,0)^{\mathrm{T}} \tag{3.8}$$

$$\cdots$$

$$|D-1\rangle = (0,0,0,\cdots,1)^{\mathrm{T}} \tag{3.9}$$

于是，任意一个 D 维量子纯态 $|\boldsymbol{\psi}\rangle=\sum_{n=0}^{D-1}c_n|n\rangle$ 可以表示为

$$|\boldsymbol{\psi}\rangle=c_0|0\rangle+c_1|1\rangle+c_2|2\rangle+\cdots+c_{D-1}|D-1\rangle \tag{3.10}$$

为了方便，本书后续章节主要采用 MATLAB 运行环境进行计算机仿真。特别需要说明的是，在 MATLAB 中，数组元素的下标是从 1 开始的。而在光量子态的基矢表示中，则以 0 开始。这就需要在二者之间进行一个位置的转换。

例 3.3.1 一个五维量子态的仿真。

在本书附录 A.1.1 中，给出了对于五维量子态 $|\boldsymbol{\psi}\rangle=\frac{1}{\sqrt{5}}(|0\rangle+|1\rangle+|2\rangle+|3\rangle+|4\rangle)$ 的仿真。在 MATLAB 中，可以很方便地定义 $|n\rangle$，$n=0,1,2,3,4$，并在此基础上完成系数 $|\boldsymbol{\psi}\rangle$ 的计算。

事实上，在大规模计算中，附录 A.1.1 的运行效率并不高，这是因为程序本身涉及了较多的向量相加运算。而实际上，通过设定数组元素下标与光量子态基矢的对应关系可以直接给出更加高效的运行程序。在附录 A.1.2 中，用 HangFunc1( ) 函数给出了二者的对应关系，通过直接修改 psi 向量的对应元素的值完成了五维量子态 $|\boldsymbol{\psi}\rangle$ 的计算。经过检验，附录 A.1.1 和附录 A.1.2 的结果是一致的。

例 3.3.1 是一个五维量子态的 MATLAB 仿真。由于量子态的维数有限，同时计算机的存储也足够大，可以实现非常精确的计算机表示。许多时候，如果量子态为无限维，则需要进行有效截断。

例 3.3.2 相干态的仿真。

以相干态（2.3）为例，在图 3.1（a）中和图 3.1（b）中分别给出了 $\alpha=0.1$ 和 $\alpha=2.6$ 时相干态在 $|0\rangle,|1\rangle,\cdots,|10\rangle$ 各个 Fock 态的复系数

$$c_n=\frac{\mathrm{e}^{-|\alpha|^2/2}\alpha^n}{\sqrt{n!}} \tag{3.11}$$

可以看出，当 $\alpha=0.1$ 时，选择的 11 维截断是有效的。c_n 在 $n\geqslant 3$ 时几乎可以忽略。

在早期的量子密码中，由于没有使用诱骗态[95]，通常所使用的相干态 α 很小。最常用的 $\alpha=0.1$[96]。在 2004 年以后，诱骗态量子密码的思想得以提出[97,98]。人们可以用更强的相干态，如 $\alpha=0.6$ 进行量子密码中密钥信息的编码。

当然，继续增加相干态的参数 α，需要增加子空间的维数来提高近似的程度。如图 3.1 所示，当 $\alpha=2.6$ 时，在 $|11\rangle$，$|12\rangle$ 等态上的分布已经不能忽略了。为了衡量有限截断引入的误差，往往采用保真度的概念。误差越小，保真度越高；反之，误差越大，保真度越低。

定义 3.3.1 保真度：保真度是用来衡量两个量子态近似程度的物理量。为不失一般性，用 $\boldsymbol{\rho}$ 和 $\boldsymbol{\sigma}$ 分别表示两个量子态的密度矩阵，其保真度定义为

$$F=\mathrm{Tr}(\sqrt{\boldsymbol{\sigma}}\boldsymbol{\rho}\sqrt{\boldsymbol{\sigma}}) \tag{3.12}$$

特别地：

（1）当两个态都是纯态时，其保真度可以定义为

$$F=|\langle\boldsymbol{\psi}_1|\boldsymbol{\psi}_2\rangle|^2 \tag{3.13}$$

式中，$|\boldsymbol{\psi}_1\rangle$，$|\boldsymbol{\psi}_2\rangle$ 为所考察的两个纯态。

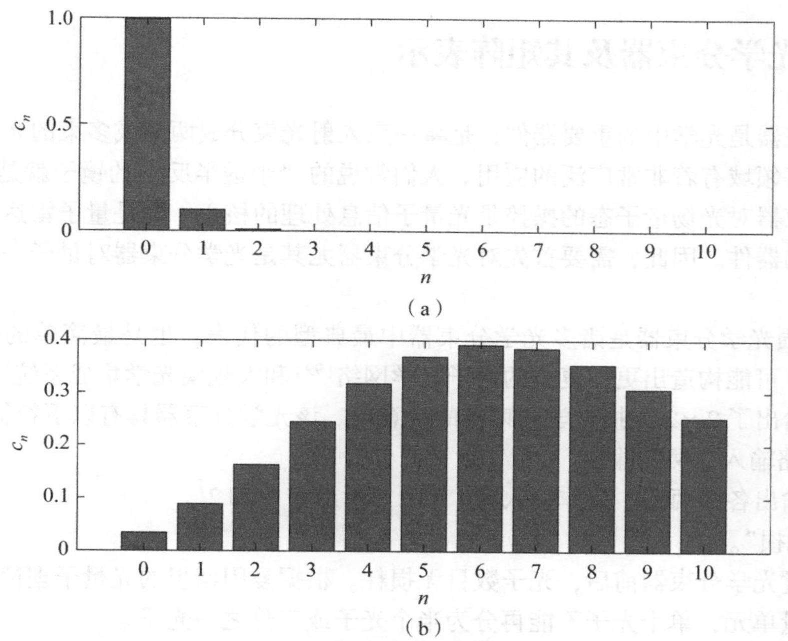

图 3.1　相干态在各光子数态上的分布

（a）$\alpha=0.1$；（b）$\alpha=2.6$

（2）当一个为混态 $\boldsymbol{\rho}$，一个为纯态 $|\boldsymbol{\psi}\rangle$ 时，其保真度定义为

$$F=\langle\boldsymbol{\psi}|\boldsymbol{\rho}|\boldsymbol{\psi}\rangle \tag{3.14}$$

当保真度为 1 时，两个量子态完全相同；当保真度为 0 时，两个态相互正交。

对相干态进行有限截断，截断后的量子态与原来量子态的保真度会随着截断维数的变大而变大。在图 3.2 中，给出了利用计算机进行仿真相干态 $|\alpha\rangle$，$\alpha=2.0$ 时，保真度随着截断维数 D 的变化关系。

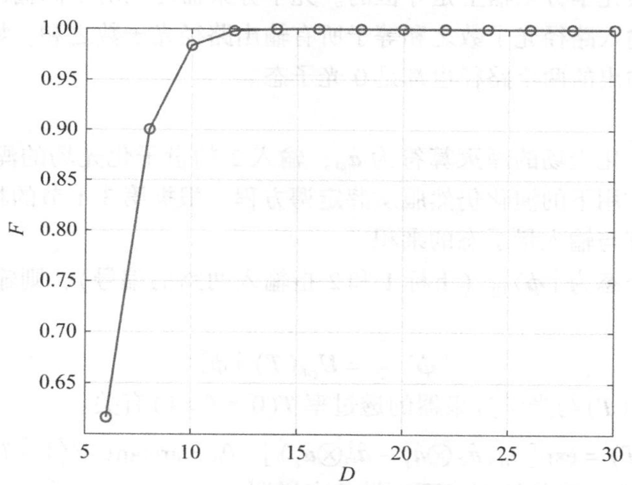

图 3.2　相干态 $|\alpha\rangle$，$\alpha=2.0$ 时有限截断后的量子态与无限维空间中量子态之间的保真度与截断维数之间的关系

3.4 光学分束器及其矩阵表示

光学分束器是光学中的重要器件，是将一束入射光束分成两束或多束的光学器件，在干涉、自相干等领域有着非常广泛的应用。人们常说的“半透半反”的镜子就是光学分束器。

光学分束器对光场量子态的操控是光量子信息处理的核心，也是量子雷达的分析和设计中不可或缺的器件。因此，需要首先对光学分束器尤其是光学分束器对量子态的变换效果进行介绍。

2×2 无损光学分束器是诸多光学分束器中最典型的代表，也是最简单的模型，利用该光学分束器，可能构造出更加复杂的量子光学网络[99]和大规模光学集成系统[100]。

图 3.3 给出了 2×2 无损光学分束器的示意图。该光学分束器具有以下特征：

(1) 两路输入、两路输出。

输入和输出各为两路。记作输入为 1 和 2，输出为 1′和 2′。

(2)“无损”。

光场经过光学分束器前后，光子数目无损耗。根据爱因斯坦的光量子理论，单个光子是光场最小能量单元，单个光子不能再分为半个光子或三分之一光子。

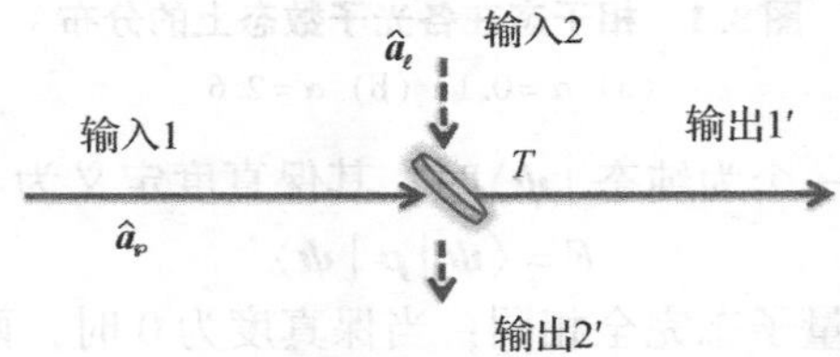

图 3.3 分束器的基本变换（输入和输出均为两个，输入 1 的光场湮灭算符为 $\hat{a}_\wp$，输入 2 的光场湮灭算符为 $\hat{a}_\ell$）

光子数目在无损光学分束器上是守恒的。光学分束器可以对不同输出路径上的光子进行重新分配，但所有输入路径光子数之和等于所有输出路径光子数之和。如果两个输入路径均为 0 光子输入，则输出的两个路径也都是 0 光子态。

(3) 酉正性。

设输入 1 的量子化光场的湮灭算符为 $\hat{a}_\wp$，输入 2 的量子化光场的湮灭算符为 $\hat{a}_\ell$，输入光场在光学分束器作用下的演化仍然服从薛定谔方程。根据第 3.1 节的相关知识，输出量子态可以表示酉正矩阵与输入量子态的乘积。

设两路输入量子态为 $|\boldsymbol{\phi}\rangle_{12}$（下标 1 和 2 指输入两路的编号），则输出 1′和 2′上的量子态可以表示为

$$|\boldsymbol{\phi}\rangle_{1'2'} = \boldsymbol{U}_{\wp\ell}(T)\,|\boldsymbol{\phi}\rangle_{12} \tag{3.15}$$

式中，酉正矩阵 $\boldsymbol{U}_{\wp\ell}(T)$ 与光学分束器的透过率 $T(0<T<1)$ 有关：

$$\boldsymbol{U}_{\wp\ell}(T) = \exp[\theta_0(\hat{\boldsymbol{a}}_\wp \otimes \hat{\boldsymbol{a}}_\ell^\dagger - \hat{\boldsymbol{a}}_\wp^\dagger \otimes \hat{\boldsymbol{a}}_\ell)],\ \theta_0 = \arctan(\sqrt{(1-T)/T}) \tag{3.16}$$

为了增加对于 $\boldsymbol{U}_{\wp\ell}(T)$ 的认识，下面做几点说明：

(1) $\boldsymbol{U}_{\wp\ell}(T)$ 是一个维度更大的矩阵。

由式（2.43）知，湮灭算符 $\hat{\boldsymbol{a}}_\wp$ 和 $\hat{\boldsymbol{a}}_\ell$ 均为矩阵，而且，如果考虑空间的有限截断，则有

$\hat{a}_\wp$和a_ℓ均为D维矩阵：

$$\hat{a}_\wp = \sum_{n=1}^{D-1}\sqrt{n}\,|n-1\rangle_1\langle n|,\ \hat{a}_\ell = \sum_{n=1}^{D-1}\sqrt{n}\,|n-1\rangle_2\langle n| \tag{3.17}$$

式中，下标1和2分别指输出1′和输出2′。

因此，$\hat{a}_\wp\otimes\hat{a}_\ell^\dagger$和$\hat{a}_\wp^\dagger\otimes\hat{a}_\ell$均为$D^2$维矩阵。根据式（2.68）中矩阵运算性质，易知$U_{\wp\ell}(T)$为$D^2$维矩阵。

（2）$U_{\wp\ell}(T)$是酉正矩阵。

根据式（3.16）易知

$$U_{\wp\ell}(T)^\dagger = (U_{\wp\ell}(T))^{-1},\ U_{\wp\ell}(T)U_{\wp\ell}(T)^\dagger = I_{D^2} \tag{3.18}$$

式中，I_{D^2}表示D^2维单位矩阵。

既然$U_{\wp\ell}(T)$为矩阵，如果能得到$U_{\wp\ell}(T)$在Fock基下的矩阵表示，则对于认识光学分束器具有更加重要的意义。为了研究这个问题，需要首先了解$U_{\wp\ell}(T)$作用下Fock态的演化。不妨设输入1和输入2分别为输入n个和m个光子，即$|\phi\rangle = |n\rangle_1\otimes|m\rangle_2$。以下分别计算其演化：

$$|\phi'\rangle = U_{\wp\ell}(T)|n\rangle|m\rangle \tag{3.19}$$

3.4.1 Fock态输入且$m=0$

首先考虑输入1和输入2分别为$|n\rangle$和$|0\rangle$。根据湮灭算符的性质6（第2.5.2节），易知$|n\rangle = \frac{(\hat{a}_\wp^\dagger)^n}{\sqrt{n!}}|0\rangle$及

$$U_{\wp\ell}(T)|n\rangle|0\rangle = U_{\wp\ell}(T)\frac{(\hat{a}_\wp^\dagger)^n}{\sqrt{n!}}|0\rangle|0\rangle \tag{3.20}$$

$$= U_{\wp\ell}(T)\frac{(\hat{a}_\wp^\dagger)^n}{\sqrt{n!}}U_{\wp\ell}(T)^\dagger U_{\wp\ell}(T)|0\rangle|0\rangle \tag{3.21}$$

$$= \frac{1}{\sqrt{n!}}(U_{\wp\ell}(T)\hat{a}_\wp^\dagger U_{\wp\ell}(T)^\dagger)^n U_{\wp\ell}(T)|0\rangle|0\rangle \tag{3.22}$$

$$= \frac{1}{\sqrt{n!}}(U_{\wp\ell}(T)\hat{a}_\wp^\dagger U_{\wp\ell}(T)^\dagger)^n|0\rangle|0\rangle \tag{3.23}$$

其中，式（3.22）用了光子数守恒的性质，即两路输入为0光子，输出仍是0光子

$$U_{\wp\ell}(T)|0\rangle|0\rangle = |0\rangle|0\rangle \tag{3.24}$$

因此，只要计算出$U_{\wp\ell}(T)\hat{a}_\wp^\dagger U_{\wp\ell}(T)^\dagger$就可以完成整个计算。为此，可以借助以下定理：

定理3.4.1

$$U_{\wp\ell}(T)\hat{a}_\wp^\dagger U_{\wp\ell}(T)^\dagger = \cos(\theta_0)\hat{a}_\wp^\dagger + \sin(\theta_0)\hat{a}_\ell^\dagger \tag{3.25}$$

证明：该定理的证明需要借助Hausdorff公式[101]

$$e^{\alpha A}Be^{-\alpha A} = B + \alpha[A,B] + \frac{\alpha^2}{2!}[A,[A,B]] + \frac{\alpha^3}{3!}[A,[A,[A,B]]] + \cdots \tag{3.26}$$

为了方便，定义$\hat{O}_n = \underbrace{[A,[A,\cdots,[A,B]]]}_{n个A}$并设定$A = \theta_0(\hat{a}_\wp\hat{a}_\ell^\dagger - \hat{a}_\wp^\dagger\hat{a}_\ell)$，$\alpha=1$，可以计算出

$$\hat{O}_1 = [A,B] = \theta_0\hat{a}_\ell^\dagger \tag{3.27}$$

$$\hat{O}_2 = [A,[A,B]] = -\theta_0^2\hat{a}_{\wp}^{\dagger} \tag{3.28}$$

$$\hat{O}_3 = [A,[A,[A,B]]] = -\theta_0^3\hat{a}_{\ell}^{\dagger} \tag{3.29}$$

$$\hat{O}_4 = [A,[A,[A,[A,B]]]] = \theta_0^4\hat{a}_{\wp}^{\dagger} \tag{3.30}$$

$$\cdots \tag{3.31}$$

最后，不难得到

$$\begin{aligned} U_{\wp\ell}(T)\hat{a}_{\wp}^{\dagger}U_{\wp\ell}(T)^{\dagger} &= \hat{a}_{\wp}^{\dagger}\left(1-\frac{\theta_0^2}{2}+\frac{\theta_0^4}{4}-\frac{\theta_0^6}{6!}+\cdots\right)+\hat{a}_{\ell}^{\dagger}\left(\theta_0-\frac{\theta_0^3}{3!}+\frac{\theta^5}{5!}+\cdots\right) \\ &= \cos(\theta_0)\hat{a}_{\wp}^{\dagger}+\sin(\theta_0)\hat{a}_{\ell}^{\dagger} \end{aligned} \tag{3.32}$$

通过方程（3.23），知道量子态演化服从

$$U_{\wp\ell}(T)\,|n\rangle\,|0\rangle = \frac{1}{\sqrt{n!}}(\cos(\theta_0)\hat{a}_{\wp}^{\dagger}+\sin(\theta_0)\hat{a}_{\ell}^{\dagger})^n\,|0\rangle\,|0\rangle \tag{3.33}$$

$$= \frac{1}{\sqrt{n!}}\sum_{k=0}^{n}\binom{n}{k}(\cos\theta_0\hat{a}_{\wp}^{\dagger})^{n-k}(\sin\theta_0\hat{a}_{\ell}^{\dagger})^k\,|00\rangle \tag{3.34}$$

$$= \sum_{k=0}^{n}\sqrt{\binom{n}{k}}\cos(\theta_0)^{n-k}\sin(\theta_0)^k\,|n-k,k\rangle \tag{3.35}$$

于是，有

$$|\phi'\rangle = U_{\wp\ell}(T)\,|n\rangle\,|0\rangle = \sum_{k=0}^{n}\xi_{nk}\,|n-k\rangle\,|k\rangle \tag{3.36}$$

$$\xi_{nk} = \sqrt{\binom{n}{k}}(\sqrt{T})^{n-k}(\sqrt{1-T})^k \tag{3.37}$$

式中，$k=0,1,\cdots,n$；$\theta_0=\arctan\left(\sqrt{\frac{1-T}{T}}\right)$；$\binom{n}{k}=\frac{n!}{k!(n-k)!}$是二项式系数。

式（3.36）给出了非常有趣的结果。

（1）输入1有n个光子，输入2有0个光子，二者之和为n。而同时，输出则是以下$n+1$种可能的叠加：

$$|n\rangle\,|0\rangle,\,|n-1\rangle\,|1\rangle,\,|n-2\rangle\,|2\rangle,\,|n-3\rangle\,|3\rangle,\cdots,\,|0\rangle\,|n\rangle \tag{3.38}$$

第一种可能$|n\rangle\,|0\rangle$的物理含义是，输入1中所有的n个光子都从输入1经光学分束器“透射”到输出1′上。第二种可能$|n-1\rangle\,|1\rangle$的物理含义是，输入1中$n-1$个光子经光学分束器“透射”到输出1′上，同时有1个光子经光学分束器“反射”到输出2′上。依此类推，第$n+1$种可能$|0\rangle\,|n\rangle$则指输入1中n个光子全部经过光学分束器“反射”到输出2′上。而且单看其中的每一种可能，其两路输出的光子数之和恰等于两路输入的光子数之和。这也正是“无损光学分束器”上能量守恒的最本质的体现：光子不会凭空产生，也不会凭空消失，它只会从一路输出转移到另一路输出。而转移过程中光子数总和不变。

（2）输入$|n\rangle\,|0\rangle$为纯态，输出仍为纯态，只不过输出是$n+1$种可能的线性叠加。相比式（2.13）所给出的两种可能的叠加而言，光学分束器的输出是一种更加复杂的量子纠缠态。

（3）ξ_{nk}是第k种结果所对应的复系数，并且容易证明，对任意T，n，均有

$$\sum_{k=0}^{n} |\xi_{nk}|^2 = 1 \tag{3.39}$$

事实上，$|\xi_{nk}|^2$ 的物理含义即是第 $k(k=0,1,2,\cdots,n)$ 种可能出现的概率。概率和为 1 恰恰说明这 $n+1$ 种可能是完备的。如果用两个具有光子数分辨能力的光子探测器分别在输出 1′和输出 2′上探测，则二者的探测结果一定是$(n,0)$，$(n-1,1)$，$(n-2,2)$，…，$(0,n)$中的一种。

（4）最大概率问题。

可以观察 $|\xi_{nk}|^2$ 随 k 的变化关系。如果 $T=1/2$，易得

$$|\xi_{nk}|^2 = \left(\frac{1}{2}\right)^n \binom{n}{k} \tag{3.40}$$

即第 k 种可能出现的概率 $|\xi_{nk}|^2$ 将会在$\binom{n}{k}$取得最大值时达到最大。当 $n=10$ 时，易知二项式系数$\binom{10}{5}$最大。图 3.4 给出了概率 $|\xi_{nk}|^2$ 随着 k 的变化情况。再回到这个问题中，10 个光子从输入 1 输入光学分束器上，对于 $T=1/2$ 严格半反半透的光学分束器，输出 1′和输出 2′上的光子数相等的情况出现概率最大，这也最符合直观的物理事实。同时，还应看到，尽管输出 1′和输出 2′上的光子数相等的情况出现概率最大，但这个概率也仅仅只有 25%，仍然有 75% 的概率出现两个输出光子数并不相等的情况。相比之下，如果按经典光学把光作为电磁波来处理，经过 50 : 50 的光学分束器，能量只能以 50 : 50 进行分配，而不会出现两个输出能量不等的情况。在这里可以看出，只有考虑了光子作为微观粒子所具有的量子属性，才能给出正确的结果。

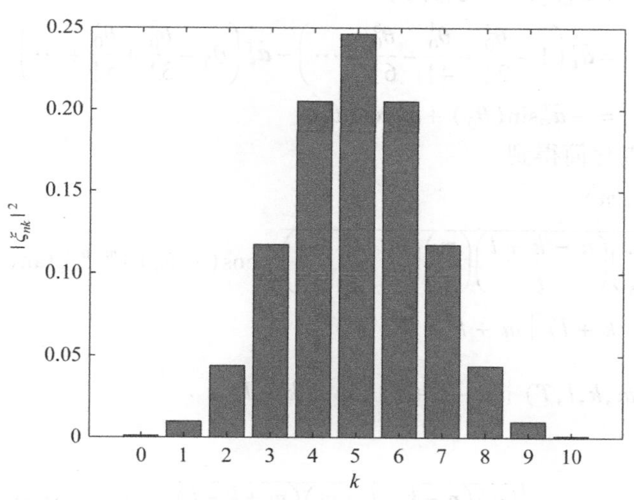

图 3.4　不同 k 条件下的 $|\xi_{nk}|^2$（其中 $n=10$，$T=0.5$）

3.4.2　Fock 态输入且 $m\neq0$

当输入分别为 n 光子和 m 光子态时，采用同样的方法，得到

$$U_{\wp\ell}(T)\,|n\rangle\,|m\rangle \tag{3.41}$$

$$=\frac{1}{\sqrt{n!\,m!}}(U_{\wp\ell}(T)\hat{a}_{\wp}^{\dagger}U_{\wp\ell}(T)^{\dagger})^{n}\,(U_{\wp\ell}(T)\hat{a}_{\ell}^{\dagger}U_{\wp\ell}(T)^{\dagger})^{m}\,|00\rangle \tag{3.42}$$

问题可以归结为计算$(U_{\wp\ell}(T)\hat{a}_{\ell}^{\dagger}U_{\wp\ell}(T)^{\dagger})^{m}$。

定理 3.4.2

$$U_{\wp\ell}(T)\hat{a}_{\ell}^{\dagger}U_{\wp\ell}(T)^{\dagger}=-\hat{a}_{\wp}^{\dagger}\sin(\theta_0)+\hat{a}_{\ell}^{\dagger}\cos(\theta_0) \tag{3.43}$$

证明： 首先定义

$$\hat{Q}_n=\underbrace{[A,[A,\cdots,[A,B]]]}_{n\text{个}A},\quad A=\theta_0(\hat{a}_{\wp}\hat{a}_{\ell}^{\dagger}-\hat{a}_{\wp}^{\dagger}\hat{a}_{\ell}),\ \alpha=1 \tag{3.44}$$

于是，有

$$\hat{Q}_0=\hat{a}_{\ell}^{\dagger} \tag{3.45}$$

$$\hat{Q}_1=[A,B]=-\theta_0\hat{a}_{\wp}^{\dagger} \tag{3.46}$$

$$\hat{Q}_2=[A,[A,B]]=-\theta_0^2\hat{a}_{\ell}^{\dagger} \tag{3.47}$$

$$\hat{Q}_3=[A,[A,[A,B]]]=\theta_0^3\hat{a}_{\wp}^{\dagger} \tag{3.48}$$

$$\hat{Q}_4=[A,\hat{Q}_3]=\theta_0^4\hat{a}_{\ell}^{\dagger} \tag{3.49}$$

$$\hat{Q}_5=[A,\hat{Q}_4]=-\theta_0^5\hat{a}_{\wp}^{\dagger} \tag{3.50}$$

$$\hat{Q}_6=[A,\hat{Q}_5]=\theta_0^6\hat{a}_{\ell}^{\dagger} \tag{3.51}$$

$$\cdots \tag{3.52}$$

通过再次利用式（3.26），可以发现

$$U_{\wp\ell}(T)\hat{a}_{\ell}^{\dagger}U_{\wp\ell}(T)^{\dagger} \tag{3.53}$$

$$=\hat{a}_{\ell}^{\dagger}\left(1-\frac{\theta_0^2}{2!}+\frac{\theta_0^4}{4!}-\frac{\theta_0^6}{6!}+\cdots\right)-\hat{a}_{\wp}^{\dagger}\left(\theta_0-\frac{\theta_0^3}{3!}+\frac{\theta_0^5}{5!}+\cdots\right) \tag{3.54}$$

$$=-\hat{a}_{\wp}^{\dagger}\sin(\theta_0)+\hat{a}_{\ell}^{\dagger}\cos(\theta_0) \tag{3.55}$$

式（3.42）可以化简得到

$$U_{\wp\ell}(T)\,|n\rangle\,|m\rangle \tag{3.56}$$

$$=\sum_{k=0}^{n}\sum_{l=0}^{m}\sqrt{\binom{n}{k}\binom{n-k+l}{l}\binom{m}{l}\binom{m+k-l}{k}}\,[\cos(-\theta_0)]^{m+n}\,[\tan(-\theta_0)]^{k+l}\cdot(-1)^{k}\,|n-k+l\rangle\,|m+k-l\rangle \tag{3.57}$$

$$=\sum_{k=0}^{n}\sum_{l=0}^{m}f(n,m,k,l,T)\,|n-k+l\rangle\,|m+k-l\rangle \tag{3.58}$$

式中，定义

$$f(n,m,k,l,T)=\sqrt{\binom{n}{k}\binom{n-k+l}{l}\binom{m}{l}\binom{m+k-l}{k}}(-1)^{l}\,T^{\frac{m+n-k-l}{2}}(1-T)^{\frac{k+l}{2}} \tag{3.59}$$

这即是当输入分别为 n 光子和 m 光子态时输出量子态的具体形式，与 $m=0$ 情况相比，这是更多种可能的叠加。

例 3.4.1 光学分束器对量子态 $|n\rangle\,|0\rangle$ 的分束效果。

特殊地，令 $m=0$，则有

$$U_{\wp\ell}(T)\,|n\rangle\,|0\rangle = \sum_{k=0}^{n}\sqrt{\binom{n}{k}}\,(T)^{\frac{n-k}{2}}\,(1-T)^{\frac{k}{2}}\,|n-k\rangle\,|k\rangle \tag{3.60}$$

这与方程（3.37）是完全一致的。

例 3.4.2　双光子干涉。

双光子干涉，即 Hong - Ou - Mandel 干涉，简称为 HOM 干涉，源于 1987 年 C. K. Hong，Z. Y. Ou 和 L. Mandel 在《物理评论快报》上发表的文章[102]。双光子干涉用来测量自发参量下转换过程产生的双光子之间的到达时间差，现在双光子干涉已成为量子光学实验中的一个重要技术，人们在原子系统[103]和光学频率梳系统[104]中也都成功地实现了 Hong - Ou - Mandel 干涉。

本质上，HOM 干涉是指两个相同的单光子在 50 : 50 光学分束器上的干涉现象。如果没有干涉，当两个光子从两个不同的输入端口输到光学分束器上时（图 3.5（a）），将会出现图 3.5 所示的四种可能：（b1）一反一透；（b2）均透射；（b3）均反射；（b4）一透一反，并且每一种可能都以 1/4 的概率出现。然而，当两个光子同时到达时，由于双光子的干涉，使得（b2）和（b3）两种现象干涉相消，而（b1）和（b4）干涉相长：（b1）和（b4）都将以 1/2 的概率出现，（b2）和（b3）出现概率为 0。

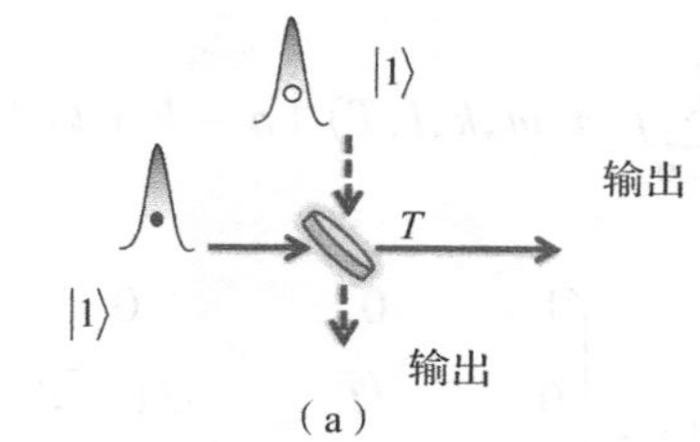

（a）

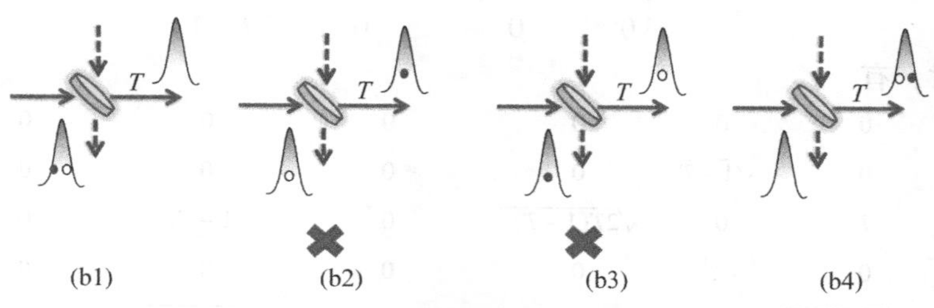

图 3.5　双光子干涉示意图

利用分束器对光子数的变换（式（3.58）），可以更加直观地认识干涉的数学原理。事实上，当 $n=1$，$m=1$，$T=1/2$ 时，根据方程（3.58），知道

$$|\boldsymbol{\psi}_{\mathrm{HOM}}\rangle = U_{\wp\ell}(1/2)\,|1\rangle\,|1\rangle = \frac{1}{\sqrt{2}}(\,|20\rangle + |02\rangle\,) \tag{3.61}$$

于是，在分束器的两路输出上，只能有 $|20\rangle$ 和 $|02\rangle$ 两种可能。也就是说，光子会选择相同的路径输出，而不是相互排斥，这也被称为光子的聚束效应[105]。

3.4.3　光学分束器的矩阵表示

根据方程（3.58），可以得到

$$U\,|n\rangle\,|m\rangle = \sum_{k=0}^{n}\sum_{l=0}^{m} f(n,m,k,l,T)\,|n-k+l\rangle\,|m+k-l\rangle \tag{3.62}$$

于是，在上式两边同时乘以$\langle n|\langle m|$，得到

$$\boldsymbol{U}|n\rangle|m\rangle\langle n|\langle m| = \sum_{k=0}^{n}\sum_{l=0}^{m} f(n,m,k,l,T)\,|n-k+l\rangle\,|m+k-l\rangle\langle n|\langle m| \tag{3.63}$$

对所有的整数$n\geqslant 0$，$m\geqslant 0$求和，有

$$\begin{aligned}
&\sum_{n=0}^{\infty}\sum_{m=0}^{\infty}\sum_{k=0}^{n}\sum_{l=0}^{m} f(n,m,k,l,T)\,|n-k+l\rangle\,|m+k-l\rangle\langle n|\langle m| \qquad (3.64)\\
&= \sum_{n=0}^{\infty}\sum_{m=0}^{\infty}\boldsymbol{U}|n\rangle|m\rangle\langle n|\langle m|\\
&= \boldsymbol{U}\left(\sum_{n=0}^{\infty}|n\rangle\langle n| \otimes \sum_{m=0}^{\infty}|m\rangle\langle m|\right)\\
&= \boldsymbol{U}(\boldsymbol{I}_{\infty}\otimes\boldsymbol{I}_{\infty}) = \boldsymbol{U} \qquad (3.65)
\end{aligned}$$

这就是$\boldsymbol{U}_{\wp\ell}(T)$在 Fock 基下的矩阵表示。

如果每个模式用D维子空间来模拟，两个模式的纯态就要用$D^2\times 1$的向量来模拟，两个模式的混态就要用$D^2\times D^2$的矩阵来模拟。相应的分束器的$\boldsymbol{U}_{\wp\ell}(T)$则可以用$D^2\times D^2$的矩阵来表示：

$$\boldsymbol{U} = \sum_{n=0}^{D-1}\sum_{m=0}^{D-1}\sum_{k=0}^{n}\sum_{l=0}^{m} f(n,m,k,l,T)\,|n-k+l\rangle\,|m+k-l\rangle\langle n|\langle m| \tag{3.66}$$

特别地，当$D=2$时，有

$$\boldsymbol{U}(T) = \begin{pmatrix} 1 & 0 & 0 & 0\\ 0 & \sqrt{T} & \sqrt{1-T} & 0\\ 0 & -\sqrt{1-T} & \sqrt{T} & 0\\ 0 & 0 & 0 & 2T-1 \end{pmatrix} \tag{3.67}$$

当$D=3$时，有

$$\boldsymbol{U} = \begin{pmatrix}
1 & 0 & 0 & 0 & 0 & 0 & 0 & 0 & 0\\
0 & \sqrt{T} & 0 & \sqrt{1-T} & 0 & 0 & 0 & 0 & 0\\
0 & 0 & T & 0 & \sqrt{2T(1-T)} & 0 & 1-T & 0 & 0\\
0 & -\sqrt{1-T} & 0 & \sqrt{T} & 0 & 0 & 0 & 0 & 0\\
0 & 0 & -\sqrt{2T(1-T)} & 0 & 2T-1 & 0 & \sqrt{2T(1-T)} & 0 & 0\\
0 & 0 & 0 & 0 & 0 & \sqrt{T}(3T-2) & 0 & \sqrt{1-T}(3T-1) & 0\\
0 & 0 & 1-T & 0 & -\sqrt{2T(1-T)} & 0 & T & 0 & 0\\
0 & 0 & 0 & 0 & 0 & \sqrt{1-T}(1-3T) & 0 & \sqrt{T}(3T-2) & 0\\
0 & 0 & 0 & 0 & 0 & 0 & 0 & 0 & 1-6T+6T^2
\end{pmatrix} \tag{3.68}$$

在附录 A.2 中，给出了$D=4$时的$\boldsymbol{U}$矩阵的具体形式。更一般的维度D中可以用 MATLAB 程序来数值地给出①，见附录 A.3。作为例子，在图 3.6 中展示了$T=0.5$时，$D=3$和$D=5$时的矩阵$\boldsymbol{U}(T)$的各个矩阵元，其中，$U_{ij,kl}=\langle ij|\boldsymbol{U}|kl\rangle$。

① $\boldsymbol{U}$矩阵一共有$D^2\times D^2$个矩阵元。在 MATLAB R2014b 版本下，$D=200$时，$\boldsymbol{U}$矩阵的存储需要 12.5 GB 的内存。继续增大D，所需的计算机内存将继续增加。以 1 TB 的内存来计算，最大能容许存储$D=604$时的$\boldsymbol{U}$矩阵。

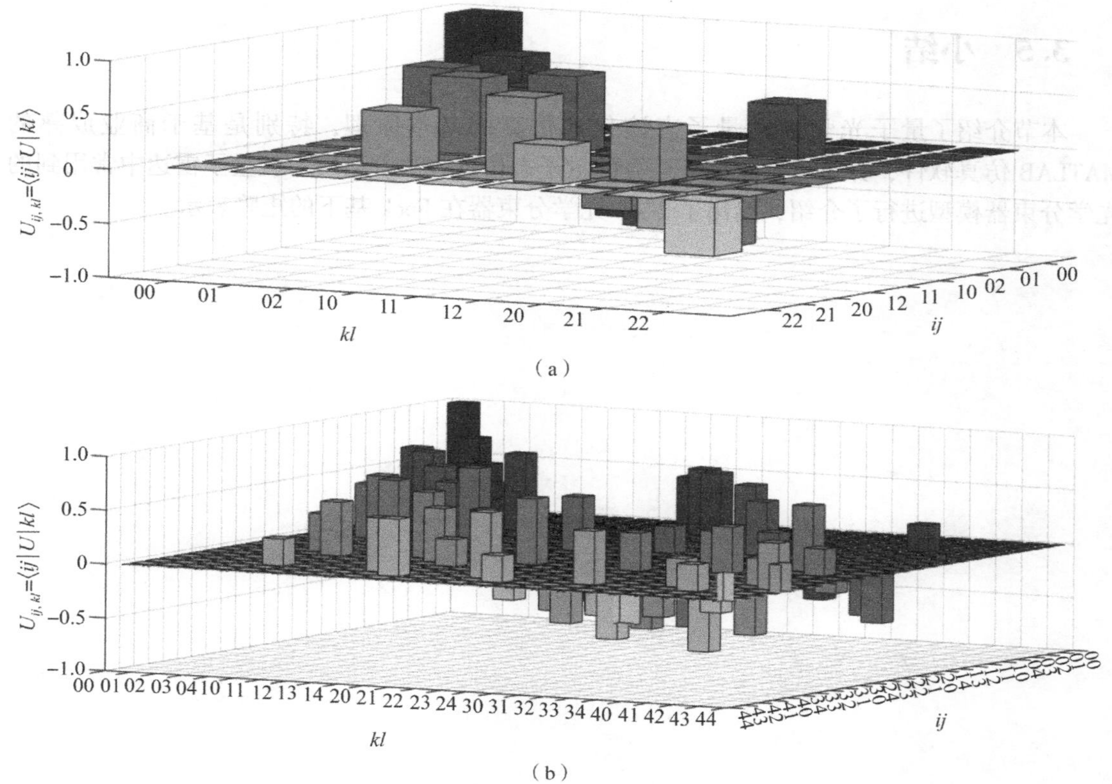

图 3.6　(a) $D=3$ 和 (b) $D=5$ 时矩阵 $U(T)$ 的矩阵元，其中 $T=0.5$

3.4.4　任意态输入

有了光学分束器的矩阵表示，可以方便地给出其在任意量子态输入时的输出，具体地，有：

(1) 如果输入为任意量子纯态 $|\boldsymbol{\phi}\rangle=\sum c_{nm}|n\rangle|m\rangle$，则根据矩阵乘积的线性性质，容易得到

$$|\boldsymbol{\phi}'\rangle=\boldsymbol{U}(T)|\boldsymbol{\phi}\rangle=\sum c_{nm}\boldsymbol{U}(T)|n\rangle|m\rangle \tag{3.69}$$

于是，代入式 (3.58) 就得到了输出结果。

(2) 如果输入为混态 $\boldsymbol{\rho}=\sum_i P_i|\boldsymbol{\phi}_i\rangle\langle\boldsymbol{\phi}_i|$，则输出为 $|\boldsymbol{\phi}_i\rangle$ 作为输入所对应输出态的系综平均：

$$\boldsymbol{\rho}_{\text{out}}=\sum_i P_i|\boldsymbol{\phi}'_i\rangle\langle\boldsymbol{\phi}'_i| \tag{3.70}$$

代入 $|\boldsymbol{\phi}'_i\rangle=\boldsymbol{U}(T)|\boldsymbol{\phi}_i\rangle$，化简整理得到

$$\boldsymbol{\rho}_{\text{out}}=\sum_i P_i\boldsymbol{U}(T)|\boldsymbol{\phi}_i\rangle\langle\boldsymbol{\phi}_i|\boldsymbol{U}(T)^{\dagger} \tag{3.71}$$

(3) 当输入为任意量子态为 $\boldsymbol{\rho}=\sum_{ijkl}\boldsymbol{\rho}_{ijkl}|i\rangle|j\rangle\langle k|\langle l|$ 时，则输出为

$$\boldsymbol{\rho}_{\text{out}}=\boldsymbol{U}(T)\boldsymbol{\rho}\boldsymbol{U}(T)^{\dagger} \tag{3.72}$$

3.5 小结

本节介绍了量子光学中的量子态演化和仿真的基本原理，特别是基于商业成熟的MATLAB仿真软件，介绍了基于矩阵运算的量子态仿真方法。最后，就量子雷达中常用到的光学分束器模型进行了介绍，给出了 2×2 光学分束器在Fock基下的矩阵表示。

第4章
量子测量

测量本来是一个很抽象、很专业的概念，很难想象测量会与量子雷达的研究建立起联系。事实上，量子雷达可以将宏观目标的探测问题转换为量子物理中量子态的区分问题，而量子态的区分的理论基础就是量子测量。量子测量是一个十分基础的问题，对微观量子体系所编码的任何信息的获取都离不开对量子体系的量子测量。几乎所有的量子信息处理中，都离不开量子测量这一基本问题。

本章中需要对量子态区分所用到的量子测量做简要介绍。对量子测量更专业、更全面的介绍可以参考文献［106－108］。

4.1　测量与量子测量

测量的定义是指按照某种规律用数据来描述观测到的事物，即对事物作出量化描述的过程。最典型的测量就是用刻度尺去测量某一物体的长度，利用温度计去测某处某时刻的温度，或是用压力计去测水中某一处的压强。这些都是对宏观的被测量物体的某种属性的一种测量，而量子测量则可以认为是对微观量子世界中的某些量进行测量。

宏观和微观有一些不同。一个最大的区别即是测量前后量子态本身的变化问题。可以拿对液体（如水）的压强测量来形象地揭示这其中的差别。

在图4.1中给出了用一个液体压力计来测量容器中水压的情况示意图。图4.1（a）中，由于容器较大，气压计对所盛放的液体的影响可以忽略不计，因此，压力计在放入前后不会对水中某一点处的压强产生影响。然而，如果容器的容积较小，如图4.1（b）所示，压力计放入后会影响整个容器中水面的高度，进而会影响水面的压强。如果容器的容积更小，在压力计放入前后会对水面高度的影响更加明显。可以设想，在微观量子体系中，对量子体系的某种测量会给量子体系本身的状态带来很大的扰动，这就是量子测量的破坏性。

这种破坏性是一把“双刃剑”，一方面，给微观量子体系的量子态带来了破坏；另一方面，可以帮助设计更加安全的保密通信系统。1984年，C. H. Bennet和G. Brassard提出了世界上第一个量子密码协议[2]——BB84协议。在该协议中。密钥信息以偏振或位相的形式编码在单光子的状态上。窃听者在缺少信息的情况下对未知量子态的量子测量就会对量子态本身产生扰动，合法双方通过对制备的量子态和测量的量子态进行比对，就可以判断出信息的扰动情况，进而发现窃听并确保通信的安全。

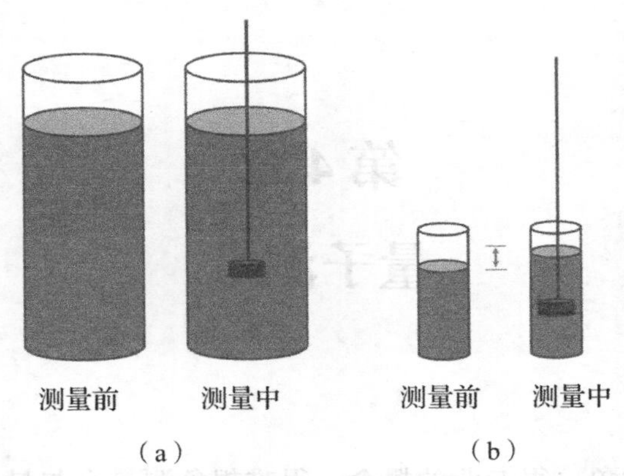

图 4.1　利用同一套装置对不同大小容器中液体的压强的测量

4.2 量子测量的分类

量子测量是量子力学中的基本问题。作为一架沟通量子世界与经典世界的“桥梁”，一代代科学家们在量子测量方面进行了非常系统的研究。量子测量有非常丰富的表现形式。

4.2.1 投影量子测量与广义量子测量

4.2.1.1 投影量子测量

投影量子测量是最基本、最直接的测量。先看一下平面几何中投影的概念。可以把平面几何中任意一个起点为（0，0）、终点为（x，y）的向量 $\boldsymbol{r}$ 表示为

$$\boldsymbol{r}=x\boldsymbol{e}_x+y\boldsymbol{e}_y \tag{4.1}$$

式中，用 $\boldsymbol{e}_x$，$\boldsymbol{e}_y$ 表示水平和竖直两个方向的单位向量。

如图 4.2 所示，向量 $\boldsymbol{r}$ 向水平和竖直两个方向的投影可以通过向量 $\boldsymbol{r}$ 与 $\boldsymbol{e}_x$ 和 $\boldsymbol{e}_y$ 的内积得到：

$$x=\boldsymbol{r}\cdot\boldsymbol{e}_x=(x\boldsymbol{e}_x+y\boldsymbol{e}_y)\cdot\boldsymbol{e}_x=x \tag{4.2}$$

$$y=\boldsymbol{r}\cdot\boldsymbol{e}_y=(x\boldsymbol{e}_x+y\boldsymbol{e}_y)\cdot\boldsymbol{e}_y=y \tag{4.3}$$

式中利用了正交归一性。

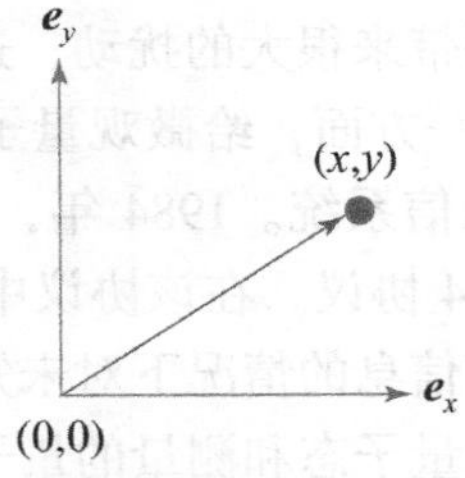

图 4.2　几何中的投影

$$e_x \cdot e_y = 0, e_x \cdot e_x = e_y \cdot e_y = 1 \tag{4.4}$$

不难看出，向量 $\boldsymbol{r}$ 向水平和竖直两个方向的投影恰恰是向量终点在直角坐标系中的坐标。

量子测量中的投影测量和几何中的投影十分类似。在量子测量中，被测对象为量子态。可以从最简单的量子态是纯态的情况开始介绍。设一个量子态是二维量子纯态，这种纯态在量子计算的许多文献中称为量子比特：

$$|\boldsymbol{\psi}\rangle = \alpha|0\rangle + \beta|1\rangle \tag{4.5}$$

式中，α，β 是复数且满足

$$|\alpha|^2 + |\beta|^2 = 1 \tag{4.6}$$

$\{|0\rangle, |1\rangle\}$ 为一组正交归一基，是量子计算中的逻辑 0 和逻辑 1，又称为计算基[109]。如果想知道 $|\boldsymbol{\psi}\rangle$ 在 $|0\rangle$ 和 $|1\rangle$ 基上的分量是多少，可以用类似方程（4.2）和方程（4.3）中的办法，用 $|\boldsymbol{\psi}\rangle$ 向 $|0\rangle$ 和 $|1\rangle$ 基上投影：

$$\langle 0|\boldsymbol{\psi}\rangle = \langle 0|(\alpha|0\rangle + \beta|1\rangle) = \alpha + 0 = \alpha \tag{4.7}$$

$$\langle 1|\boldsymbol{\psi}\rangle = \langle 1|(\alpha|0\rangle + \beta|1\rangle) = 0 + \beta = \beta \tag{4.8}$$

式中利用了

$$\langle 0|1\rangle = \langle 1|0\rangle = 0, \langle 0|0\rangle = \langle 1|1\rangle = 1 \tag{4.9}$$

即 $\{|0\rangle, |1\rangle\}$ 基的正交归一性。

例 4.2.1　二能级量子纯态 $|\boldsymbol{\psi}\rangle = \alpha|0\rangle + \beta|1\rangle$ 的复系数 $|\alpha|^2$ 或 $|\beta|^2$ 的测量。

可以引入投影测量的测量算符集 $\hat{\boldsymbol{P}}_0 = |0\rangle\langle 0|$，$\hat{\boldsymbol{P}}_1 = |1\rangle\langle 1|$，可以验证 $\hat{\boldsymbol{P}}_0 + \hat{\boldsymbol{P}}_1 = I_2$。于是，用该投影算符去测量量子态 $|\boldsymbol{\psi}\rangle$，测量结果为 0 的概率为

$$P_0 = \mathrm{Tr}[\,|\boldsymbol{\psi}\rangle\langle\boldsymbol{\psi}|0\rangle\langle 0|\,] = |\alpha|^2 \tag{4.10}$$

测量后 $|\boldsymbol{\psi}\rangle$ 被投影到 $|0\rangle$ 态。

测量结果为 1 的概率为

$$P_1 = \mathrm{Tr}[\,|\boldsymbol{\psi}\rangle\langle\boldsymbol{\psi}|1\rangle\langle 1|\,] = |\beta|^2 \tag{4.11}$$

测量后 $|\boldsymbol{\psi}\rangle$ 被投影到 $|1\rangle$ 态。测量得到结果 0 和 1 的概率之和恰为 $P_0 + P_1 = 1$，与 $|\boldsymbol{\psi}\rangle$ 的归一性条件相一致。

定义 4.2.1　光子数测量。

光子数测量即是用一个具有光子数分辨能力的光子探测器去探测未知光子态中的光子数目。光子数测量是一种投影测量，其投影算符可以表示为：

$$\{\hat{\boldsymbol{P}}_n = |n\rangle\langle n|, n = 0,1,2\cdots\} = \{\,|0\rangle\langle 0|, |1\rangle\langle 1|, |2\rangle\langle 2|, \cdots, |n\rangle\langle n|, \cdots\} \tag{4.12}$$

例 4.2.2　对于相干态 $|\alpha\rangle = \sum_{n=0}^{\infty} \frac{\mathrm{e}^{-|\alpha|^2/2}\alpha^n}{\sqrt{n!}}|n\rangle$ 的光子数测量。

可以验证 $\sum_{n=0}^{\infty}|n\rangle\langle n| = I_\infty$，利用投影测量去探测相干态，则测得光子数为 n 的概率为

$$P_n = \mathrm{Tr}[\,|\alpha\rangle\langle\alpha|n\rangle\langle n|\,] = \frac{\mathrm{e}^{-|\alpha|^2}|\alpha|^n}{n!} \tag{4.13}$$

这个光子数分布恰为参数为 $|\alpha|^2$ 的泊松分布。相干态的平均光子数为

$$\sum_{n=0}^{\infty} P_n n = |\alpha|^2 \tag{4.14}$$

特别地，如果待测的态恰为光子数态$|m_0\rangle$（m_0为一个正整数或零），由于光子数测量的正交性，则一定有

$$\langle m_0 | n\rangle\langle n | m_0\rangle = \delta_{n,m_0} \tag{4.15}$$

即如果待测的量子态恰为某一个光子数态$|m_0\rangle$，采用光子数测量将100%概率（确定性的）测出其中的光子数，这是量子测量的概率性的一个特例，即待测量子态如果恰好是测量算符的本征态，则测量将会是确定性的（概率为100%）。

随着光电探测技术的飞速发展，目前光子数测量技术不断成熟。人们已经基于单光子雪崩二极管[110]、超导线路探测器[111-114]等原理研发出可用于光子数测量的探测器，小于等于11的光子数测量已经实现[115]。

4.2.1.2 广义量子测量

量子力学框架下投影测量所能测得的只能是$|\alpha|^2$或$|\beta|^2$，而不是α和β。量子力学对量子测量进行了基本假设。在这一假设下，量子测量与一组测量算符相对应。

量子测量公设

设$\{\hat{M}_m\}$是一个测量算符的集合，这个集合可以是有限集，也可以是无限集合，下标m标示了某一次测量的测量结果，m可以是一个整数或是实数。量子力学框架下的最广义的量子测量满足以下基本假设[109]：

(1) 量子测量是概率性的，每一次测量一定会出现某一种测量结果m，该测量结果出现的概率为

$$P_m = \langle \boldsymbol{\psi} | \hat{M}_m^\dagger \hat{M}_m | \boldsymbol{\psi}\rangle = \mathrm{Tr}[\,|\boldsymbol{\psi}\rangle\langle\boldsymbol{\psi}|\hat{M}_m^\dagger \hat{M}_m] \tag{4.16}$$

(2) 在量子测量后，量子态$|\boldsymbol{\psi}\rangle$发生了变化，变成了一个归一化的量子态($\langle\boldsymbol{\psi}'|\boldsymbol{\psi}'\rangle=1$)

$$|\boldsymbol{\psi}'\rangle = \frac{\hat{M}_m|\boldsymbol{\psi}\rangle}{\sqrt{P_m}} \tag{4.17}$$

(3) 测量算符集需要满足完备性条件

$$\sum_m \hat{M}_m^\dagger \hat{M}_m = \boldsymbol{I} \tag{4.18}$$

这里的$\boldsymbol{I}$是与被测量子态的维度相同的单位矩阵。

如果被测量子态为量子混态，对其描述需要用密度矩阵$\boldsymbol{\rho}$来描述，则测量概率、测量后的量子态则分别为

$$P_m = \mathrm{Tr}[\boldsymbol{\rho}\hat{M}_m^\dagger \hat{M}_m] \tag{4.19}$$

$$\boldsymbol{\rho}' = \frac{\hat{M}_m \boldsymbol{\rho} \hat{M}_m^\dagger}{P_m} \tag{4.20}$$

事实上，完备性条件保证了量子态的所有可能的测量结果出现的概率总和为1。

量子测量与宏观世界中的经典测量的显著差别在量子测量公设中完全表现出来：经典测量是确定性和非破坏性的，量子测量具有概率性和破坏性。量子测量的这一属性，归根结底，还是量子态的叠加性。量子测量的过程是量子态所包含的叠加信息向量子测量的某一个测量算符$\hat{M}_m$的本征态进行投影的过程。这种投影的过程伴随着量子态的量子信息向经典信息m的转换。这个经典信息，通俗地讲，是测量算符的下标m，即是哪一个测量结果出现

了。这种信息的转换是不可逆的。通过经典信息 m 和测量后的量子态 $|\boldsymbol{\psi}'\rangle$，无法确定性（概率为1）地将 $|\boldsymbol{\psi}'\rangle$ 转化为未被测量时的状态 $|\boldsymbol{\psi}\rangle$。量子测量的这种破坏性（不可逆性）也正是量子保密通信的安全性基石。

在第4.2.1.1节中提到的投影测量是最特殊的测量。投影测量的测量算符集为一组投影算符 $\{\hat{M}_m\} = \{\hat{P}_m\}$，其中

$$\sum_m \hat{P}_m = I \tag{4.21}$$

$$\hat{P}_m \hat{P}_{m'} = \delta_{m,m'} \hat{P}_m \tag{4.22}$$

在光子数态测量 $\{|n\rangle\langle n|, n=0,1,2,3,\cdots\}$ 的基础上，可以很自然地引入开关型光子探测器的概念。

例4.2.3 开关型光子探测器。

开关型光子探测器只能区分光子的有和无，当有1个、2个、3个、4个光子入射时，探测器都会响应“开”（on）的结果；当0个光子入射时，探测器响应为“关”（off）。如果用测量算符来表示，可以定义算符集 $\{\hat{\Pi}_{\text{on}} = \sum_{n=1}^{\infty} |n\rangle\langle n|,\ \Pi_{\text{off}} = |0\rangle\langle 0|\}$。

可以看出，当单光子入射 $|1\rangle$ 时，有

$$P_{\text{on},|1\rangle} = \text{Tr}[|1\rangle\langle 1|\hat{\Pi}_{\text{on}}| = 1 \tag{4.23}$$

$$P_{\text{off},|1\rangle} = \text{Tr}[|1\rangle\langle 1|\hat{\Pi}_{\text{off}}] = 0 \tag{4.24}$$

即开关型探测器会响应“开”的测量结果。

当0个光子入射时，有

$$P_{\text{on},|0\rangle} = \text{Tr}[|0\rangle\langle 0|\hat{\Pi}_{\text{on}}| = 0 \tag{4.25}$$

$$P_{\text{off},|0\rangle} = \text{Tr}[|0\rangle\langle 0|\hat{\Pi}_{\text{off}}] = 1 \tag{4.26}$$

即开关型探测器会响应“关”的测量结果。于是，当光路中只有0个光子或1个光子入射时，开关型探测器的“关”和“开”两个结果就可以准确地探测出光路中的光子数（“关”对应0个光子，“开”对应1个光子）。

开关型探测器十分普遍，相对其他光子数可区分的探测器，其价格较低。而且，在许多早期的量子密码中，常用开关型探测器进行量子密码中单光子态的探测。

4.2.2 直接量子测量与间接量子测量

根据与待测量子态的作用方式，可以分为直接量子测量和间接量子测量。直接量子测量，顾名思义，即是用量子测量装置直接与待测量子态进行作用，是量子测量最简单、最基础的形式。直接测量的例子如图4.3（a）所示。第4.2.1节所介绍的投影量子测量和广义量子测量都是直接测量的具体实例。

间接测量（图4.3（b））则是首先用一个或多个量子态作为辅助量子态，并与被测量子态进行相互作用，然后对辅助量子态进行直接量子测量，以获取待测量子态的相关信息。

可以通过一个具体的例子来看看间接测量的效果。

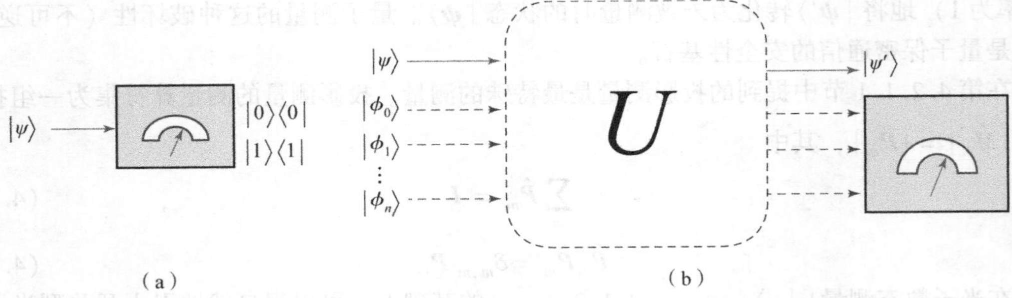

图 4.3 (a) 对量子态 $|\psi\rangle$ 的直接测量；(b) 对 $|\psi\rangle$ 的间接测量，其中 $|\psi\rangle$ 为被测量子态，$|\phi_0\rangle$，$|\phi_1\rangle,\cdots,|\phi_n\rangle$ 为辅助量子态。通过对辅助量子态的量子测量来获取 $|\psi\rangle$ 的相关信息。U 代表了被测量子态与辅助量子态的相互作用

例 4.2.4 二能级量子纯态的间接测量。在图 4.4 中给出了对二能级量子纯态的间接测量。用了一个控制非门（Control - Not，CNOT）实现被测量子态与辅助量子态的相互作用。控制非门是一个作用在两个二能级量子态的非局域量子门，这里非局域指不能再分解成一系列单个量子态的局域门操作的量子门。由于非局域性，它可以实现非纠缠量子态的纠缠和纠缠量子态的解纠缠。在下文中会更加清晰地看到这些现象。同时，控制非门是最简单的受控量子门[109]，也是通用量子计算中必不可少的量子逻辑门。如果以$\{|0\rangle,|1\rangle\}$作为二能级量子态的一组基，控制非门的作用可以表示为

$$U_{\text{CNOT}}|0\rangle\otimes|0\rangle=U_{\text{CNOT}}|0\rangle|0\rangle=|0\rangle|0\rangle \tag{4.27}$$

$$U_{\text{CNOT}}|0\rangle\otimes|1\rangle=|0\rangle|1\rangle \tag{4.28}$$

$$U_{\text{CNOT}}|1\rangle\otimes|0\rangle=|1\rangle|1\rangle \tag{4.29}$$

$$U_{\text{CNOT}}|1\rangle\otimes|1\rangle=|1\rangle|0\rangle \tag{4.30}$$

式中，第一个量子态为控制量子态，第二个量子态为被控量子态。

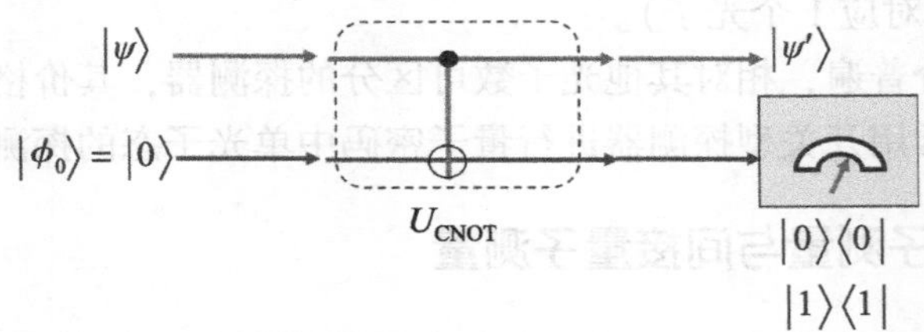

图 4.4 对单量子比特的间接测量示意图

由方程（4.27）~方程（4.30）知，当第一个量子态为 $|0\rangle$ 时，第二个量子态的状态不变；当第一个量子态为 $|1\rangle$ 时，第二个量子态的状态量子态经历了"非门（NOT）"操作：

$$U_{\text{NOT}}|0\rangle=|1\rangle,\ U_{\text{NOT}}|1\rangle=|0\rangle \tag{4.31}$$

这也是受控非门名称的由来。

在图 4.4 中，辅助量子态被设定为 $|\phi_0\rangle=|0\rangle$，用$\{|0\rangle\langle 0|,|1\rangle\langle 1|\}$投影测量去测受控非门 U_{CNOT} 作用之后的辅助量子态，则会发现

$$U_{\text{CNOT}}|\psi\rangle|\phi_0\rangle=U_{\text{CNOT}}|\psi\rangle|0\rangle \tag{4.32}$$

（i）当 $|\boldsymbol{\psi}\rangle=|0\rangle$ 时，有

$$\boldsymbol{U}_{\mathrm{CNOT}}|\boldsymbol{\psi}\rangle|0\rangle=\boldsymbol{U}_{\mathrm{CNOT}}|0\rangle|0\rangle=|0\rangle|0\rangle \tag{4.33}$$

对第二个量子态进行投影测量，由于第二个量子态为 $|0\rangle$，所以投影测量的结果一定是投影算符 $|0\rangle\langle 0|$ 所对应的结果（概率为100%）。同时，被测量子态 $|\boldsymbol{\psi}\rangle$ 被投影到了 $|0\rangle$。

（ii）当 $|\boldsymbol{\psi}\rangle=|1\rangle$ 时，有

$$\boldsymbol{U}_{\mathrm{CNOT}}|1\rangle|0\rangle=|1\rangle|1\rangle \tag{4.34}$$

对第二个量子态进行投影测量，由于第二个量子态为 $|1\rangle$，所以投影测量一定是投影算符 $|1\rangle\langle 1|$ 所对应的结果（概率为100%）。同时，被测量子态 $|\boldsymbol{\psi}\rangle$ 被投影到了 $|1\rangle$。

可见经过间接测量，在辅助量子位上可以读出待测量子态 $|\boldsymbol{\psi}\rangle$ 是 $|0\rangle$ 还是 $|1\rangle$，而且待测量量子态在测量前后不发生变化。

需要说明的是，例4.2.4中的间接测量对待测量子态没有扰动，这与量子测量的破坏性并不矛盾。这是因为例4.2.4中的待测量子态选自 $|0\rangle$，$|1\rangle$ 这两个相互正交的量子态。而当待测量子态取自非正交的量子态组成的集合时，则不存在完全无扰动的间接测量方案。

间接测量还提供了量子计算的新思路。如图4.3所示，在辅助量子态测量以后，根据量子力学的测量假设，被测量子态也会随之演化成量子态 $|\boldsymbol{\psi}'\rangle$。这种从 $|\boldsymbol{\psi}\rangle$ 到 $|\boldsymbol{\psi}'\rangle$ 的演化是由对 $|\boldsymbol{\phi}_0\rangle,|\boldsymbol{\phi}_1\rangle,\cdots,|\boldsymbol{\phi}_n\rangle$ 的量子测量所诱导的，这种诱导下的演化也为量子计算提供了一种思路，这就是著名的基于量子测量的量子计算[116]。这种计算的思想是把量子计算的过程等效为大规模纠缠态的制备。通过对辅助量子态的测量实现所关心的量子演化，即量子计算。基于测量的量子计算也是目前国际上量子计算研究的重要方向之一[117]。

4.2.3 局域量子测量与全局量子测量

多个量子客体的量子态一般称为多体（Many－body）量子态、多方（Many－party）量子态或多模（Multi－mode）量子态。对于多个量子客体的测量，根据量子测量装置与各个量子客体的相互作用方式，可以分为局域测量（Local Measurement）和全局量子测量（Global Measurement）。

局域测量只需要逐个地对单个量子客体的量子态进行测量，是最容易实现的测量方式，如图4.5（a）所示。局域测量之间可以同时进行，也可以不同时进行，还可以在某一个测量之后，根据测量结果对其他量子客体调整后续测量手段。由于实验实现的方便性，局域测量被认为是量子计算中的重要测量手段，基于局域测量的量子计算也是十分火热的研究课题[118]。

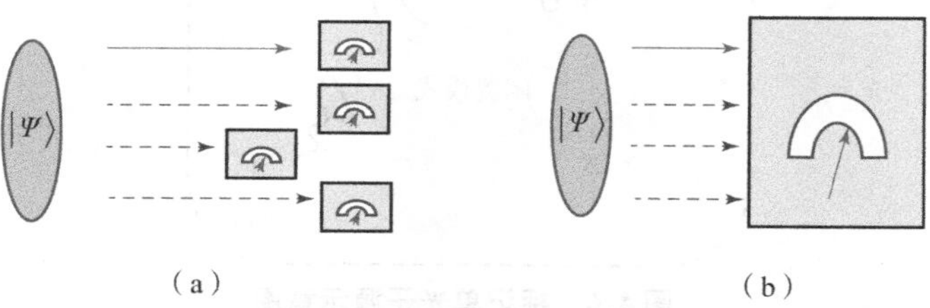

图4.5 （a）对多体量子态 $|\boldsymbol{\psi}\rangle$ 的局域测量；（b）对多体量子态 $|\boldsymbol{\psi}\rangle$ 的全局测量

全局量子测量则需将被测量量子态作为整体进行考虑，需要对多个量子客体进行同时相互作用并测量，如图4.5（b）所示。这种测量方式更加复杂，灵活度更高，可供选择的量

子测量操作更加丰富，所获取的信息量更多。即使是对不含量子纠缠的处于直积状态的多个量子态，全局测量也会比局域测量获取更多的信息[119]。

4.3 基于量子测量的单光子态制备

量子测量在量子信息诸多领域有重要应用，作为一个最典型应用，在此介绍一下基于量子测量的单光子态制备。

单光子态在量子密码和量子计算中具有重要作用。众所周知，量子密码的安全性建立在单个量子态的不可克隆上[120]。在实际的量子密码中，单光子态所加载的0和1信息是量子密码中密钥产生的来源。单光子态是线性光学、量子计算[54]和量子玻色采样[121]中的核心要素。

然而，制备理想的单光子态 $|1\rangle$ 目前仍然是一个尚未解决的问题。研究人员把一个确定性的、高纯度、高全同性、百分之百量子效率的单光子源比作单光子枪。每一次激发，就应该在给定空间、给定时间上产生一个完美的单光子态。然而，由于光子辐射本身的不可控性、量子效率的非理想性、材料和设备本身的固有缺陷等问题，一个理想的单光子源在目前仍然是国际的前沿研究热点。科学家们已经想尽各种办法和各种物理机制来最大限度地逼近理想的单光子态。截至目前，科学家和工程师们已经尝试了离子阱[122]、染料分子[123]、NV 色心晶体[124,125]、人工量子点[126]、参量下转换[127,128]、二维六方氮化硼材料[129]等物理系统，单光子态的保真度也越来越高。

参量下转换的方法在理论和实验中出现频率较高。相比于离子阱、NV 色心晶体等，参量下转换的方法更加容易，成本更低。而且，理论上，参量下转换光源也有明确解析的理论光子数分布。参量下转换的相关内容可以参考第 2.5.5 节。以下对基于参量下转换制备近似单光子态的方法进行介绍。

在图 4.6 中给出了利用参量下转换的方法制备标记单光子态的示意图。标记单光子态是一种准单光子态，或近似单光子态。

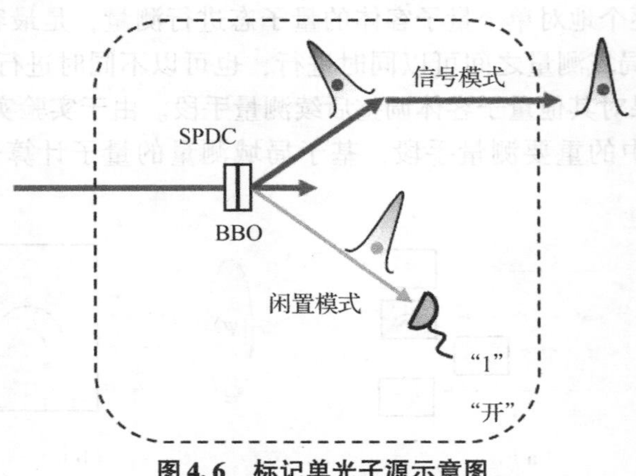

图 4.6　标记单光子源示意图

这里的标记（Healding）是用一个“光子探测器”来完成的。当闲置模式上的光子探测器探测到光子时，由于信号模式与闲置模式之间的关联，在信号模式上同时也会有光子发射。于是，信号模式上的光子发射就具有了一种可标记、可预报的属性。因此，这种光子源也叫作可预报单光子源。标记所用的探测器不同，其信号模式上输出的光子态也不同。

（1）理想的单光子探测器。

闲置模式下，如果采用的是理想的单光子探测器且当探测器响应为 1 时，被探测器捕捉的光子恰为一个单光子，信号模式下有且仅有 1 个光子，其量子态可以表示为

$$\boldsymbol{\rho} = |1\rangle\langle 1| \tag{4.35}$$

于是，按照这个理论，只要找到理想的单光子探测器，则单光子源问题就完全解决了。事实上，理想的单光子探测器目前尚未实现。受限于单光子探测器的接收端耦合效率、从接收到探测单元之间的线路损耗等，实际单光子探测器的探测效率总是小于 1。对于 1 550 nm 波长的单光子而言，基于雪崩光电二极管的单光子探测器的量子效率为 10%～60%[130]，而采用超导线路机制设计的超导单光子探测器可以提供最高的效率，效率可以达到 92%[131]。但即使如此，达到 100% 效率的探测器在短时间内仍然是一个无法逾越的障碍。

（2）开关型光子探测器。

基于雪崩光电二极管的单光子探测器是目前价格较为低廉的单光子探测器。这种探测器在弱光入射（比如只有 0 个光子入射或 1 个光子入射）时，可以很好地区分单光子态。这也是目前量子密码中最普遍采用的光子探测器。但是它不具备区分 2 个光子、3 个光子和更多个光子的能力。也就是说，这种探测器只能响应“有”光子和“无”光子。这种探测器又被大量的文献称为“开关型光子探测器”。该探测器只显示两种结果：“开”和“关”，分别表示有光子被探测到和没有光子被探测到这两种情况。

如果不考虑开关型光子探测器的探测效率和暗计数，当闲置模式下探测到“开”时，信号模式下发射的光子的量子态可以表示为

$$\boldsymbol{\rho} = \sum_{n=1}^{\infty} \frac{1}{N_S + 1}\left(\frac{N_S}{N_S + 1}\right)^{n-1} |n\rangle\langle n| \tag{4.36}$$

式中，n 光子态上的布居概率为

$$P_n = \frac{1}{N_S + 1}\left(\frac{N_S}{N_S + 1}\right)^{n-1} \quad (n \geqslant 1) \tag{4.37}$$

有趣的是，采用光子标记的方式可以很好地去除量子态中的真空态分布。比如，在方程（4.36）中，n 从 1 开始取值。这也说明了标记单光子态中没有真空态成分的存在。在图 4.7 中给出了方程（4.36）中的量子态并给出了各个光子数态的分布。

根据保真度的定义，量子态（4.36）与理想的单光子态 $|1\rangle$ 的保真度可以表示为

$$F = \langle 1|\boldsymbol{\rho}|1\rangle = \frac{1}{N_S + 1} \tag{4.38}$$

该保真度随着 λ 的变小而变大。当 $N_S = 0.01$ 时，$F = 0.99$。但是 λ 的变小也意味着闲置模式下探测到光子的概率会变小。闲置模式下探测到光子的概率是①

$$P_{\text{on}} = \text{Tr}[(\boldsymbol{I} \otimes \hat{\Pi}_{\text{on}})|\boldsymbol{\psi}_{\text{SPDC}}\rangle\langle\boldsymbol{\psi}_{\text{SPDC}}|] = \frac{N_S}{N_S + 1} \tag{4.39}$$

① $\hat{\Pi}_{\text{on}}$ 的定义参考第 4.2.1.1 节。

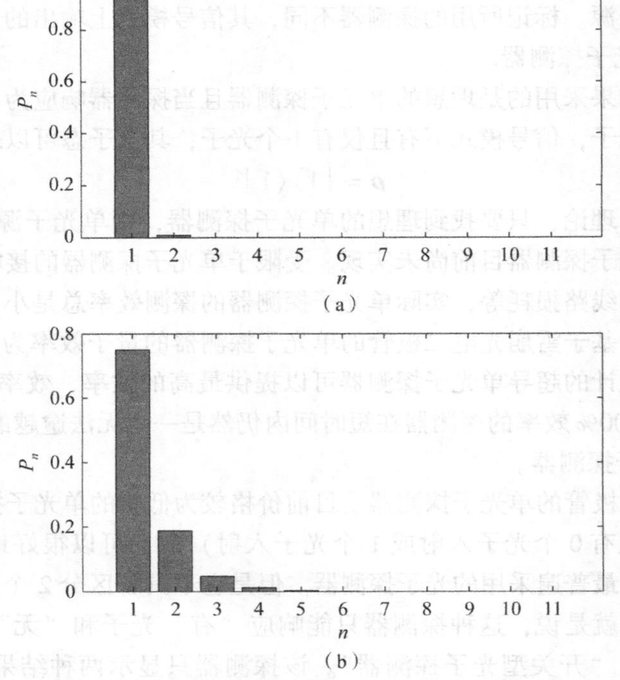

图 4.7　标记单光子源在各光子数态上的分布示意图

(每个模式下光子截断到 $D=12$，即在$\{|0\rangle, |1\rangle, \cdots, |11\rangle\}$组成的子空间进行量子态模拟)

(a) $\lambda=0.1$；(b) $\lambda=0.5$

由方程（4.39）和方程（4.38）知，采用效率为1、暗计数率为0的开关型光子探测器进行标记时，标记单光子态产生概率（探测器结果为"开"的概率）与标记单光子态的保真度之间的关系为

$$P_{\text{on}}=1-F \tag{4.40}$$

4.4　基于量子测量的量子态区分

量子态区分是通过量子测量的手段来辨识未知量子态集合中的某一个量子态的。集合中的量子态可以相互正交，也可以是不完全两两相互正交。对量子态的区分可以采用直接测量的方式进行，也可以采取间接测量的方式进行。根据被测量子态的备份数量，可以分为单份量子态的区分和多份量子态的区分。根据被区分量子态集合中量子态的数目，可以分为两态区分和多态区分。根据被测量子态是纯态还是混态，可以分为纯态的区分和混态的区分。

根据区分的效果，可以分为最小误判概率的区分（Minimal Error Probability Discrimination）和无歧义区分（Unambiguous Discrimination）。最小误判概率区分对于任何一个输入的量子态，都能给出一个识别的结果，但该结果存在一定的误判概率。无歧义区分又叫无误判概率的区分，对于每一个输入的量子态，它以一定的概率 p 给出"不能判断"的结果，以 $1-p$ 的概率给出"能够判断"的结果。一旦可以判断，这对态区分所作的结论一定是完全无误的。无歧义区分能够达到误判概率为零，但是将以 p 的概率不给出判断结果。

两个量子态的最小误判概率区分是量子雷达研究中最基本、最常用的工具。下面介绍关于两态区分的定理。

设$\{\boldsymbol{\rho}_1, \boldsymbol{\rho}_2\}$为两个量子态（可以是纯态，也可以是混态）组成的态集合，随机等概率地从该集合中抽取一个，利用对该态的量子测量，区分出该态是$\boldsymbol{\rho}_1$还是$\boldsymbol{\rho}_2$。错误区分的概率又叫误判概率，定义为

$$P_{\text{err}} = P(\boldsymbol{\rho}_1)P(\boldsymbol{\rho}_2 \mid \boldsymbol{\rho}_1) + P(\boldsymbol{\rho}_2)P(\boldsymbol{\rho}_1 \mid \boldsymbol{\rho}_2) \tag{4.41}$$

$$= \frac{1}{2}(P(\boldsymbol{\rho}_2 \mid \boldsymbol{\rho}_1) + P(\boldsymbol{\rho}_1 \mid \boldsymbol{\rho}_2)) \tag{4.42}$$

式中，$P(\boldsymbol{\rho}_1) = P(\boldsymbol{\rho}_2) = 1/2$，$P(\boldsymbol{\rho}_i \mid \boldsymbol{\rho}_j)(i,j=1,2,i\neq j)$表示当抽取态为$\boldsymbol{\rho}_j$但是误判为$\boldsymbol{\rho}_i$时的概率。

不同的量子测量方案将会给出不同的误判概率。误判概率越低，所采用的测量方案越好。一旦量子态集合$\{\boldsymbol{\rho}_1, \boldsymbol{\rho}_2\}$和每个态出现的先验概率给定，就会存在一个最小误判概率。这个最小误判概率由量子测量的基本假设①所定。任何量子测量所提供的误判概率只能大于和等于这个最小误判概率。习惯上把误判概率恰好等于最小误判概率的量子态区分称为最优量子态区分（Optimal Quantum State Discrimination）。

对于先验概率为$P(\boldsymbol{\rho}_1) = P(\boldsymbol{\rho}_2) = 1/2$的$\{\boldsymbol{\rho}_1, \boldsymbol{\rho}_2\}$，文献［132，133］证明了对于所有的量子测量，最小误判概率为

$$\min P_{\text{err}} = \frac{1}{2}\left(1 - \left\| \frac{1}{2}\boldsymbol{\rho}_1 - \frac{1}{2}\boldsymbol{\rho}_2 \right\|\right) \tag{4.43}$$

式中，$\|\boldsymbol{A}\| \equiv \|\boldsymbol{A}\|_1 = \mathrm{Tr}[\sqrt{\boldsymbol{A}^\dagger \boldsymbol{A}}]$。

例4.4.1 正交态的区分。

设$\boldsymbol{\rho}_1 = |0\rangle\langle 0|$，$\boldsymbol{\rho}_2 = |1\rangle\langle 1|$，则$\left\| \frac{1}{2}\boldsymbol{\rho}_1 - \frac{1}{2}\boldsymbol{\rho}_2 \right\| = 1$，最小误判概率为0。事实上，由于在本例中态$\boldsymbol{\rho}_1$和$\boldsymbol{\rho}_2$相互正交，可以通过投影测量进行无误区分。

例4.4.2 非正交态的区分。

设$\boldsymbol{\rho}_0 = |0\rangle\langle 0|$，$\boldsymbol{\rho}_1 = |+\rangle\langle +|$，$|+\rangle = \frac{\sqrt{2}}{2}(|0\rangle + |1\rangle)$，则$\left\| \frac{1}{2}\boldsymbol{\rho}_0 - \frac{1}{2}\boldsymbol{\rho}_1 \right\| = \sqrt{2}/2$，最小误判概率为$\frac{1}{2}\left(1 - \frac{\sqrt{2}}{2}\right)$。

例4.4.2给出了对于两个二能级非正交态的区分，最小的误判概率为$\frac{1}{2}\left(1 - \frac{\sqrt{2}}{2}\right)$。一个能够实现这个最小误判概率的区分方案被称为最优量子态区分方案[134]。注意到$\boldsymbol{\rho}_0$和$\boldsymbol{\rho}_1$均为纯态，并且$\langle +|0\rangle = \frac{\sqrt{2}}{2} = \cos\left(\frac{\pi}{4}\right)$。图4.8给出了$\boldsymbol{\rho}_0$和$\boldsymbol{\rho}_1$的相对关系。最优的区分测量可以通过将待测量子态向$|\boldsymbol{\psi}_{p0}\rangle$，$|\boldsymbol{\psi}_{p1}\rangle$上投影测量的办法来实现，其中

$$|\boldsymbol{\psi}_{p0}\rangle = \cos\left(\frac{\pi}{8}\right)|0\rangle - \sin\left(\frac{\pi}{8}\right)|1\rangle \tag{4.44}$$

① 见第4.2.1.1节。

$$|\boldsymbol{\psi}_{p1}\rangle = \cos\left(\frac{3\pi}{8}\right)|0\rangle + \sin\left(\frac{3\pi}{8}\right)|1\rangle \tag{4.45}$$

量子逻辑线路图如图 4.8 所示。

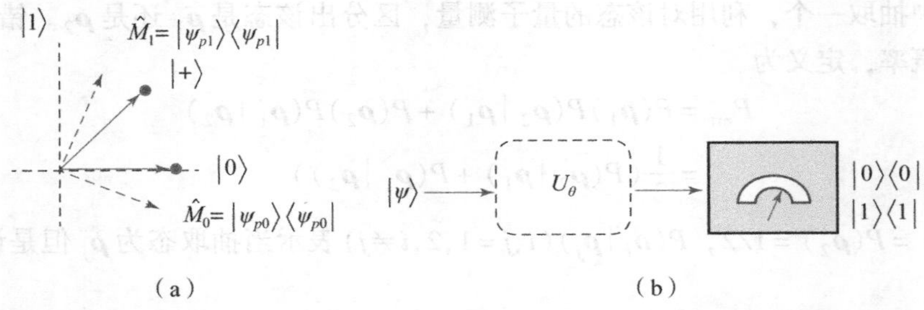

图 4.8 (a) 非正交态 $\boldsymbol{\rho}_0=|0\rangle\langle 0|$，$\boldsymbol{\rho}_1=|+\rangle\langle +|$ 及投影测量 $\hat{M}_0$，$\hat{M}_1$ 示意图；(b) 在 $|0\rangle$，$|1\rangle$ 基下的最优测量

不难验证 $|\boldsymbol{\psi}_{p0}\rangle$ 与 $|\boldsymbol{\psi}_{p1}\rangle$ 相互正交：$\langle\boldsymbol{\psi}_{p1}|\boldsymbol{\psi}_{p0}\rangle=0$ 及 $\hat{M}_0=|\boldsymbol{\psi}_{p0}\rangle\langle\boldsymbol{\psi}_{p0}|$，$\hat{M}_1=|\boldsymbol{\psi}_{p1}\rangle\langle\boldsymbol{\psi}_{p1}|$，满足

$$\hat{M}_r\hat{M}_{r'}=\delta_{r,r'}\hat{M}_r,\ (r=0,1) \tag{4.46}$$

$$\hat{M}_0+\hat{M}_1=\boldsymbol{I}_2 \tag{4.47}$$

即 $\{\hat{M}_0,\hat{M}_1\}$ 恰恰组成二维希尔伯特空间中的投影测量。

利用 $\{\hat{M}_0,\hat{M}_1\}$ 对例 4.4.2 中 $\boldsymbol{\rho}_0$ 和 $\boldsymbol{\rho}_1$ 的区分方案可以设计如下：

将从 $\boldsymbol{\rho}_0$ 和 $\boldsymbol{\rho}_1$ 中随机取出的量子态输入 $\{\hat{M}_0,\hat{M}_1\}$ 组成的投影测量装置中，设测量结果为 $r(r=0,1)$，则根据 r 来推定输入的量子态为 $\boldsymbol{\rho}_r$：

$$r\to\boldsymbol{\rho}_r \tag{4.48}$$

以式（4.48）进行区分时，出错的事件对应着以下两种情况：

（1）输入为 $\boldsymbol{\rho}_0$，但测量结果为 $r=1$，此概率为

$$P_{1|0}=\mathrm{Tr}[\boldsymbol{\rho}_0\hat{M}_1^\dagger\hat{M}_1]=\sin^2\left(\frac{\pi}{8}\right) \tag{4.49}$$

（2）输入为 $\boldsymbol{\rho}_1$，但测量结果为 $r=0$，此概率为

$$P_{0|1}=\mathrm{Tr}[\boldsymbol{\rho}_1\hat{M}_0^\dagger\hat{M}_0]=\sin^2\left(\frac{\pi}{8}\right) \tag{4.50}$$

如果 $\boldsymbol{\rho}_0$ 和 $\boldsymbol{\rho}_1$ 均以 1/2 的概率作为输入态，则总的出错概率为

$$P_e=\frac{1}{2}P_{1|0}+\frac{1}{2}P_{0|1}=\sin^2\left(\frac{\pi}{8}\right)=\frac{1-\frac{\sqrt{2}}{2}}{2} \tag{4.51}$$

在实际的实验实现上，对 $\{|0\rangle\langle 0|,|1\rangle\langle 1|\}$ 的投影测量是最容易实现的。那么如何实现 $\{\hat{M}_0,\hat{M}_1\}$ 的投影测量呢？在图 4.8（b）中利用量子逻辑线路展示具体的实现方案。只需先对量子态进行一个酉正变换，而后再使用 $\{|0\rangle,|1\rangle\}$ 的测量即可，其中

$$\boldsymbol{U}_\theta=\cos(\theta)\boldsymbol{I}_2-\mathrm{i}\sin(\theta)\boldsymbol{\sigma}_y,\theta=\pi/8 \tag{4.52}$$

$$\boldsymbol{\sigma}_y=-\mathrm{i}|0\rangle\langle 1|+\mathrm{i}|1\rangle\langle 0| \tag{4.53}$$

当用$\{|0\rangle,|1\rangle\}$进行测量且测量结果为 0 时，则对应着将输入量子态$|\psi\rangle$按$\{\hat{M}_0,\hat{M}_1\}$进行测量且测量结果为 0；当用$\{|0\rangle\langle 0|,|1\rangle\langle 1|\}$进行测量且测量结果为 1 时，则对应着将输入量子态$|\psi\rangle$按$\{\hat{M}_0,\hat{M}_1\}$进行测量且测量结果为 1。区分概率的计算见附录 A. 4。

例 4.4.3 纠缠态的区分。

设$|\phi_{00}\rangle=\frac{1}{\sqrt{2}}(|00\rangle+|11\rangle)$，$|\phi_{01}\rangle=\frac{1}{\sqrt{2}}(|00\rangle-|11\rangle)$，$|\phi_{10}\rangle=\frac{1}{\sqrt{2}}(|01\rangle+|10\rangle)$，$|\phi_{11}\rangle=\frac{1}{\sqrt{2}}(|01\rangle-|10\rangle)$，则此四个态是可以两两相互区分的。事实上，$|\phi_{00}\rangle$，$|\phi_{01}\rangle$，$|\phi_{10}\rangle$，$|\phi_{11}\rangle$是四个局域操作下完全等价的两量子比特的最大纠缠态，并且两两正交恰好组成两个量子比特所在的 4 维空间中的一组正交归一基。利用式 (4.43)，也可计算出两两区分的最小误判概率均为 0。区分概率的计算见附录 A. 4。

在图 4.9 中，以量子逻辑线路的方式给出了区分这四个量子态所需的操作。线路 1 和 2 上为待区分的两比特量子纠缠态，可以是$|\phi_{00}\rangle$，$|\phi_{01}\rangle$，$|\phi_{10}\rangle$或$|\phi_{11}\rangle$中的任意一个。线路 3 和 4 上两个量子比特被初始化为$|0\rangle$，$|0\rangle$。先后经过 6 个逻辑门操作（包括 4 个 CNOT 非局域变换和 2 个 Hadamard 变换），最后通过对 3 和 4 两个量子比特在$\{|0\rangle,|1\rangle\}$基下的测量实现对四个量子态的区分。

根据测量理论，当线路 3 和 4 上分别测得(m,n)，$(m,n=0,1)$时，在线路 1 和 2 上的量子测量算符可以表示为①

$$\hat{M}_{mn}=(I_4\otimes\langle m|\langle n|)U_M|(I_4\otimes|0\rangle|0\rangle) \tag{4.54}$$

$$U_M=U_{\text{CNOT}}^{(2,1)}H^{(2)}U_{\text{CNOT}}^{(1,3)}U_{\text{CNOT}}^{(2,4)}H^{(2)}U_{\text{CNOT}}^{(2,1)} \tag{4.55}$$

式中，$U_{\text{CNOT}}^{(i,j)}$表示线路 i 和 j 上的控制非门操作，i 为控制量子位，j 为受控量子位；$I_4=I_2\otimes I_2$，表示线路 1 和 2 上的二维希尔伯特空间上的单位操作。Hadamard 变换的形式为[109]：

$$H=\frac{1}{\sqrt{2}}(|0\rangle\langle 0|+|0\rangle\langle 1|+|1\rangle\langle 0|-|1\rangle\langle 1|) \tag{4.56}$$

经过计算，易知[135]

$$\hat{M}_{00}=\frac{1}{2}(|00\rangle+|11\rangle)(\langle 00|+\langle 11|)=|\phi_{00}\rangle\langle\phi_{00}| \tag{4.57}$$

$$\hat{M}_{01}=\frac{1}{2}(|00\rangle-|11\rangle)(\langle 00|-\langle 11|)=|\phi_{01}\rangle\langle\phi_{01}| \tag{4.58}$$

$$\hat{M}_{10}=\frac{1}{2}(|01\rangle+|10\rangle)(\langle 01|+\langle 10|)=|\phi_{10}\rangle\langle\phi_{10}| \tag{4.59}$$

$$\hat{M}_{11}=\frac{1}{2}(|01\rangle-|10\rangle)(\langle 01|-\langle 10|)=|\phi_{11}\rangle\langle\phi_{11}| \tag{4.60}$$

即线路 3 和线路 4 的测量结果$(m,n)=(0,0),(0,1),(1,0),(1,1)$恰恰对应着对于四个纠缠态$|\phi_{00}\rangle$，$|\phi_{01}\rangle$，$|\phi_{10}\rangle$，$|\phi_{11}\rangle$的投影测量。而且，这种测量结果完全体现在对线路 3 和 4

---

① 量子线路的左侧为输入，右侧为输出，6 个量子逻辑门按从左至右的顺序依次作用在输入量子态上。在用酉矩阵表示变换时，习惯上把量子态写在最右边。根据矩阵乘法的习惯，6 个量子逻辑门所对应的酉矩阵按从右至左的顺序进行排列。

的测量上，测量之后，线路 1 和 2 上的量子纠缠态不发生变化，是一种非破坏测量[136]。

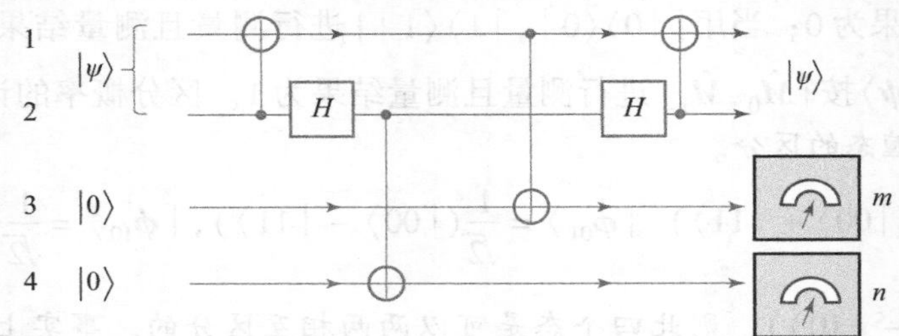

图 4.9 对纠缠态的区分逻辑线路图。$|\psi\rangle$ 为待区分的四个最大纠缠态 $\{|\phi_{00}\rangle, |\phi_{01}\rangle, |\phi_{10}\rangle, |\phi_{11}\rangle\}$ 之一。线路 3 和线路 4 为辅助量子比特。最后对线路 3 和线路 4 在 $\{|0\rangle, |1\rangle\}$ 基下测量，测量结果分别为 m，n

量子态区分是量子雷达的基石。在实际的量子目标探测中，量子雷达接收机所收到的量子态不一定是纯态，而是一种包含环境噪声的混态。这种情况下，最优的量子态区分更难以达到。在许多实际的量子区分方案中，人们只能使用近似最优的方案来最大可能地降低误判概率。

4.5 小结

量子测量是沟通微观量子态与宏观信息的桥梁。本章从经典测量和量子测量的区别入手，介绍了最基础的投影测量和广义测量。然后对直接测量、间接测量、局域测量和全局测量进行了介绍。在此基础上，介绍了量子测量在单光子态制备、量子态区分中的应用。量子测量是从量子态中提取可用信息的重要手段，是量子雷达探测目标的重要组成部分。

第 5 章
量子雷达的简化模型

在前期基础知识的准备基础之上，着手开展量子雷达的建模与仿真。由于不少读者是第一次接触量子雷达，特意提炼出一个简化的量子雷达模型，将量子雷达的基本原理展示给大家。在后续的章节，将会逐步考虑环境噪声和实际后处理技术等相关内容，以逐步逼近真实的量子雷达。

5.1 量子雷达模型

与传统雷达一样，量子雷达也由发射机、接收机共同组成。发射机和接收机可以收发一体，也可以收发分置。信号由发射机发射，到达目标所在区域，如果目标存在，信号经目标反射后由接收机接收。一个最简单、最基本的量子雷达原理图如图 5.1 所示。具体地，

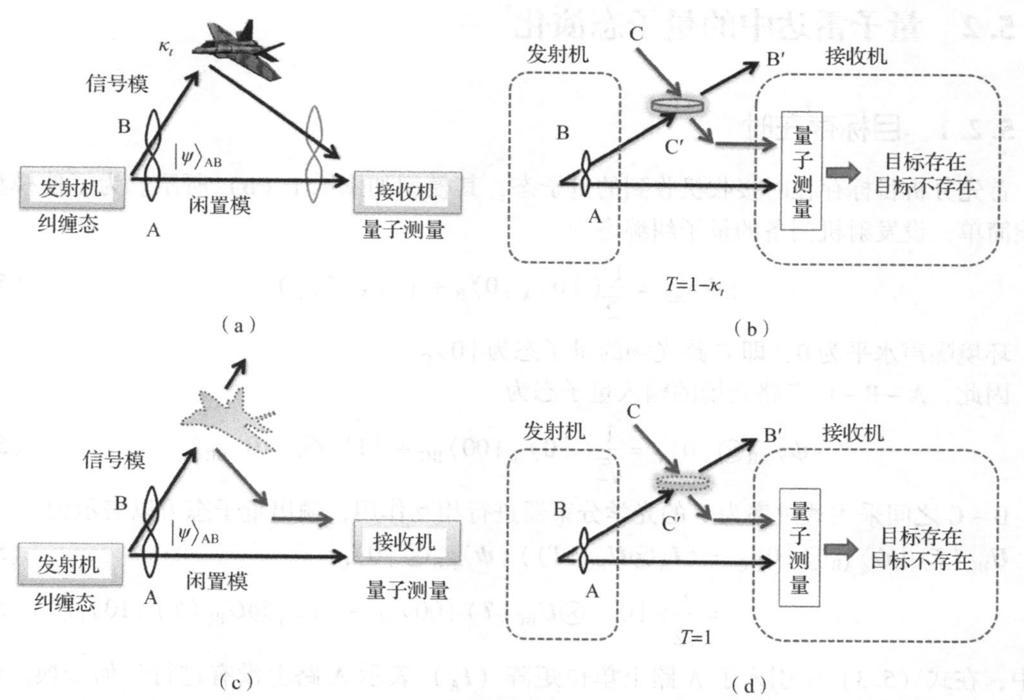

图 5.1 (a) 目标存在时的量子雷达示意图；(b) 目标存在时量子雷达简化模型；(c) 目标不存在时的量子雷达示意图；(d) 目标不存在时量子雷达简化模型

(1) 发射机。

发射机制备 A，B 两路光场的量子纠缠态 $|\boldsymbol{\psi}\rangle_{AB}$，并将 B 路光场发送到待测区域中。量子纠缠态是量子雷达中的信号源，是区别传统雷达和量子雷达的最显著的特征，是量子雷达优越性能的重要保证。

在对同一个目标进行探测时，不同的量子纠缠态，其探测性能是不同的，这也给量子雷达的设计和优化提供了足够的自由度和可以操控的空间。与此同时，不同的量子纠缠源还需要与之相配套的量子测量方式才能实现探测性能的最优化。

(2) 与潜在目标的作用。

量子雷达发射的 B 路信号与潜在目标相互作用，如果目标存在，一方面会将 B 路信号一部分反射到接收机中，另一方面也会将环境中的噪声光子引入接收机。在简化模型中，通常忽略目标的物理尺寸，采用一个透过率 $T=1-\kappa_t$ 的光学分束器来模拟反射率为 κ_t 的目标。光学分束器的 C 路光场（图 5.1（b））则代表了环境中的噪声光子。

如果目标不存在，B 路信号将完全耗散到环境中，接收机中 C′仅包含噪声光子。此时，可以采用一个透过率 $T=1$ 的光学分束器进行模拟，B 路信号完全耗散到环境中，噪声光子以 100% 的概率耦合进接收机中。

在本章的分析中，只考虑简化模型，设噪声光子数为 0。

(3) 接收机。

接收机的主要任务是根据收集到的信号来推测目标的相关信息。在推测过程中，往往采用优化的量子测量方案来达到最优的目标探测性能。

5.2 量子雷达中的量子态演化

5.2.1 目标存在时

首先分析目标存在时接收机收到的量子态，其模型如图 5.1（b）所示。为了使模型尽可能简单，设发射机制备的量子纠缠态为

$$|\boldsymbol{\psi}\rangle_{AB}=\frac{1}{\sqrt{2}}(|0\rangle_A|0\rangle_B+|1\rangle_A|1\rangle_B) \tag{5.1}$$

环境噪声水平为 0，即 C 路光场的量子态为 $|0\rangle_C$。

因此，A－B－C 三路光场的输入量子态为

$$|\boldsymbol{\psi}\rangle_{AB}\otimes|0\rangle_C=\frac{1}{\sqrt{2}}(|0\rangle_A|00\rangle_{BC}+|1\rangle_A\otimes|10\rangle_{BC}) \tag{5.2}$$

B－C 之间采用透过率为 T 的光学分束器进行相互作用，输出量子态可以表示为

$$\boldsymbol{U}_{BC}(T)|\boldsymbol{\psi}\rangle_{AB}\otimes|0\rangle_C=(\boldsymbol{I}_A\otimes\boldsymbol{U}_{BC}(T))|\boldsymbol{\psi}\rangle_{AB}\otimes|0\rangle_C \tag{5.3}$$

$$=\frac{1}{\sqrt{2}}(|0\rangle_A\otimes\boldsymbol{U}_{BC}(T)|00\rangle_{BC}+|1\rangle_A\otimes\boldsymbol{U}_{BC}(T)|10\rangle_{BC}) \tag{5.4}$$

其中，在式（5.3）中引入了 A 路上单位矩阵（$\boldsymbol{I}_A$）表示 A 路上没有进行任何变换。这样做可以使矩阵$(\boldsymbol{I}_A\otimes\boldsymbol{U}_{BC}(T))$与$|\boldsymbol{\psi}\rangle_{AB}\otimes|0\rangle_C$的维度相匹配，方便后续基于 MATLAB 等计算机软件的大规模仿真运算。

根据式（3.37）并考虑到 $T=1-\kappa_t$ 及令 $n=1$，可以得到

$$|\boldsymbol{\psi}^{(1)}\rangle = \boldsymbol{U}_{BC}(T)\,|\boldsymbol{\psi}\rangle_{AB}\otimes|0\rangle_C \tag{5.5}$$

$$=\frac{1}{\sqrt{2}}(|0\rangle_A\otimes|00\rangle_{BC}+\sqrt{1-\kappa_t}\,|1\rangle_A\otimes|10\rangle_{BC}+\sqrt{\kappa_t}\,|1\rangle_A\otimes|01\rangle_{BC}) \tag{5.6}$$

由于光学分束器作用后，B′路的量子态直接耗散到环境中，最终接收机收到的量子态为

$$\boldsymbol{\rho}_1 \equiv \mathrm{Tr}_B[\,|\boldsymbol{\psi}^{(1)}\rangle\langle\boldsymbol{\psi}^{(1)}|\,]$$

$$=\sum_{k=0}^{1}(\boldsymbol{I}_A\otimes\langle k|\otimes\boldsymbol{I}_C)(|\boldsymbol{\psi}^{(1)}\rangle\langle\boldsymbol{\psi}^{(1)}|)(\boldsymbol{I}_A\otimes|k\rangle\otimes\boldsymbol{I}_C) \tag{5.7}$$

$$=\frac{1}{2}(|00\rangle+\sqrt{\kappa_t}\,|11\rangle)(\langle00|+\sqrt{\kappa_t}\langle11|)+\frac{1-\kappa_t}{2}|10\rangle_{AC}\langle10| \tag{5.8}$$

其中，在式（5.7）的部分求迹中只需考虑 $\kappa_t=0$ 和 $\kappa_t=1$，这是因为发射机所制备的量子态在B路上最多有1个光子。

特别地，当 $\kappa_t=1$ 时，$\boldsymbol{\rho}_1=|\boldsymbol{\psi}\rangle_{AB}\langle\boldsymbol{\psi}|$，恰好为发射机发射的纯态（式（5.1））。

5.2.2　目标不存在时

模型如图5.1（d）所示。仍然设发射机制备的量子纠缠态为

$$|\boldsymbol{\psi}\rangle_{AB}=\frac{1}{\sqrt{2}}(|0\rangle_A|0\rangle_B+|1\rangle_A|1\rangle_B) \tag{5.9}$$

C路光场的量子态直接耦合到接收机中，因此，A－B－C三路光场的量子态为

$$|\boldsymbol{\psi}^{(0)}\rangle=|\boldsymbol{\psi}\rangle_{AB}\otimes|0\rangle_C \tag{5.10}$$

由于目标不存在，B路直接耗散到环境中。通过对B路进行部分求迹，即可得到接收机所收到的量子态为

$$\begin{aligned}\boldsymbol{\rho}_0 &=\mathrm{Tr}_B[\,|\boldsymbol{\psi}^{(0)}\rangle\langle\boldsymbol{\psi}^{(0)}|\,]\\ &=\frac{1}{2}(|0\rangle_A\langle0|+|1\rangle_A\langle1|)\otimes|0\rangle_C\langle0|\end{aligned} \tag{5.11}$$

事实上，目标不存在也等价于目标的反射率为 $\kappa_t=0$。令式（5.8）中 $\kappa_t=0$，也可以得到与 $\boldsymbol{\rho}_0$ 相同的结果。

5.3　目标探测与量子态区分

在简化模型中，仅仅关心目标的存在性信息，即仅判断目标“有”和“无”。事实上，设目标存在时，接收机收到的量子态应该为 $\boldsymbol{\rho}_1$；目标不存在时，接收机收到的量子态应该为 $\boldsymbol{\rho}_0$。在实际目标探测中，接收机根据实时收到的量子态，并通过量子态区分技术，实现对接收到的量子态是 $\boldsymbol{\rho}_1$ 还是 $\boldsymbol{\rho}_0$ 的判断，进而实现目标存在性的判定，如图5.2所示。关于量子态区分技术，可以参考第4.4节。

既然是根据量子测量结果来推测目标的，就牵涉到推测规则的制定和推测规则的好坏评价。因此，在给出具体方案之前，有必要对推测规则的评价指标进行介绍。

首先记 H_0 为目标不存在的事件，H_1 为目标存在的事件。

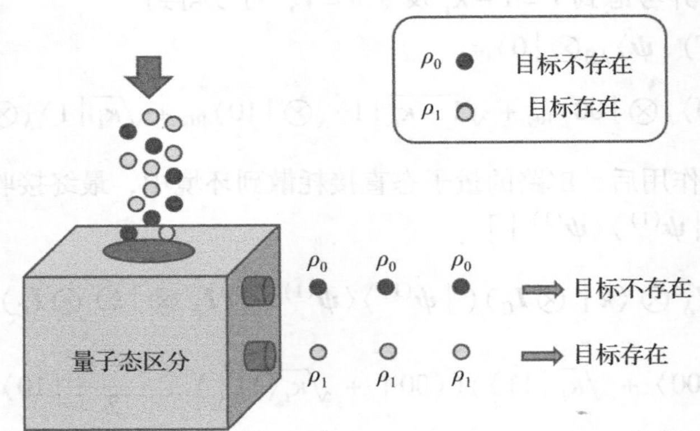

图 5.2　基于量子态区分的目标存在性判定

定义 5.3.1　虚警概率[137]（Probability of False Alarm，PFA）。

虚警概率定义为当目标不存在却判断为目标存在的概率：

$$P_{\mathrm{fa}} = \mathrm{Prob}(H_1 \mid H_0) \equiv P(H_1 \mid H_0) \tag{5.12}$$

定义 5.3.2　探测概率（Probability of Detection，POD）。

探测概率定义为当目标存在时判断为目标存在的概率：

$$P_{\mathrm{d}} = \mathrm{Prob}(H_1 \mid H_1) \equiv P(H_1 \mid H_1) \tag{5.13}$$

定义 5.3.3　漏检概率（Probability of Miss Detection，POMD）。

漏检概率定义为当目标存在时判断为目标不存在的概率：

$$P_{\mathrm{m}} = P(H_0 \mid H_1) = 1 - P_{\mathrm{d}} \tag{5.14}$$

定义 5.3.4　误判概率（Probability of Error）。

在许多情况，人们用误判概率来表示对虚警概率和漏检概率的加权平均。设事件 H_0 出现的概率为 p_0，事件 H_1 出现的概率为 p_1，则误判概率定义为

$$P_{\mathrm{err}} = p_0 P(H_1 \mid H_0) + p_1 P(H_0 \mid H_1) = p_0 P_{\mathrm{fa}} + p_1 P_{\mathrm{m}} \tag{5.15}$$

一般来说，误判概率越低，推测规则越可靠，雷达的性能越好。在实际量子雷达的目标探测过程中，尽可能地降低误判概率，是量子雷达优化设计的重要研究内容。

5.3.1　基于光子数探测的区分

由式（5.8）和式（5.11）易知，$\boldsymbol{\rho}_1$ 和 $\boldsymbol{\rho}_0$ 有明显不同。为了更加充分地说明这一点，在图 5.3 中给出了不同 κ_t 条件下 $\boldsymbol{\rho}_1$ 和 $\boldsymbol{\rho}_0$ 的矩阵元 $\boldsymbol{\rho}_1(ij,kl)$ 和 $\boldsymbol{\rho}_0(ij,kl)$，其中，$\boldsymbol{\rho}_1(ij,kl)$ 和 $\boldsymbol{\rho}_0(ij,kl)$ 定义如下：

$$\boldsymbol{\rho}_1 \equiv \sum_{ijkl} \boldsymbol{\rho}_1(ij,kl) \mid ij\rangle\langle kl \mid \tag{5.16}$$

$$\boldsymbol{\rho}_0 \equiv \sum_{ijkl} \boldsymbol{\rho}_0(ij,kl) \mid ij\rangle\langle kl \mid \tag{5.17}$$

当 $\boldsymbol{\kappa}_t = 1$ 时，只有四个非零矩阵元 $\boldsymbol{\rho}_1(00,00)$，$\boldsymbol{\rho}_1(00,11)$，$\boldsymbol{\rho}_1(11,00)$，$\boldsymbol{\rho}_1(11,11)$。随着 $\boldsymbol{\kappa}_t$ 减小，如图 5.3（b）和图 5.3（c）所示，$\boldsymbol{\rho}_1(10,10)$ 开始增加。当 $\boldsymbol{\kappa}_t = 0$ 时，只有 $\boldsymbol{\rho}_1(00,00)$ 和 $\boldsymbol{\rho}_1(10,10)$ 两个矩阵元是非零的。

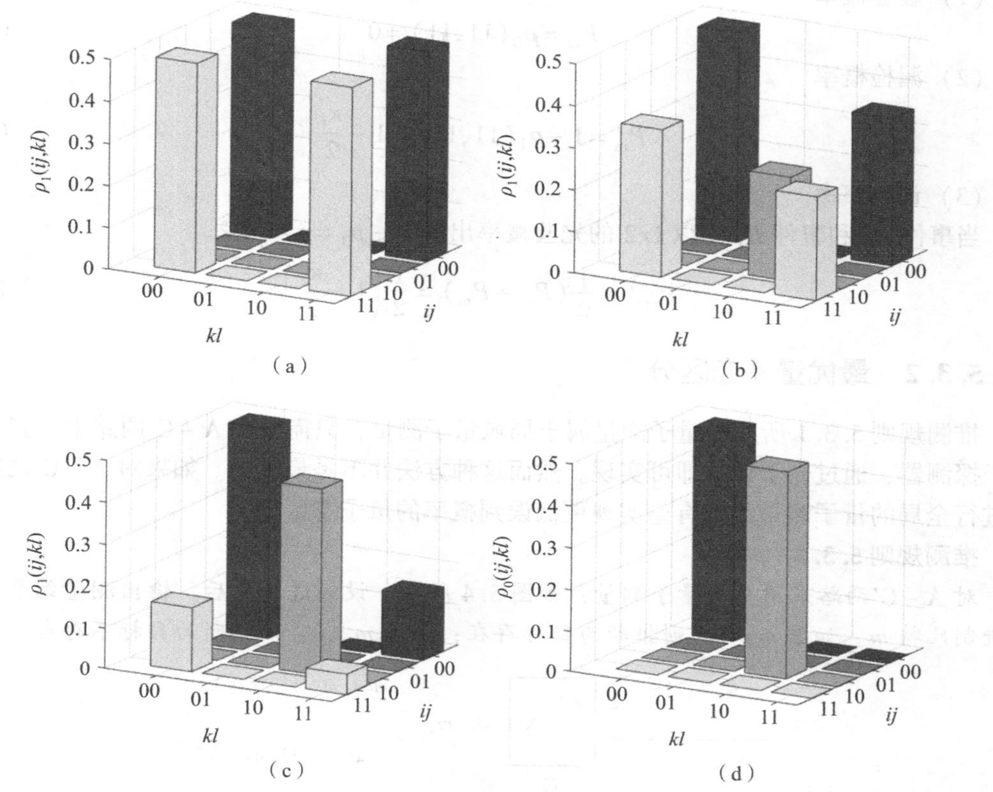

图 5.3　不同 κ_t 条件下的矩阵元 $\boldsymbol{\rho}_1(ij,kl)$

(a) $\kappa_t=1$；(b) $\kappa_t=0.5$；(c) $\kappa_t=0.1$；(d) $\kappa_t=0$，即 $\boldsymbol{\rho}_0(ij,kl)$

通过观察 $\boldsymbol{\rho}_1$ 和 $\boldsymbol{\rho}_0$ 的矩阵元，就可以为区分二者提供思路。比如，对于 $\boldsymbol{\rho}_0$，$\boldsymbol{\rho}_0(11,11)=0$，而对于所有 $\kappa_t\neq0$ 的 $\boldsymbol{\rho}_1(11,11)$，均有

$$\boldsymbol{\rho}_1(11,11)=\frac{\kappa_t}{2}>0 \tag{5.18}$$

$\boldsymbol{\rho}_1(11,11)$的物理含义即是 A－C′两路均探测到 1 个光子的概率。因此，一个直观的区分这两个量子态的办法就是在 A－C′两路上同时进行光子数探测。根据探测结果，可以给出如下判定方案：

推测规则 5.3.1

对 A－C′两路同时进行单光子探测，如果均探测到一个光子，则推断为目标存在；否则，则推断为目标不存在。

推测规则 5.3.1 有其合理的一面，即是一旦 A－C′两路同时观测到了一个光子，则能马上判断目标肯定是存在的，是合乎逻辑的；但是，如果没有同时观测到光子，则判断目标不存在，会造成目标的漏检，因为目标存在时 A－C′两路同时探测到一个光子的概率只有 $\kappa_t/2<1/2$，仍有 $1-\kappa_t/2$ 的概率是不能在 A－C′两路同时探测到一个光子的。这就与目标不存在时引起的探测结果相一致，使得判定出现错误。

根据推测规则的评价指标定义，易知推测规则 5.3.1：

(1) 虚警概率

$$P_{\text{fa}} = \boldsymbol{\rho}_0(11,11) = 0 \tag{5.19}$$

(2) 漏检概率

$$P_{\text{m}} = 1 - \boldsymbol{\rho}_1(11,11) = 1 - \frac{\kappa_t}{2} \tag{5.20}$$

(3) 误判概率

当事件 H_0 和事件 H_1 均以 1/2 的先验概率出现时，$p_0 = p_1 = 1/2$。

$$P_{\text{err}}^{(1)} = \frac{1}{2}(P_{\text{fa}} + P_{\text{m}}) = \frac{1}{2}\left(1 - \frac{\kappa_t}{2}\right) \tag{5.21}$$

5.3.2 最优量子态区分

推测规则 5.3.1 所用的量子测量属于局域量子测量，只需要在 A－C′两路上放置两个单光子探测器，通过光子计数即可实现。然而这种方法并不是最优的。如果对 A－C′两路量子态进行全局的量子测量，则有望实现更低误判概率的量子态区分。

推测规则 5.3.2

对 A－C′两路采用全局量子测量，如图 5.4 所示。设经过测量后，输出测量结果为一个二进制比特 m。如果 $m=1$，则推断为目标存在；如果 $m=0$，则推断为目标不存在。

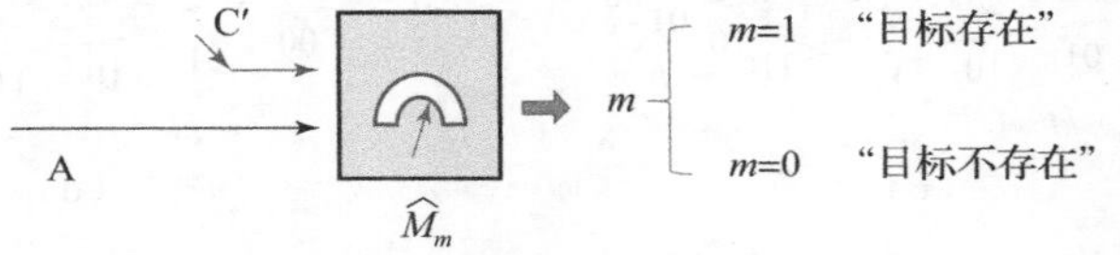

图 5.4　基于全局测量的推测规则示意图

根据最优量子态区分理论（式（4.43）），对量子态 $\boldsymbol{\rho}_1$，$\boldsymbol{\rho}_0$ 的最小误判概率为[138,139]：

$$P_{\text{err}}^{\text{opt}} = \frac{1}{2}\left(1 - \left\|\frac{1}{2}\boldsymbol{\rho}_1 - \frac{1}{2}\boldsymbol{\rho}_0\right\|\right) \tag{5.22}$$

代入式（5.8）和式（5.11），得到

$$\frac{1}{2}\boldsymbol{\rho}_1 - \frac{1}{2}\boldsymbol{\rho}_0 = \frac{\kappa_t}{4}|11\rangle\langle 11| - \frac{\kappa_t}{4}|10\rangle\langle 10| + \frac{\sqrt{\kappa_t}}{4}(|00\rangle\langle 11| + |11\rangle\langle 00|) \tag{5.23}$$

及

$$P_{\text{err}}^{\text{opt}} = \frac{1}{2}\left\{1 - \frac{1}{4}\left[\kappa_t + \frac{\sqrt{\kappa_t}}{2}(\sqrt{\kappa_t + 4} - \sqrt{\kappa_t}) + \frac{\sqrt{\kappa_t}}{2}(\sqrt{\kappa_t + 4} + \sqrt{\kappa_t})\right]\right\} \tag{5.24}$$

图 5.5 中给出了不同 κ_t 条件下的误判概率。特别地，当 $\kappa_t = 1$ 时，推测规则 5.3.1 的误判概率为 25%，而推测规则 5.3.2 的误判概率为 9.54%。由此可见，在发射机发射相同的量子态条件下，采用全局测量的推测规则 5.3.2 比采用局域测量的推测规则 5.3.1 具有更低的误判概率。

以上根据最优量子态区分理论给出了最小误判概率，但仍没有给出应该如何进行全局测量。只有采用最优的量子测量，才能达到这一最小误判概率。对于量子测量的设计，需要从待区分量子态 $\boldsymbol{\rho}_1$，$\boldsymbol{\rho}_0$ 的具体形式出发。根据 $\frac{1}{2}\boldsymbol{\rho}_1 - \frac{1}{2}\boldsymbol{\rho}_0$ 的具体形式，可以得出

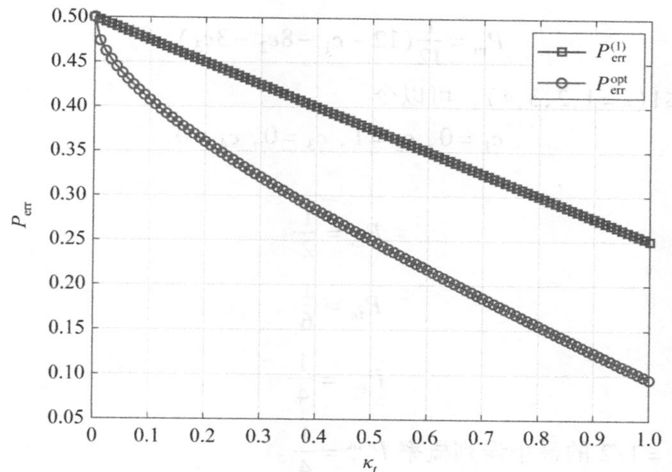

图 5.5　不同 κ_t 条件下的误判概率

$$\frac{1}{2}\boldsymbol{\rho}_1-\frac{1}{2}\boldsymbol{\rho}_0=\frac{-\kappa_t}{4}|10\rangle\langle 10|+\frac{\sqrt{\kappa_t}(\sqrt{\kappa_t}-\sqrt{\kappa_t+4})}{8}|e_1\rangle\langle e_1|+\frac{\sqrt{\kappa_t}(\sqrt{\kappa_t}+\sqrt{\kappa_t+4})}{8}|e_2\rangle\langle e_2| \tag{5.25}$$

式中

$$|e_1\rangle=-\sin\theta|00\rangle+\cos\theta|11\rangle \tag{5.26}$$

$$|e_2\rangle=\cos\theta|00\rangle+\sin\theta|11\rangle \tag{5.27}$$

$$\theta=\arccos\left(\frac{x}{\sqrt{x^2+1}}\right)\in[0,\pi/2] \tag{5.28}$$

$$x=\frac{\sqrt{\kappa_t+4}-\sqrt{\kappa_t}}{2} \tag{5.29}$$

由于只需要判定量子态是 $\boldsymbol{\rho}_1$ 还是 $\boldsymbol{\rho}_0$，因此，可以设计只有两个测量算符的量子测量 $\hat{M}_0$，$\hat{M}_1$：

$$\hat{M}_1=\sqrt{c_1}|e_1\rangle\langle e_1|+\sqrt{c_2}|e_2\rangle\langle e_2|+\sqrt{c_3}|10\rangle\langle 01|+\sqrt{c_4}|01\rangle\langle 01| \tag{5.30}$$

$$\hat{M}_0=\sqrt{1-c_1^2}|e_1\rangle\langle e_1|+\sqrt{1-c_2^2}|e_2\rangle\langle e_2|+\sqrt{1-c_3^2}|10\rangle\langle 01|+\sqrt{1-c_4^2}|01\rangle\langle 01| \tag{5.31}$$

式中，$0\leqslant c_0$，c_1，c_2，c_3，$c_4\leqslant 1$ 且容易验证满足 $\hat{M}_0^{\dagger}\hat{M}_0+\hat{M}_1^{\dagger}\hat{M}_1=\boldsymbol{I}$。

于是，虚警概率和漏检概率分别为

$$P_{fa}=\mathrm{Tr}[\boldsymbol{\rho}_0(\hat{M}_1^{\dagger}\hat{M}_1)] \tag{5.32}$$

$$P_{m}=\mathrm{Tr}[\boldsymbol{\rho}_1(\hat{M}_0^{\dagger}\hat{M}_0)] \tag{5.33}$$

为了简化问题，考虑一种特殊的情况 $\kappa_t=1/2$，不难算出

$$P_{fa}=\frac{1}{6}(2c_1+c_2+3c_3) \tag{5.34}$$

$$P_m = \frac{1}{12}(12 - c_1 - 8c_2 - 3c_3) \tag{5.35}$$

考虑到 $0 \leqslant c_i \leqslant 1 (i = 1,2,3,4)$，可以令

$$c_1 = 0,\ c_2 = 1,\ c_3 = 0,\ c_4 = 0 \tag{5.36}$$

从而得到

$$P_m = \frac{1}{2} \tag{5.37}$$

$$P_{fa} = \frac{1}{6} \tag{5.38}$$

$$P_{err} = \frac{1}{4} \tag{5.39}$$

此时刚达到 $\kappa_t = 1/2$ 的最小误判概率 $P_{err}^{opt} = \frac{1}{4}$。

注意，此时 $\hat{M}_1 = |e_2\rangle\langle e_2|$ 是一个投影算符，$|e_2\rangle = \sqrt{\frac{1}{3}}|00\rangle + \sqrt{\frac{2}{3}}|11\rangle$，即，对 $\kappa_t = 1/2$ 的目标的区分也可以通过投影量子测量来实现，只不过是所投影的子空间不是推测规则 5.3.1 中的 $|11\rangle$，而是 $|00\rangle$ 和 $|11\rangle$ 叠加态，即 $|e_2\rangle$。于是，当目标反射率为 $\kappa_t = 1/2$ 时，可以得出如下的最优推测规则：

推测规则 5.3.3 （$\kappa_t = 1/2$）

当目标反射率为 $\kappa_t = 1/2$ 时，对 A – C′两路进行全局测量，测量算符为 $\{\hat{M}_m\}$，m 为测量结果且

$$\hat{M}_1 = |e_2\rangle\langle e_2| \tag{5.40}$$

$$\hat{M}_0 = |e_1\rangle\langle e_1| + |10\rangle\langle 10| + |01\rangle\langle 01| \tag{5.41}$$

如果测量结果为 $m = 1$，则推断为目标存在；如果 $m = 0$，则推断为目标不存在。

对于一般的 $0 < \kappa_t < 1$，计算结果较为复杂，可以采用类似的方法使用数值求解给出具体的测量算符和推测规则。

5.4 小结

作为一种新体制雷达，借助量子纠缠态和量子测量的量子雷达可以实现更低误判概率的目标探测。为了给出量子雷达一个清晰的全貌，本章从最简单的量子纠缠态 $\frac{1}{\sqrt{2}}(|00\rangle + |11\rangle)$ 出发，讨论了一个量子雷达简化模型中的量子态如何演化、量子态如何测量、目标信息的推测规则等问题，结合传统雷达性能评估的关键指标给出了定量仿真。后续章节中将在此基础上不断增加环境噪声和真实场景中的非理想因素，以不断丰富和深化量子雷达模型。

第6章 含环境噪声的量子雷达

噪声无处不在，特别是对微观世界中的量子系统而言，量子系统能量一般较低，很小的热噪声就可以将量子信号淹没，给实际条件下的量子信息处理带来了严重影响[140-142]。量子雷达以量子态为信息载体，它面临着类似的问题。因此，本章将分析噪声对量子雷达的性能的影响，并讨论如何借助现有手段实现量子雷达性能的提升。

6.1 环境噪声下的量子雷达

图6.1给出了环境噪声下的量子雷达。与图5.1（b）相比，这里有两处不同。

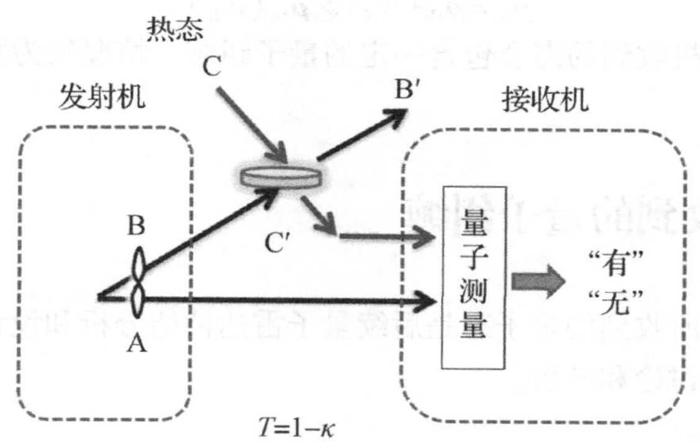

图6.1 环境噪声下的量子雷达，C路输入为单模热态

（1）C路输入为单模热态。在第2.5.1节对单模热态做过说明，设热态的平均光子数为 N_B，则

$$\boldsymbol{\rho}_{\text{th}} = \sum_{n=0}^{\infty} \frac{1}{(1+N_B)}\left(\frac{N_B}{1+N_B}\right)^n |n\rangle\langle n| \tag{6.1}$$

（2）目标的反射率为 κ，因此，与之等价的光学分束器的透过率为 $T=1-\kappa$。

这里为了表达的简洁，用 κ 表示反射率进行计算。只要通过设定 $\kappa=\kappa_t$，就可以计算反射率为 κ_t 时接收机收到的量子态 $\boldsymbol{\rho}_1$；通过设定 $\kappa=0$，就可以计算出目标不存在时接收机收到的量子态 $\boldsymbol{\rho}_0$。

为不失一般性，设 A－B 两路输入的是单路平均光子数为 N_S 的两模压缩真空态①：

$$|\boldsymbol{\psi}_{\mathrm{TMSS}}\rangle_{\mathrm{AB}} = \sum_{n=0}^{\infty} \frac{1}{\sqrt{1+N_S}} \left(\frac{N_S}{1+N_S}\right)^n |n\rangle_{\mathrm{A}} |n\rangle_{\mathrm{B}}, (N_S > 0) \tag{6.2}$$

由于 C 路输入的是一个混态，A－B－C 三路输入的量子态可以用其密度矩阵表示：

$$\boldsymbol{\rho}_{\mathrm{ABC}} = |\boldsymbol{\psi}_{\mathrm{TMSS}}\rangle_{\mathrm{AB}}\langle\boldsymbol{\psi}_{\mathrm{TMSS}}| \otimes \boldsymbol{\rho}_{\mathrm{th}} \tag{6.3}$$

根据式（3.72），B－C 两路量子态经过光学分束器作用后，A－B－C 三束光场的量子态可以表示为

$$\boldsymbol{\rho}_{\mathrm{AB'C'}} = (\boldsymbol{I}\otimes\boldsymbol{U}_{\mathrm{BC}}(T))\boldsymbol{\rho}_{\mathrm{ABC}}(\boldsymbol{I}\otimes\boldsymbol{U}_{\mathrm{BC}}(T)^{\dagger}) \tag{6.4}$$

由于 B′一路的量子态被耗散到环境中，A，C′两路光场的量子态最终被接收机所接收。通过对模式 B′的部分求迹②，就可以得出最终 $\boldsymbol{\rho}_{\mathrm{AC'}}$ 量子态：

$$\begin{aligned}\boldsymbol{\rho}_{\mathrm{AC'}} &= \mathrm{Tr}_{\mathrm{B'}}[\boldsymbol{\rho}_{\mathrm{AB'C'}}] \\ &= \sum_{k=0}^{D-1} (\boldsymbol{I}\otimes\langle k| \otimes\boldsymbol{I})\boldsymbol{\rho}_{\mathrm{AB'C'}}(\boldsymbol{I}\otimes|k\rangle \otimes\boldsymbol{I})\end{aligned} \tag{6.5}$$

其中，对 A－B－C 中的每一路均做了维度为 D 的有限截断。于是，在目标存在和不存在两种情况下，接收机收到的量子态分别为

$$\boldsymbol{\rho}_1 = \boldsymbol{\rho}_{\mathrm{AC'}}(\kappa = \kappa_t) \tag{6.6}$$

$$\boldsymbol{\rho}_0 = \boldsymbol{\rho}_{\mathrm{AC'}}(\kappa = 0) \tag{6.7}$$

当目标不存在时，接收机收到的态容易计算，为两个热态的直积：

$$\boldsymbol{\rho}_0 = \boldsymbol{\rho}_{\mathrm{th}}(N_S)\otimes\boldsymbol{\rho}_{\mathrm{th}}(N_B) \tag{6.8}$$

而当目标存在时，接收机收到的态会包含一定的量子纠缠，情况较为复杂，需要借助计算机仿真完成计算。

6.2 接收机收到的量子纠缠

量子雷达的接收机所收到的量子态是后续量子雷达性能分析和设计的依据。本节对接收机所收到的量子态进行讨论和分析。

6.2.1 量子纠缠的度量

首先介绍纠缠度的概念。纠缠度，顾名思义，即纠缠大小的量度。不同量子态，有的包含量子纠缠，有的不包含量子纠缠。有的纠缠度大，有的纠缠度小。纠缠度量最好是正实数，以方便人们对纠缠大小的比较。因此，人们需要定义一个从待考察量子态 $\boldsymbol{\rho}$ 到一个正实数 E 的映射。一般地，量子纠缠越大，E 也越大。

经过多年的发展，现在有很多关于量子纠缠度的定义，比如 Bell 不等式违背[143]、纠缠熵[144,145]、生成纠缠[146,147]、纠缠并发度（Concurrence）[147]、纠缠负定[148]、隐形传态保真度[149,150]等多种度量纠缠大小的方法。这些方法是从不同的维度去认识纠缠，彼此功能

① 两模压缩真空态的定义可参考第 2.5.5 节。

② 部分求迹的定义详见第 2.4 节。

类似但并不完全等价，甚至有时还会给出相悖的结论。因此，对量子纠缠的度量标准并不唯一。

这里主要采用纠缠负定（logarithmic negativity）的纠缠度定义。该方法易于计算，并且与量子隐形传态等量子信息的具体应用有密切联系。

定义 6.2.1　纠缠负定。

对于两体的量子态 $\boldsymbol{\rho}_{AB}=\boldsymbol{\rho}$，纠缠负定的定义为[148,151]

$$E_N(\boldsymbol{\rho})=\log_2(1+2N(\boldsymbol{\rho})) \tag{6.9}$$

式中，$N(\boldsymbol{\rho})$ 定义为两体密度矩阵部分转置的负本征值的和的绝对值。

特别地，若两模态为可分态，则 $E_N(\boldsymbol{\rho})=0$；若两模态为 Bell 态，则 $E_N(\boldsymbol{\rho})=1$。高维的纠缠态，如连续变量纠缠态，$E_N(\boldsymbol{\rho})$ 可以大于 1。

纠缠负定的性质：

（1）$E_N=0$，则无纠缠。

（2）$E_N>0$，则有纠缠。

（3）E_N 越大，则纠缠越大。

例 6.2.1　$|\boldsymbol{\psi}\rangle_{AB}=|00\rangle_{AB}$ 的纠缠度。

由于 $|00\rangle_{AB}\equiv|0\rangle_A\otimes|0\rangle_B$ 是直积态，明显是可分态，即非纠缠态。仍然可以利用纠缠负定的定义来计算其纠缠。首先计算出其密度矩阵为 $\boldsymbol{\rho}_{AB}=|00\rangle_{AB}\langle 00|$。对于 B 模式的部分转置，得到 $\boldsymbol{\rho}_{AB}^{T_B}=|00\rangle\langle 00|$，其本征值为 $\{1,0,0,0\}$。于是 $N(\boldsymbol{\rho})=0$，其纠缠负定为

$$E_N=\log_2(1+N(\boldsymbol{\rho}))=0 \tag{6.10}$$

这也与纠缠负定的定义相一致。

例 6.2.2　$|\boldsymbol{\psi}\rangle=\frac{1}{\sqrt{2}}(|00\rangle+|11\rangle)$ 的纠缠度。

先给出其密度矩阵

$$\boldsymbol{\rho}=|\boldsymbol{\psi}\rangle\langle\boldsymbol{\psi}|=\frac{1}{2}(|00\rangle\langle 00|+|00\rangle\langle 11|+|11\rangle\langle 00|+|11\rangle\langle 11|) \tag{6.11}$$

对第二个模式的部分转置

$$\boldsymbol{\rho}^{T_2}=|\boldsymbol{\psi}\rangle\langle\boldsymbol{\psi}|=\frac{1}{2}(|00\rangle\langle 00|+|01\rangle\langle 10|+|10\rangle\langle 01|+|11\rangle\langle 11|) \tag{6.12}$$

于是，$\boldsymbol{\rho}^{T_2}$ 其本征值为 $\{-0.5,0.5,0.5,0.5\}$，纠缠负定为

$$E_N(\boldsymbol{\rho})=\log_2(1+2\times 0.5)=1 \tag{6.13}$$

6.2.2　有限截断下的量子纠缠

不同于上一章量子雷达的简化模型，含环境噪声条件下的量子雷达中量子态演化较为复杂，特别是信号强度 N_S 和噪声强度 N_B 较大的情况。需要根据式（6.6）和式（6.7）关于 $\boldsymbol{\rho}_1$ 和 $\boldsymbol{\rho}_0$ 的定义，采用第 3.3 节中关于量子态有限截断的方法，结合 MATLAB 程序对接收机收到的量子态进行仿真分析。

6.2.2.1　仿真的收敛性

选取参数 $\kappa_t=0.1$，$N_B=0.2$，$N_S=1/3$，每个光学模式用 $\{|0\rangle,|1\rangle,|2\rangle,\cdots,|D-$

1⟩}组成的子空间来模拟。在图 6.2（a）中给出了量子态的迹 Tr$[\boldsymbol{\rho}_1]$以及纠缠随着 D 的变化关系。可以看出，D 不断增大，量子态的迹 Tr$[\boldsymbol{\rho}_1]$，Tr$[\boldsymbol{\rho}_0]$也不断增大，至 $D=8$ 时，已经逼近理论值 Tr$(\boldsymbol{\rho}_1)=1$。这表明利用$\{|0\rangle,|1\rangle,|2\rangle,\cdots,|7\rangle\}$组成的子空间进行仿真时，与理论上利用$\{|0\rangle,|1\rangle,|2\rangle,\cdots,\infty\}$组成的无限维空间基本一致，这也是进行数值仿真的依据。

需要说明的是，随着每个光学模式上平均光子数的增加，需要不断增加维度 D 来实现数值结果的收敛性。如果 $\boldsymbol{\kappa}_t=0.1$，$\boldsymbol{\lambda}=0.1$，但是 $N_B=0.5$，如图 6.2（b）所示，则只有在 $D=15$ 时，才会发现纠缠的计算结果达到收敛。

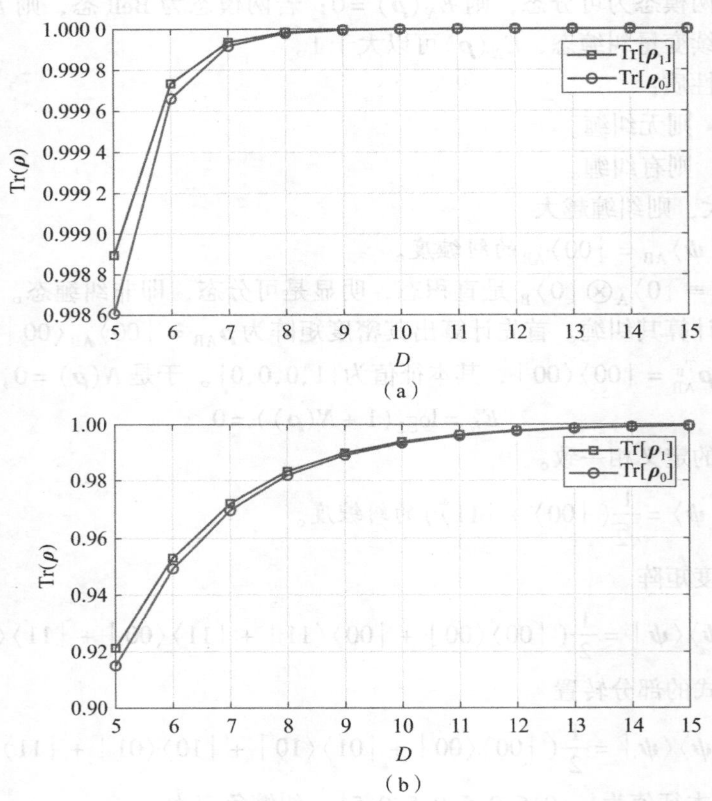

图 6.2 不同参数下的密度矩阵 $\boldsymbol{\rho}_1$，$\boldsymbol{\rho}_0$ 的迹与有效截断的关系

（a）$\boldsymbol{\kappa}=0.1$，$N_B=0.2$，$N_S=1/3$；（b）$\boldsymbol{\kappa}=0.1$，$N_B=1.5$，$N_S=1/3$

纠缠的大小是另一个关注的指标。图 6.3 中给出了不同参数下以纠缠负定度量的量子纠缠随着 D 的变化关系。如图 6.3（a）所示，当 $\boldsymbol{\kappa}=0.9$，$N_B=0.1$，$\boldsymbol{\lambda}=0.5$ 时，目标反射率较高，接收机接收到的量子纠缠较强。在 $D=10$ 时，有限截断的量子态纠缠已经可以与理论值相吻合。注意，这里理论值是指在不进行截断的$\{|0\rangle,|1\rangle,|2\rangle,\cdots,\infty\}$的无限维空间中进行计算的纠缠度，该值也可以通过相空间中的协方差矩阵来完成计算，在第 7 章还会继续介绍。当 $\boldsymbol{\kappa}_t=0.1$，$N_B=0.1$，$N_S=1/3$ 时，目标反射率较低，接收到的量子态平均光子数较低，当 $D=9$ 时，已经基本收敛到理论值。

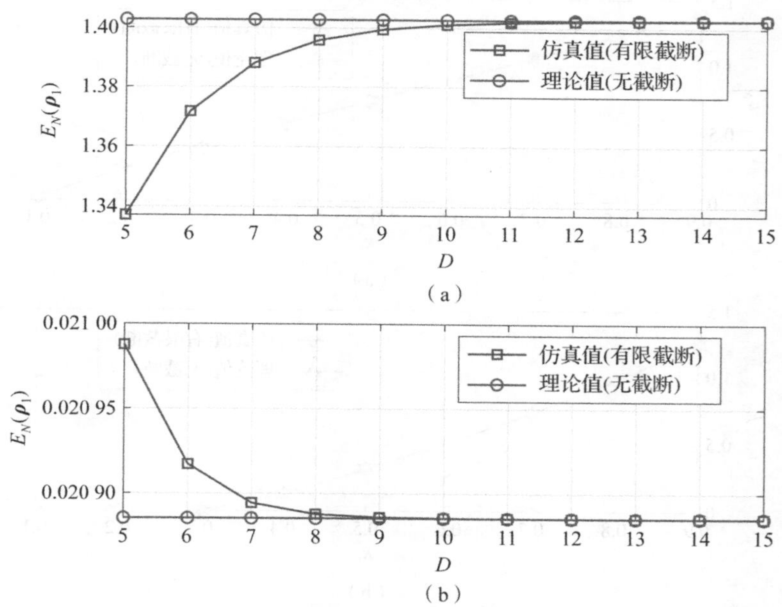

图6.3　不同参数下的密度矩阵ρ_1的纠缠与有效截断的关系

(a) $\kappa=0.9$，$N_B=0.1$，$N_S=1/3$；(b) $\kappa=0.1$，$N_B=0.1$，$N_S=1/3$

6.2.2.2　纠缠"突然死亡"

当$N_S=1/3$时，$|\psi_{\mathrm{TMSS}}\rangle$的纠缠为1.584 9，而经过与目标作用之后，$\rho_1$的纠缠就会降低。可以考察纠缠随着目标反射率$\kappa_t$的变化情况。图6.4中给出了纠缠随着$\kappa_t$的变化关系，比较了有效截断在$D=15$时的纠缠负定与无截断时的纠缠负定的理论值的情况。在$N_B=0.1$（图6.4（a））时，可以见到纠缠单调下降；在$N_B=0.5$（图6.4（b））时，可以看到纠缠突然降为零。事实上，纠缠突然降为零的现象被称为纠缠突然死亡现象（Sudden Death）[152]，其已经成为量子信息中重要的研究方向①。

6.3　最优量子态区分时的误判概率

通过上一章量子雷达的简化模型，容易知道，对接收机收到的量子态ρ_1，ρ_0的区分，可通过全局量子测量的办法达到最优。一方面，最优的量子测量$\{\hat{M}_m\}$，$m=0$，1依赖于待区分量子态的具体形式；另一方面，在最优量子测量下，最小误判概率可以表示为

$$P_{\mathrm{err}}^{\mathrm{opt}}=\frac{1}{2}\left(1-\left\|\frac{1}{2}\rho_1-\frac{1}{2}\rho_0\right\|\right) \tag{6.14}$$

以下分析背景噪声水平$N_B=0.5$，采用$N_S=1/3$的两模压缩真空态作为纠缠源进行目标探测的最小误判概率。

---

① 与之对应的还有纠缠突然产生，即Entanglement sudden birth[152]。

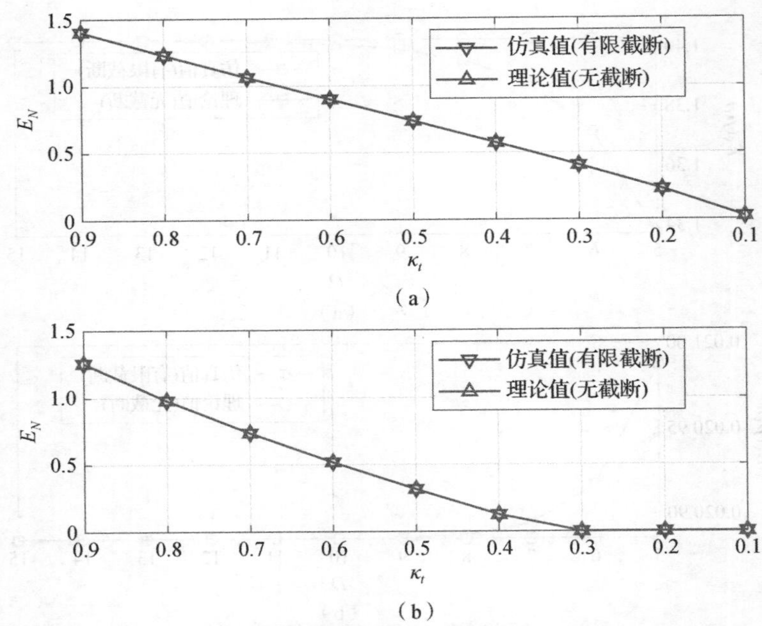

图 6.4　不同参数下的密度矩阵 $\boldsymbol{\rho}_1$ 的纠缠与 κ_t 的关系

(a) $D=15$, $N_B=0.1$, $N_S=1/3$; (b) $D=15$, $N_B=0.5$, $N_S=1/3$

在图 6.5 中，可以看出最小误判概率与 κ_t 的变化有关系。当 $\kappa_t=1.0$ 时，根据式 (6.14)，可以计算出最小误判概率为 $P_{\text{err}}=0.3331$；当 $\kappa_t=0.01$ 时，最小误判概率为 $P_{\text{err}}=0.4802$。最小误判概率随着 κ_t 的增加而下降，这也意味着高反射率的目标更易于被发现，这与客观事实相一致。

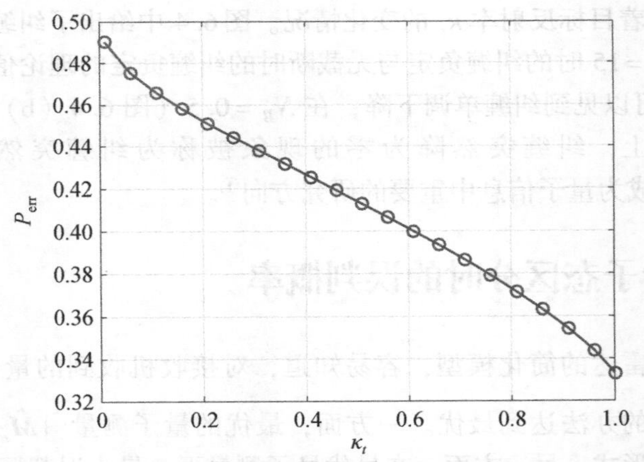

图 6.5　根据量子态区分理论计算出的误判概率随着 $\boldsymbol{\kappa}$ 的变化关系

(其他参数：$N_S=1/3$，$N_B=0.5$，$D=15$)

另外，最小误判概率为 $P_{\text{err}}=0.4802$ 也意味着发射机发射 100 次信号时，平均有 48 次将给出错误的判断结果。这么高的误判概率使其在目标探测中的应用显得十分有限。

为了降低最小误判概率，需要借助多份量子态的发射和接收来增加 $\boldsymbol{\rho}_1$ 和 $\boldsymbol{\rho}_0$ 的区分度，达到量子雷达的实用化。

6.4　基于多份量子态的目标探测

直观地，进行目标探测时所发射和接收的信号越多，目标被探测到的概率就越大，雷达的性能也就越好。不妨假设发射机发射出 M 份量子纠缠态，接收机接收到 M 份量子态，目标存在与否就等价于区分 $\boldsymbol{\rho}_0^{\otimes M}$ 和 $\boldsymbol{\rho}_1^{\otimes M}$。如果目标存在和目标不存在这两种情况各以 50% 的可能性出现，则根据最优量子态区分理论，最小误判概率将可以表示为

$$P_{\text{err}}^{M}=\frac{1}{2}\left(1-\left\|\frac{1}{2}\boldsymbol{\rho}_0^{\otimes M}-\frac{1}{2}\boldsymbol{\rho}_1^{\otimes M}\right\|\right)\tag{6.15}$$

为了说明这个问题，取 $\kappa_t=0.1$，$N_S=0.01$，$N_B=0.1$，对 A－C′两路分别进行有限截断，在图 6.6 中给出了发射和接收 M 份量子纠缠条件下的最小误判概率情况。

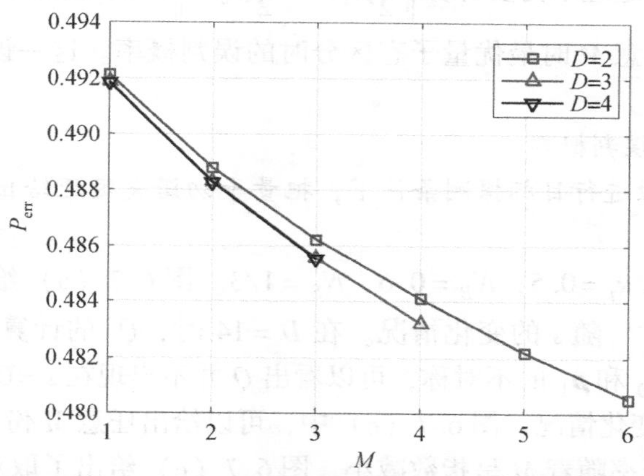

图 6.6　发射和接收多份量子纠缠条件下的误判概率随着纠缠数目 M 的变化关系
（其他参数：$\kappa_t=0.1$，$N_S=0.01$，$N_B=0.1$）

一方面，可以看出，随着 M 变大，量子态的最小误判概率也随之逐渐变小。增加发射和接收量子纠缠的数目是提高量子雷达性能的有效办法。

另一方面，图 6.6 并没有对 $M>7$ 的情况进行计算。这是因为仿真计算所需的计算机内存呈指数增加。特别地，当 $D=2$，$M=10$ 时，$\boldsymbol{\rho}_0^{\otimes M}$ 的存储需要 8.7 TB① 的内存容量。这对于目前的个人桌面计算机是无法完成的。类似地，当 $D=3$ 时，算到了 $M=4$；当 $D=4$ 时，只能算到 $M=3$。幸运的是，由于在该实例中，$N_S=0.01$，$N_B=0.1$，发射的两模压缩真空态和噪声热态的平均光子数都很低，不需要太高维的有限截断就已经收敛。从 $D=3$ 和 $D=4$ 两条曲线可以看出，二者结果已经基本重合。

为了计算更大 M 时区分 $\boldsymbol{\rho}_0^{\otimes M}$ 和 $\boldsymbol{\rho}_1^{\otimes M}$ 的最小误判概率，需要借助量子切诺夫定理[153－155]来近似地给出任意 M 时的最小误判概率。

定理 6.4.1　*量子切诺夫定理*[153]。

区分量子态 $\boldsymbol{\rho}_1^{\otimes M}$ 和 $\boldsymbol{\rho}_0^{\otimes M}$ 的最小错误概率渐近地逼近于

$$P_{\text{err}}\sim P_{\text{QCB}}^{(M)}=\frac{1}{2}\exp(-M\epsilon)\tag{6.16}$$

① 1 TB＝1 024 GB≈10^{12} B。

式中

$$\epsilon \equiv -\ln\left[\inf_{0\leqslant s\leqslant 1}\mathrm{Tr}(\boldsymbol{\rho}_0^s\boldsymbol{\rho}_1^{1-s})\right] \tag{6.17}$$

更加直接地，可以写作

$$P_{\mathrm{QCB}}^{(M)}=\frac{1}{2}Q^M \tag{6.18}$$

式中

$$Q=\inf_{0\leqslant s\leqslant 1}Q_s \tag{6.19}$$

$$Q_s=\mathrm{Tr}[\boldsymbol{\rho}_0^s\boldsymbol{\rho}_1^{1-s}] \tag{6.20}$$

量子切诺夫定理给出了区分两个直积态 $\boldsymbol{\rho}_0^{\otimes M}$ 和 $\boldsymbol{\rho}_1^{\otimes M}$ 的最小误判概率的渐近情况。需要说明的是，量子切诺夫定理不需要计算$\left\|\frac{1}{2}\boldsymbol{\rho}_1^{\otimes M}-\frac{1}{2}\boldsymbol{\rho}_0^{\otimes M}\right\|$，仅需要从单份量子态 $\boldsymbol{\rho}_0$ 和 $\boldsymbol{\rho}_1$ 出发，就能计算出利用任意 M 时最优量子态区分时的误判概率。这一误判概率又称为渐近误判概率。

定义 6.4.1 渐近误判概率。

在 M 份量子信号源进行目标探测条件下，把量子切诺夫定理给出的渐近值 $P_{\mathrm{QCB}}^{(M)}$ 定义为渐近误判概率。

作为一个例子，取 $\kappa_t=0.5$，$N_B=0.6$，$N_S=1/3$。图 6.7（a）给出了有限截断 D 的不同取值时 $Q_s=\mathrm{Tr}[\boldsymbol{\rho}_0^s\boldsymbol{\rho}_1^{1-s}]$ 随 s 的变化情况。在 $D=14$ 时，Q_s 的计算结果已经收敛。此外，需要说明的是，由于 $\boldsymbol{\rho}_0$ 和 $\boldsymbol{\rho}_1$ 的不对称，可以看出 Q 并不出现在 $s=0.5$ 处。图 6.7（b）给出了 Q 随着维度 D 的变化情况。图 6.7（c）中，可以给出任意 M 份纠缠存在时渐近误判概率的大小。渐近误判概率随着 M 呈指数减小，图 6.7（c）给出了取对数的渐近误判概率随着 M 的变化情况。

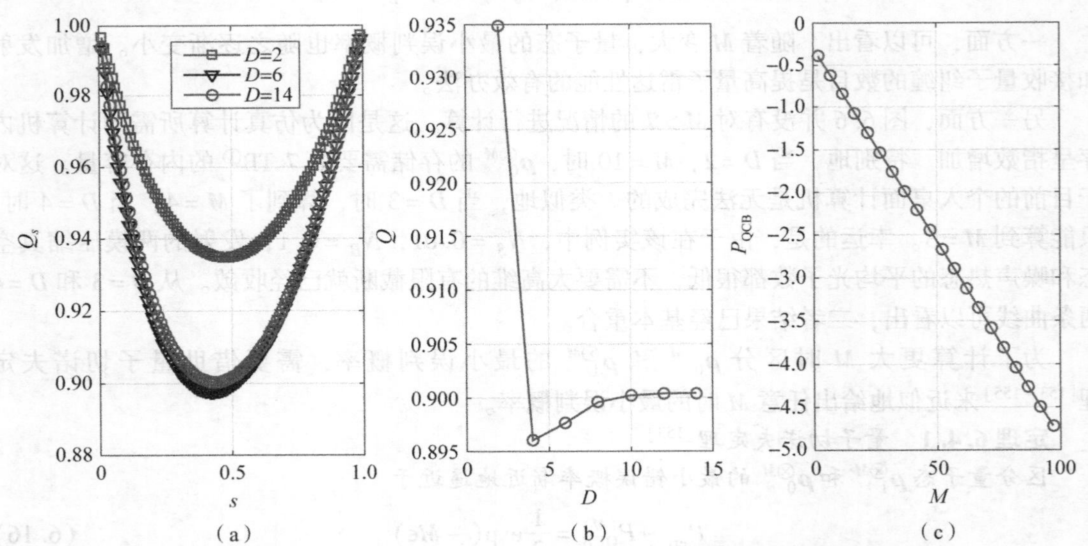

图 6.7 $\kappa_t=0.5$，$N_B=0.6$，$N_S=1/3$ 条件下的目标探测的各主要参数

（a）不同 D 条件下的 Q_s 随 s 变化关系；（b）s 在 0~1 之间变化时，Q 随着有效截断 D 的变化关系；（c）$D=14$ 时，取对数的渐近误判概率随着 M 的变化情况

6.5　量子雷达的优越性

以上完成了对量子雷达性能的仿真。量子雷达的优越性如何体现则是大多数读者十分关心的问题。本节中，将量子雷达的性能与传统雷达的性能进行对比。

6.5.1　传统雷达的渐近误判概率

在传统雷达特别是传统激光雷达中，是用一束相干光场与目标相互作用，方案如图 6.8 所示。

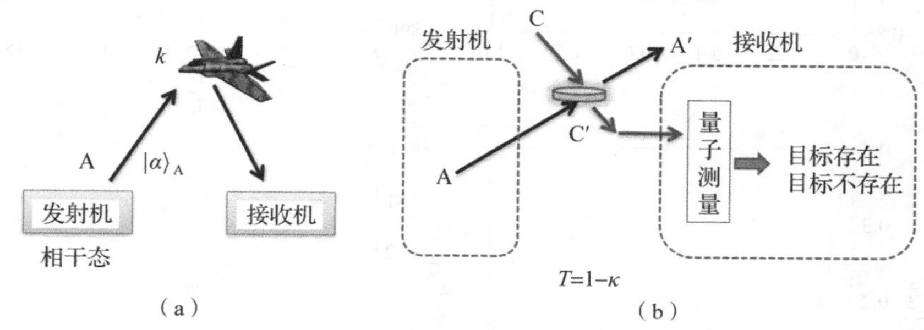

图 6.8　(a) 基于相干态 $|\alpha\rangle$ 的传统激光雷达方案和 (b) 光路模拟

相干态与目标作用后，仅有 C′路的光子被接收机接收并探测，另一部分则耗散到环境中。为了与基于量子纠缠的量子目标探测进行对比，仍然用透过率 $T=1-\kappa$ 来表示目标，并且假设相干态 $|\alpha\rangle$ 的平均光子数仍为 N_S，即 $\alpha=\sqrt{N_S}$，输入相干态在 Fock 基下可以写成

$$|\alpha\rangle=\sum_{n=0}^{\infty}\frac{\mathrm{e}^{-\frac{N_S}{2}}N_S^{\frac{n}{2}}}{\sqrt{n!}}|n\rangle \tag{6.21}$$

采用第 6.1 节中的方法，容易得到接收机接收到的量子态为

$$\boldsymbol{\rho}^{(\mathrm{C})}=\mathrm{Tr}_{\mathrm{A}}[\boldsymbol{U}_{\mathrm{AC}}(T)(|\alpha\rangle\langle\alpha|\otimes\boldsymbol{\rho}_{\mathrm{th}}(N_B))\boldsymbol{U}_{\mathrm{AC}}(T)^{\dagger}] \tag{6.22}$$

其中，上标 (C) 表示相干态 (Coherent State)。

于是，当目标存在时，接收机收到的量子态为

$$\boldsymbol{\rho}_1^{(\mathrm{C})}=\boldsymbol{\rho}^{(\mathrm{C})}(\kappa=\kappa_t) \tag{6.23}$$

当目标不存在时，接收机收到的量子态为

$$\boldsymbol{\rho}_0^{(\mathrm{C})}=\boldsymbol{\rho}^{(\mathrm{C})}(\kappa=0)=\boldsymbol{\rho}_{\mathrm{th}}(N_B) \tag{6.24}$$

当 $N_S\ll1$，$\kappa_t\ll1$ 时，可以发现区分 $\boldsymbol{\rho}_0$ 和 $\boldsymbol{\rho}_1$ 错误概率仍然是：

$$P_{\mathrm{err}}=\frac{1}{2}\left(1-\left\|\frac{1}{2}\boldsymbol{\rho}_1^{(\mathrm{C})}-\frac{1}{2}\boldsymbol{\rho}_0^{(\mathrm{C})}\right\|\right) \tag{6.25}$$

几乎为$\frac{1}{2}$。要想进一步降低该误判概率，仍然需要增加发射机发射信号的数量 M。

特别地，对于 $\boldsymbol{\rho}_0^{(\mathrm{C})\otimes M}$ 和 $\boldsymbol{\rho}_1^{(\mathrm{C})\otimes M}$，仍然可以采用量子切诺夫定理的办法给出误判概率。

在图 6.9 中给出了在 $\kappa_t=0.2$，$N_S=2.0$，$N_B=0.5$ 条件下传统激光雷达的指标。仍然采用光子数空间有限截断的方法，由图 6.9 (a) 和图 6.9 (b) 可以看出，有限截断在 $D=9$

和 $D=25$ 时结果基本一致，因此，仿真的收敛性得到保证。于是，可以利用量子切诺夫定理给出发射和接收任意 M 份相干态时的渐近误判概率，如图 6.9（c）和图 6.9（d）所示。

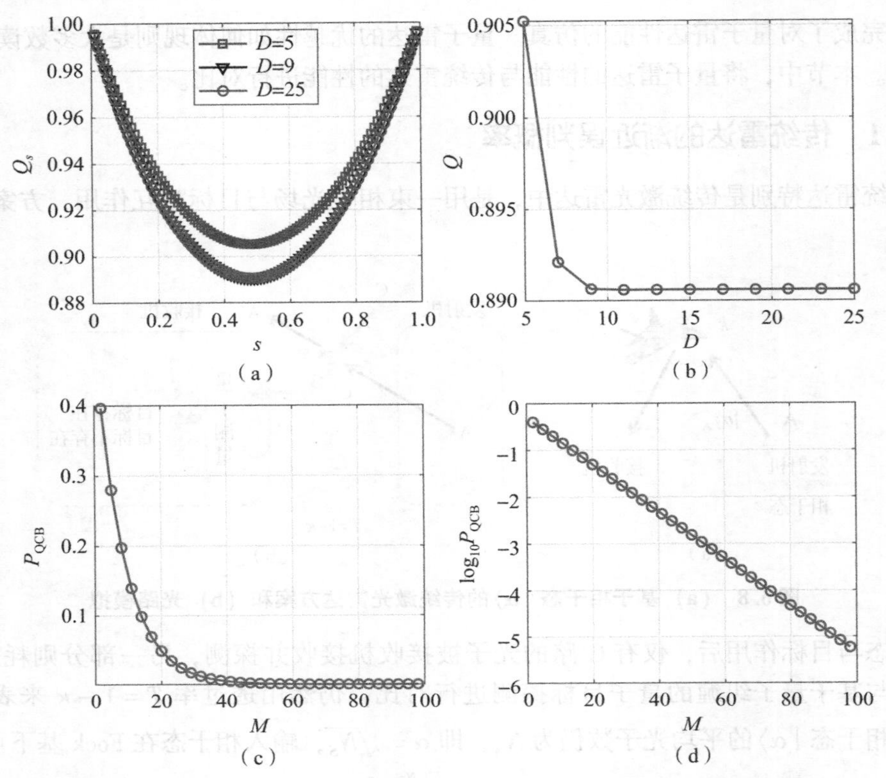

图 6.9　$\kappa_t=0.2$，$N_S=2.0$，$N_B=0.5$ 条件下的相干态目标探测的各主要参数

（a）不同有效截断 D 条件下的 Q_s 随 s 变化关系；（b）s 在 0～1 之间变化时，最小的 Q_s 随着有效截断 D 的变化关系；（c）$D=25$ 时，量子切诺夫定理给出的渐近误判概率随着 M 的变化情况；（d）取对数的渐近误判概率随着 M 的变化情况

6.5.2　与传统雷达性能比较

以下分 $N_S \ll N_B$，$N_S=N_B$，$N_S \gg N_B$ 三种情况，分别讨论探测低反射率目标和探测高反射率目标时的渐近误判概率。

根据第 6.5.1 节的理论分析，在给定平均光子数条件下比较采用两模压缩态的量子目标探测和采用相干态的经典目标探测的性能。由于两模压缩真空态（式（2.100））的 A－B 两个模式的平均光子数相等：

$$\langle \boldsymbol{\psi}_{AB} | \hat{a}_A^{\dagger}\hat{a}_A \otimes \boldsymbol{I} | \boldsymbol{\psi}_{AB} \rangle = \langle \boldsymbol{\psi}_{AB} | \boldsymbol{I} \otimes \hat{a}_B^{\dagger}\hat{a}_B | \boldsymbol{\psi}_{AB} \rangle = N_S \tag{6.26}$$

因此，在 A 模式上的平均光子数恰好为 N_S。

6.5.2.1　情况一：$N_S \ll N_B$

图 6.10 中给出了 $N_S \ll N_B$ 条件下采用两模压缩真空态的量子雷达和采用相干态的传统雷达的渐近误判概率。取 $N_S=0.1$，$N_B=1.0$，图 6.10（a）（b）和图 6.10（c）（d）分别分析了低反射率目标 $\kappa_t=0.1$ 和高反射率目标 $\kappa_t=0.9$ 时的 Q 值及误判概率。在低反射和高

反射两种情况下，采用两模压缩真空态计算出的 Q 值随着 D 逐渐达到收敛。在 $D=18$ 时，计算出的 Q 值达到稳定，并且量子雷达比传统雷达情况下的 Q 值更低。以此时的值为依据，计算量子态的份数 M 变化时的误判概率。图 6.10（b）（d）反映出在低反射率和高反射率时量子目标探测比传统目标探测具有更低的误判概率。以 $\kappa_t=0.9$，$M=10^2$ 为例，采用量子雷达的误判概率为 6.90×10^{-12}，而采用传统雷达的误判概率为 3.35×10^{-9}。可以看出量子雷达的误判概率为传统雷达的 1/500。这也是量子目标探测的优越性具体体现。

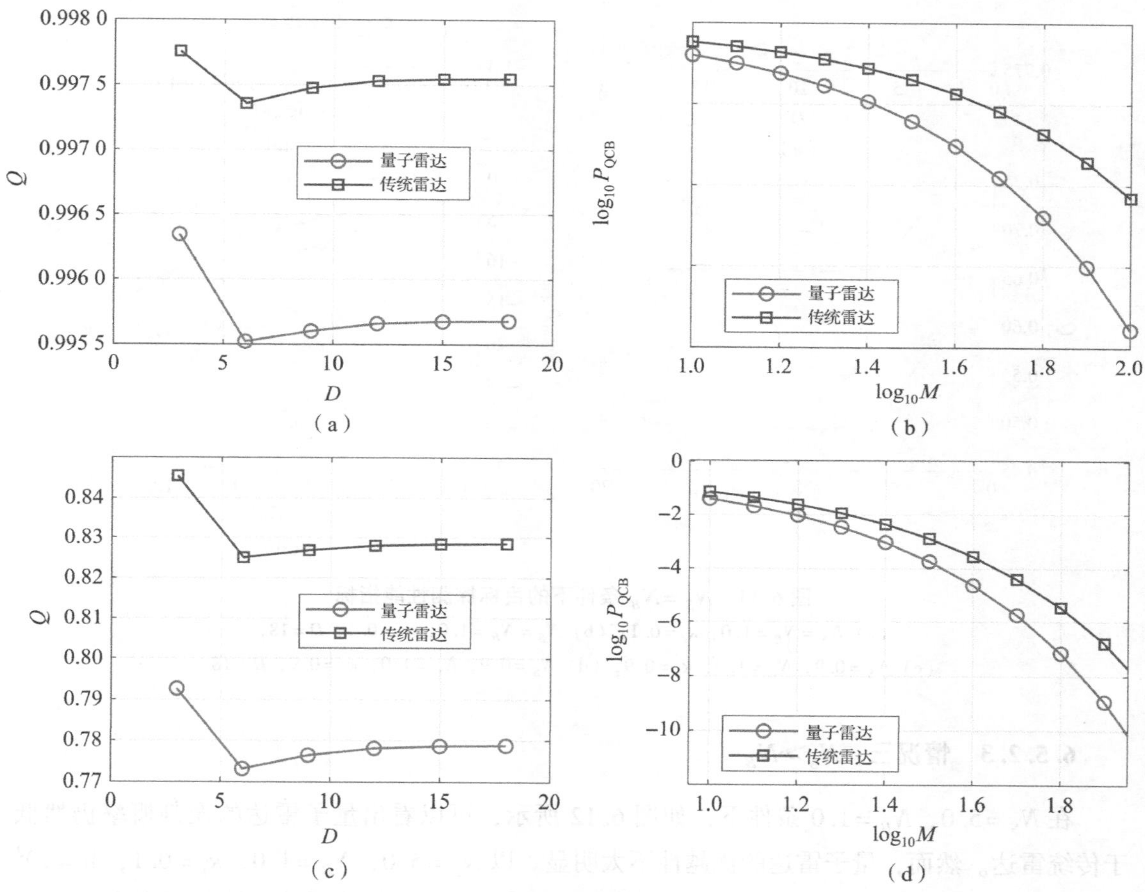

图 6.10　$N_S \ll N_B$ 条件下的目标探测性能指标

（a）$N_S=0.1$，$N_B=1.0$，$\kappa_t=0.1$；（b）$N_S=0.1$，$N_B=1.0$，$\kappa_t=0.1$，$D=18$；
（c）$N_S=0.1$，$N_B=1.0$，$\kappa_t=0.9$；（d）$N_S=0.1$，$N_B=1.0$，$\kappa_t=0.9$，$D=18$

6.5.2.2　情况二：$N_S=N_B$

在图 6.11 中，选取了 $N_S=N_B=1.0$，并且考虑了低反射 $\kappa_t=0.1$ 和高反射 $\kappa_t=0.9$ 两种情况。在高反射时，以 $\kappa_t=0.9$，$M=10^2$ 为例，采用量子雷达，误判概率为 2.62×10^{-31}；而采用传统雷达，误判概率为 3.50×10^{-19}。由此可见，量子目标探测的误判概率比传统雷达的降低了 12 个数量级。

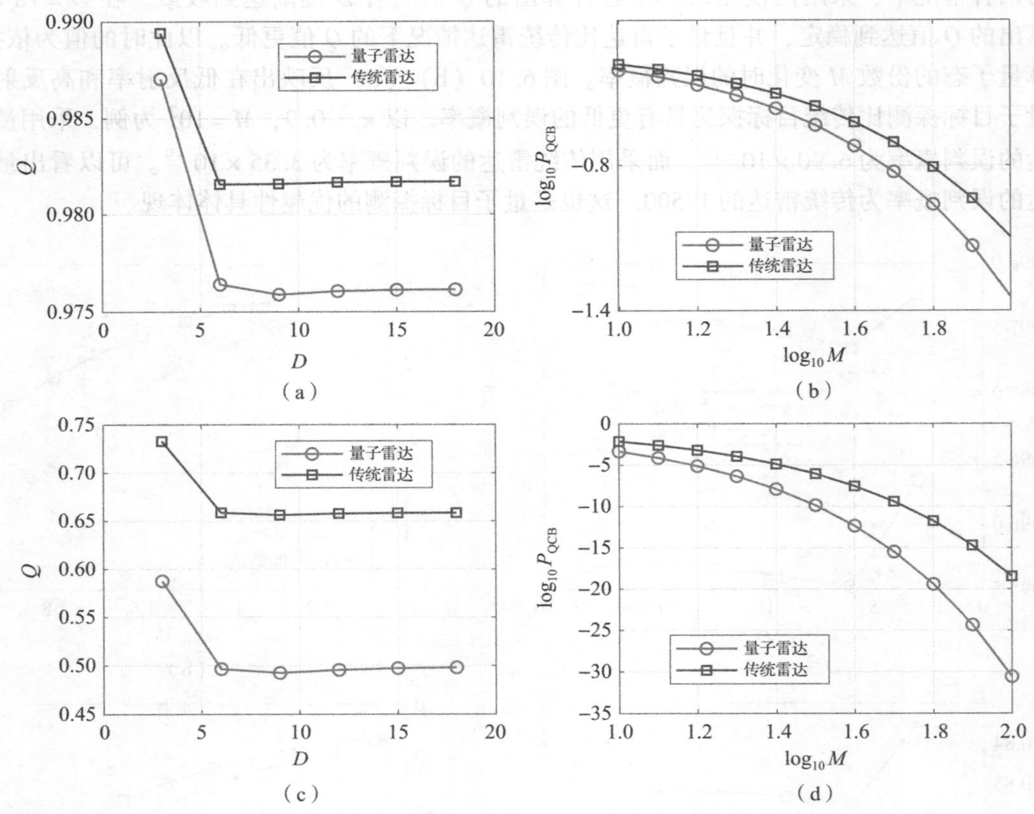

图 6.11　$N_S=N_B$ 条件下的目标探测性能指标

(a) $N_S=N_B=1.0$，$\kappa_t=0.1$；(b) $N_S=N_B=1.0$，$\kappa_t=0.1$，$D=18$；
(c) $N_S=0.9$，$N_B=1.0$，$\kappa_t=0.9$；(d) $N_S=0.9$，$N_B=1.0$，$\kappa_t=0.9$，$D=18$

6.5.2.3　情况三：$N_S \gg N_B$

在 $N_S=5.0$，$N_B=1.0$ 条件下，如图 6.12 所示，可以看出量子雷达的误判概率仍然低于传统雷达。然而，量子雷达的优越性不太明显。以 $N_S=5.0$，$N_B=1.0$，$\kappa_t=0.1$，$M=10^2$ 为例，如果采用量子雷达，误判概率为 4.37×10^{-5}，而采用传统雷达，误判概率为 6.39×10^{-5}。可以看出，在信号强度较大时，量子目标探测的误判概率与相干态的误判概率相比差别不太明显。

另外，同样是 $N_S \gg N_B$，如果 $N_B \ll 1$，会得如图 6.13 所示的结果。当 $\kappa_t=0.1$ 时，图 6.13 (b) 显示量子雷达的误判概率反而还要高于传统雷达的误判概率。这也表明量子雷达有其特有的应用场景，并不是所有场合下都是最优的。

经过图 6.10 ~ 图 6.13 的数据分析，可以看到在弱信号 $N_S \ll N_B$ 和强信号 $N_S \gg N_B$ 下，基于纠缠的量子雷达与基于相干态的传统雷达在性能比较结果上有所不同。在弱信号时，量子雷达性能明显优于传统雷达。在强信号时，量子雷达优势不太明显，甚至有时出现个别条件下量子雷达的误判概率还要高于传统雷达的情况。

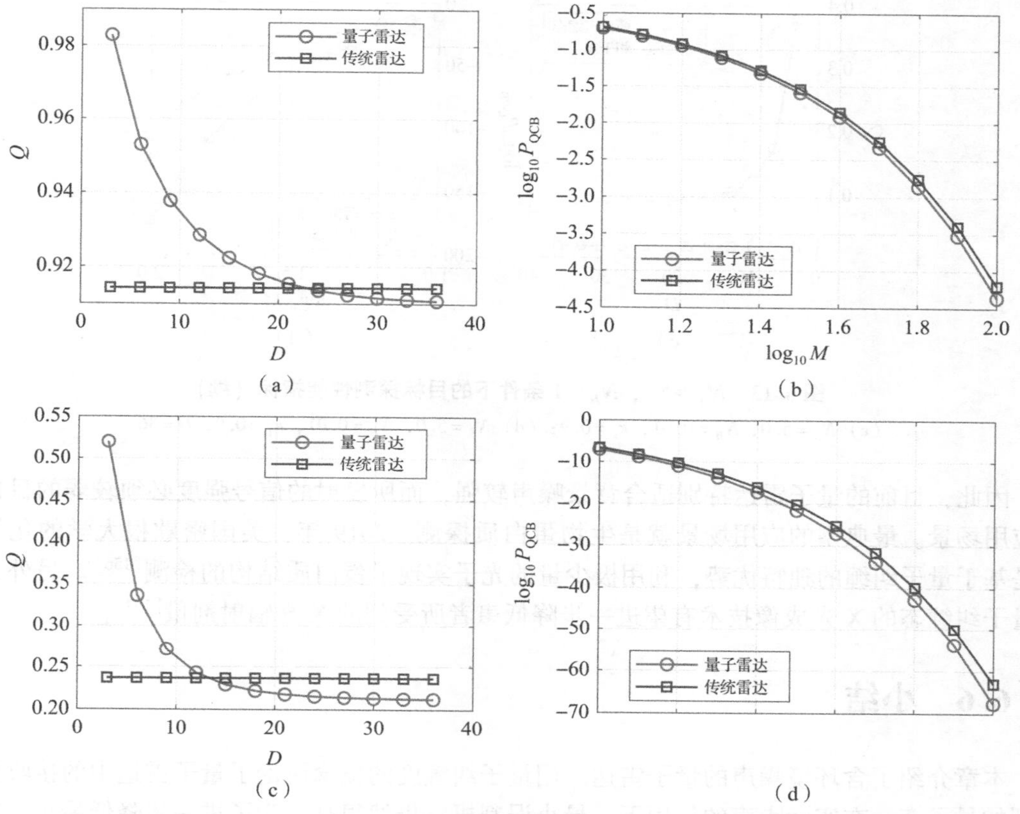

图 6.12　$N_S \gg N_B$ 条件下的目标探测性能指标

(a) $N_S=5.0$，$N_B=1.0$，$\kappa_t=0.1$；(b) $N_S=5.0$，$N_B=1.0$，$\kappa_t=0.1$，$D=18$；
(c) $N_S=5.0$，$N_B=1.0$，$\kappa_t=0.9$；(d) $N_S=5.0$，$N_B=1.0$，$\kappa_t=0.9$，$D=36$

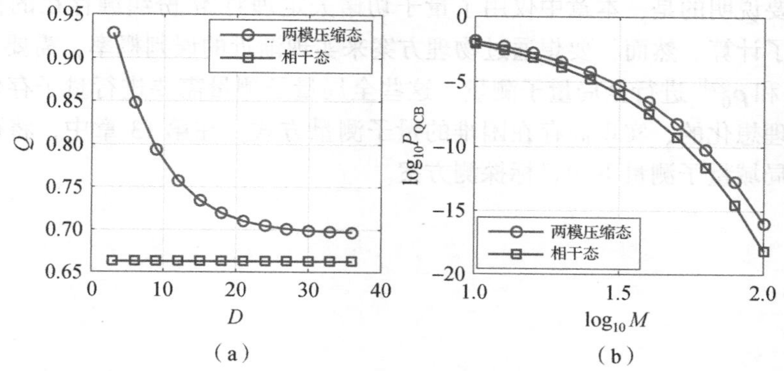

图 6.13　$N_S \gg N_B$，$N_B \ll 1$ 条件下的目标探测性能指标

(a) $N_S=5.0$，$N_B=0.01$，$\kappa_t=0.1$；(b) $N_S=5.0$，$N_B=0.01$，$\kappa_t=0.1$，$D=18$

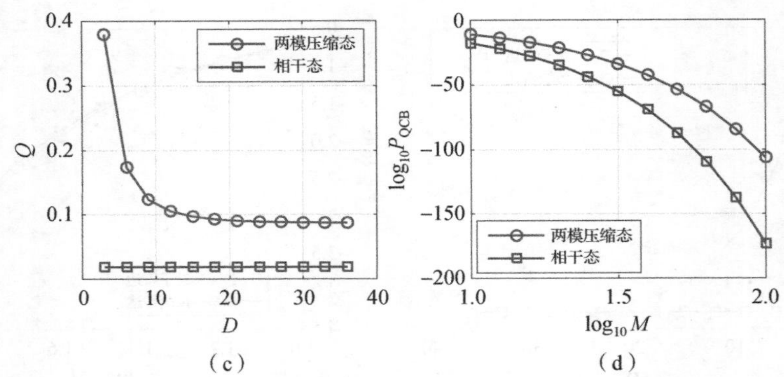

图 6.13 $N_S \gg N_B$，$N_B \ll 1$ 条件下的目标探测性能指标（续）

(c) $N_S=5.0$，$N_B=0.01$，$\kappa_t=0.9$；(d) $N_S=5.0$，$N_B=0.01$，$\kappa_t=0.9$，$D=36$

因此，目前的量子雷达特别适合背景噪声较强，而所发射的信号强度必须较弱的目标探测应用场景。最典型的应用场景就是生物蛋白质探测。2019 年，美国密歇根大学的化学家正是基于量子纠缠的独特优势，利用极少量的光子实现了蛋白质结构的检测[156]。另外，基于量子纠缠态的 X 光成像技术有望进一步降低患者所受到的 X 光辐射剂量[157]。

6.6 小结

本章介绍了含环境噪声的量子雷达。用量子纠缠度的概念讨论了量子雷达中的接收机所收到的量子态。在实际噪声的作用下，最小误判概率仍然很高。为了进一步降低最小误判概率，介绍了发射和接收多份量子纠缠时的量子雷达，引入了量子切诺夫定理。最后，将量子雷达的渐近误判概率与传统雷达进行了对比。在发射相同平均光子数的情况下，验证了量子雷达的优越性。

另外，需要说明的是，本章中仅用了量子切诺夫定理对 M 份纠缠存在的情况下的渐近误判概率进行了计算。然而，要想通过物理方案来实现渐近的误判概率，需要对所有接收到的量子态 $\boldsymbol{\rho}_1^{\otimes M}$ 和 $\boldsymbol{\rho}_0^{\otimes M}$ 进行全局量子测量。这些全局量子测量需要进行量子存储，这在目前仍是一种比较理想化的、实现尚存在困难的量子测量方式。在第 13 章中，将研究采用不需要量子存储的局域量子测量下的目标探测方案。

第二部分　高斯态量子雷达

第7章

高斯态与量子信息

在仿真方法上，上一章主要采用在光子数空间中的有限截断来对量子态及其演化进行仿真。方法简明直接，易于结合 MATLAB 等多种仿真工具进行数值计算。原则上，只要仿真计算所用的计算机存储和计算资源足够大，采用光子数空间的方法可以计算任意量子纠缠条件下的目标探测。然而，事实上，计算机的存储总是有限的，在光子数空间中无法对任意强的信号 $N_S \gg 1$ 和任意强的背景噪声水平 $N_B \gg 1$ 进行仿真分析。为了分析任意强的信号下的量子雷达，需要采用相空间的方法。本章将首先对相空间的相关背景知识进行介绍。

7.1 相空间、特征函数与高斯态

所谓在相空间中描述量子光场，即是用量子光场的特征函数来表示量子态。那么什么是量子光场的特征函数呢？需要从光场的正则坐标分量和正则动量分量角度来研究问题。

在第 2.5.3 节中介绍压缩态时，已经引入了正则坐标分量 $\hat{x} = \frac{\hat{a} + \hat{a}^\dagger}{\sqrt{2}}$ 和正则动量分量 $\hat{p} = \frac{\hat{a} - \hat{a}^\dagger}{\mathrm{i}\sqrt{2}}$。由光场湮灭算符和产生算符本身的对易关系 $[\hat{a}, \hat{a}^\dagger] = \boldsymbol{I}$，易知

$$[\hat{x}, \hat{p}] = \hat{x}\hat{p} - \hat{p}\hat{x} = \mathrm{i}\boldsymbol{I} \neq \boldsymbol{0} \tag{7.1}$$

即正则坐标分量与正则动量分量是不对易的。利用正则坐标分量和正则动量分量可以定义如下特征函数：

定义 7.1.1 特征函数。

设 $\hat{x}_i, \hat{p}_i (i = 1, 2, \cdots, N)$ 表示第 i 个模式的正则坐标算符和正则动量算符，则 N 模量子光场的特征函数定义为[158]

$$\chi(\boldsymbol{\zeta}) = \mathrm{Tr}[\exp[\mathrm{i}\hat{\boldsymbol{R}}\boldsymbol{\zeta}^{\mathrm{T}}]\boldsymbol{\rho}] \tag{7.2}$$

式中，$\hat{\boldsymbol{R}} = (\hat{x}_1, \hat{p}_1, \hat{x}_2, \hat{p}_2, \hat{x}_3, \hat{p}_3, \cdots, \hat{x}_N, \hat{p}_N)$；$\boldsymbol{\zeta} = (\zeta_1, \zeta_2, \cdots, \zeta_{2N})$ 为 $2N$ 维实向量。

而在实际运用中，魏格纳函数更为普遍。

定义 7.1.2 魏格纳函数。

魏格纳（Wigner）函数定义为特征函数的傅里叶变换

$$W(\boldsymbol{r}) = \frac{1}{(2\pi)^{2N}} \int \mathrm{d}^{2N}\boldsymbol{\zeta} \exp[-\mathrm{i}\boldsymbol{r}\boldsymbol{\zeta}^{\mathrm{T}}]\chi(\boldsymbol{\zeta}) \tag{7.3}$$

式中，$\boldsymbol{r}$ 同样是一个 $2N$ 维实向量。

根据特征函数或魏格纳函数，可以把量子态分为高斯态和非高斯态。

定义 7.1.3 高斯态。

高斯态是指特征函数恰为高斯型函数的量子态。

因而根据这一定义，非高斯态是指特征函数不是高斯型函数的量子态。高斯态的特征函数可以表示为

$$\chi_G(\boldsymbol{\zeta},\boldsymbol{V},\bar{\boldsymbol{R}})=\exp\left(-\frac{1}{2}\boldsymbol{\zeta}\boldsymbol{V}\boldsymbol{\zeta}^{\mathrm{T}}+\mathrm{i}\,\bar{\boldsymbol{R}}\boldsymbol{\zeta}^{\mathrm{T}}\right)\tag{7.4}$$

式中，$\boldsymbol{V}$，$\bar{\boldsymbol{R}}$分别是相应的协方差矩阵以及相关的正则坐标算符与正则动量算符的平均值(有时简称为一阶矩)。

定义如下：

定义 7.1.4 协方差矩阵①和一阶矩。

协方差矩阵为 $2N\times 2N$ 的矩阵，其矩阵元为

$$\boldsymbol{V}_{l,m}=\frac{1}{2}\mathrm{Tr}[(\hat{\boldsymbol{R}}_l\hat{\boldsymbol{R}}_m+\hat{\boldsymbol{R}}_m\hat{\boldsymbol{R}}_l)\boldsymbol{\rho}]-\mathrm{Tr}[\hat{\boldsymbol{R}}_l\boldsymbol{\rho}]\mathrm{Tr}[\hat{\boldsymbol{R}}_m\boldsymbol{\rho}]\tag{7.5}$$

一阶矩为 $1\times 2N$ 的行向量，定义为

$$\bar{\boldsymbol{R}}=\mathrm{Tr}[\hat{\boldsymbol{R}}\boldsymbol{\rho}]\tag{7.6}$$

相应地，其魏格纳函数可以利用对特征函数的傅里叶变换得到

$$W(\boldsymbol{r})=\frac{\exp\left[-\frac{1}{2}(\boldsymbol{r}-\bar{\boldsymbol{R}})\boldsymbol{V}^{-1}(\boldsymbol{r}^{\mathrm{T}}-\bar{\boldsymbol{R}}^{\mathrm{T}})\right]}{(2\pi)^{2N}\sqrt{\det(\boldsymbol{V})}}\tag{7.7}$$

光子数空间中的密度矩阵与相空间中的特征函数是一一对应的。由方程 (7.2)，可以由密度矩阵$\boldsymbol{\rho}$ 计算相应的特征函数χ；反之，由特征函数χ 也可以计算量子态相应的密度矩阵$\boldsymbol{\rho}$，只是这一计算过程往往比较复杂，在第 7.6 节中设计了一套计算机算法来完成密度矩阵的计算。

例 7.1.1 单模真空态的特征函数和魏格纳函数。

通过第 4.3 节，知道在光子数基下，真空态的密度矩阵为 $|0\rangle\langle 0|$。

根据特征函数的定义，可以计算特征函数

$$\chi(\boldsymbol{\zeta})=\mathrm{Tr}[\exp(\mathrm{i}\hat{\boldsymbol{x}}_1\zeta_1+\mathrm{i}\hat{\boldsymbol{p}}_1\zeta_2)\,|0\rangle\langle 0|]\tag{7.8}$$

式中，二维实向量$\boldsymbol{\zeta}=(\zeta_1,\zeta_2)$。

代入 $\hat{\boldsymbol{x}}_1=\dfrac{\hat{\boldsymbol{a}}+\hat{\boldsymbol{a}}^\dagger}{\sqrt{2}}$，$\hat{\boldsymbol{p}}_1=\dfrac{\hat{\boldsymbol{a}}-\hat{\boldsymbol{a}}^\dagger}{\mathrm{i}\sqrt{2}}$，得到

$$\chi(\boldsymbol{\zeta})=\mathrm{e}^{\left(\frac{\zeta_1^2+\zeta_2^2}{4}\right)}\langle 0|\exp\left[\hat{\boldsymbol{a}}\left(\frac{\zeta_2}{\sqrt{2}}+\mathrm{i}\frac{\zeta_1}{\sqrt{2}}\right)\right]\exp\left[\hat{\boldsymbol{a}}^\dagger\left(\frac{-\zeta_2}{\sqrt{2}}+\mathrm{i}\frac{\zeta_1}{\sqrt{2}}\right)\right]|0\rangle\tag{7.9}$$

$$=\mathrm{e}^{\left(\frac{\zeta_1^2+\zeta_2^2}{4}\right)}\langle 0|\exp\left[\hat{\boldsymbol{a}}\left(\frac{\zeta_2}{\sqrt{2}}+\mathrm{i}\frac{\zeta_1}{\sqrt{2}}\right)\right]\sum_{n=0}^{\infty}\frac{\left[\hat{\boldsymbol{a}}^\dagger\left(\frac{-\zeta_2}{\sqrt{2}}+\mathrm{i}\frac{\zeta_1}{\sqrt{2}}\right)\right]^n}{n!}|0\rangle\tag{7.10}$$

① 另外，还有其他的协方差矩阵是按 $\{\hat{a}_\mathrm{A},\hat{a}_\mathrm{B},\hat{a}_\mathrm{A}^\dagger,\hat{a}_\mathrm{B}^\dagger\}$ 的方差定义的，如文献 [32]。

$$= e^{\left(\frac{\zeta_1^2+\zeta_2^2}{4}\right)}\sum_{n=0}^{\infty}\frac{\left[\left(\frac{-\zeta_2}{\sqrt{2}}+i\frac{\zeta_1}{\sqrt{2}}\right)\right]^n}{\sqrt{n!}}\langle 0|\sum_{m=0}^{\infty}\frac{\left[\hat{a}\left(\frac{\zeta_2}{\sqrt{2}}+i\frac{\zeta_1}{\sqrt{2}}\right)\right]^m}{m!}|n\rangle \tag{7.11}$$

$$= e^{\left(\frac{\zeta_1^2+\zeta_2^2}{4}\right)}\sum_{n=0}^{\infty}\frac{\left[\left(\frac{-\zeta_2}{\sqrt{2}}+i\frac{\zeta_1}{\sqrt{2}}\right)\left(\frac{\zeta_2}{\sqrt{2}}+i\frac{\zeta_1}{\sqrt{2}}\right)\right]^n}{n!} \tag{7.12}$$

$$= \exp\left[-\frac{1}{2}\boldsymbol{\zeta}\left(\frac{\boldsymbol{I}_2}{2}\right)\boldsymbol{\zeta}^{\mathrm{T}}\right] \tag{7.13}$$

由式（7.13）知，真空态的特征函数为一个高斯态，并且协方差矩阵为 $\boldsymbol{V}=\frac{1}{2}\boldsymbol{I}_2$，一阶矩为零。

通过傅里叶变换，不难算出其魏格纳函数为

$$W(\boldsymbol{r}) = W(x,p) = \frac{\exp\left[-\frac{1}{2}\boldsymbol{r}\boldsymbol{V}^{-1}\boldsymbol{r}\right]}{(2\pi)\sqrt{\det\boldsymbol{V}}} = \frac{1}{\pi}\exp[-(x^2+p^2)] \tag{7.14}$$

$$= \frac{1}{\pi}\exp[-|\boldsymbol{r}|^2] \tag{7.15}$$

这里采用了许多文献的习惯，即定义二维实向量 $\boldsymbol{r}=(x,p)$，其中，x，p 均是实数，不是正则算符 $\hat{\boldsymbol{x}}$，$\hat{\boldsymbol{p}}$。

真空态的魏格纳函数如图 7.1（a）所示，该函数关于点 $\boldsymbol{r}=(0,0)$ 呈中心对称。当 $\boldsymbol{r}=(0,0)$ 时，出现最小值，最小值为$\frac{1}{\pi}$。

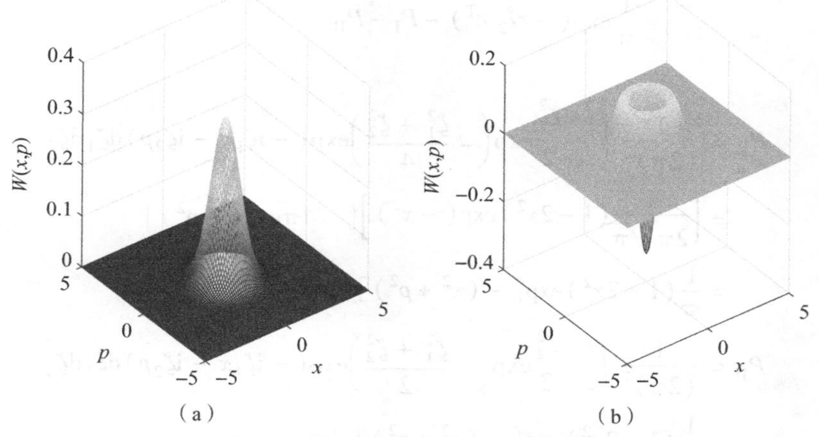

图 7.1　(a) 真空态的魏格纳函数；(b) 单光子态的魏格纳函数

例 7.1.2　单光子态的魏格纳函数。

首先，根据定义计算其特征函数

$$\chi(\boldsymbol{\zeta}) = e^{\frac{\zeta_1^2+\zeta_2^2}{4}}\langle 1|\exp\left[\hat{\boldsymbol{a}}\left(\frac{\zeta_2}{\sqrt{2}}+i\frac{\zeta_1}{\sqrt{2}}\right)\right]\exp\left[\hat{\boldsymbol{a}}^{\dagger}\left(\frac{-\zeta_2}{\sqrt{2}}+i\frac{\zeta_1}{\sqrt{2}}\right)\right]|1\rangle \tag{7.16}$$

$$= e^{\frac{\zeta_1^2+\zeta_2^2}{4}}\langle 1|\exp\left[\hat{a}\left(\frac{\zeta_2}{\sqrt{2}}+i\frac{\zeta_1}{\sqrt{2}}\right)\right]\sum_{n=0}^{\infty}\frac{\left[\hat{a}^{\dagger}\left(\frac{-\zeta_2}{\sqrt{2}}+i\frac{\zeta_1}{\sqrt{2}}\right)\right]^n}{n!}|1\rangle \tag{7.17}$$

$$= e^{\frac{\zeta_1^2+\zeta_2^2}{4}}\langle 1|\sum_{n=0}^{\infty}\frac{\left[\left(\frac{-\zeta_2}{\sqrt{2}}+i\frac{\zeta_1}{\sqrt{2}}\right)\right]^n\sqrt{(n+1)!}}{n!}\sum_{m=0}^{\infty}\frac{\left[\hat{a}\left(\frac{\zeta_2}{\sqrt{2}}+i\frac{\zeta_1}{\sqrt{2}}\right)\right]^m}{m!}|n+1\rangle \tag{7.18}$$

特征函数的二重求和中只有 $m=n$ 才会非零贡献。于是，有

$$\chi(\boldsymbol{\zeta}) = e^{\frac{\zeta_1^2+\zeta_2^2}{4}}\langle 1|\sum_{n=0}^{\infty}\frac{\left[\left(\frac{-\zeta_2}{\sqrt{2}}+i\frac{\zeta_1}{\sqrt{2}}\right)\right]^n\sqrt{(n+1)!}}{n!}\frac{\left[\left(\frac{\zeta_2}{\sqrt{2}}+i\frac{\zeta_1}{\sqrt{2}}\right)\right]^n}{n!}\sqrt{(n+1)!}|1\rangle$$

$$= e^{\frac{\zeta_1^2+\zeta_2^2}{4}}\sum_{n=0}^{\infty}\frac{\left[\left(\frac{-\zeta_2}{\sqrt{2}}+i\frac{\zeta_1}{\sqrt{2}}\right)\right]^n\left[\frac{\zeta_2}{\sqrt{2}}+i\frac{\zeta_1}{\sqrt{2}}\right]^n}{n!}(n+1) \tag{7.19}$$

$$= e^{\frac{\zeta_1^2+\zeta_2^2}{4}}\sum_{n=0}^{\infty}\frac{\left(-\frac{\zeta_1^2+\zeta_2^2}{2}\right)^n}{n!}(n+1) = e^{\frac{\zeta_1^2+\zeta_2^2}{4}}\left(1-\frac{\zeta_1^2+\zeta_2^2}{2}\right) \tag{7.20}$$

利用傅里叶变换，可得魏格纳函数为

$$W(\boldsymbol{r}) = \frac{1}{(2\pi)^2}\int_{-\infty}^{+\infty}d\boldsymbol{\zeta}\chi(\boldsymbol{\zeta})\exp(-i\boldsymbol{\zeta}\,\boldsymbol{r}^{\mathrm{T}}) \tag{7.21}$$

$$= \frac{1}{\pi}\exp(-\boldsymbol{r}\boldsymbol{I}_2\,\boldsymbol{r}^{\mathrm{T}}) - \int_{-\infty}^{+\infty}\frac{d\zeta_1 d\zeta_2}{(2\pi)^2}\frac{\zeta_1^2+\zeta_2^2}{2}e^{-\frac{\zeta_1^2+\zeta_2^2}{4}}e^{-i\zeta_1 x - i\zeta_2 p} \tag{7.22}$$

$$= \frac{1}{\pi}\exp(-\boldsymbol{r}\boldsymbol{I}_2\,\boldsymbol{r}^{\mathrm{T}}) - P_{\mathrm{I}} - P_{\mathrm{II}} \tag{7.23}$$

式中

$$P_{\mathrm{I}} = \frac{1}{(2\pi)^2}\int_{-\infty}^{+\infty}\frac{\zeta_1^2}{2}\exp\left(-\frac{\zeta_1^2+\zeta_2^2}{4}\right)\exp(-i\zeta_1 x - i\zeta_2 p)\,d\zeta_1 d\zeta_2 \tag{7.24}$$

$$= \left[\frac{1}{2\pi\sqrt{\pi}}(1-2x^2)\exp(-x^2)\right]\left[\sqrt{4\pi}\exp(-p^2)\right] \tag{7.25}$$

$$= \frac{1}{\pi}(1-2x^2)\exp[-(x^2+p^2)] \tag{7.26}$$

$$P_{\mathrm{II}} = \frac{1}{(2\pi)^2}\int_{-\infty}^{+\infty}\frac{\zeta_2^2}{2}\exp\left(-\frac{\zeta_1^2+\zeta_2^2}{2}\right)\exp(-i\zeta_1 x - i\zeta_2 p)\,d\zeta_1 d\zeta_2 \tag{7.27}$$

$$= \frac{1}{\pi}(1-2p^2)\exp[-(x^2+p^2)] \tag{7.28}$$

最终可以得到

$$W(\boldsymbol{r}, |1\rangle\langle 1|) = \frac{1}{\pi}\exp(-\boldsymbol{r}\boldsymbol{I}_2\boldsymbol{r}^{\mathrm{T}}) + \frac{1}{\pi}\exp(-\boldsymbol{r}\boldsymbol{I}_2\boldsymbol{r}^{\mathrm{T}})(2\boldsymbol{r}\boldsymbol{I}_2\boldsymbol{r}^{\mathrm{T}}-2) \tag{7.29}$$

式中，$\boldsymbol{r}=(x,p)$ 是二维实向量。

单光子态的魏格纳函数如图 7.1（b）所示。单光子态不是高斯态，并且也不是经典态①。当 $\boldsymbol{r}=(0,0)$ 时，单光子态的魏格纳函数取值为 $W(0,0)=-\dfrac{1}{\pi}$。

7.2　常见高斯态的协方差矩阵和一阶矩

高斯态是在实验中最容易产生、调控和检验的量子态[159]，在基于连续变量的量子密码[160]、量子隐形传态[161,162]、量子计算[163]等方面都有非常重要的应用。本节主要介绍几种常用的高斯态。

7.2.1　相干态

式（2.3）给出了相干态的定义。经过计算，其协方差矩阵为

$$\boldsymbol{V}=\begin{pmatrix}\frac{1}{2} & 0\\ 0 & \frac{1}{2}\end{pmatrix} \tag{7.30}$$

一阶矩为

$$\overline{\boldsymbol{R}}=(\langle\hat{x}\rangle,\langle\hat{p}\rangle)=\left(\langle\frac{\hat{\boldsymbol{a}}+\hat{\boldsymbol{a}}^{\dagger}}{\sqrt{2}}\rangle,\langle\frac{\hat{\boldsymbol{a}}-\hat{\boldsymbol{a}}^{\dagger}}{\mathrm{i}\sqrt{2}}\rangle\right)=(\sqrt{2}\mathrm{Re}(\alpha),\sqrt{2}\mathrm{Im}(\alpha)) \tag{7.31}$$

图 7.2 给出了 $\alpha=0.5$ 的单模相干态的魏格纳函数及魏格纳函数对应的等值线图。相干态的正则坐标分量和正则动量分量的方差相等，在等值线上表现为一系列同心圆。同心圆的圆心正是正则坐标分量和正则动量分量的平均值 $(\sqrt{2}\mathrm{Re}(\alpha),0)$。

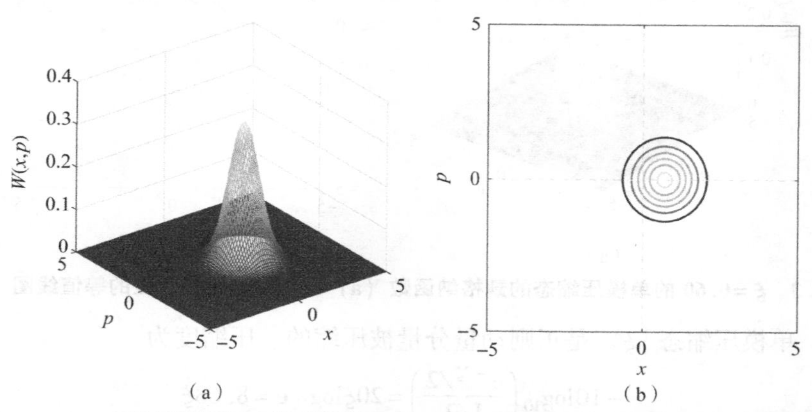

图 7.2　$\alpha=0.5$ 的单模相干态的魏格纳函数（a）及魏格纳函数对应的等值线图（b）

7.2.2　热态

在光子数空间中，热态可以由式（2.40）表示。通过计算其特征函数，易知热态是一个高斯态，其协方差矩阵为

① 经典态的定义有多种，其中较为普遍的是把魏格纳出现负值的量子态定义为非经典态[94,101]。

$$
\boldsymbol{V}=\begin{pmatrix} N_B+\frac{1}{2} & 0 \\ 0 & N_B+\frac{1}{2} \end{pmatrix} \tag{7.32}
$$

一阶矩为$\overline{\boldsymbol{R}}=(0,0)$。

单模热态平均光子数为

$$
\langle \hat{N} \rangle = \sum_{k=0}^{\infty}\left(\frac{1}{N_B+1}\right)\left(\frac{N_B}{N_B+1}\right)^k k = N_B \tag{7.33}
$$

当 $N_B=0$，得到了真空态。

7.2.3 单模压缩真空态

由式（2.69）知道，单模压缩真空态是偶数光子数态的叠加态（参考式（2.69）），也是一种高斯态，其协方差矩阵为

$$
\boldsymbol{V}=\frac{1}{2}\begin{pmatrix} \mathrm{e}^{2\xi} & \\ & \mathrm{e}^{-2\xi} \end{pmatrix} \tag{7.34}
$$

一阶矩为$\overline{\boldsymbol{R}}=(0,0)$。

图 7.3 给出了 $\xi=0.60$ 时的单模压缩态的魏格纳函数及魏格纳函数对应的等值线图。从图中更加容易看出，正则动量分量 $\hat{\boldsymbol{p}}$ 的涨落被压缩了。

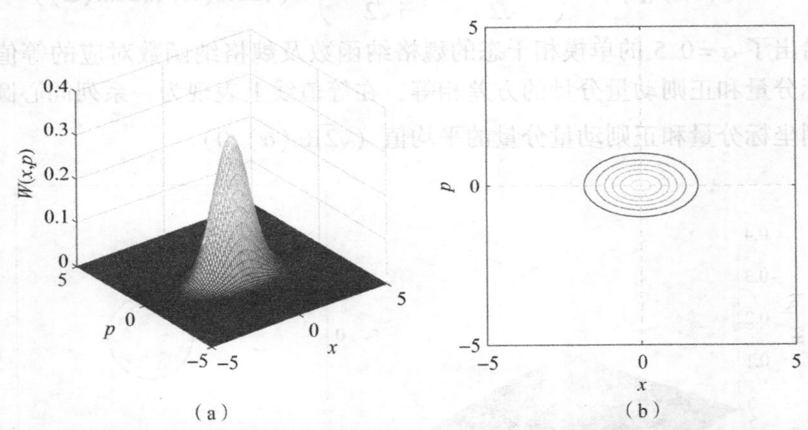

图 7.3　$\xi=0.60$ 的单模压缩态的魏格纳函数（a）及魏格纳函数对应的等值线图（b）

事实上，单模压缩态 $|\xi\rangle$ 是正则动量分量被压缩的。压缩度为

$$
-10\log_{10}\left(\frac{\mathrm{e}^{-2\xi}/2}{1/2}\right)=20\xi\log_{10}\mathrm{e}=8.68\xi \tag{7.35}
$$

其压缩度为压缩参数 ξ 的线性函数。截至目前，最强压缩的纪录仍然由德国 H. Vahlbruch 等人所保持，他们于 2016 年实现了 15 dB 的压缩[79]。国内方面，2018 年山西大学光电研究所王雅君团队实现了 13.2 dB 的压缩[80]。当压缩度为 15 dB 时，$\xi=1.72$，此时单模压缩态的平均光子数为$\sinh^2(\xi)=7.30$。

7.2.4 两模压缩真空态

式（2.100）中给出了光子数空间中的两模压缩真空态的具体形式。经过计算，两模压

缩真空态的魏格纳函数为高斯型，其协方差矩阵为

$$\boldsymbol{V}_{\mathrm{TMSS}}=\begin{pmatrix} N_S+\frac{1}{2} & & \sqrt{N_S(N_S+1)} & \\ & N_S+\frac{1}{2} & & -\sqrt{N_S(N_S+1)} \\ \sqrt{N_S(N_S+1)} & & N_S+\frac{1}{2} & \\ & -\sqrt{N_S(N_S+1)} & & N_S+\frac{1}{2} \end{pmatrix} \tag{7.36}$$

两模压缩真空态的正则坐标分量和正则动量分量的期望值均为零，即一阶矩为（0，0，0，0）。

图 7.4 中给出了两模压缩真空态的魏格纳函数。根据式（7.3）的定义，两模压缩真空态的魏格纳函数 $W(\boldsymbol{r})$ 中 $\boldsymbol{r}$ 为 4 维实向量。定义 $\boldsymbol{r}=(x_1,p_1,x_2,p_2)$，为了便于展示，定义

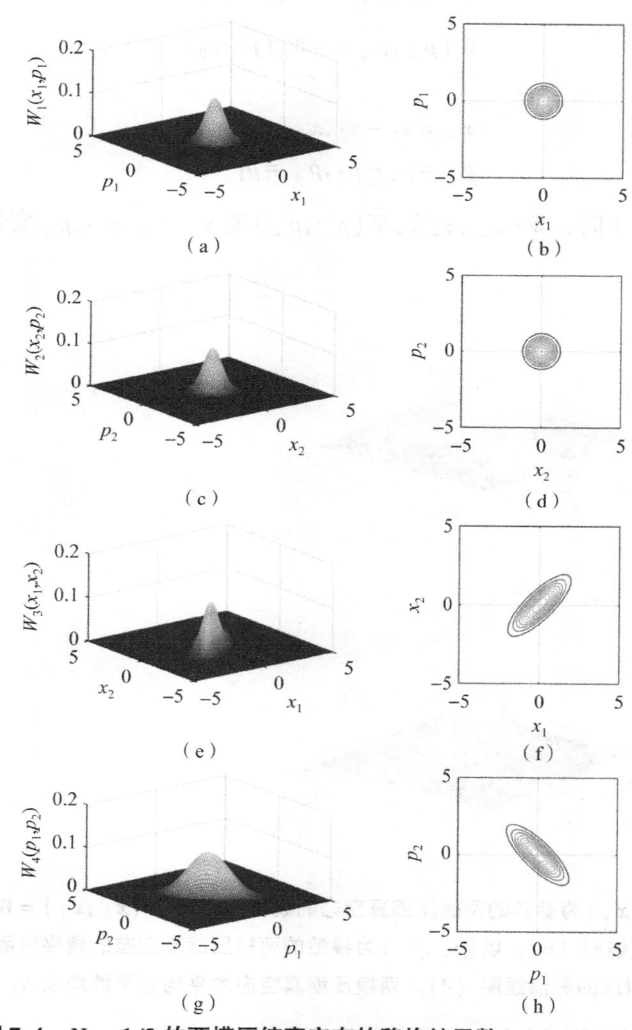

图 7.4　$N_S=1/3$ 的两模压缩真空态的魏格纳函数(a)(c)(e)(g)及魏格纳函数对应的等值线图(b)(d)(f)(h)

$$W_1(x_1,p_1)\equiv W(x_1,p_1,0,0) \tag{7.37}$$

$$W_2(x_2,p_2)\equiv W(0,0,x_2,p_2) \tag{7.38}$$

$$W_3(x_1,x_2)\equiv W(x_1,0,x_2,0) \tag{7.39}$$

$$W_4(p_1,p_2)\equiv W(0,p_1,0,p_2) \tag{7.40}$$

图7.4(a)(c)(e)(g)中分别给出了 $W_1(x_1,p_1)$, $W_2(x_2,p_2)$, $W_3(x_1,x_2)$, $W_4(p_1,p_2)$ 的三维图像，在图7.4(b)(d)(f)(h)中分别给出了相应的等值线图。有趣的是，两模压缩真空态的压缩并没有体现在某一个正则坐标分量、正则动量分量如 x_1,p_1,x_2 或 p_2 上，而是体现在两个模式的正则分量的差或和上。在图7.4(f)上可以看到，x_1 和 x_2 几乎是围绕着 $x_1-x_2=0$ 这条直线分布的。图7.4(f)展示了 p_1 和 p_2 几乎沿着 $p_1+p_2=0$ 这条直线分布。事实上，两模压缩态的“压缩”正体现在此。

为了展示两模压缩真空态的压缩性质，定义函数

$$\tilde{W}(x_-,x_+)=W_3(x_1,x_2) \tag{7.41}$$

$$\tilde{W}(p_-,p_+)=W_4(p_1,p_2) \tag{7.42}$$

式中

$$x_-=x_1-x_2,\ x_+=x_1+x_2 \tag{7.43}$$

$$p_-=p_1-p_2,\ p_+=p_1+p_2 \tag{7.44}$$

图7.5给出了 $N_S=1/3$ 时，$\tilde{W}(x_-,x_+)$, $\tilde{W}(p_-,p_+)$ 随 x_-,x_+,p_-,p_+ 变化的情况。

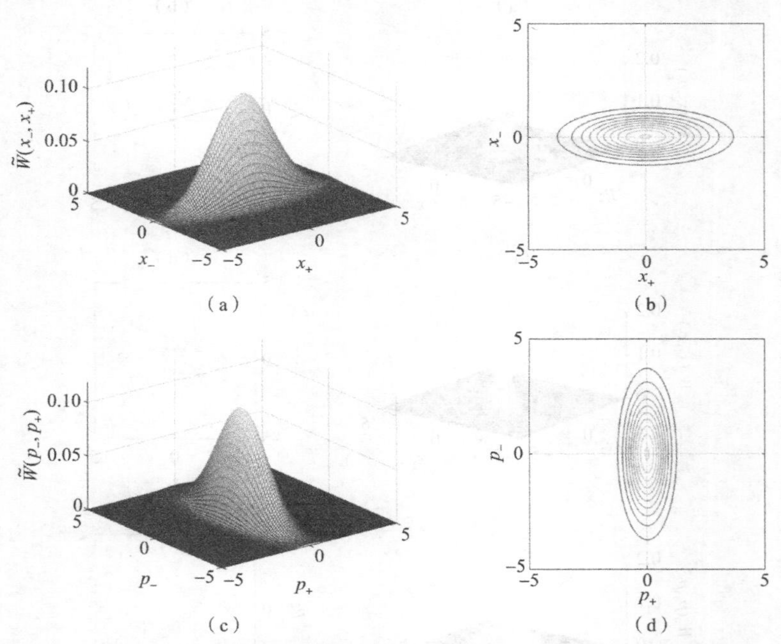

图7.5　以 (x_-,x_+) 为参数的两模压缩真空态的魏格纳函数 $\tilde{W}(x_-,x_+)=W_3(x_1,x_2)$ (a)及其等值线图 (b)；以 (p_+,p_-) 为参数的两模压缩真空态的魏格纳函数 (c)及其对应的等值线图 (d)。两模压缩真空态的平均光子数均取 $N_S=1/3$

易知，$\tilde{W}(x_-,x_+)$ 在 x_- 方向上是压缩的，$\tilde{W}(p_-,p_+)$ 在 p_+ 方向上是压缩的。

考察两模压缩真空态上以下可观测量，易知：

$$\langle \boldsymbol{\psi}_{\mathrm{TMSS}} | \hat{\boldsymbol{x}}_1 | \boldsymbol{\psi}_{\mathrm{TMSS}} \rangle = 0, \langle \boldsymbol{\psi}_{\mathrm{TMSS}} | \hat{\boldsymbol{p}}_1 | \boldsymbol{\psi}_{\mathrm{TMSS}} \rangle = 0 \tag{7.45}$$

$$\langle \boldsymbol{\psi}_{\mathrm{TMSS}} | \hat{\boldsymbol{x}}_2 | \boldsymbol{\psi}_{\mathrm{TMSS}} \rangle = 0, \langle \boldsymbol{\psi}_{\mathrm{TMSS}} | \hat{\boldsymbol{p}}_2 | \boldsymbol{\psi}_{\mathrm{TMSS}} \rangle = 0 \tag{7.46}$$

$$\langle \boldsymbol{\psi}_{\mathrm{TMSS}} | \hat{\boldsymbol{x}}_1 - \hat{\boldsymbol{x}}_2 | \boldsymbol{\psi}_{\mathrm{TMSS}} \rangle = 0 \tag{7.47}$$

$$\langle \boldsymbol{\psi}_{\mathrm{TMSS}} | \hat{\boldsymbol{p}}_1 + \hat{\boldsymbol{p}}_2 | \boldsymbol{\psi}_{\mathrm{TMSS}} \rangle = 0 \tag{7.48}$$

$$\langle \boldsymbol{\psi}_{\mathrm{TMSS}} | \hat{\boldsymbol{x}}_1^2 | \boldsymbol{\psi}_{\mathrm{TMSS}} \rangle = \langle \boldsymbol{\psi}_{\mathrm{TMSS}} | \hat{\boldsymbol{x}}_2^2 | \boldsymbol{\psi}_{\mathrm{TMSS}} \rangle = N_S + \frac{1}{2} \tag{7.49}$$

$$\langle \boldsymbol{\psi}_{\mathrm{TMSS}} | \hat{\boldsymbol{x}}_1 \hat{\boldsymbol{x}}_2 | \boldsymbol{\psi}_{\mathrm{TMSS}} \rangle = \sqrt{N_S(N_S + 1)} \tag{7.50}$$

$$\langle \boldsymbol{\psi}_{\mathrm{TMSS}} | \hat{\boldsymbol{p}}_1^2 | \boldsymbol{\psi}_{\mathrm{TMSS}} \rangle = \langle \boldsymbol{\psi}_{\mathrm{TMSS}} | \hat{\boldsymbol{p}}_2^2 | \boldsymbol{\psi}_{\mathrm{TMSS}} \rangle = N_S + \frac{1}{2} \tag{7.51}$$

$$\langle \boldsymbol{\psi}_{\mathrm{TMSS}} | \hat{\boldsymbol{p}}_1 \hat{\boldsymbol{p}}_2 | \boldsymbol{\psi}_{\mathrm{TMSS}} \rangle = -\sqrt{N_S(N_S + 1)} \tag{7.52}$$

及

$$\langle \delta^2_{\hat{x}_1 - \hat{x}_2} \rangle = \mathrm{e}^{-2r} \tag{7.53}$$

$$\langle \delta^2_{\hat{x}_1 + \hat{x}_2} \rangle = \mathrm{e}^{2r} \tag{7.54}$$

$$\langle \delta^2_{\hat{p}_1 + \hat{p}_2} \rangle = \mathrm{e}^{-2r} \tag{7.55}$$

$$\langle \delta^2_{\hat{p}_1 - \hat{p}_2} \rangle = \mathrm{e}^{2r} \tag{7.56}$$

式中，$r = \operatorname{arcsinh}(\sqrt{N_S})$，$\operatorname{arcsinh}(\,)$为双曲正弦函数的反函数。

由式（7.53）知，两个模式的正则坐标分量处于正关联，而两个模式的正则动量分量处于负关联（式（7.55））。当 $r \to \infty$ 时，可观测量 $\hat{\boldsymbol{x}}_1$，$\hat{\boldsymbol{x}}_2$ 观测值永远相等，可观测量 $\hat{\boldsymbol{p}}_1$，$\hat{\boldsymbol{p}}_2$ 观测值永远差一个负号。这正是最早的 1935 年爱因斯坦等人提出的 EPR 佯缪所依据的量子态[51]。同时，这也是两模压缩真空态在量子信息中具有重要价值的原因。

两模压缩真空态典型的实验工作是：2013 年，德国马克斯普朗克引力物理研究所和德国汉诺威大学的科学家们实现了 10 dB 的两模压缩真空态[164]。国内山西大学王雅君团队实现了 10.7 dB 的压缩[165]。

7.3　相空间中量子态的演化与操作

相空间中的魏格纳函数（或其傅里叶变换、特征函数）不仅可以用于表示量子态，也可以表示量子态的演化。事实上，魏格纳函数提供了描述量子力学的新框架[166,167]。

以下以光学分束器为例，介绍光学分束器作用下量子态魏格纳函数的演化情况，并由此推导出光学分束器的辛变换算符。关于分束器辛变换的推导过程可以推广到其他更一般的光学操作中。

7.3.1　线性分束器操作的相空间表示

在第 3.4 节中，用酉算符 $\boldsymbol{U}_{\mathrm{AB}}(T)$ 表示光学分束器所代表的操作。为了与下文相区分，这里需强调一下，该光学分束器是一种线性光学分束器。而在相空间中，可以采用一个辛算符 $\boldsymbol{S} \in \mathrm{SP}(2N, \mathbb{R})$ 来表征，其中 $\mathrm{SP}(2N, \mathbb{R})$ 表示实数域上 $2N$ 维辛群。其证明过程可以采用特征函数的办法得到。

事实上，不妨设$\boldsymbol{\rho}_{\mathrm{AB}}$为两模高斯态，其协方差矩阵为$\boldsymbol{V}_{\mathrm{AB}}$，一阶矩为$\overline{\boldsymbol{R}}_{\mathrm{AB}}$。在光子数空间中，态的演化服从$\boldsymbol{\rho}'_{\mathrm{AB}}=\boldsymbol{U}(T)\boldsymbol{\rho}_{\mathrm{AB}}\boldsymbol{U}(T)^{\dagger}$。在相空间中，依据特征函数的定义$\chi_{\boldsymbol{\rho}}(\boldsymbol{\zeta})=\mathrm{Tr}[\exp[\mathrm{i}\boldsymbol{R}\boldsymbol{\zeta}^{\mathrm{T}}]\boldsymbol{\rho}]=\mathrm{Tr}[\exp[\mathrm{i}(\hat{\boldsymbol{x}}_{\mathrm{A}},\hat{\boldsymbol{p}}_{\mathrm{A}},\hat{\boldsymbol{x}}_{\mathrm{B}},\hat{\boldsymbol{p}}_{\mathrm{B}})(\zeta_1,\zeta_2,\zeta_3,\zeta_4)^{\mathrm{T}}]\boldsymbol{\rho}]$，可以计算变换后量子态的$\boldsymbol{\rho}'_{\mathrm{AB}}$的特征函数

$$\chi_{\boldsymbol{\rho}'_{\mathrm{AB}}}(\boldsymbol{\zeta})=\mathrm{Tr}[\exp(\mathrm{i}\hat{\boldsymbol{R}}\boldsymbol{\zeta}^{\mathrm{T}})\boldsymbol{U}(T)\boldsymbol{\rho}_{\mathrm{AB}}\boldsymbol{U}(T)^{\dagger}] \tag{7.57}$$

$$=\mathrm{Tr}[\boldsymbol{U}(T)^{\dagger}\exp(\mathrm{i}\hat{\boldsymbol{R}}\boldsymbol{\zeta}^{\mathrm{T}})\boldsymbol{U}(T)\boldsymbol{\rho}_{\mathrm{AB}}] \tag{7.58}$$

一方面，在光子数空间中，有

$$\begin{aligned}\boldsymbol{U}(T)^{\dagger}\exp(\mathrm{i}\hat{\boldsymbol{R}}\boldsymbol{\zeta}^{\mathrm{T}})\boldsymbol{U}(T)&=\boldsymbol{U}(T)^{\dagger}\sum_{k=0}^{\infty}\frac{(\mathrm{i}\hat{\boldsymbol{R}}\zeta^{\mathrm{T}})^k}{k!}\boldsymbol{U}(T)\\&=\sum_{k=0}^{\infty}\frac{[\mathrm{i}\boldsymbol{U}(T)^{\dagger}\hat{\boldsymbol{R}}\zeta^{\mathrm{T}}\boldsymbol{U}(T)]^k}{k!}\\&=\sum_{k=0}^{\infty}\frac{[\mathrm{i}\boldsymbol{U}(T)^{\dagger}(\hat{\boldsymbol{x}}_{\mathrm{A}}\zeta_1+\hat{\boldsymbol{p}}_{\mathrm{A}}\zeta_2+\hat{\boldsymbol{x}}_{\mathrm{B}}\zeta_3+\hat{\boldsymbol{p}}_{\mathrm{B}}\zeta_4)\boldsymbol{U}(T)]^k}{k!}\end{aligned} \tag{7.59}$$

另一方面，根据式（3.17）、式（3.25）和式（3.43），通过直接计算可以得到

$$\boldsymbol{U}(T)^{\dagger}\hat{\boldsymbol{a}}_{\mathrm{A}}\boldsymbol{U}(T)=\sqrt{T}\hat{\boldsymbol{a}}_{\mathrm{A}}-\sqrt{1-T}\hat{\boldsymbol{a}}_{\mathrm{B}} \tag{7.60}$$

$$\boldsymbol{U}(T)^{\dagger}\hat{\boldsymbol{a}}_{\mathrm{B}}\boldsymbol{U}(T)=\sqrt{1-T}\hat{\boldsymbol{a}}_{\mathrm{A}}+\sqrt{T}\hat{\boldsymbol{a}}_{\mathrm{B}} \tag{7.61}$$

$$\boldsymbol{U}(T)^{\dagger}\hat{\boldsymbol{x}}_{\mathrm{A}}\boldsymbol{U}(T)=\sqrt{T}\hat{\boldsymbol{x}}_{\mathrm{A}}-\sqrt{1-T}\hat{\boldsymbol{x}}_{\mathrm{B}} \tag{7.62}$$

$$\boldsymbol{U}(T)^{\dagger}\hat{\boldsymbol{p}}_{\mathrm{A}}\boldsymbol{U}(T)=\sqrt{T}\hat{\boldsymbol{p}}_{\mathrm{A}}-\sqrt{1-T}\hat{\boldsymbol{p}}_{\mathrm{B}} \tag{7.63}$$

$$\boldsymbol{U}(T)^{\dagger}\hat{\boldsymbol{x}}_{\mathrm{B}}\boldsymbol{U}(T)=\sqrt{1-T}\hat{\boldsymbol{x}}_{\mathrm{A}}+\sqrt{T}\hat{\boldsymbol{x}}_{\mathrm{B}} \tag{7.64}$$

$$\boldsymbol{U}(T)^{\dagger}\hat{\boldsymbol{p}}_{\mathrm{B}}\boldsymbol{U}(T)=\sqrt{1-T}\hat{\boldsymbol{p}}_{\mathrm{A}}+\sqrt{T}\hat{\boldsymbol{p}}_{\mathrm{B}} \tag{7.65}$$

把方程（7.60）~方程（7.65）代入方程（7.59）中，得到

$$\boldsymbol{U}(T)^{\dagger}\exp(\mathrm{i}\hat{\boldsymbol{R}}\zeta^{\mathrm{T}})\boldsymbol{U}(T)=\exp(\mathrm{i}\hat{\boldsymbol{R}}\boldsymbol{S}_T^{\mathrm{T}}\boldsymbol{\zeta}^{\mathrm{T}}) \tag{7.66}$$

式中，$\boldsymbol{S}_T$为4×4矩阵

$$\boldsymbol{S}_T=\begin{pmatrix}\sqrt{T} & & -\sqrt{1-T} & \\ & \sqrt{T} & & -\sqrt{1-T}\\ \sqrt{1-T} & & \sqrt{T} & \\ & \sqrt{1-T} & & \sqrt{T}\end{pmatrix} \tag{7.67}$$

不难验证，行列式

$$\det(\boldsymbol{S}_T)=1 \tag{7.68}$$

及

$$\boldsymbol{S}_T\boldsymbol{\Omega}_2\boldsymbol{S}_T^{\mathrm{T}}=\boldsymbol{\Omega}_2 \tag{7.69}$$

式中，$\boldsymbol{\Omega}_N$定义为

$$\boldsymbol{\Omega}_N:=\bigoplus_{k=1}^{N}\begin{pmatrix}0 & 1\\ -1 & 0\end{pmatrix} \tag{7.70}$$

由式（7.68）及式（7.70）知，$\boldsymbol{S}_T$恰恰是群$\mathrm{SP}(2N,\mathbb{R})$中的一个元素。

于是，由方程（7.58）不难得到

$$\chi_{\boldsymbol{\rho}'}(\boldsymbol{\zeta})=\chi_{\boldsymbol{\rho}}(\boldsymbol{\zeta}\boldsymbol{S}_T)=\exp\left(-\frac{1}{2}\boldsymbol{\zeta}\boldsymbol{S}_T\boldsymbol{V}_{\mathrm{AB}}\boldsymbol{S}_T^{\mathrm{T}}\boldsymbol{\zeta}^{\mathrm{T}}+\mathrm{i}\,\overline{\boldsymbol{R}}_{\mathrm{AB}}\boldsymbol{S}_T^{\mathrm{T}}\boldsymbol{\zeta}^{\mathrm{T}}\right) \tag{7.71}$$

这是一个协方差矩阵和一阶矩分别为$\boldsymbol{S}_T\boldsymbol{V}_{\mathrm{AB}}\boldsymbol{S}_T^{\mathrm{T}}$和$\overline{\boldsymbol{R}}_{\mathrm{AB}}\boldsymbol{S}_T^{\mathrm{T}}$的两模高斯态。

于是，分束器把输入的协方差矩阵为$\boldsymbol{V}_{\mathrm{AB}}$、一阶矩为$\overline{\boldsymbol{R}}_{\mathrm{AB}}$的高斯态演化成一个新的高斯态，而且新的高斯态的协方差矩阵和一阶矩分别为

$$\boldsymbol{V}_{\mathrm{AB}}\to\boldsymbol{S}_T\boldsymbol{V}_{\mathrm{AB}}\boldsymbol{S}_T^{\mathrm{T}} \tag{7.72}$$

$$\overline{\boldsymbol{R}}_{\mathrm{AB}}\to\overline{\boldsymbol{R}}_{\mathrm{AB}}\boldsymbol{S}_T^{\mathrm{T}} \tag{7.73}$$

7.3.2　单模操作

利用光学分束器中的方法，可推导出其他常用的高斯操作所对应的辛变换。

1. 单模位相旋转操作

单模位相旋转操作在光子数空间中可以表示为$\boldsymbol{U}(\phi)=\mathrm{e}^{\mathrm{i}\phi\hat{a}^{\dagger}\hat{a}}$。它的作用效果是在光子数态上产生一个位相。在相空间中，其相应的辛变换为

$$\boldsymbol{S}_{\phi}=\begin{pmatrix}\cos\phi & -\sin\phi\\ \sin\phi & \cos\phi\end{pmatrix} \tag{7.74}$$

2. 单模压缩操作

单模压缩操作在光子数空间中可以表示为$\hat{\boldsymbol{S}}(\xi)=\mathrm{e}^{\frac{\xi}{2}(\hat{a}^{\dagger2}-\hat{a}^{2})}$，在相空间中，其相应的辛变换为

$$\boldsymbol{S}_{\xi}=\begin{pmatrix}\mathrm{e}^{\xi} & \\ & \mathrm{e}^{-\xi}\end{pmatrix} \tag{7.75}$$

正如式（2.67）中所示，单模压缩态可以用单模压缩操作作用在真空态上得到。在相空间中，由于真空态的协方差矩阵为$\frac{1}{2}\boldsymbol{I}_2$，得到演化后量子态的协方差矩阵

$$\boldsymbol{S}_{\xi}\frac{\boldsymbol{I}_2}{2}\boldsymbol{S}_{\xi}^{\mathrm{T}}=\frac{1}{2}\begin{pmatrix}\mathrm{e}^{2\xi} & \\ & \mathrm{e}^{-2\xi}\end{pmatrix} \tag{7.76}$$

这正同式（7.34）相一致。

3. 单模位移操作

单模位移操作是一个十分特殊的单模操作。它本身不会改变输入高斯态的协方差方阵，但是会改变一阶矩。单模位移操作在光子数空间中可以表示为

$$\hat{\boldsymbol{D}}(\alpha)=\mathrm{e}^{\alpha\hat{a}^{\dagger}-\alpha^{*}\hat{a}} \tag{7.77}$$

其相应的辛变换为单位阵$\boldsymbol{S}_{\alpha}=\boldsymbol{I}_2$。单模位移操作作用下会产生一阶矩的变化。事实上，利用公式可以计算得

$$\hat{\boldsymbol{D}}^{\dagger}(\alpha)\hat{\boldsymbol{a}}\hat{\boldsymbol{D}}(\alpha)=\hat{\boldsymbol{a}}+\alpha \tag{7.78}$$

$$\hat{\boldsymbol{D}}(\alpha)\hat{\boldsymbol{a}}\hat{\boldsymbol{D}}^{\dagger}(\alpha)=\hat{\boldsymbol{a}}-\alpha \tag{7.79}$$

根据式（2.59）定义，有

$$\hat{\boldsymbol{D}}^{\dagger}(\alpha)\hat{\boldsymbol{x}}D(\alpha)=\frac{\hat{\boldsymbol{a}}+\hat{\boldsymbol{a}}^{\dagger}}{\sqrt{2}}+\frac{\alpha+\alpha^{*}}{\sqrt{2}}=\frac{\hat{\boldsymbol{a}}+\hat{\boldsymbol{a}}^{\dagger}}{\sqrt{2}}+\sqrt{2}\mathrm{Re}(\alpha) \tag{7.80}$$

$$=\hat{\boldsymbol{x}}+\sqrt{2}\mathrm{Re}(\alpha) \tag{7.81}$$

$$\hat{\boldsymbol{D}}^{\dagger}(\alpha)\hat{\boldsymbol{p}}D(\alpha)=\frac{\hat{\boldsymbol{a}}-\hat{\boldsymbol{a}}^{\dagger}}{\mathrm{i}\sqrt{2}}+\frac{\alpha-\alpha^{*}}{\mathrm{i}\sqrt{2}}=\frac{\hat{\boldsymbol{a}}-\hat{\boldsymbol{a}}^{\dagger}}{\mathrm{i}\sqrt{2}}+\sqrt{2}\mathrm{Im}(\alpha) \tag{7.82}$$

$$=\hat{p}+\sqrt{2}\mathrm{Im}(\alpha) \tag{7.83}$$

利用第 7.3.1 节的推导过程，容易验证位移操作的效果是把量子态的一阶矩进行位移，即

$$\overline{\boldsymbol{R}}\to\overline{\boldsymbol{R}}+(\sqrt{2}\mathrm{Re}(\alpha),\sqrt{2}\mathrm{Im}(\alpha)) \tag{7.84}$$

7.3.3 非线性分束操作

两模操作是构建大规模量子网络的重要组成部分。除了第 7.3.1 节所介绍的光学分束器以外，还有非线性光学分束器。非线性光学分束器可以实现非线性分束操作。最具有代表性的非线性分束操作是 SU(1,1)非线性分束操作。该操作在新型光学干涉仪[168-171]、制备最小不确定度量子态[172-174]、量子精密测量[175,176]、高保真多光子空间光子擦除[58]等方面具有重要应用。

SU(1,1)非线性分束操作在光子数空间中的变换可以表示为

$$\boldsymbol{U}_{\mathrm{SU}}(r)=\mathrm{e}^{r(\hat{a}^{\dagger}\hat{b}^{\dagger}-\hat{a}\hat{b})} \tag{7.85}$$

其本质上是两模压缩变换。在相空间中，其辛变换为

$$\boldsymbol{S}_{\mathrm{SU}}=\begin{pmatrix}\cosh(r) & & \sinh(r) & \\ & \cosh(r) & & -\sinh(r)\\ \sinh(r) & & \cosh(r) & \\ & -\sinh(r) & & \cosh(r)\end{pmatrix} \tag{7.86}$$

同样地，将该操作作用在两模真空态 $|0\rangle|0\rangle$ 上，可以得到两模压缩真空态的协方差矩阵（式（7.36））。

7.4 相空间中高斯态的扩展与部分求迹

7.4.1 高斯态的扩展

在 Fock 基下，描述多份或多个量子态时，需要用到量子态的直积①。然而，在相空间中，描述多份或多个量子态需要用的是协方差矩阵和一阶矩的直和。可以从魏格纳函数方面来更清楚地认识这一点。不妨设一个单模高斯态的协方差矩阵和一阶矩为 $\boldsymbol{V}_{\mathrm{A}}$，$\overline{\boldsymbol{R}}_{\mathrm{A}}$，另外一个单模高斯态的协方差矩阵和一阶矩为 $\boldsymbol{V}_{\mathrm{B}}$，$\overline{\boldsymbol{R}}_{\mathrm{B}}$，二者的魏格纳函数分别为

$$W(\boldsymbol{r}_{\mathrm{A}})=\frac{1}{(2\pi)^{2}}\int_{-\infty}^{+\infty}\mathrm{d}\boldsymbol{\zeta}_{\mathrm{A}}\chi(\boldsymbol{\zeta}_{\mathrm{A}})\exp(-\mathrm{i}\boldsymbol{\zeta}_{\mathrm{A}}\boldsymbol{r}_{\mathrm{A}}^{\mathrm{T}}) \tag{7.87}$$

$$W(\boldsymbol{r}_{\mathrm{B}})=\frac{1}{(2\pi)^{2}}\int_{-\infty}^{+\infty}\mathrm{d}\boldsymbol{\zeta}_{\mathrm{B}}\chi(\boldsymbol{\zeta}_{\mathrm{B}})\exp(-\mathrm{i}\boldsymbol{\zeta}_{\mathrm{B}}\boldsymbol{r}_{\mathrm{B}}^{\mathrm{T}}) \tag{7.88}$$

式中

$$\chi(\boldsymbol{\zeta}_{\mathrm{A}})=\exp\left(-\frac{1}{2}\boldsymbol{\zeta}_{\mathrm{A}}\boldsymbol{V}_{\mathrm{A}}\boldsymbol{\zeta}_{\mathrm{A}}^{\mathrm{T}}+\mathrm{i}\,\overline{\boldsymbol{R}}_{\mathrm{A}}\boldsymbol{\zeta}_{\mathrm{A}}^{\mathrm{T}}\right) \tag{7.89}$$

$$\chi(\boldsymbol{\zeta}_{\mathrm{B}})=\exp\left(-\frac{1}{2}\boldsymbol{\zeta}_{\mathrm{B}}\boldsymbol{V}_{\mathrm{B}}\boldsymbol{\zeta}_{\mathrm{B}}^{\mathrm{T}}+\mathrm{i}\,\overline{\boldsymbol{R}}_{\mathrm{B}}\boldsymbol{\zeta}_{\mathrm{B}}^{\mathrm{T}}\right) \tag{7.90}$$

① 详见第 2.4 节。

于是，两个模式 A－B 的量子态的魏格纳函数为

$$W(\boldsymbol{r}_{\mathrm{AB}}) = \frac{1}{(2\pi)^4}\int_{-\infty}^{+\infty} \mathrm{d}\boldsymbol{\zeta}_{\mathrm{AB}}\chi(\boldsymbol{\zeta}_{\mathrm{AB}})\exp(-\mathrm{i}\boldsymbol{\zeta}_{\mathrm{AB}}\boldsymbol{r}_{\mathrm{AB}}^{\mathrm{T}}) \tag{7.91}$$

式中，$\boldsymbol{\zeta}_{\mathrm{AB}} = (\boldsymbol{\zeta}_{\mathrm{A}},\boldsymbol{\zeta}_{\mathrm{B}})$，$\boldsymbol{r}_{\mathrm{AB}} = (\boldsymbol{r}_{\mathrm{A}},\boldsymbol{r}_{\mathrm{B}})$及

$$\chi(\boldsymbol{\zeta}_{\mathrm{AB}}) = \chi(\boldsymbol{\zeta}_{\mathrm{A}})\chi(\boldsymbol{\zeta}_{\mathrm{B}}) = \exp\left(-\frac{1}{2}\boldsymbol{\zeta}_{\mathrm{AB}}\boldsymbol{V}_{\mathrm{AB}}\boldsymbol{\zeta}_{\mathrm{AB}}^{\mathrm{T}} + \mathrm{i}\,\overline{\boldsymbol{R}}_{\mathrm{AB}}\boldsymbol{\zeta}_{\mathrm{AB}}^{\mathrm{T}}\right) \tag{7.92}$$

$$\boldsymbol{V} = \boldsymbol{V}_{\mathrm{A}} \oplus \boldsymbol{V}_{\mathrm{B}} = \begin{pmatrix} \boldsymbol{V}_{\mathrm{A}} & \boldsymbol{0} \\ \boldsymbol{0} & \boldsymbol{V}_{\mathrm{B}} \end{pmatrix} \tag{7.93}$$

$$\overline{\boldsymbol{R}} = \overline{\boldsymbol{R}}_{\mathrm{A}} \oplus \overline{\boldsymbol{R}}_{\mathrm{B}} = (\overline{\boldsymbol{R}}_{\mathrm{A}},\overline{\boldsymbol{R}}_{\mathrm{B}}) \tag{7.94}$$

即两模直积的高斯态的协方差矩阵和一阶矩分别是各个高斯态的协方差阵直和与一阶矩的直和。

特别地，M 份的 A 模高斯态的协方差矩阵和一阶矩分别为

$$\boldsymbol{V}_M = \bigoplus_{n=1}^{M}\boldsymbol{V}_{\mathrm{A}},\ \overline{\boldsymbol{R}}_M = \bigoplus_{n=1}^{M}\overline{\boldsymbol{R}}_{\mathrm{A}} \tag{7.95}$$

式中，$\boldsymbol{V}_M$，$\overline{\boldsymbol{R}}_M$ 分别为 $2M\times 2M$ 的矩阵和 $1\times 2M$ 的向量。

7.4.2　高斯态的部分求迹

在光子数空间中，可以用部分求迹来减小量子态的规模。同样地，该操作在相空间也适用。而且，在相空间部分求迹的表达形式更简洁。

比如，有 A 和 B 两个模式的高斯态，设其协方差矩阵和一阶矩分别为$\boldsymbol{V}$，$\overline{\boldsymbol{R}}_{\mathrm{AB}}$，对 B 模式的部分求迹可以表示为

$$W_{\mathrm{out}}(\boldsymbol{r}_{\mathrm{A}}) = \int W(\boldsymbol{r}_{\mathrm{AB}},\boldsymbol{V},\overline{\boldsymbol{R}}_{\mathrm{AB}})\,\mathrm{d}\boldsymbol{r}_{\mathrm{B}} \tag{7.96}$$

为了方便，可以把 4×4 的矩阵 $\boldsymbol{V}$ 分块成①

$$\boldsymbol{V} = \begin{pmatrix} \boldsymbol{V}_{\mathrm{A}} & \boldsymbol{\sigma} \\ \boldsymbol{\sigma}^{\mathrm{T}} & \boldsymbol{V}_{\mathrm{B}} \end{pmatrix},\ \overline{\boldsymbol{R}}_{\mathrm{AB}} = (\overline{\boldsymbol{R}}_{\mathrm{A}},\overline{\boldsymbol{R}}_{\mathrm{B}}) \tag{7.97}$$

对魏格纳函数的积分可以表示为

$$W_{\mathrm{out}}(\boldsymbol{r}_{\mathrm{A}}) = \int W(\boldsymbol{r}_{\mathrm{AB}},\boldsymbol{V},\overline{\boldsymbol{R}}_{\mathrm{AB}})\,\mathrm{d}\boldsymbol{r}_{\mathrm{B}} \tag{7.98}$$

$$= \frac{1}{(2\pi)^4}\int \exp\left(-\frac{\boldsymbol{\zeta}_{\mathrm{AB}}\boldsymbol{V}\boldsymbol{\zeta}_{\mathrm{AB}}^{\mathrm{T}}}{2}\right)\exp[\mathrm{i}(\overline{\boldsymbol{R}}_{\mathrm{AB}} - \boldsymbol{r}_{\mathrm{AB}})\boldsymbol{\zeta}^{\mathrm{T}}]\,\mathrm{d}\boldsymbol{\zeta}_{\mathrm{AB}}\mathrm{d}\boldsymbol{r}_{\mathrm{B}} \tag{7.99}$$

$$\begin{aligned}
&= \frac{1}{(2\pi)^4}\int \exp\left(-\frac{\boldsymbol{\zeta}_{\mathrm{AB}}\boldsymbol{V}\boldsymbol{\zeta}_{\mathrm{AB}}^{\mathrm{T}}}{2}\right)\exp[\mathrm{i}(\overline{\boldsymbol{R}}_{\mathrm{A}} - \boldsymbol{r}_{\mathrm{A}})\boldsymbol{\zeta}_{\mathrm{A}}^{\mathrm{T}}]\exp[\mathrm{i}(\overline{\boldsymbol{R}}_{\mathrm{B}} - \boldsymbol{r}_{\mathrm{B}})\boldsymbol{\zeta}_{\mathrm{B}}^{\mathrm{T}}]\,\mathrm{d}\boldsymbol{\zeta}_{\mathrm{AB}}\mathrm{d}\boldsymbol{r}_{\mathrm{B}} \\
&= \frac{1}{(2\pi)^4}\int \mathrm{d}\boldsymbol{\zeta}_{\mathrm{AB}}\exp\left(-\frac{\boldsymbol{\zeta}_{\mathrm{AB}}\boldsymbol{V}\boldsymbol{\zeta}_{\mathrm{AB}}^{\mathrm{T}}}{2}\right)\exp[\mathrm{i}(\overline{\boldsymbol{R}}_{\mathrm{A}} - \boldsymbol{r}_{\mathrm{A}})\boldsymbol{\zeta}_{\mathrm{A}}^{\mathrm{T}}]\exp(\mathrm{i}\,\overline{\boldsymbol{R}}_{\mathrm{B}}\boldsymbol{\zeta}_{\mathrm{B}}^{\mathrm{T}}) \times \\
&\qquad \underbrace{\int \exp[-\mathrm{i}\boldsymbol{r}_{\mathrm{B}}\boldsymbol{\zeta}_{\mathrm{B}}^{\mathrm{T}}]\,\mathrm{d}\boldsymbol{r}_{\mathrm{B}}}_{(2\pi)^2\delta(\boldsymbol{\zeta}_{\mathrm{B}},\boldsymbol{0})} \\
&= \frac{1}{(2\pi)^2}\int \exp\left(-\frac{\boldsymbol{\zeta}_{\mathrm{AB}}\boldsymbol{V}\boldsymbol{\zeta}_{\mathrm{AB}}^{\mathrm{T}}}{2}\right)\exp[\mathrm{i}(\overline{\boldsymbol{R}}_{\mathrm{A}} - \boldsymbol{r}_{\mathrm{A}})\boldsymbol{\zeta}_{\mathrm{A}}^{\mathrm{T}}]\exp(\mathrm{i}\,\overline{\boldsymbol{R}}_{\mathrm{B}}\boldsymbol{\zeta}_{\mathrm{B}}^{\mathrm{T}})\delta(\boldsymbol{\zeta}_{\mathrm{B}},\boldsymbol{0})\,\mathrm{d}\boldsymbol{\zeta}_{\mathrm{AB}}
\end{aligned} \tag{7.100}$$

① 如果 A 和 B 模两模的态是直积态，则 $\boldsymbol{\sigma}=\boldsymbol{0}$；否则 $\boldsymbol{\sigma}\neq\boldsymbol{0}$。

$$= \frac{1}{(2\pi)^2}\int \exp\left[-\frac{(\boldsymbol{\zeta}_A,\boldsymbol{0})\boldsymbol{V}(\boldsymbol{\zeta}_A,\boldsymbol{0})^T}{2}\right]\exp[\mathrm{i}(\overline{\boldsymbol{R}}_A-\boldsymbol{r}_A)\boldsymbol{\zeta}_A^T]\mathrm{d}\boldsymbol{\zeta}_A \tag{7.101}$$

其中，$\boldsymbol{r}_{AB}=(\boldsymbol{r}_A,\boldsymbol{r}_B)$；$\boldsymbol{\zeta}_{AB}=(\boldsymbol{\zeta}_A,\boldsymbol{\zeta}_B)$；$\delta()$为 Kronecker – Delta 函数，即当且仅当$\boldsymbol{\zeta}_B$为全零向量时，有

$$\delta_{\boldsymbol{\zeta}_B,\boldsymbol{0}}=1 \tag{7.102}$$

根据矩阵的分块（式（7.97）），最后得到

$$(\boldsymbol{\zeta}_A,\boldsymbol{0})\boldsymbol{V}(\boldsymbol{\zeta}_A,\boldsymbol{0})^T=\boldsymbol{\zeta}_A\boldsymbol{V}_A\boldsymbol{\zeta}_A^T \tag{7.103}$$

及

$$W_{out}(\boldsymbol{r}_A)=\frac{1}{(2\pi)^2}\int\exp\left(-\frac{\boldsymbol{\zeta}_A\boldsymbol{V}_A\boldsymbol{\zeta}_A^T}{2}\right)\exp[\mathrm{i}(\overline{\boldsymbol{R}}_A-\boldsymbol{r}_A)\boldsymbol{\zeta}_A^T]\mathrm{d}\boldsymbol{\zeta}_A \tag{7.104}$$

$$=\frac{1}{(2\pi)^2}\int\exp\left(-\frac{\boldsymbol{\zeta}_A\boldsymbol{V}_A\boldsymbol{\zeta}_A^T}{2}+\mathrm{i}\overline{\boldsymbol{R}}_A\boldsymbol{\zeta}_A^T\right)\exp[-\mathrm{i}\boldsymbol{r}_A\boldsymbol{\zeta}_A^T]\mathrm{d}\boldsymbol{\zeta}_A \tag{7.105}$$

$$=\frac{1}{(2\pi)^2}\int\chi_G(\boldsymbol{\zeta}_A,\boldsymbol{V}_A,\overline{\boldsymbol{R}}_A)\exp(-\mathrm{i}\boldsymbol{r}_A\boldsymbol{\zeta}_A^T)\mathrm{d}\boldsymbol{\zeta}_A \tag{7.106}$$

$$=W(\boldsymbol{r}_A,\boldsymbol{V}_A,\overline{\boldsymbol{R}}_A) \tag{7.107}$$

因此，通过对 B 模式进行部分求迹，得到了一个协方差矩阵为$\boldsymbol{V}_A$、一阶矩为$\overline{\boldsymbol{R}}_A$的单模高斯态的魏格纳函数，而且$\boldsymbol{V}_A$恰为分块矩阵（式（7.97））的前两行前两列，一阶矩$\overline{\boldsymbol{R}}_A$恰为$\overline{\boldsymbol{R}}_{AB}$的前两列。

同理，对于 A 模式的部分求迹，B 模式的魏格纳函数恰恰是一个协方差为$\boldsymbol{V}_B$、一阶矩为$\overline{\boldsymbol{R}}_B$的高斯态，而且$\boldsymbol{V}_B$恰为分块矩阵（式（7.97））的后两行后两列，一阶矩$\overline{\boldsymbol{R}}_B$恰为$\overline{\boldsymbol{R}}_{AB}$的后两列。

因此，在相空间中，对某一个模式的部分求迹只需要在协方差矩阵和一阶矩上进行相应的行删除和列删除即可。

7.5 平衡零拍测量

相空间提供了一套完备的理论来描述正则坐标分量和正则动量分量。然而实际上，怎么测量光场的正则坐标分量和正则动量分量呢？再比如，已知单模压缩态的正则动量分量是压缩的，那么，怎么去测量并观测这个压缩呢？一般地，可以用平衡零拍测量（Homodyne Measurement）来实现。

1983 年，H. P. Yuen 和 Chan 提出了平衡零拍测量的基本理论[177]。很快，Abbas 等人就进行了实验验证[178]。直到现在，平衡零拍测量仍然是测量正则坐标分量和正则动量分量的最一般的方法。关于平衡零拍测量的综述性文章，可以参考文献[179]。

7.5.1 平衡零拍测量的数学形式

首先需要强调的是，平衡零拍测量是无限维系统中的量子测量。同样，它满足量子测量的基本公设(式(4.16)～式(4.18))。而且，平衡零拍测量是一个投影测量。它是向正则分量$\hat{x}_\theta$的本征态$|x_\theta\rangle$的投影测量。这里定义

$$\hat{x}_\theta=\hat{x}\cos\theta+\hat{p}\sin\theta \tag{7.108}$$

$$=\frac{1}{\sqrt{2}}(\hat{a}\mathrm{e}^{-\mathrm{i}\theta}+\hat{a}^\dagger\mathrm{e}^{\mathrm{i}\theta}) \tag{7.109}$$

$$= \int_{-\infty}^{+\infty} x_\theta \mid x_\theta \rangle \langle x_\theta \mid \mathrm{d}x_\theta \tag{7.110}$$

当 $\theta = 0$ 时，$\hat{x}_\theta = \hat{x}$，恰为正则坐标分量；当 $\theta = \frac{\pi}{2}$时，$\hat{x}_\theta = \hat{p}$，恰为正则动量分量。

在 Fock 基下，平衡零拍测量的投影算子可以表示为

$$\hat{P}(x_\theta) = \mid x_\theta \rangle \langle x_\theta \mid \tag{7.111}$$

式中

$$\mid x_\theta \rangle = \sum_{k=0}^{\infty} \frac{H_k(x_\theta)}{\pi^{\frac{1}{4}} \sqrt{2^k k!}} \mathrm{e}^{-\frac{1}{2}x_\theta^2} \mathrm{e}^{\mathrm{i}k\theta} \mid k \rangle \tag{7.112}$$

式中，$H_k(x)$，$-\infty < x < +\infty$为 k 阶轭米多项式，其定义详见附录 A.5。根据轭米多项式的正交归一性，容易验证

$$\int \hat{P}(x_\theta) \mathrm{d}x_\theta = \sum_{k=0}^{\infty} \mid k \rangle \langle k \mid = \boldsymbol{I}_\infty \tag{7.113}$$

例 7.5.1　对光子数态的平衡零拍测量。

可以考察用平衡零拍测量光子数态 $\mid n \rangle$ 的正则坐标。令 $\theta = 0$，$x_\theta = x_0$ 的概率为

$$P(x_0) = \langle n \mid x_0 \rangle \langle x_0 \mid n \rangle = \frac{H_n^2(x_0)}{\pi^{\frac{1}{2}} 2^n n!} \mathrm{e}^{-x_0^2} \tag{7.114}$$

并且不同测量结果的概率总和为

$$\int_{-\infty}^{+\infty} \mathrm{d}x_0 P(x_0, \theta) = \int_{-\infty}^{+\infty} \mathrm{d}x_0 \frac{H_n^2(x_0)}{\pi^{\frac{1}{2}} 2^n n!} \mathrm{e}^{-x_0^2} = 1 \tag{7.115}$$

式中，第二个等号的计算利用了附录 A.5 中轭米多项式的正交归一性。

图 7.6 给出了 $\mid n \rangle, n = 0,1,2,3$，即真空态、单光子态、双光子态和三光子态的正则坐标分量测量情况。图 7.6 中的每一条区线均关于轴 $x_0 = 0$ 呈轴对称，根据这一性质，有

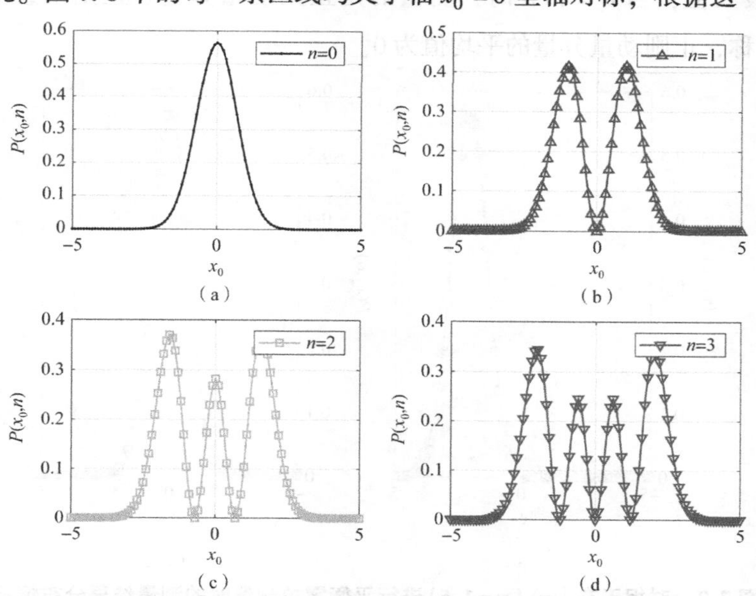

图 7.6　对光子数态 $\mid n \rangle$ 进行平衡零拍测量的测量结果的概率分布情况

(a) $n=0$；(b) $n=1$；(c) $n=2$；(d) $n=3$

$$\int x_0 P(x_0)\mathrm{d}x_0 = 0 \tag{7.116}$$

即对于任意光子数态 $|n\rangle$ 的正则坐标分量的测量，其平均值为0。这也与

$$\langle \hat{\boldsymbol{x}} \rangle = \langle n | \hat{\boldsymbol{x}} | n \rangle = 0 \tag{7.117}$$

相一致。

例 7.5.2 对相干态 $|\alpha\rangle$ 的平衡零拍测量。

正则坐标分量的平均值和正则动量分量的平均值分别为

$$\langle \alpha | \hat{\boldsymbol{x}} | \alpha \rangle = \sqrt{2}\mathrm{Re}(\alpha), \langle \alpha | \hat{\boldsymbol{p}} | \alpha \rangle = \sqrt{2}\mathrm{Im}(\alpha) \tag{7.118}$$

利用平衡零拍测量即可测量出 $|\alpha\rangle$ 的正则坐标分量和正则动量分量。

事实上，根据式（7.111）定义，知道

$$P(x_\theta, \alpha) = \mathrm{Tr}[\hat{\boldsymbol{P}}(x_\theta) |\alpha\rangle\langle\alpha|] \tag{7.119}$$

$$= \sum_{n=0}^{\infty}\sum_{m=0}^{\infty} \frac{H_m(x_\theta)H_n(x_\theta)}{\pi^{1/2}\sqrt{2^{n+m}}n!m!} \mathrm{e}^{-x_\theta^2}\mathrm{e}^{\mathrm{i}(m-n)\theta}\mathrm{e}^{-|\alpha|^2}\alpha^{*m}\alpha^n \tag{7.120}$$

利用附录A.5中轭米多项式的正交规一性，有

$$\int P(x_\theta, \alpha)\mathrm{d}x_\theta = \int \langle \alpha | x_\theta \rangle \langle x_\theta | \alpha \rangle \mathrm{d}x_\theta = 1 \tag{7.121}$$

根据式（A.9）的积分，容易验证

$$\int_{-\infty}^{\infty} P(x_\theta, \alpha) x_\theta \mathrm{d}x_\theta = \frac{1}{\sqrt{2}}(\alpha\mathrm{e}^{\mathrm{i}\theta} + \alpha^* \mathrm{e}^{\mathrm{i}\theta}) \tag{7.122}$$

分别设 $\theta=0$ 和 $\theta=\pi/2$，即得到式（7.118）的结果。

图7.7给出了相干态 $|\alpha\rangle(\alpha=1.5)$ 进行平衡零拍测量的测量结果分布情况。当 $\theta=0$ 时，测量的是正则坐标分量，测量结果关于 $x_0=\sqrt{2}\mathrm{Re}(\alpha)$ 呈轴对称，当 $x_0=\sqrt{2}\mathrm{Re}(\alpha)$ 时，测量结果的概率取得最大值；当 $\theta=\pi/2$ 时，测量的是正则动量分量。正则动量分量关于 $x_{\frac{\pi}{2}}=\sqrt{2}\mathrm{Im}(\alpha)=0$ 对称，正则动量分量的平均值为0。

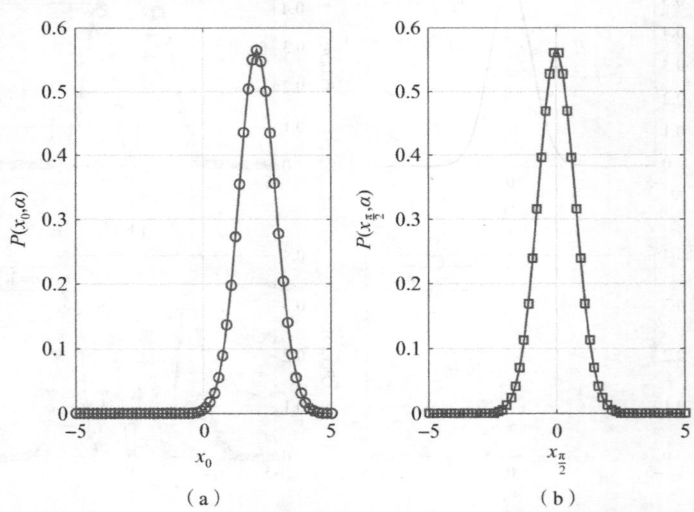

图 7.7　对相干态 $|\alpha\rangle(\alpha=1.5)$ 进行平衡零拍测量时的测量结果分布情况

（a）$\theta=0$；（b）$\theta=\frac{\pi}{2}$

7.5.2　平衡零拍测量的物理实现

平衡零拍测量的原理如图 7.8 所示。该测量主要采用的是一束本地振荡光场（Local Oscillator）与待测信号之间的干涉。干涉主要发生在 50∶50 分束器上。干涉后的光场利用光子探测器进行探测。光子探测器本质上实现了光电转换，将待测光子（流）转换为电子（流）。最终，探测器上所测得的电子流大小可以表示为

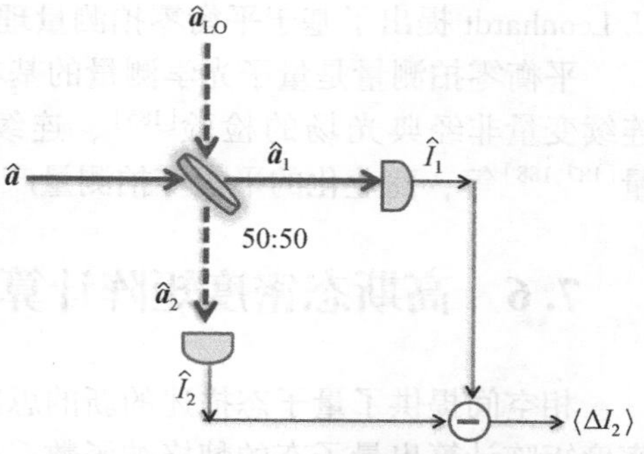

$$\hat{I}=\hat{a}^{\dagger}\hat{a} \tag{7.123}$$

或

$$\hat{I}\propto q\hat{a}^{\dagger}\hat{a} \tag{7.124}$$

图 7.8　平衡零拍测量的原理

式中，q 为一个常数因子，取决于探测器自身的光电转换效率和探测器内部的放大机制[180]。干涉输出的两个模式被光子探测器分别探测，通过对两个探测器探测到的光电流大小进行作差实现对 $\hat{x}_{\theta}$ 的测量。

该方案中，本地振荡光通常设置为具有较高光子数水平的相干态 $|\alpha_{\mathrm{LO}}\rangle$。令该相干态对应的湮灭算符为 $\hat{a}_{\mathrm{LO}}$，待测光场的湮灭算符为 $\hat{a}$，经过 50∶50 分束器后，输出的两个模式的湮灭算符可以表示为①

$$\hat{a}_1=\frac{\hat{a}+\hat{a}_{\mathrm{LO}}}{\sqrt{2}},\hat{a}_2=\frac{\hat{a}-\hat{a}_{\mathrm{LO}}}{\sqrt{2}} \tag{7.125}$$

由于相干态 $|\alpha_{\mathrm{LO}}\rangle$ 的平均光子数很高，可以用经典复振幅 α_{LO} 来代替 $\hat{a}_{\mathrm{LO}}$[158]：

$$\hat{a}_1=\frac{\hat{a}+\alpha_{\mathrm{LO}}}{\sqrt{2}},\hat{a}_2=\frac{\hat{a}-\alpha_{\mathrm{LO}}}{\sqrt{2}} \tag{7.126}$$

于是，两个光电探测器所探测到的光电流分别为

$$\hat{I}_1=q\hat{a}_1^{\dagger}\hat{a}_1=\frac{q}{2}(\hat{a}^{\dagger}+\alpha_{\mathrm{LO}}^{*})(\hat{a}+\alpha_{\mathrm{LO}}) \tag{7.127}$$

$$\hat{I}_2=q\hat{a}_2^{\dagger}\hat{a}_2=\frac{q}{2}(\hat{a}^{\dagger}-\alpha_{\mathrm{LO}}^{*})(\hat{a}-\alpha_{\mathrm{LO}}) \tag{7.128}$$

最后，两个光电流信号作差，得到

$$\Delta I=\hat{I}_1-\hat{I}_2=q(\hat{a}\alpha_{\mathrm{LO}}^{*}+\hat{a}^{\dagger}\alpha_{\mathrm{LO}}) \tag{7.129}$$

设本地振荡光的相干态位相为 θ，即 $\alpha_{\mathrm{LO}}=|\alpha_{\mathrm{LO}}|\mathrm{e}^{\mathrm{i}\theta}$，于是

$$\Delta I=q|\alpha_{\mathrm{LO}}|(\hat{a}\mathrm{e}^{-\mathrm{i}\theta}+\hat{a}^{\dagger}\mathrm{e}^{\mathrm{i}\theta})=\sqrt{2}q|\alpha_{\mathrm{LO}}|\hat{x}_{\theta} \tag{7.130}$$

设待测量子态为 $|\boldsymbol{\psi}\rangle$，则测得的光电流大小为

$$\langle\boldsymbol{\psi}|\Delta I|\boldsymbol{\psi}\rangle=\langle\Delta I\rangle=\sqrt{2}q|\alpha_{\mathrm{LO}}|\langle\hat{x}_{\theta}\rangle \tag{7.131}$$

于是，通过调节本地振荡光的位相就可以实现任意的正则分量 $\hat{x}_{\theta}$ 的测量。

以上经典复振幅 α_{LO} 被用来代替强的本地振荡光场 $\hat{a}_{\mathrm{LO}}$，可以认为是一种半经典近

---

①　光学分束器相关运算可参考第 3.4 节。

似[101]。1991 年，Braustein 和 Crouch 等人没有采用这个近似，而是采用全量子化的方法对平衡零拍测量理论进行了严格计算，并给出了宽带光场的平衡零拍测量方案[181]。1997 年，U. Leonhardt 提出了基于平衡零拍测量理论的量子层析方案[182]。

平衡零拍测量是量子光学测量的基本方法之一，已经广泛应用于压缩态的检测[183,184]、连续变量非经典光场的检验[185]、连续变量量子密码[186]、逼近散粒噪声极限的精密测量[187,188]等，商业化的平衡零拍测量产品[189]已经日趋成熟。

7.6 高斯态密度矩阵计算方法

相空间提供了量子态描述的新的思路。从量子态在光子数空间中的分布，可以轻易地从密度矩阵计算出量子态的魏格纳函数；而反过来，从相空间出发计算该高斯态在光子数空间的密度矩阵的研究较少。从国内外的研究情况来看，现在的转化方法大致有以下两种：

(1) 定义法[190]。

利用正交位相算符的本征态与光子数本征态（Fock 态）之间的内积关系，将密度矩阵表示为一些特殊函数的组合。

(2) 高斯特征函数法。

利用高斯量子态的一阶矩和协方差矩阵得到相应的特征函数，而后，把矩阵元表示成特殊函数的微分形式。这种方法适用性强，易于计算机编程实现。在一阶矩为零的情况下，在陈小余[191]研究成果的基础上，本课题组发展了一套任意一阶矩（包含非零和零）并且自动归一的方法，可以直接得到归一化的密度矩阵[192]。另外，还总结了一套完整的计算机算法，可以给出任意多模的一阶矩为零的连续变量高斯态密度矩阵[193]。

7.6.1 单模高斯态

本节将首先介绍单模高斯态的计算方法。

引入一个关于位移操作算符的定理：

定理 7.6.1 作用在单模量子态上的任意算符 $\hat{\boldsymbol{F}}$ 均可以表示成

$$\hat{\boldsymbol{F}} = \frac{1}{\pi}\int \mathrm{Tr}[\hat{\boldsymbol{F}}\hat{\boldsymbol{D}}(\mu)]\hat{\boldsymbol{D}}(-\mu)\,\mathrm{d}^2\mu \tag{7.132}$$

式中，$\hat{\boldsymbol{D}}(\mu)=\exp(\mu\hat{\boldsymbol{a}}^\dagger-\mu^*\hat{\boldsymbol{a}})$；$\mu$ 为一个复数 $\mu\in\mathbb{C}$，$\mathrm{d}^2\mu=\mathrm{dRe}(\mu)\mathrm{dIm}(\mu)$.

该定理由量子光学之父 R. Glauber 于 1963 年率先给出[56]：位移操作算符可以构成描述任意算符的一组基。这一结论为进行量子态的相空间向光子数空间的转化奠定了基础。下面给出证明过程。

证明：证明过程中，要反复用到恒等式 $\frac{1}{\pi}\int \mathrm{d}^2\mu\,|\mu\rangle\langle\mu| = \boldsymbol{I}$，其中，$\mu$ 为一个复数。设 α，β 为复数，首先

$$\hat{\boldsymbol{F}} = \boldsymbol{I}\hat{\boldsymbol{F}}\boldsymbol{I} = \frac{1}{\pi^2}\int \mathrm{d}^2\alpha\mathrm{d}^2\beta\,|\alpha\rangle\langle\alpha|\hat{\boldsymbol{F}}|\beta\rangle\langle\beta| = \frac{1}{\pi^2}\int \mathrm{d}^2\alpha\mathrm{d}^2\beta\langle\alpha|\hat{\boldsymbol{F}}|\beta\rangle\,|\alpha\rangle\langle\beta| \tag{7.133}$$

由文献［94］可知，$|\alpha\rangle\langle\beta| = \frac{1}{\pi}\int \mathrm{d}^2\mu\langle\beta|D(\hat{\mu})|\alpha\rangle\hat{\boldsymbol{D}}(-\mu)$。于是代入方程（7.133），得

$$\hat{F} = \frac{1}{\pi^3}\int d^2\alpha d^2\beta d^2\mu \langle\alpha|\hat{F}|\beta\rangle\langle\beta|\hat{D}(\mu)|\alpha\rangle\hat{D}(-\mu) \tag{7.134}$$

$$= \frac{1}{\pi^2}\int d^2\alpha d^2\mu \langle\alpha|\hat{F}\hat{D}(\mu)|\alpha\rangle\hat{D}(-\mu) \tag{7.135}$$

$$= \frac{1}{\pi}\int \mathrm{Tr}[\hat{F}\hat{D}(\mu)]\hat{D}(-\mu)d^2\mu \tag{7.136}$$

当 $\hat{F}$ 恰为量子态的密度矩阵时，得到

$$\boldsymbol{\rho} = \int \frac{d^2\mu}{\pi}\mathrm{Tr}[\boldsymbol{\rho}\hat{D}(\mu)]\hat{D}(-\mu) \tag{7.137}$$

式（7.137）对于任意的高斯态和非高斯态均适用。

另外，易知

$$\boldsymbol{\rho} = \boldsymbol{I}\boldsymbol{\rho}\boldsymbol{I} = \sum_{k=0}^{\infty}\sum_{m=0}^{\infty}|k\rangle\langle k|\boldsymbol{\rho}|m\rangle\langle m| = \sum_{k=0}^{\infty}\sum_{m=0}^{\infty}(\langle k|\boldsymbol{\rho}|m\rangle)|k\rangle\langle m| \tag{7.138}$$

求解量子态在光子数空间中的密度矩阵元的问题转化为求解 $\langle k|\boldsymbol{\rho}|m\rangle$ 的问题。

根据式（7.137），将方程左边和右边均左乘 $\langle k|$ 和右乘 $|m\rangle$，得

$$\langle k|\boldsymbol{\rho}|m\rangle = \int \frac{d^2\mu}{\pi}\mathrm{Tr}[\boldsymbol{\rho}\hat{D}(\mu)]\langle k|\hat{D}(-\mu)|m\rangle \tag{7.139}$$

为了计算 $\mathrm{Tr}[\boldsymbol{\rho}\hat{D}(\mu)]$ 和 $\langle k|\hat{D}(-\mu)|m\rangle$，需要借助以下定理。

定理 7.6.2 对于协方差矩阵和一阶矩分别为 $\boldsymbol{V}_1$，$\overline{\boldsymbol{R}}_1$ 的单模高斯态（这里用下标 1 表示单模高斯态），总是有

$$\mathrm{Tr}[\boldsymbol{\rho}\hat{D}(\mu)] = \exp\left[-\frac{1}{2}(\mu,\mu^*)\boldsymbol{L}_1\boldsymbol{V}_1\boldsymbol{L}_1^{\mathrm{T}}(\mu,\mu^*)^{\mathrm{T}} + \mathrm{i}\overline{\boldsymbol{R}}_1\boldsymbol{L}_1^{\mathrm{T}}(\mu,\mu^*)^{\mathrm{T}}\right] \tag{7.140}$$

式中

$$\boldsymbol{L}_1 = \begin{pmatrix} -\mathrm{i}\frac{\sqrt{2}}{2} & -\frac{\sqrt{2}}{2} \\ \mathrm{i}\frac{\sqrt{2}}{2} & -\frac{\sqrt{2}}{2} \end{pmatrix} \tag{7.141}$$

证明：

根据位移算符的定义，有

$$\hat{D}(\mu) = \exp(\mu\hat{a}^{\dagger} - \mu^*\hat{a}) \tag{7.142}$$

$$= \exp\left(\mu\frac{\hat{x}_1 - \mathrm{i}\hat{p}_1}{\sqrt{2}} - \mu^*\frac{\hat{x}_1 + \mathrm{i}\hat{p}_1}{\sqrt{2}}\right) \tag{7.143}$$

$$= \exp\left(\frac{\mu - \mu^*}{\sqrt{2}}\hat{x}_1 + \frac{\mu + \mu^*}{\mathrm{i}\sqrt{2}}\hat{p}_1\right) \tag{7.144}$$

$$= \exp[\mathrm{i}(\zeta_1\hat{x}_1 + \zeta_2\hat{p}_1)] = \exp(\mathrm{i}\hat{\boldsymbol{R}}\boldsymbol{\zeta}^{\mathrm{T}}) \tag{7.145}$$

式中，$\hat{\boldsymbol{R}} = (\hat{x}_1, \hat{p}_1)$，并且引入了实数向量 $\boldsymbol{\zeta} = (\zeta_1, \zeta_2)$ 且满足

$$\zeta_1 = -\mathrm{i}\frac{\mu - \mu^*}{\sqrt{2}}, \zeta_2 = -\frac{\mu + \mu^*}{\sqrt{2}} \tag{7.146}$$

根据 $\boldsymbol{L}_1$ 定义，式（7.146）也可以写成

$$\boldsymbol{\zeta}=(\mu,\mu^{*})\boldsymbol{L}_1 \tag{7.147}$$

于是，$\mathrm{Tr}[\boldsymbol{\rho}\hat{\boldsymbol{D}}(\mu)]$实际上就是量子态的特征函数在$\boldsymbol{\zeta}$处的取值：

$$\mathrm{Tr}[\boldsymbol{\rho}\hat{\boldsymbol{D}}(\mu)]=\mathrm{Tr}[\hat{\boldsymbol{D}}(\mu)\boldsymbol{\rho}]=\mathrm{Tr}[\exp(\mathrm{i}\hat{\boldsymbol{R}}\boldsymbol{\zeta}^{\mathrm{T}})\boldsymbol{\rho}]=\chi(\boldsymbol{\zeta}) \tag{7.148}$$

根据高斯态的协方差和一阶矩定义，易知

$$\mathrm{Tr}[\boldsymbol{\rho}\hat{\boldsymbol{D}}(\mu)]=\exp\left(-\frac{1}{2}\boldsymbol{\zeta}V\boldsymbol{\zeta}^{\mathrm{T}}+\mathrm{i}\,\overline{\boldsymbol{R}}_1\boldsymbol{\zeta}^{\mathrm{T}}\right) \tag{7.149}$$

$$=\exp\left[-\frac{1}{2}(\mu,\mu^{*})\boldsymbol{L}_1\boldsymbol{V}_1\boldsymbol{L}_1^{\mathrm{T}}(\mu,\mu^{*})^{\mathrm{T}}+\mathrm{i}\,\overline{\boldsymbol{R}}_1\boldsymbol{L}_1^{\mathrm{T}}(\mu,\mu^{*})^{\mathrm{T}}\right] \tag{7.150}$$

定理 7.6.3 对于单模位移算符$\hat{\boldsymbol{D}}(\mu)=\exp(\mu\hat{\boldsymbol{a}}^{\dagger}-\mu^{*}\hat{\boldsymbol{a}})$及非负整数$k$，$m$，总是有

$$\hat{\boldsymbol{D}}(-\mu)=\exp(-\mu\hat{\boldsymbol{a}}^{\dagger}+\mu^{*}\hat{\boldsymbol{a}}) \tag{7.151}$$

$$\langle k\,|\,\hat{\boldsymbol{D}}(-\mu)\,|\,m\rangle=\exp\left(-\frac{|\mu|^2}{2}\right)\sum_{\ell=0}^{\min(k,m)}\frac{(-1)^{k-\ell}\mu^{k-\ell}\mu^{*(m-\ell)}\sqrt{k!m!}}{(k-\ell)!\,(m-\ell)!\,\ell!} \tag{7.152}$$

定理 7.6.4 设t，t'均为实数，对于任意非负整数k，m，恒成立

$$\partial_t^k\partial_{t'}^m\exp(tt'-t\mu+t'\mu^{*})\bigg|_{t=0,t'=0}=\sum_{\ell=0}^{\min(k,m)}\frac{(-1)^{(k-\ell)}\mu^{k-\ell}\mu^{*(m-\ell)}k!m!}{\ell!(k-\ell)!(m-\ell)!} \tag{7.153}$$

定理 7.6.5 根据定理 7.6.3 及定理 7.6.4，可以把$\langle k\,|\,\hat{\boldsymbol{D}}(-\mu)\,|\,m\rangle$表示为

$$\langle k\,|\,\hat{\boldsymbol{D}}(-\mu)\,|\,m\rangle=\frac{\exp\left(-\frac{|\mu|^2}{2}\right)}{\sqrt{k!\,m!}}\partial_t^k\partial_{t'}^m\exp(tt'-t\mu+t'\mu^{*})\bigg|_{t=0,t'=0} \tag{7.154}$$

综合定理 7.6.2 及定理 7.6.5，可以发现

$$\langle k\,|\,\boldsymbol{\rho}\,|\,m\rangle=\frac{1}{\sqrt{k!m!}}\int\frac{\mathrm{d}^2\mu}{\pi}\mathrm{Tr}[\boldsymbol{\rho}\hat{\boldsymbol{D}}(\mu)]\exp\left(-\frac{|\mu|^2}{2}\right)\partial_t^k\partial_{t'}^m\exp(tt'-t\mu+t'\mu^{*})\bigg|_{t=0,t'=0}$$

$$=\frac{1}{\sqrt{k!m!}}\partial_t^k\partial_{t'}^m\,\mathbb{F}_1\bigg|_{t=0,t'=0} \tag{7.155}$$

式中

$$\mathbb{F}_1=\int\frac{\mathrm{d}^2\mu}{\pi}\mathrm{Tr}[\boldsymbol{\rho}\hat{\boldsymbol{D}}(\mu)]\exp\left(-\frac{|\mu|^2}{2}\right)\exp(tt'-t\mu+t'\mu^{*}) \tag{7.156}$$

代入定理 7.6.2，得到

$$\mathbb{F}_1=\int\frac{\mathrm{d}^2\mu}{\pi}\exp\left[-\frac{1}{2}(\mu,\mu^{*})\boldsymbol{L}_1\boldsymbol{V}_1\boldsymbol{L}_1^{\mathrm{T}}(\mu,\mu^{*})^{\mathrm{T}}+\mathrm{i}\,\overline{\boldsymbol{R}}_1\boldsymbol{L}_1^{\mathrm{T}}(\mu,\mu^{*})^{\mathrm{T}}\right]\mathrm{e}^{-\frac{|\mu|^2}{2}}\mathrm{e}^{tt'}\exp(-t\mu+t'\mu^{*}) \tag{7.157}$$

根据泡利矩阵$\boldsymbol{\sigma}_x$的相关性质（见附录 A.6），易得到

$$-\frac{|\mu|^2}{2}=-\frac{1}{2}(\mu,\mu^{*})\left(\frac{\boldsymbol{\sigma}_x}{2}\right)(\mu,\mu^{*})^{\mathrm{T}} \tag{7.158}$$

有

$$\mathbb{F}_1=\int\frac{\mathrm{d}^2\mu}{\pi}\exp\left[-\frac{1}{2}(\mu,\mu^{*})\left(\boldsymbol{L}_1\boldsymbol{V}_1\boldsymbol{L}_1^{\mathrm{T}}+\frac{\boldsymbol{\sigma}_x}{2}\right)(\mu,\mu^{*})^{\mathrm{T}}+(\mathrm{i}\,\overline{\boldsymbol{R}}_1\boldsymbol{L}_1^{\mathrm{T}}-\mathscr{T}\boldsymbol{\sigma}_z)(\mu,\mu^{*})^{\mathrm{T}}\right]\mathrm{e}^{tt'} \tag{7.159}$$

式中，$\boldsymbol{\sigma}_z$为泡利矩阵（见附录 A.6）及

$$\mathscr{T}=(t,t') \tag{7.160}$$

为了应用高斯积分，再利用式（7.147），得到

$$(\mu,\mu^*)=\boldsymbol{\zeta}\boldsymbol{L}_1^{-1} \tag{7.161}$$

以及

$$\begin{aligned}\mathbb{F}_1&=\frac{e^{tt'}}{(2\pi)}\int d\boldsymbol{\zeta}\exp\left[-\frac{1}{2}\boldsymbol{\zeta}\boldsymbol{L}_1^{-1}\left(\boldsymbol{L}_1\boldsymbol{V}_1\boldsymbol{L}_1^{\mathrm{T}}+\frac{\boldsymbol{\sigma}_x}{2}\right)(\boldsymbol{L}_1^{-1})^{\mathrm{T}}\boldsymbol{\zeta}^{\mathrm{T}}+(\mathrm{i}\,\overline{\boldsymbol{R}}_1\boldsymbol{L}_1^{\mathrm{T}}-\mathscr{T}\boldsymbol{\sigma}_z)(\boldsymbol{L}_1^{-1})^{\mathrm{T}}\boldsymbol{\zeta}^{\mathrm{T}}\right]\\&=\frac{e^{tt'}}{(2\pi)}\int d\boldsymbol{\zeta}\exp\left[-\frac{1}{2}\boldsymbol{\zeta}\left(\boldsymbol{V}_1+\frac{\boldsymbol{I}_2}{2}\right)\boldsymbol{\zeta}^{\mathrm{T}}+(\mathrm{i}\,\overline{\boldsymbol{R}}_1\boldsymbol{L}_1^{\mathrm{T}}-\mathscr{T}\boldsymbol{\sigma}_z)(\boldsymbol{L}_1^*)\boldsymbol{\zeta}^{\mathrm{T}}\right]\end{aligned} \tag{7.162}$$

其中省略了一个与最终密度矩阵元无关的系数 -1，并利用了 $\boldsymbol{L}_1$ 的轭米性：

$$\boldsymbol{L}_1^{-1}=\boldsymbol{L}_1^{\dagger},\boldsymbol{L}_1^*=(\boldsymbol{L}_1^{-1})^{\mathrm{T}},d^2\mu=-\frac{1}{2}d\boldsymbol{\zeta} \tag{7.163}$$

根据高斯积分（见附录 A.7），易知

$$\mathbb{F}_1=\frac{1}{\sqrt{\det(\mathbb{A})}}\exp\left(\frac{1}{2}\mathscr{T}\boldsymbol{\sigma}_x\mathscr{T}^{\mathrm{T}}+\frac{1}{2}\mathbb{B}_1\mathbb{A}_1^{-1}\mathbb{B}_1^{\mathrm{T}}\right) \tag{7.164}$$

其中定义

$$\mathbb{A}_1=\boldsymbol{V}_1+\frac{\boldsymbol{I}_2}{2} \tag{7.165}$$

$$\mathbb{B}_1=(\mathrm{i}\,\overline{\boldsymbol{R}}_1\boldsymbol{L}_1^{\mathrm{T}}-\mathscr{T}\boldsymbol{\sigma}_z)(\boldsymbol{L}_1^*) \tag{7.166}$$

并利用了 $tt'=\mathscr{T}\left(\frac{\boldsymbol{\sigma}_x}{2}\right)\mathscr{T}^{\mathrm{T}}$。

综上，得到如下定理。

定理 7.6.6　协方差矩阵和一阶矩分别为 $\boldsymbol{V}_1$，$\overline{\boldsymbol{R}}_1$ 的单模高斯态，其在光子数空间中的密度矩阵元为

$$\langle k|\boldsymbol{\rho}|m\rangle=\frac{1}{\sqrt{k!m!\det(\mathbb{A})}}\partial_t^k\partial_{t'}^m\exp\left(\frac{1}{2}\mathscr{T}\boldsymbol{\sigma}_x\mathscr{T}^{\mathrm{T}}+\frac{1}{2}\mathbb{B}_1\mathbb{A}_1^{-1}\mathbb{B}_1^{\mathrm{T}}\right)\Bigg|_{t=0,t'=0} \tag{7.167}$$

其中，$\mathbb{A}_1$、$\mathbb{B}_1$的定义见式（7.165）、式（7.166）。

以下给出三个例子来验证定理 7.6.6。

例 7.6.1　单模热态是最简单的高斯态，由第 7.2.2 节知，其协方差矩阵为

$$\boldsymbol{V}_1=\begin{pmatrix}N_{\mathrm{B}}+\frac{1}{2} & 0\\ 0 & N_{\mathrm{B}}+\frac{1}{2}\end{pmatrix} \tag{7.168}$$

一阶矩为 $\overline{\boldsymbol{R}}_1=(0,0)$。

经过计算，易得

$$\mathbb{A}_1=\begin{pmatrix}N_{\mathrm{B}}+1 & \\ & N_{\mathrm{B}}+1\end{pmatrix},\mathbb{B}_1=\left(-\frac{t_1+t_1'}{\sqrt{2}}\mathrm{i},\frac{t_1-t_1'}{\sqrt{2}}\right) \tag{7.169}$$

及

$$\mathbb{F}_1=\frac{1}{N_{\mathrm{B}}+1}\exp\left(\frac{N_{\mathrm{B}}}{N_{\mathrm{B}}+1}t_1t_1'\right) \tag{7.170}$$

$$\langle k|\boldsymbol{\rho}|m\rangle=\frac{1}{N_{\mathrm{B}}+1}\frac{\partial_{t_1}^{k}\partial_{t_1'}^{m}}{\sqrt{k!\ m!}}\exp\left(\frac{N_{\mathrm{B}}}{N_{\mathrm{B}}+1}t_1t_1'\right)\bigg|_{t_1=0,t_1'=0} \tag{7.171}$$

$$=\frac{1}{N_{\mathrm{B}}+1}\frac{\partial_{t_1}^{k}\partial_{t_1'}^{m}}{\sqrt{k!m!}}\sum_{n}\frac{\left(\frac{N_{\mathrm{B}}}{N_{\mathrm{B}}+1}t_1t_1'\right)^{n}}{n!}\Bigg|_{t_1=0,t_1'=0} \tag{7.172}$$

$$=\frac{1}{N_{\mathrm{B}}+1}\left(\frac{N_{\mathrm{B}}}{N_{\mathrm{B}}+1}\right)^{k}\delta_{k,m} \tag{7.173}$$

该表达式与式（2.40）中单模热态的定义相一致。

例 7.6.2 单模压缩真空态的协方差矩阵为

$$\boldsymbol{V}=\frac{1}{2}\begin{pmatrix}\mathrm{e}^{2\xi} & 0\\ 0 & \mathrm{e}^{-2\xi}\end{pmatrix} \tag{7.174}$$

一阶矩为零。利用式（7.165）和式（7.166），可以得到

$$\mathbb{A}_1=\begin{pmatrix}\frac{1+\exp(2\xi)}{2} & 0\\ 0 & \frac{1+\exp(-2\xi)}{2}\end{pmatrix},\mathbb{B}_1=\left(-\frac{t_1+t_1'}{\sqrt{2}}\mathrm{i},\frac{t_1-t_1'}{\sqrt{2}}\right) \tag{7.175}$$

于是

$$\mathbb{F}_1=\frac{1}{\cosh(\xi)}\exp\left[\frac{1}{2}\tanh(\xi)(t_1^2+t_1'^2)\right] \tag{7.176}$$

$$\langle k|\boldsymbol{\rho}|m\rangle=\frac{1}{\cosh(\xi)}\frac{\partial_{t_1}^{k}\partial_{t_1'}^{m}}{\sqrt{k!m!}}\exp\left[\frac{1}{2}\tanh(\xi)(t_1^2+t_1'^2)\right]\bigg|_{t_1=0,t_1'=0} \tag{7.177}$$

$$=\frac{1}{\cosh(\xi)}\frac{\partial_{t_1}^{k}\partial_{t_1'}^{m}}{\sqrt{k!m!}}\sum_{n}\frac{\left(\frac{\tanh(r)}{2}\right)^{n}(t_1^2+t_1'^2)^{n}}{n!}\Bigg|_{t_1=0,t_1'=0} \tag{7.178}$$

$$=\frac{1}{\cosh(\xi)}\frac{\partial_{t_1}^{k}\partial_{t_1'}^{m}}{\sqrt{k!m!}}\sum_{n}\frac{1}{n!}\sum_{n_1}^{n}\binom{n}{n_1}(t_1^2)^{n_1}(t_1'^2)^{n-n_1}\Bigg|_{t_1=0,t_1'=0} \tag{7.179}$$

由此可见，只有当 k 和 m 为偶数时，才会有非零的结果。令 $k=2k_0$，$m=2m_0$，得到

$$\langle 2k_0|\boldsymbol{\rho}|2m_0\rangle=\frac{1}{\cosh(\xi)}\left[\frac{\tanh(\xi)}{2}\right]^{(k_0+m_0)}\frac{\sqrt{(2k_0)!(2m_0)!}}{k_0!m_0!} \tag{7.180}$$

这是一个纯态，在光子数基下可以写成

$$|\xi\rangle=\sum_{k}\frac{1}{\sqrt{\cosh(\xi)}}\left[\frac{\tanh(\xi)}{2}\right]^{k}\frac{\sqrt{(2k)!}}{k!}|2k\rangle \tag{7.181}$$

与式（2.69）完全一致。

例 7.6.3 对于参数为复数 α 的相干态，其协方差矩阵和一阶矩分别为

$$\boldsymbol{V}_1=\frac{1}{2}\begin{pmatrix}1 & 0\\ 0 & 1\end{pmatrix},\overline{\boldsymbol{R}}=\left(\frac{\alpha+\alpha^*}{\sqrt{2}},\frac{\alpha-\alpha^*}{\mathrm{i}\sqrt{2}}\right) \tag{7.182}$$

同样可以利用式（7.165）进行计算，得到

$$\mathbb{A}_1=\boldsymbol{I}_2,\mathbb{B}_1=\left(\mathrm{i}\sqrt{2}\mathrm{Re}(\alpha)-\mathrm{i}\frac{t_1+t_1'}{\sqrt{2}},\mathrm{i}\sqrt{2}\mathrm{Im}(\alpha)+\frac{t_1-t_1'}{\sqrt{2}}\right) \tag{7.183}$$

$$\langle k|\boldsymbol{\rho}|m\rangle=\frac{1}{\sqrt{k!m!}}\partial_{t_1}^{k_1}\partial_{t_1'}^{m_1}\exp(t_1\alpha+t_1'\alpha^*-|\alpha|^2)\Big|_{t_1=0,t_1'=0} \tag{7.184}$$

$$=\frac{1}{\sqrt{k!m!}}\exp(-|\alpha|^2)\partial_{t_1}^{k_1}\partial_{t_1'}^{m_1}\sum_n^{\infty}\frac{(t_1\alpha+t_1'\alpha^*)^n}{n!}\Big|_{t_1=0,t_1'=0} \tag{7.185}$$

$$=\frac{1}{\sqrt{k!m!}}\exp(-|\alpha|^2)\alpha^k\alpha^{*m} \tag{7.186}$$

不难看出，相干态为纯态，在光子数空间可以写作

$$|\boldsymbol{\psi}\rangle=\sum_{k=0}^{\infty}\frac{\alpha^k}{\sqrt{k!}}\exp\left(-\frac{|\alpha|^2}{2}\right)|k\rangle \tag{7.187}$$

恰与式（2.3）一致。

7.6.2　两模高斯态

如果所考虑的高斯态为两模高斯态，可以推广单模高斯态的计算方法并进行类似计算。这里先给出两模高斯态的密度矩阵计算的相关定理。

定理 7.6.7　对于两模高斯态，定义 $\boldsymbol{\mu}=(\mu_1,\mu_2)\in\mathbb{C}^2$，$\hat{\boldsymbol{a}}=(\hat{a}_1,\hat{a}_2)$ 为两个模式的湮灭算符组成的向量。定义向量运算 $\boldsymbol{\mu}^*=(\mu_1^*,\mu_2^*)$，$\hat{\boldsymbol{a}}^\dagger=(\hat{a}_1^\dagger,\hat{a}_2^\dagger)$。引入二维实向量 $\boldsymbol{t}=(t_1,t_2)\in\mathbb{R}^2$，$\boldsymbol{t}'=(t_1',t_2')\in\mathbb{R}^2$。两模位移算符为 $\hat{\boldsymbol{D}}(-\boldsymbol{\mu})=\exp(-\boldsymbol{\mu}\cdot\hat{\boldsymbol{a}}^\dagger+\boldsymbol{\mu}^*\cdot\hat{\boldsymbol{a}})$，则以下等式恒成立：

$$\langle k_1,k_2|\hat{\boldsymbol{D}}(-\boldsymbol{\mu})|m_1,m_2\rangle=\frac{\exp\left(-\frac{|\boldsymbol{\mu}|^2}{2}\right)}{\sqrt{\Pi_{i=1}^2k_i!\Pi_{j=1}^2m_j!}}\partial_{t_1}^{k_1}\partial_{t_2}^{k_2}\partial_{t_1'}^{m_1}\partial_{t_2'}^{m_2}\exp(\boldsymbol{t}\cdot\boldsymbol{t}'-\boldsymbol{t}\cdot\boldsymbol{\mu}+\boldsymbol{t}'\cdot\boldsymbol{\mu}^*) \tag{7.188}$$

式中，“·”表示两个向量的内积；$\boldsymbol{t}\cdot\boldsymbol{t}'=\sum_{j=1}^2 t_jt_j'$。

设两模高斯态的协方差矩阵和一阶矩分别为 $\boldsymbol{V}_2$，$\overline{\boldsymbol{R}}_2$，同样可以建立两模密度矩阵与高斯态的特征函数 χ 之间的关系：

$$\boldsymbol{\rho}=\int\frac{\mathrm{d}\boldsymbol{\mu}}{\pi^2}\mathrm{Tr}[\boldsymbol{\rho}\hat{\boldsymbol{D}}(\boldsymbol{\mu})]\hat{\boldsymbol{D}}(-\boldsymbol{\mu}) \tag{7.189}$$

$$=\int\frac{\mathrm{d}\boldsymbol{\mu}}{\pi^2}\chi(\boldsymbol{L}_2^{\mathrm{T}}(\boldsymbol{\mu},\boldsymbol{\mu}^*)^{\mathrm{T}},\boldsymbol{V}_2,\overline{\boldsymbol{R}}_2)\hat{\boldsymbol{D}}(-\boldsymbol{\mu}) \tag{7.190}$$

式中，$\mathrm{d}\boldsymbol{\mu}=\mathrm{d}^2\mu_1\mathrm{d}^2\mu_2=\mathrm{dRe}(\mu_1)\mathrm{dIm}(\mu_1)\mathrm{dRe}(\mu_2)\mathrm{dIm}(\mu_2)$；$\boldsymbol{L}_2$ 是一个 4×4 维矩阵[192]

$$\boldsymbol{L}_2=\begin{pmatrix}-\mathrm{i}\frac{\sqrt{2}}{2} & -\frac{\sqrt{2}}{2} & & \\ & & -\mathrm{i}\frac{\sqrt{2}}{2} & -\frac{\sqrt{2}}{2} \\ \mathrm{i}\frac{\sqrt{2}}{2} & -\frac{\sqrt{2}}{2} & & \\ & & \mathrm{i}\frac{\sqrt{2}}{2} & -\frac{\sqrt{2}}{2}\end{pmatrix} \tag{7.191}$$

在光子数空间，密度矩阵的矩阵元可以表示为

$$\begin{aligned}\langle k_1,k_2\mid\boldsymbol{\rho}\mid m_1,m_2\rangle &= \int\frac{\mathrm{d}\boldsymbol{\mu}}{\pi^2}\chi(\boldsymbol{L}_2^{\mathrm{T}}(\boldsymbol{\mu},\boldsymbol{\mu}^*)^{\mathrm{T}},\boldsymbol{V}_2,\overline{\boldsymbol{R}}_2)\langle k_1,k_2\mid\hat{\boldsymbol{D}}(-\boldsymbol{\mu})\mid m_1,m_2\rangle\\ &=\frac{\partial_{t_1}^{k_1}\partial_{t_2}^{k_2}\partial_{t_1'}^{m_1}\partial_{t_2'}^{m_2}}{\sqrt{k_1!\ k_2!\ m_1!\ m_2!}}\mathbb{F}_2\Big|_{t=t'=0}\end{aligned}\tag{7.192}$$

可以进一步化简$\mathbb{F}_2$[191,192]。设$\boldsymbol{\zeta}=(\boldsymbol{\mu},\boldsymbol{\mu}^*)\boldsymbol{L}_2$，不难得到

$$\begin{aligned}\mathbb{F}_2 &= \frac{\exp[\boldsymbol{t}\cdot\boldsymbol{t}']}{(2\pi)^2}\int\mathrm{d}\boldsymbol{\zeta}\exp\left[-\frac{1}{2}\boldsymbol{\zeta}\left(\boldsymbol{V}_2+\frac{\boldsymbol{I}_4}{2}\right)\boldsymbol{\zeta}^{\mathrm{T}}\right]\exp[(\mathrm{i}\,\overline{\boldsymbol{R}}_2\boldsymbol{L}_2^{\mathrm{T}}-\mathscr{T}_2(\boldsymbol{\sigma}_z\otimes\boldsymbol{I}_2))\boldsymbol{L}_2^*\boldsymbol{\zeta}^{\mathrm{T}}]\\ &=\frac{1}{\sqrt{\det(\mathbb{A}_2)}}\exp\left[\frac{1}{2}\mathscr{T}_2(\boldsymbol{\sigma}_x\otimes\boldsymbol{I}_2)\mathscr{T}_2^{\mathrm{T}}+\frac{1}{2}\mathbb{B}_2\mathbb{A}^{-1}\mathbb{B}_2^{\mathrm{T}}\right]\end{aligned}\tag{7.193}$$

式中

$$\mathscr{T}_2=(t_1,t_2,t_1',t_2')\tag{7.194}$$

$$\mathbb{A}_2=\boldsymbol{V}_2+\frac{\boldsymbol{I}_4}{2}\tag{7.195}$$

$$\mathbb{B}_2=(\mathrm{i}\,\overline{\boldsymbol{R}}_2\boldsymbol{L}_2^{\mathrm{T}}-\mathscr{T}_2(\boldsymbol{\sigma}_z\otimes\boldsymbol{I}_2))\boldsymbol{L}_2^*\tag{7.196}$$

定理 7.6.8 设$\boldsymbol{V}_2$，$\overline{\boldsymbol{R}}_2$为一个两模高斯态的协方差矩阵和一阶矩，$\boldsymbol{\rho}$为相应的密度矩阵。然后，对于任意的非负整数$k_1$，$m_1$，$k_2$，$m_2\geqslant 0$，密度矩阵的矩阵元为

$$\begin{aligned}&\langle k_1,k_2\mid\boldsymbol{\rho}\mid m_1,m_2\rangle\\ &=\frac{\partial_{t_1}^{k_1}\partial_{t_2}^{k_2}\partial_{t_1'}^{m_1}\partial_{t_2'}^{m_2}}{\sqrt{k_1!\,k_2!\,m_1!\,m_2!\det(\mathbb{A}_2)}}\exp\left[\frac{1}{2}\mathscr{T}_2(\boldsymbol{\sigma}_x\otimes\boldsymbol{I}_2)\mathscr{T}_2^{\mathrm{T}}+\frac{1}{2}\mathbb{B}_2\mathbb{A}^{-1}\mathbb{B}_2^{\mathrm{T}}\right]\Bigg|_{t=t'=0}\end{aligned}$$

式中，$\mathscr{T}_2$，$\mathbb{A}_2$，$\mathbb{B}_2$的定义见式（7.194）、式（7.195）和式（7.196）。

例 7.6.4 作为一个两模高斯态的例子，考虑两模压缩真空态。知道其一阶矩为零，协方差矩阵为

$$\boldsymbol{V}_2=\begin{pmatrix}a&0&c&0\\0&a&0&-c\\c&0&a&0\\0&-c&0&a\end{pmatrix},a=\frac{\cosh(2r)}{2},c=\frac{\sinh(2r)}{2}\tag{7.197}$$

根据定理 7.6.8，得到

$$\mathbb{A}_2=\begin{pmatrix}\frac{1}{2}+\frac{1}{2}\cosh(2r)&&\frac{1}{2}\sinh(2r)&0\\&\frac{1}{2}+\frac{1}{2}\cosh(2r)&0&-\frac{1}{2}\sinh(2r)\\\frac{1}{2}\sinh(2r)&0&\frac{1}{2}+\frac{1}{2}\cosh(2r)&0\\0&-\frac{1}{2}\sinh(2r)&0&\frac{1}{2}+\frac{1}{2}\cosh(2r)\end{pmatrix}\tag{7.198}$$

及

$$\mathbb{F}_2=\frac{1}{\cosh(r)^2}\exp[\tanh(r)(t_1t_2+t_1't_2')]\tag{7.199}$$

$$\langle k_1,k_2|\boldsymbol{\rho}|m_1,m_2\rangle=\frac{\partial_{t_1}^{k_1}\partial_{t_2}^{k_2}\partial_{t_1'}^{m_1}\partial_{t_2'}^{m_2}}{\sqrt{k_1!\,k_2!\,m_1!\,m_2!}}\mathbb{F}_2\Big|_{t_1=0,t_2=0,t_1'=0,t_2'=0} \tag{7.200}$$

$$=\frac{1}{\cosh(r)^2}\frac{\partial_{t_1}^{k_1}\partial_{t_2}^{k_2}\partial_{t_1'}^{m_1}\partial_{t_2'}^{m_2}}{\sqrt{k_1!k_2!m_1!m_2!}}\sum_n\frac{(\lambda(t_1t_2+t_1't_2'))^n}{n!}\Big|_{t_1=0,t_2=0,t_1'=0,t_2'=0} \tag{7.201}$$

$$=\frac{1}{\cosh(r)^2}\frac{\partial_{t_1}^{k_1}\partial_{t_2}^{k_2}\partial_{t_1'}^{m_1}\partial_{t_2'}^{m_2}}{\sqrt{k_1!k_2!m_1!m_2!}}\sum_n\frac{\lambda^n}{n!}\sum_{n_1=0}^{n}\binom{n}{n_1}(t_1t_2)^{n_1}(t_1't_2')^{n-n_1}\Big|_{t_1=0,t_2=0,t_1'=0,t_2'=0}$$

$$=(1-\lambda^2)\frac{\partial_{t_1}^{k_1}\partial_{t_2}^{k_2}\partial_{t_1'}^{m_1}\partial_{t_2'}^{m_2}}{\sqrt{k_1!k_2!m_1!m_2!}}\sum_n\frac{\lambda^n}{n!}\sum_{n_1=0}^{n}\binom{n}{n_1}(t_1t_2)^{n_1}(t_1't_2')^{n-n_1}\Big|_{t_1=0,t_2=0,t_1'=0,t_2'=0} \tag{7.202}$$

式中，$\lambda=\tanh(r)$。

设 $n_1=k_1=k_2,n-n_1=m_1=m_2$，得到了其密度矩阵元

$$\langle k_1,k_2|\boldsymbol{\rho}|m_1,m_2\rangle=(1-\lambda^2)\lambda^{k_1+m_1}\delta_{k_1,k_2}\delta_{m_1,m_2} \tag{7.203}$$

这与将式（2.100）写成密度矩阵 $\boldsymbol{\rho}=|\boldsymbol{\psi}_{\mathrm{TMSS}}\rangle\langle\boldsymbol{\psi}_{\mathrm{TMSS}}|$ 的结果完全一致。

7.6.3　任意两模高斯态的密度矩阵的计算机算法

单模和两模高斯态的计算方法可以推广到任意有限的多模[194]。对于简单的单模和两模高斯态，可以计算出密度矩阵的解析形式，但对于复杂的情况，其解析式并不是都是能给出的。对于一般的高斯态，可以设计计算机算法完成其密度矩阵元的计算。以下以两模为例，首先需要把定理 7.6.8 进行改写。事实上，

$\mathbb{F}$ 表达式是关于 $\mathscr{T}$ 的高斯分布的形式。可以表示为

$$\mathbb{F}=\exp\left[-\frac{1}{2}\overline{\boldsymbol{R}}_2\left(\boldsymbol{V}_2+\frac{\boldsymbol{I}_4}{2}\right)^{-1}\overline{\boldsymbol{R}}_2^{\mathrm{T}}\right]\frac{\exp[\mathscr{T}\boldsymbol{G}\mathscr{T}^{\mathrm{T}}+\mathscr{T}\boldsymbol{\varpi}]}{\sqrt{\det\left(\boldsymbol{V}_2+\frac{\boldsymbol{I}_4}{2}\right)}} \tag{7.204}$$

式中，$\boldsymbol{\sigma}_x$ 为泡利矩阵，并且定义

$$\boldsymbol{G}=\frac{1}{2}\boldsymbol{\sigma}_x\otimes\boldsymbol{I}_2+\frac{1}{2}(\boldsymbol{\sigma}_z\otimes\boldsymbol{I}_2)\boldsymbol{L}_2^*\ (\boldsymbol{V}_2+\boldsymbol{I}_4/2)^{-1}\boldsymbol{L}_2^{\dagger}(\boldsymbol{\sigma}_z\otimes\boldsymbol{I}_2) \tag{7.205}$$

$$\boldsymbol{\varpi}=-\mathrm{i}(\boldsymbol{\sigma}_z\otimes\boldsymbol{I}_2)\boldsymbol{L}_2^*\left(\boldsymbol{V}_2+\frac{\boldsymbol{I}_4}{2}\right)^{-1}\overline{\boldsymbol{R}}_2^{\mathrm{T}} \tag{7.206}$$

于是，得到如下定理。

定理 7.6.9　设 $\boldsymbol{V}_2$，$\overline{\boldsymbol{R}}_2$ 为一个两模高斯态的协方差矩阵和一阶矩，$\boldsymbol{\rho}$ 为相应的密度矩阵。然后，对于任意的非负整数 k_1，m_1，k_2，$m_2\geqslant0$，密度矩阵的矩阵元为

$$\langle k_1,k_2|\boldsymbol{\rho}|m_1,m_2\rangle=\frac{\exp\left[-\frac{1}{2}\overline{\boldsymbol{R}}_2\left(\boldsymbol{V}_2+\frac{\boldsymbol{I}_4}{2}\right)^{-1}\overline{\boldsymbol{R}}_2^{\mathrm{T}}\right]}{\sqrt{k_1!\,k_2!\,m_1!\,m_2!\det(\boldsymbol{V}_2+\boldsymbol{I}_4/2)}}\partial_{t_1}^{k_1}\partial_{t_2}^{k_2}\partial_{t_1'}^{m_1}\partial_{t_2'}^{m_2}\exp\Delta\Big|_{t_1=t_2=t_1'=t_2'=0} \tag{7.207}$$

式中，$\Delta=(c_1t_1^2+c_2t_2^2+c_3t_1'^2+c_4t_2'^2+c_5t_1t_2+c_6t_1t_1'+c_7t_1t_2'+c_8t_2t_1'+c_9t_2t_2'+c_{10}t_1't_2')+(c_{11}t_1+c_{12}t_2+c_{13}t_1'+c_{14}t_2')$。参数 $c_i(i=1,\cdots,14)$ 可以从 $\boldsymbol{G}$ 和 $\boldsymbol{\varpi}$ 得出：

$$
\begin{aligned}
c_1 &= \boldsymbol{G}_{11}, c_2 = \boldsymbol{G}_{22}, c_3 = \boldsymbol{G}_{33}, c_4 = \boldsymbol{G}_{44} \\
c_5 &= \boldsymbol{G}_{12} + \boldsymbol{G}_{21}, c_6 = \boldsymbol{G}_{13} + \boldsymbol{G}_{31} \\
c_7 &= \boldsymbol{G}_{14} + \boldsymbol{G}_{41}, c_8 = \boldsymbol{G}_{23} + \boldsymbol{G}_{32} \\
c_9 &= \boldsymbol{G}_{24} + \boldsymbol{G}_{42}, c_{10} = \boldsymbol{G}_{34} + \boldsymbol{G}_{43} \\
c_{11} &= \boldsymbol{\varpi}_1, c_{12} = \boldsymbol{\varpi}_2, c_{13} = \boldsymbol{\varpi}_3, c_{14} = \boldsymbol{\varpi}_4
\end{aligned} \tag{7.208}
$$

式中，$\boldsymbol{G}_{i,j}$ 为矩阵 $\boldsymbol{G}$ 的第 i 行、第 j 列矩阵元。$\boldsymbol{G}$，$\boldsymbol{\varpi}$ 的定义见式（7.205）与式（7.206）。

这个定理告诉我们，密度矩阵可以利用并行化的计算机程序得到，可以借助多核计算机的多核和多线程完成计算。事实上，可以设计出一个计算机算法来帮助实现一阶矩非零的两模高斯态的密度矩阵的计算。首先，将指数式 $\exp\Delta$ 利用泰勒展开

$$
\exp\Delta = \sum_{n=0}^{\infty} \frac{\Delta^n}{n!} \tag{7.209}
$$

而

$$
\Delta^n = (c_1 t_1^2 + c_2 t_2^2 + \cdots + c_{14} t_2')^n \tag{7.210}
$$

$$
\begin{aligned}
&= \sum_{n_1, n_2, \cdots, n_{14}} \binom{n}{n_1, n_2, \cdots, n_{14}} (c_1 t_1^2)^{n_1} (c_2 t_2^2)^{n_2} \times \\
&\quad (c_3 t_1'^2)^{n_3} \cdots (c_{14} t_2')^{n_{14}}
\end{aligned} \tag{7.211}
$$

$$
\begin{aligned}
&= \sum_{n_1, n_2, \cdots, n_{14}} \binom{n}{n_1, n_2, \cdots, n_{14}} \left(\prod_{i=1}^{14} c_i^{n_i}\right) \times \\
&\quad t_1^{2n_1 + n_5 + n_6 + n_7 + n_{11}} t_2^{2n_2 + n_5 + n_8 + n_9 + n_{12}} \times \\
&\quad t_1'^{2n_3 + n_6 + n_8 + n_{10} + n_{13}} t_2'^{2n_4 + n_7 + n_9 + n_{10} + n_{14}}
\end{aligned} \tag{7.212}
$$

式中，$\binom{n}{n_1, n_2, \cdots, n_{14}}$为多项式系数，该系数对 n_i 给出了一定的限制，也正是这些限制使得可以降低计算的复杂度。

其次，考虑到式（7.207）中对于 $t_1 = t_2 = t_1' = t_2' = 0$ 的微分和取零，最终对密度矩阵计算有贡献的项必须满足以下条件：

$$
\begin{aligned}
2n_1 + n_5 + n_6 + n_7 + n_{11} &= k_1 \\
2n_2 + n_5 + n_8 + n_9 + n_{12} &= k_2 \\
2n_3 + n_6 + n_8 + n_{10} + n_{13} &= m_1 \\
2n_4 + n_7 + n_9 + n_{10} + n_{14} &= m_2
\end{aligned} \tag{7.213}
$$

由方程（7.213），得到

$$
k_1 + k_2 + m_1 + m_2 = \sum_{i=1}^{14} n_i + \sum_{i=1}^{10} n_i \geqslant n \tag{7.214}
$$

这意味着给定 k_1，k_2，m_1，m_2 时，也给出了搜索（n_1，n_2，…，n_{14}）中 n_i 的上限，这将会把的计算复杂度大大降低。对于给定 k_1，k_2，m_1，m_2，穷举所有的满足（$0 \leqslant n \leqslant k_1 + k_2 + m_1 + m_2$）的 n 并根据方程（7.213）求出相应的

$$
\boldsymbol{n} = (n_1, n_2, \cdots, n_{14}) \tag{7.215}
$$

设所有可能的（n_1，n_2，…，n_{14}）组成集合 $\mathfrak{N}$，密度矩阵的矩阵元可以表示为

$$\langle k_1,k_2|\boldsymbol{\rho}|m_1,m_2\rangle = \sum_{\boldsymbol{n}\in\mathfrak{N}} \frac{\sqrt{k_1!k_2!m_1!m_2!}}{\prod_{i=1}^{14}(n_i!)} \left(\prod_{i=1}^{14} c_i^{n_i}\right) \times$$

$$\exp\left[-\frac{1}{2}(\overline{\boldsymbol{R}}_2 (\boldsymbol{V}_2 + \boldsymbol{I}_4/2)^{-1} \overline{\boldsymbol{R}}_2^{\mathrm{T}})\right] \Big/ \sqrt{\det(\boldsymbol{V}_2 + \boldsymbol{I}_4/2)} \tag{7.216}$$

方程（7.216）给出了两模高斯态的密度矩阵元与其协方差矩阵及一阶矩之间的关系。结合 $\boldsymbol{\rho}$ 的轭米性质，只需求解出所有的满足 $k_1 - m_1 \leqslant (m_2 - k_2)/D$（$D$ 为每个模式上所截断的子空间的维度）的密度矩阵元 $\langle k_1,k_2|\boldsymbol{\rho}|m_1,m_2\rangle$，即可得出整个两模态的密度矩阵。整个计算过程可以转化为对满足特定条件的（n_1，n_2，…，n_{14}）的遍历。设计如下算法：

算法开始

1. 输入每一模式有限截断的维度 D。

2. 对于所有的 $0\leqslant k_1\leqslant D-1, 0\leqslant k_2\leqslant D-1, 0\leqslant m_1\leqslant D-1, 0\leqslant m_2\leqslant D-1$ 且 $k_1 - m_1 < (m_2 - k_2)/D$ 的 (k_1,k_2,m_1,m_2)：

开始穷举

穷举满足条件 $0\leqslant n_1\leqslant\lfloor k_1/2\rfloor, 0\leqslant n_2\leqslant\lfloor k_2/2\rfloor, 0\leqslant n_3\leqslant\lfloor m_1/2\rfloor, 0\leqslant n_4\leqslant\lfloor m_2/2\rfloor$ 的（n_1，n_2，n_3，n_4），并且针对每一组（n_1，n_2，n_3，n_4）求解满足条件 $0\leqslant n_5\leqslant\min\{k_1-2n_1, k_2-2n_2\}, 0\leqslant n_6\leqslant\min\{k_1-2n_1-n_5, m_1-2n_3\}, 0\leqslant n_7\leqslant\min\{k_1-2n_1-n_5-n_6, m_2-2n_4\}, 0\leqslant n_8\leqslant\min\{k_2-2n_2-n_5, m_1-2n_3-n_6\}$ 的（n_5，n_6，n_7，n_8），设 n_9，n_{10} 为自由参数求解方程组（7.213）。

如果对于 $i=1$，2，…，14 均有 $n_i\geqslant 0$，则将 $\boldsymbol{n}=$（n_1，n_2，…，n_{14}）存入集合 $\mathfrak{N}$。

结束穷举

算法结束

不同维度下的集合 $\mathfrak{N}$ 中的 $\boldsymbol{n}$ 的个数 $|\mathfrak{N}|$ 见表 7.1。在数值计算过程中，集合 $\mathfrak{N}$ 只与维度 D 有关，与高斯态的协方差矩阵和一阶矩无关，可以反复使用。集合 $\mathfrak{N}$ 可以文件的形式或常数的形式留在计算机内存中，以加快计算速度。

表 7.1　不同维度条件下集合 $\mathfrak{N}$ 中 $\boldsymbol{n}$ 的个数

D	3	4	5	6	7	8	9
$\|\mathfrak{N}\|$	642	7 330	59 440	359 288	1 773 146	7 379 634	26 924 629

为了验证非零一阶矩的高斯态密度矩阵计算方法，以双边位移调制后的两模压缩真空态作为例子。

例7.6.5 双边位移调制后的两模压缩真空态（Displaced Two Mode Squeezed vacuum state，DTMS）。

在数学上，双边位移调制的两模压缩真空态可以表示为

$$|\boldsymbol{\psi}_{\mathrm{DTMS}}\rangle=\hat{\boldsymbol{D}}(\alpha)\otimes\hat{\boldsymbol{D}}(\beta)\,|\boldsymbol{\psi}\rangle \tag{7.217}$$

式中，α，β 分别是位移操作的位移参数；$|\boldsymbol{\psi}\rangle=\frac{1}{\sqrt{1+N_S}}\sum_n\left(\sqrt{\frac{N_S}{N_S+1}}\right)^n|n\rangle_{\mathrm{A}}|n\rangle_{\mathrm{B}}$ 为单模平均光子数为 N_S 的两模压缩真空态。为了不失一般性，设 α，β 均为复数。方程(7.217) 中的量子态为两模高斯态，其协方差矩阵和一阶矩分别为

$$\boldsymbol{V}_{\mathrm{DTMS}}=\begin{pmatrix}a & & c & \\ & a & & -c\\ c & & a & \\ & -c & & a\end{pmatrix} \tag{7.218}$$

$$\bar{\boldsymbol{r}}_{\mathrm{DTMS}}=(\sqrt{2}\mathrm{Re}(\alpha),\sqrt{2}\mathrm{Im}(\alpha),\sqrt{2}\mathrm{Re}(\beta),\sqrt{2}\mathrm{Im}(\beta)) \tag{7.219}$$

式中，$a=N_S+\frac{1}{2}$；$c=\sqrt{N_S(N_S+1)}$。此协方差矩阵与标准的两模压缩真空态协方差矩阵相同，这与位移操作不改变二阶矩的数学期望相一致。

利用以上计算机算法，可以轻易地计算出任意 α，β 及任意 N_S 条件下量子态（方程(7.217)）的密度矩阵 $\hat{\boldsymbol{\rho}}_{\mathrm{algo}}$。为了衡量算法的有效性，既可以计算 $\hat{\boldsymbol{\rho}}_{\mathrm{algo}}$ 的迹（即归一性），也可以计算其协方差矩阵和一阶矩，并与理论值式（7.219）相比较。利用矩阵范数 $\|A\|_\infty=\max\{a_{ij}\}$ 来度量计算出的协方差误差以及一阶矩误差：

$$\begin{aligned}V_{\mathrm{err}}&=\|\boldsymbol{V}_{\mathrm{alog}}-\boldsymbol{V}_{\mathrm{DTMS}}\|_\infty\\ R_{\mathrm{err}}&=\|\overline{\boldsymbol{R}}_{\mathrm{algo}}-\overline{\boldsymbol{R}}_{\mathrm{DTMS}}\|_\infty\end{aligned} \tag{7.220}$$

同时，由于两模态具有量子纠缠，可以计算其纠缠度。以部分转置负定为例[148]，理论上双边位移调制的两模压缩真空态的纠缠度为[195]

$$E_{\mathrm{th}}=\log_2\left(\frac{1+\sqrt{\frac{N_S}{N_S+1}}}{1-\sqrt{\frac{N_S}{N_S+1}}}\right) \tag{7.221}$$

在图7.9中，取 $\alpha=0.2+0.3\mathrm{i}$，$\beta=0.3-0.4\mathrm{i}$，$N_S=0.04$，数值比较了不同有效截断维度下（a）$\hat{\boldsymbol{\rho}}_{\mathrm{algo}}$ 的迹误差 $1-\mathrm{Tr}(\hat{\boldsymbol{\rho}}_{\mathrm{algo}})$、（b）协方差误差、（c）一阶矩误差以及（d）纠缠度误差的变化情况。随着有效截断维度的增加，各个指标所反映的误差迅速减小，在 $D=6$ 时，已经实现了收敛。其原因在于所考虑的量子态平均光子数较小，量子态在高维光子数空间中的分布可以忽略。

图7.10（a）和（c）给出了移位操作 $\hat{\boldsymbol{D}}(\alpha)\otimes\hat{\boldsymbol{D}}(\beta)$ 前的两模压缩真空态的魏格纳函数 $W(x_1,0,x_2,0)$ 随 x_1，x_2 的变化情况。由第7.2.4节知，$\hat{x}_1$ 和 $\hat{x}_2$ 的测量结果处于正相关。由于一阶矩为零，魏格纳函数 $W(x_1,0,x_2,0)$ 中心处于（0，0）。图7.10（b）和（d）给出了移位操作 $\hat{\boldsymbol{D}}(\alpha)\otimes\hat{\boldsymbol{D}}(\beta)$ 后的魏格纳函数 $W(x_1,0,x_2,0)$。图形的中心开始移动到了$(0.2\sqrt{2},0.3\sqrt{2})=(0.28,0.42)$处。

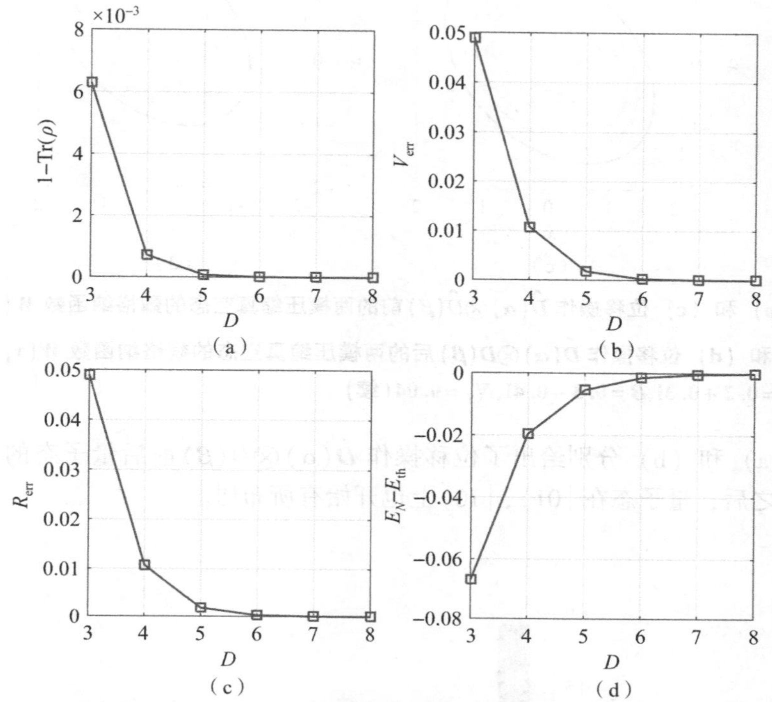

图 7.9　不同有效截断维度下双边位移调制的两模压缩真空态的密度矩阵计算误差（其中 $\alpha=0.2+0.3\mathrm{i},\beta=0.3-0.4\mathrm{i},N_S=0.04$）

(a) 迹误差；(b) 协方差误差；(c) 一阶矩误差；(d) 纠缠度误差

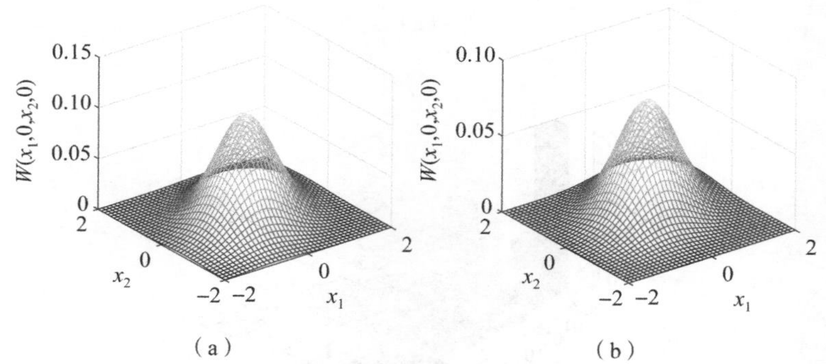

图 7.10　(a) 和 (c) 位移操作 $\hat{D}(\alpha)\otimes\hat{D}(\beta)$ 前的两模压缩真空态的魏格纳函数 $W(x_1,0,x_2,0)$ 及其等值线图；(b) 和 (d) 位移操作 $\hat{D}(\alpha)\otimes\hat{D}(\beta)$ 后的两模压缩真空态的魏格纳函数 $W(x_1,0,x_2,0)$ 及其等值线图。其中 $\alpha=0.2+0.3\mathrm{i},\beta=0.3-0.4\mathrm{i},N_S=0.04$

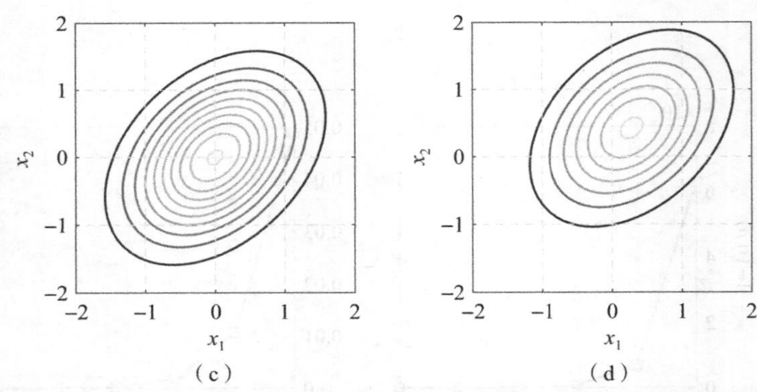

图 7.10 (a) 和 (c) 位移操作 $\hat{D}(\alpha)\otimes\hat{D}(\beta)$ 前的两模压缩真空态的魏格纳函数 $W(x_1,0,x_2,0)$ 及其等值线图；(b) 和 (d) 位移操作 $\hat{D}(\alpha)\otimes\hat{D}(\beta)$ 后的两模压缩真空态的魏格纳函数 $W(x_1,0,x_2,0)$ 及其等值线图。其中 $\alpha=0.2+0.3\mathrm{i},\beta=0.3-0.4\mathrm{i},N_S=0.04$(续)

图 7.11 (a) 和 (b) 分别给出了位移操作 $\hat{D}(\alpha)\otimes\hat{D}(\beta)$ 前后量子态的光子数分布情况。位移操作之后，量子态在 $|01\rangle$, $|10\rangle$ 上也开始有所布居。

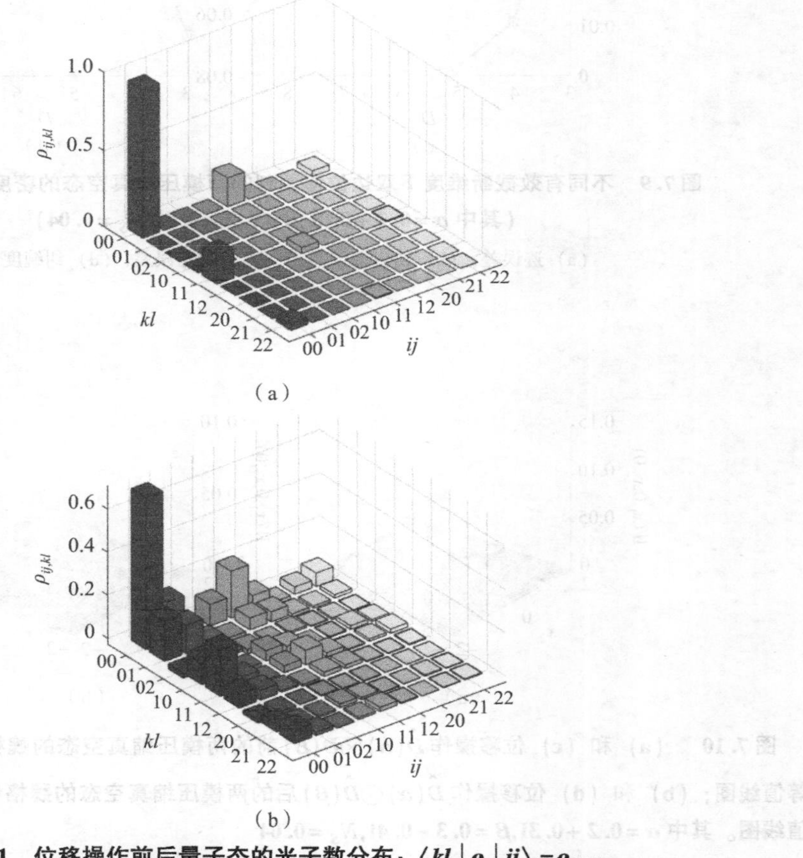

图 7.11 位移操作前后量子态的光子数分布：$\langle kl|\rho|ij\rangle=\rho_{ij,kl}$，其中 $D=3,\alpha=0.2+0.3\mathrm{i},\beta=0.3-0.4\mathrm{i},N_S=0.04$

在图 7.12 中，选取参数 $\alpha=0.1+0.1\mathrm{i}$，$\beta=0.1-0.1\mathrm{i}$ 分析了压缩参数对密度矩阵计算误差的影响。在 $N_S=0.78$ 时，固定的有效截断维度 $D=6$ 所带来的误差基本可以接受，但是随着 N_S 的变大，量子态的平均光子数增加，在高维空间中的布居增加，进行有效截断带来的误差会继续增大。

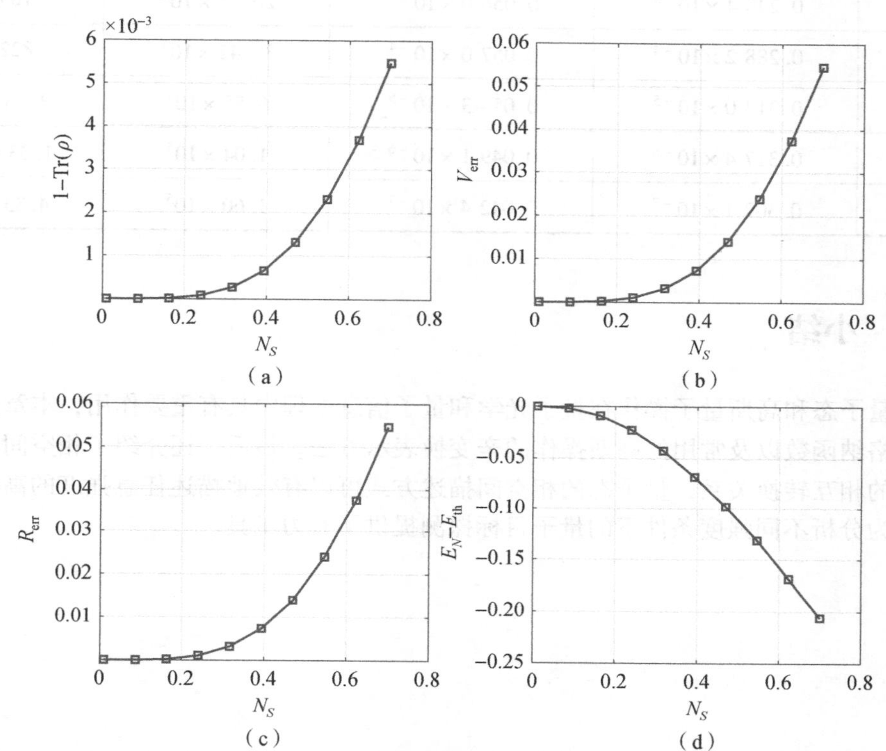

图 7.12　不同平均光子数时双边位移调制后两模压缩真空态的密度矩阵计算误差（其中 $D=6,\alpha=0.1+0.1\mathrm{i},\beta=0.1-0.1\mathrm{i}$）

（a）迹误差；（b）协方差误差；（c）一阶矩误差；（d）纠缠度误差

可以不断增加有效截断维度，但是这种增加的代价是计算机存储复杂度的提升，在维度 $D=10$ 时，存储（n_1，n_2，…，n_{14}）所需的数据存储为 1.14 GB，计算和搜索所有可能的（n_1，n_2，…，n_{14}）需要 125 分钟。

在表 7.2 中给出了不同维度条件下算法运行的误差和运行所需资源，而且给出了存储 $\hat{\boldsymbol{\rho}}_{\mathrm{algo}}$ 所需要的计算机资源，幸运的是，密度矩阵的不同矩阵元是相对独立的，可以借助多核计算机进行并行处理。

表 7.2　不同维度条件下算法运行的误差和运行所需资源（运行参数：$N_S=0.04,\alpha=0.2+0.3\mathrm{i},\beta=0.3-0.4\mathrm{i}$，运行所用时间在英特尔至强 CPU 2.5 GHz，总内存 256 GB 的服务器上测试）

D	V_{err}	R_{err}	$\hat{\boldsymbol{\rho}}_{\mathrm{algo}}$ 所占内存/B	所用时间/s
3	0	0.048 9	1.29×10^3	0.43
4	0.010 8	0.004 1	4.96×10^3	3.46

续表

D	V_{err}	R_{err}	$\hat{\rho}_{algo}$所占内存/B	所用时间/s
5	0.001 8	0.000 5	1.0×10^{4}	27.85
6	$0.240\,4\times10^{-3}$	$0.056\,0\times10^{-3}$	20.73×10^{3}	163.75
7	$0.288\,2\times10^{-4}$	$0.057\,0\times10^{-4}$	38.42×10^{3}	822.46
8	$0.314\,0\times10^{-5}$	$0.054\,3\times10^{-5}$	6.55×10^{4}	3.58×10^{3}
9	$0.317\,4\times10^{-6}$	$0.049\,1\times10^{-6}$	1.04×10^{5}	1.33×10^{4}
10	$0.302\,1\times10^{-7}$	$0.042\,4\times10^{-7}$	1.60×10^{5}	4.33×10^{4}

7.7 小结

高斯量子态和高斯量子操作在量子光学和量子信息处理中具有重要作用，本章介绍了高斯态的魏格纳函数以及常用的高斯操作的辛变换表示方法。最后，还介绍了相空间和光子数空间之间的相互转换关系，量子态的相空间描述方式可以有效地描述任意强度的高斯量子纠缠态。这为分析不同强度条件下的量子目标探测提供了有力工具。

第8章

高斯态量子雷达

第5章和第6章从光子数空间的角度对基于纠缠态（式（2.100））的量子雷达进行了分析。该方法具有普适性，在计算资源无限时，可以应用于任何形式、任何强度的量子纠缠态。然而，实际计算资源总是有限的，利用光子数空间的办法仅能对信号强度较低且噪声平均光子数较低的情况进行仿真。本章讨论如何利用相空间的办法突破光子数水平的限制。相空间的办法可以对任意强度的高斯态量子雷达进行分析①，可以在更广的参数范围分析量子目标探测的性能。

8.1 高斯态的量子切诺夫定理

在第6.4节中，利用量子切诺夫定理介绍了在光子数基下两个直积量子态的区分概率的计算问题。如果待区分的量子态是高斯态，则可以将该定理进一步简化。本节中就介绍高斯量子态的量子切诺夫定理。

定义 8.1.1 协方差矩阵的辛分解[153]。

N 模高斯态的协方差矩阵 $\boldsymbol{V}_N$，总可以找到辛矩阵 $\boldsymbol{S}\in \mathrm{SP}(2N,\mathbb{R})$，使得

$$\boldsymbol{V}_N=\boldsymbol{S}\left(\bigoplus_{k=1}^{N}\alpha_k\boldsymbol{I}_2\right)\boldsymbol{S}^{\mathrm{T}} \tag{8.1}$$

式中，$\alpha_k(k=1,2,\cdots,N)$ 称为辛本征值；$(\boldsymbol{S},\{\alpha_k\})$ 称为矩阵 $\boldsymbol{V}_N$ 的辛分解。

定理 8.1.1[153] 设 $\boldsymbol{V}^{(0)}$、$\bar{\boldsymbol{R}}^{(0)}$，$\boldsymbol{V}^{(1)}$、$\bar{\boldsymbol{R}}^{(1)}$ 分别为 N 模高斯态 $\boldsymbol{\rho}_0$ 和 $\boldsymbol{\rho}_1$ 的协方差矩阵②及一阶矩。设 $\boldsymbol{V}^{(0)}$ 和 $\boldsymbol{V}^{(1)}$ 辛分解为 $(\boldsymbol{S}_0,\{\alpha_k\})$ 和 $(\boldsymbol{S}_1,\{\beta_k\})$，即

$$\boldsymbol{V}^{(0)}=\boldsymbol{S}_0\left(\bigoplus_{k=1}^{N}\alpha_k\boldsymbol{I}_2\right)\boldsymbol{S}_0^{\mathrm{T}},\boldsymbol{V}^{(1)}=\boldsymbol{S}_1\left(\bigoplus_{k=1}^{N}\beta_k\boldsymbol{I}_2\right)\boldsymbol{S}_1^{\mathrm{T}} \tag{8.2}$$

则区分两个 N 模高斯态 $\boldsymbol{\rho}_0^{\otimes M}$，$\boldsymbol{\rho}_1^{\otimes M}$ 的最小误判概率满足

$$P_{\mathrm{err}}\sim P_{\mathrm{QCB}}^{(M)}=\frac{1}{2}\left[\inf_{0\leqslant s\leqslant 1}Q_s\right]^M \tag{8.3}$$

式中

$$Q_s=\bar{Q}\exp\left[-\frac{1}{2}\boldsymbol{d}\left[\tilde{\boldsymbol{V}}_0(s)+\tilde{\boldsymbol{V}}_1(1-s)\right]^{-1}\boldsymbol{d}^{\mathrm{T}}\right] \tag{8.4}$$

---

① 相空间方法不适用于描述较为复杂的非高斯态，因此，对于强信号水平下的或强噪声水平下的非高斯目标探测仍然是目前研究尚未完全解决的问题。

② 这里定义的协方差矩阵（式（7.5））与文献［153］在 α_k，β_k 上差一个因子2，这是因为我们的协方差矩阵与其协方差阵差一个因子2。

$$d = \sqrt{2}(\bar{R}^{(0)} - \bar{R}^{(1)}) \tag{8.5}$$

$$\bar{Q} = \frac{2^N \prod_{k=1}^{N} G_s(2\alpha_k) G_{1-s}(2\beta_k)}{\sqrt{\det[\tilde{V}_0(s) + \tilde{V}_1(1-s)]}} \tag{8.6}$$

$$\tilde{V}_0(s) = S_0 \left[\bigoplus_{k=1}^{N} V_s(2\alpha_k) I_2\right] S_0^{\mathrm{T}} \tag{8.7}$$

$$\tilde{V}_1(1-s) = S_1 \left[\bigoplus_{k=1}^{N} V_{1-s}(2\beta_k) I_2\right] S_1^{\mathrm{T}} \tag{8.8}$$

$$G_p(x) = \frac{2^p}{(x+1)^p - (x-1)^p} \tag{8.9}$$

$$\Lambda_p(x) = \frac{(x+1)^p + (x-1)^p}{(x+1)^p - (x-1)^p} \tag{8.10}$$

与光子数空间中的量子切诺夫定理相比，高斯态的量子切诺夫定理不需要计算 $\mathrm{Tr}[\rho_0^s \rho_1^{1-s}]$，只需要从协方差的辛本征值出发即可完成计算。而且对于任意强度的信号态或噪声态均成立，从根本上回避了平均光子数较高时光子数空间数值计算收敛性不高的难题。也正是基于这一点，可以对任意平均光子数水平的高斯态进行分析。作为一个简单的例子，看一下多模相干态和多模真空态的区分。

例 8.1.1 真空态和相干态的区分问题。

设待区分的量子态为 $\tilde{\rho}^{(0)} = \rho_0^{\otimes M} = (|0\rangle\langle 0|)^{\otimes M}$，$\tilde{\rho}^{(1)} = \rho_1^{\otimes M} = (|\alpha\rangle\langle\alpha|)^{\otimes M}\ (\alpha > 0)$ 分别为真空态和相干态。易知 $|0\rangle$ 和 $|\alpha\rangle$ 均为单模高斯态，因此，$N = 1$。二者的协方差矩阵和一阶矩分别为 $V^{(0)} = V^{(1)} = \frac{1}{2} I_2$，$\bar{R}^{(0)} = (0,0)$，$\bar{R}^{(1)} = (\sqrt{2}\alpha, 0)$。

因为 $V^{(0)}$ 和 $V^{(1)}$ 已经是辛分解的形式，易知 $S_0 = S_1 = I_2$，$\alpha_1 = \beta_1 = \frac{1}{2}$。对于任意 $0 < s < 1$，均有 $G_s(1) = 1$，$\Lambda_s(1) = 1$，$Q_s = 1$ 及

$$P_{\mathrm{QCB}} = \frac{1}{2} \mathrm{e}^{-M\alpha^2} \tag{8.11}$$

即 M 份 $|0\rangle$ 与 M 份 $|\alpha\rangle$ 的区分的误判概率随 M 指数下降。事实上，式（8.11）恰恰是区分两个相干态 $|0\rangle$ 和 $|\sqrt{M}\alpha\rangle$ 的误判概率的散粒极限[196]。

8.2 量子雷达的相空间描述

量子雷达的方案仍然如图 5.1（b）所示，下面用相空间的办法对量子态的演化进行计算。采用两模压缩真空态进行目标探测。需要说明的是，该方案最早在文献［24］中已经作过描述，但是由于文献［24］中协方差矩阵的定义与大多数文献不同，这里需要采用较为常用的协方差矩阵定义对目标探测过程中的量子态演化进行重新推导。

首先，两模压缩真空态 $|\psi_{\mathrm{TMSS}}\rangle$ 的协方差矩阵可以表示为[197]①：

① 需要说明的是，由不同学者的习惯，协方差的定义有时差一个常数因子 1/2，这实际上是自然单位 $\hbar$ 的取法不同。我们的协方差阵为文献［24］的协方差阵的两倍。

$$V_{\text{TMSS}}=\begin{pmatrix} N_S+\frac{1}{2} & & \sqrt{N_S(N_S+1)} & \\ & N_S+\frac{1}{2} & & -\sqrt{N_S(N_S+1)} \\ \sqrt{N_S(N_S+1)} & & N_S+\frac{1}{2} & \\ & -\sqrt{N_S(N_S+1)} & & N_S+\frac{1}{2} \end{pmatrix} \tag{8.12}$$

C 路输入的量子态为热态。根据第 7.2.2 节定义，其协方差矩阵为

$$V_{\text{C}}=\begin{pmatrix} N_B+\frac{1}{2} & \\ & N_B+\frac{1}{2} \end{pmatrix} \tag{8.13}$$

下面考虑模式 B 和 C 之间的光学分束器变换。在相空间中，$S_{\text{BC}}(T)$可以用一个 4×4 的辛变换。由于该操作对于 A 模式没有作用，可以把 4×4 的辛变换补成一个 6×6 的辛矩阵 S_{ABC}

$$S_{\text{ABC}}(T)=\begin{pmatrix} 1 & & & & & \\ & 1 & & & & \\ & & \sqrt{T} & 0 & -\sqrt{1-T} & \\ & & & \sqrt{T} & & -\sqrt{1-T} \\ & & \sqrt{1-T} & & \sqrt{T} & \\ & & 0 & \sqrt{1-T} & 0 & \sqrt{T} \end{pmatrix} \tag{8.14}$$

一阶矩为

$$\bar{R}_{\text{ABC}}=(0,\quad 0,\quad 0,\quad 0,\quad 0,\quad 0)=\mathbf{0}_{1\times 6} \tag{8.15}$$

于是，A－B－C 三模式经过光学分束器之后的量子态的协方差矩阵和一阶矩分别为

$$V_{\text{AB}'\text{C}'}=(S_{\text{ABC}}(T))(V_{\text{AB}}\oplus V_{\text{C}})(S_{\text{ABC}}(T))^{\text{T}} \tag{8.16}$$

$$\bar{R}_{\text{AB}'\text{C}'}=\bar{R}_{\text{ABC}}(S_{\text{ABC}}(T))^{\text{T}}=\mathbf{0}_{1\times 6} \tag{8.17}$$

式中，上标 T 表示转置操作。

由于 B 模式的量子态耗散到环境中，最后只得到了 AC′两模量子态。根据第 7.4 节，只需对 B 模式进行部分求迹。AC′两模量子态的协方差矩阵恰为 $V_{\text{AB}'\text{C}'}$的第 1－2－5－6 行和 1－2－5－6 列组成的子矩阵：

$$V_{\text{AC}'}=\begin{pmatrix} \frac{1}{2}\cosh(2r) & 0 & \frac{\sqrt{1-T}}{2}\sinh(2r) & 0 \\ 0 & \frac{1}{2}\cosh(2r) & 0 & -\frac{\sqrt{1-T}}{2}\sinh(2r) \\ \frac{\sqrt{1-T}}{2}\sinh(2r) & 0 & \left(\frac{1}{2}+N_B\right)T+\frac{1-T}{2}\cosh(2r) & 0 \\ 0 & -\frac{\sqrt{1-T}}{2}\sinh(2r) & 0 & \left(\frac{1}{2}+N_B\right)T+\frac{1-T}{2}\cosh(2r) \end{pmatrix} \tag{8.18}$$

AC′两模量子态的一阶矩为 $\bar{\boldsymbol{R}}_{\mathrm{AB'C'}}$ 的第 1 - 2 - 5 - 6 列，即 $\mathbf{0}_{1\times 4}$。

综上：

(1) 当目标不存在时，得到两模高斯态，协方差阵和一阶矩分别为

$$\boldsymbol{V}^{(0)} = \boldsymbol{V}_{\mathrm{AC'}}(T=1) \tag{8.19}$$

$$= \begin{pmatrix} \frac{\cosh(2r)}{2} & & & \\ & \frac{\cosh(2r)}{2} & & \\ & & N_B + \frac{1}{2} & \\ & & & N_B + \frac{1}{2} \end{pmatrix} \tag{8.20}$$

$$\bar{\boldsymbol{R}}^{(0)} = \mathbf{0}_{1\times 4} \tag{8.21}$$

(2) 当目标存在时，得到两模高斯态，协方差阵和一阶矩分别为①

$$\boldsymbol{V}^{(1)} = \boldsymbol{V}_{\mathrm{AC'}}(T = 1-\kappa_t)$$

$$= \begin{pmatrix} \frac{1}{2}\cosh(2r) & 0 & \frac{\sqrt{\kappa_t}}{2}\sinh(2r) & 0 \\ 0 & \frac{1}{2}\cosh(2r) & 0 & -\frac{\sqrt{\kappa_t}}{2}\sinh(2r) \\ \frac{\sqrt{\kappa_t}}{2}\sinh(2r) & 0 & \left(\frac{1}{2}+N_B\right)(1-\kappa_t)+\frac{\kappa_t}{2}\cosh(2r) & 0 \\ 0 & -\frac{\sqrt{\kappa_t}}{2}\sinh(2r) & 0 & \left(\frac{1}{2}+N_B\right)(1-\kappa_t)+\frac{\kappa_t}{2}\cosh(2r) \end{pmatrix} \tag{8.22}$$

$$\bar{\boldsymbol{R}}^{(1)} = \mathbf{0}_{1\times 4} \tag{8.23}$$

利用高斯态的量子切诺夫定理来计算区分这两个高斯态（$\boldsymbol{V}^{(0)}$，$\bar{\boldsymbol{R}}^{(0)}$）和（$\boldsymbol{V}^{(1)}$，$\bar{\boldsymbol{R}}^{(1)}$）的误判概率。需要首先对协方差矩阵进行辛分解。易知，$\boldsymbol{V}^{(0)}$ 已经是辛对角的形式，即有

$$\boldsymbol{S}_0 = \boldsymbol{I}_4, \alpha_1 = \frac{1}{2}\cosh(2r), \alpha_2 = N_B + \frac{1}{2} \tag{8.24}$$

以下需要计算 $\boldsymbol{V}^{(1)}$ 的辛分解。事实上，对于一般的协方差阵

① 需要指出的是，在文献［24］中，当被测物体不存在时（$\kappa=0$），他们用 N_B 来表示环境热噪声的平均光子数；当被测物体存在时（$\kappa\neq 0$），他们用 $\frac{N_B}{1-\kappa}$ 来代表环境热噪声的平均光子数。但是，在测量之前不知道目标是否存在，更合理的是用一个固定的量 N_B 来代表噪声的平均光子数，而不是 $\frac{N_B}{1-\kappa}$。

$$V=\begin{pmatrix} X & & Z & \\ & X & & -Z \\ Z & & Y & \\ & -Z & & Y \end{pmatrix} \tag{8.25}$$

其辛本征值为①

$$\beta_1=\frac{1}{2}\left[(X-Y)+\sqrt{(X+Y)^2-4Z^2}\right] \tag{8.26}$$

$$\beta_2=\frac{1}{2}\left[-(X-Y)+\sqrt{(X+Y)^2-4Z^2}\right] \tag{8.27}$$

下面需要寻找辛变换 $\boldsymbol{S}_1$，使得

$$\boldsymbol{V}=\boldsymbol{S}_1\begin{pmatrix} \beta_1 & & & \\ & \beta_1 & & \\ & & \beta_2 & \\ & & & \beta_2 \end{pmatrix}\boldsymbol{S}_1^{\mathrm{T}} \tag{8.28}$$

根据 $\boldsymbol{V}$ 的特殊形式，可以设

$$\boldsymbol{S}_1=\begin{pmatrix} x_1 & & x_2 & \\ & x_1 & & -x_2 \\ x_2 & & x_1 & \\ & -x_2 & & x_1 \end{pmatrix} \tag{8.29}$$

容易得到

$$\boldsymbol{S}_1\begin{pmatrix} \beta_1 & & & \\ & \beta_1 & & \\ & & \beta_2 & \\ & & & \beta_2 \end{pmatrix}\boldsymbol{S}_1^{\mathrm{T}}= \tag{8.30}$$

$$\begin{pmatrix} x_1^2\beta_1+x_2^2\beta_2 & & x_1x_2(\beta_1+\beta_2) & \\ & x_1^2\beta_1+x_2^2\beta_2 & & -x_1x_2(\beta_1+\beta_2) \\ x_1x_2(\beta_1+\beta_2) & & x_2^2\beta_1+x_1^2\beta_2 & \\ & -x_1x_2(\beta_1+\beta_2) & & x_2^2\beta_1+x_1^2\beta_2 \end{pmatrix} \tag{8.31}$$

通过解方程

$$x_1^2\beta_1+x_2^2\beta_2=X \tag{8.32}$$

$$x_2^2\beta_1+x_1^2\beta_2=Y \tag{8.33}$$

可以得到

① 辛本征值实际上就是矩阵 $\mathrm{i}\boldsymbol{\Omega}_2\boldsymbol{V}$ 的本征值的绝对值。由于 $\mathrm{i}\boldsymbol{\Omega}_2\boldsymbol{V}$ 是轭米矩阵，存在酉正矩阵 $\boldsymbol{U}$，$\boldsymbol{U}(\mathrm{diag}(\lambda_1,\lambda_2,\lambda_3,\lambda_4))\boldsymbol{U}^{\dagger}=\mathrm{i}\boldsymbol{\Omega}_2\boldsymbol{V}$。$\lambda_1$，$\lambda_2$，…，$\lambda_4$ 为实数。$|\lambda_i|(i=1,2,3,4)$ 恰为所求的辛本征值。这种方法对于任意的正整数 $N(N\geqslant 1)$ 均适用。

$$x_1 = \sqrt{\frac{X\beta_1 - Y\beta_2}{\beta_1^2 - \beta_2^2}} = \sqrt{\frac{X + Y + \sqrt{(X+Y)^2 - 4Z^2}}{2\sqrt{(X+Y)^2 - 4Z^2}}} \tag{8.34}$$

$$x_2 = \sqrt{\frac{Y\beta_1 - X\beta_2}{\beta_1^2 - \beta_2^2}} = \sqrt{\frac{X + Y - \sqrt{(X+Y)^2 - 4Z^2}}{2\sqrt{(X+Y)^2 - 4Z^2}}} \tag{8.35}$$

且满足

$$x_1 x_2(\beta_1 + \beta_2) = Z \tag{8.36}$$

很容易验证 $S_1 \Omega_2 S_1^{\mathrm{T}} = \Omega_2$，即 S_1 恰为一个辛变换。

于是，根据式（8.22），代入

$$X = \frac{1}{2}\cosh(2r) \tag{8.37}$$

$$Y = \left(\frac{1}{2} + N_B\right)(1 - \kappa_t) + \frac{\kappa_t}{2}\cosh(2r) \tag{8.38}$$

$$Z = \frac{\sqrt{\kappa_t}}{2}\sinh(2r) \tag{8.39}$$

就能得到相应的 S_1。

图8.1（a）~（d）中给出了平均光子数较低时，不同参数条件下运用光子数空间和相空间分别计算出的量子目标探测的关键性能指标 Q。由于平均光子数水平较低，把每个模式的光子数截断至 $D=15$ 已经基本达到收敛效果。可以看出，随着 D 的变大，光子数空间计算结果与相空间计算结果逐渐取得一致。

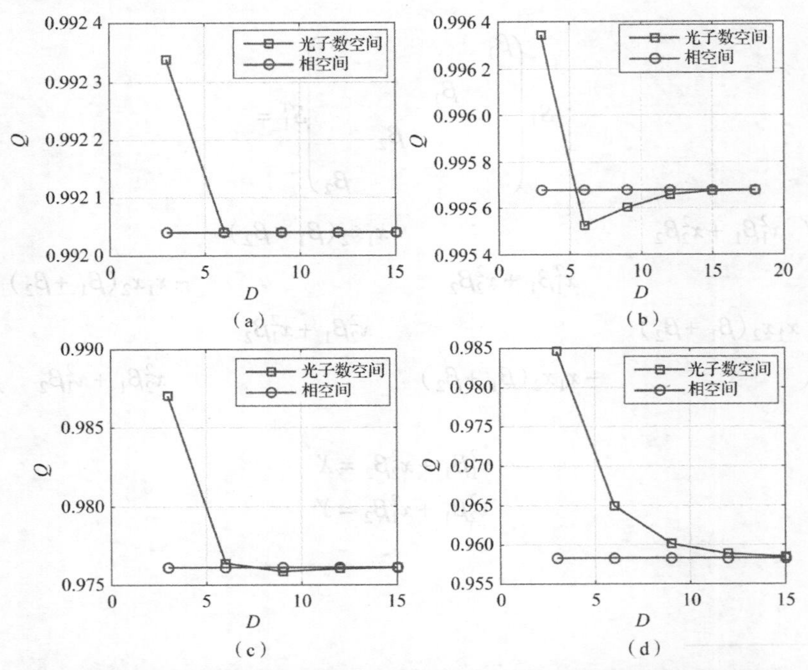

图8.1 不同参数条件下根据光子数空间和相空间计算出的量子目标探测的 Q 值

（a）$N_S=1.0$，$N_B=0.1$，$\kappa_t=0.1$；（b）$N_S=1.0$，$N_B=1.0$，$\kappa_t=0.1$；

（c）$N_S=N_B=1.0$，$\kappa_t=0.1$；（d）$N_S=2.0$，$N_B=1.0$，$\kappa_t=0.1$

图 8.2 (a) ~ (d) 画出了更强平均光子水平下的 Q 值。可以看出，随着平均光子数的提高，光子数空间方法计算的结果与相空间方法计算的结果偏差开始变大。特别地，在 $N_S = 5.0$，$N_B = 7.5$，$\kappa_t = 0.9$ 时，即使取 $D = 24$，仍未发现取得收敛的计算结果。这也正揭示了在描述强的纠缠强度和强的背景噪声条件下光子数空间方法误差较大，而相空间更有优势的客观事实。

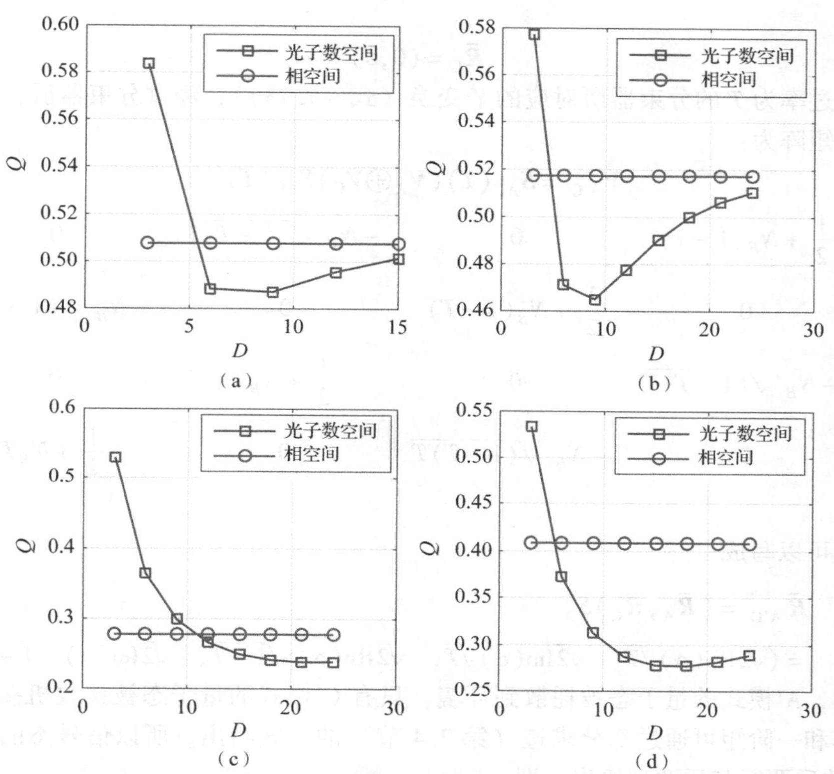

图 8.2 不同参数条件下根据光子数空间和相空间计算出的量子目标探测的 Q 值

(a) $N_S = 1.0$，$N_B = 1.5$，$\kappa_t = 9.9$；(b) $N_S = 1.0$，$N_B = 2.5$，$\kappa_t = 0.9$；(c) $N_S = 10.0$，$N_B = 5.0$，$\kappa_t = 0.9$；(d) $N_S = 5.0$，$N_B = 7.5$，$\kappa_t = 0.9$

8.3 传统雷达的相空间描述

依然采用图 6.8 (b) 中的光路图来分析相干态目标探测的基本情况。A 模输入的是相干态，协方差矩阵为

$$\boldsymbol{V}_{\mathrm{A}} = \begin{pmatrix} \frac{1}{2} & 0 \\ 0 & \frac{1}{2} \end{pmatrix} \tag{8.40}$$

一阶矩为

$$\bar{\boldsymbol{R}}_{\mathrm{A}} = \left(\left\langle \frac{\hat{a} + \hat{a}^{\dagger}}{\sqrt{2}} \right\rangle, \left\langle \frac{\hat{a} - \hat{a}^{\dagger}}{\mathrm{i}\sqrt{2}} \right\rangle \right) = (\sqrt{2}\mathrm{Re}(\alpha), \sqrt{2}\mathrm{Im}(\alpha)) \tag{8.41}$$

对于 C 模中热态，其协方差矩阵为

$$\boldsymbol{V}_{\mathrm{C}}=\begin{pmatrix} N_B+\frac{1}{2} & \\ & N_B+\frac{1}{2} \end{pmatrix} \tag{8.42}$$

一阶矩为

$$\bar{\boldsymbol{R}}_{\mathrm{C}}=(0,0) \tag{8.43}$$

根据透过率为 T 的分束器所对应的辛变换（式（7.73）），经过分束器后，A′－C′两模态的协方差矩阵为：

$$\begin{aligned}\boldsymbol{V}_{\mathrm{A'C'}}&=\boldsymbol{S}_{\mathrm{AC}}(T)(\boldsymbol{V}_{\mathrm{A}}\oplus\boldsymbol{V}_{\mathrm{C}})\boldsymbol{S}_{\mathrm{AC}}(T)^{\mathrm{T}}\\ &=\begin{pmatrix} \frac{1}{2}+N_B(1-T) & 0 & -N_B\sqrt{(1-T)T} & 0 \\ 0 & \frac{1}{2}+N_B(1-T) & 0 & -N_B\sqrt{(1-T)T} \\ -N_B\sqrt{(1-T)T} & 0 & \frac{1}{2}+N_BT & 0 \\ 0 & -N_B\sqrt{(1-T)T} & 0 & \frac{1}{2}+N_BT \end{pmatrix}\end{aligned} \tag{8.44}$$

一阶矩可以写成

$$\begin{aligned}\bar{\boldsymbol{R}}_{\mathrm{A'C'}}&=(\bar{\boldsymbol{R}}_{\mathrm{A}},\bar{\boldsymbol{R}}_{\mathrm{C}})\boldsymbol{S}_{\mathrm{AC}}^{\mathrm{T}}\\ &=(\sqrt{2}\mathrm{Re}(\alpha)\sqrt{T},\ \ \sqrt{2}\mathrm{Im}(\alpha)\sqrt{T},\ \ \sqrt{2}\mathrm{Re}(\alpha)\sqrt{1-T},\ \ \sqrt{2}\mathrm{Im}(\alpha)\sqrt{1-T})\end{aligned} \tag{8.45}$$

作用后，A′模式的量子态被耗散到环境，只有 C′模式的量子态被接收机接收。C′模式协方差矩阵和一阶矩可通过部分求迹（第 7.4 节）的方式给出。所以信号态的协方差矩阵可由 $\boldsymbol{V}_{\mathrm{A'C'}}$ 的后两行和后两列给出，即

$$\boldsymbol{V}_{\mathrm{C'}}=\begin{pmatrix} \frac{1}{2}+N_BT & 0 \\ 0 & \frac{1}{2}+N_BT \end{pmatrix} \tag{8.46}$$

一阶矩由 $\bar{\boldsymbol{R}}_{\mathrm{A'C'}}$ 的后两列给出，即

$$\bar{\boldsymbol{R}}_{\mathrm{C'}}=(\sqrt{2}\mathrm{Re}(\alpha)\sqrt{1-T},\ \ \sqrt{2}\mathrm{Im}(\alpha)\sqrt{1-T}) \tag{8.47}$$

于是，利用 $T=1-\kappa$，并设置 $\kappa=0$，$\kappa=\kappa_t$，便得到目标不存在和目标存在两种情况下的协方差矩阵和一阶矩。

（1）目标不存在：

$$\boldsymbol{V}^{(0)}=\begin{pmatrix} \frac{1}{2}+N_B & 0 \\ 0 & \frac{1}{2}+N_B \end{pmatrix} \tag{8.48}$$

$$\bar{\boldsymbol{R}}^{(0)}=(0,0) \tag{8.49}$$

这恰为 C 模式的输入态，即平均光子数为 N_B 的单模热态。

（2）目标存在：

$$\boldsymbol{V}^{(1)}=\begin{pmatrix}\frac{1}{2}+N_B(1-\kappa_t) & 0\\ 0 & \frac{1}{2}+N_B(1-\kappa_t)\end{pmatrix}\tag{8.50}$$

$$\bar{\boldsymbol{R}}^{(1)}=(\sqrt{2}\mathrm{Re}(\alpha)\sqrt{\kappa_t},\sqrt{2}\mathrm{Im}(\alpha)\sqrt{\kappa_t})\tag{8.51}$$

为了应用相空间中的切诺夫定理，需要对 $\boldsymbol{V}_{\mathrm{A}}^{(0)}$ 和 $\boldsymbol{V}_{\mathrm{A}}^{(1)}$ 进行辛分解。幸运的是，不难发现，$\boldsymbol{V}_{\mathrm{A}}^{(0)}$ 和 $\boldsymbol{V}_{\mathrm{A}}^{(1)}$ 已经是辛分解的形式，即

$$\boldsymbol{S}_0=\boldsymbol{I}_2,\alpha_1=\frac{1}{2}+N_B\tag{8.52}$$

$$\boldsymbol{S}_1=\boldsymbol{I}_2,\beta_1=\frac{1}{2}+N_B(1-\kappa_t)\tag{8.53}$$

代入式（8.3）即可以给出任意 M 份量子态条件下的误判概率。

图 8.3 中给出了平均光子数较低时不同参数条件下运用光子数空间和相空间分别计算出的相干态目标探测的关键性能指标 Q。由于平均光子数水平较低，把每个模式的光子数截断至 $D=27$ 已经基本达到收敛效果。可以看出，随着 D 的变大，光子数空间计算结果与相空间计算结果逐渐取得一致。

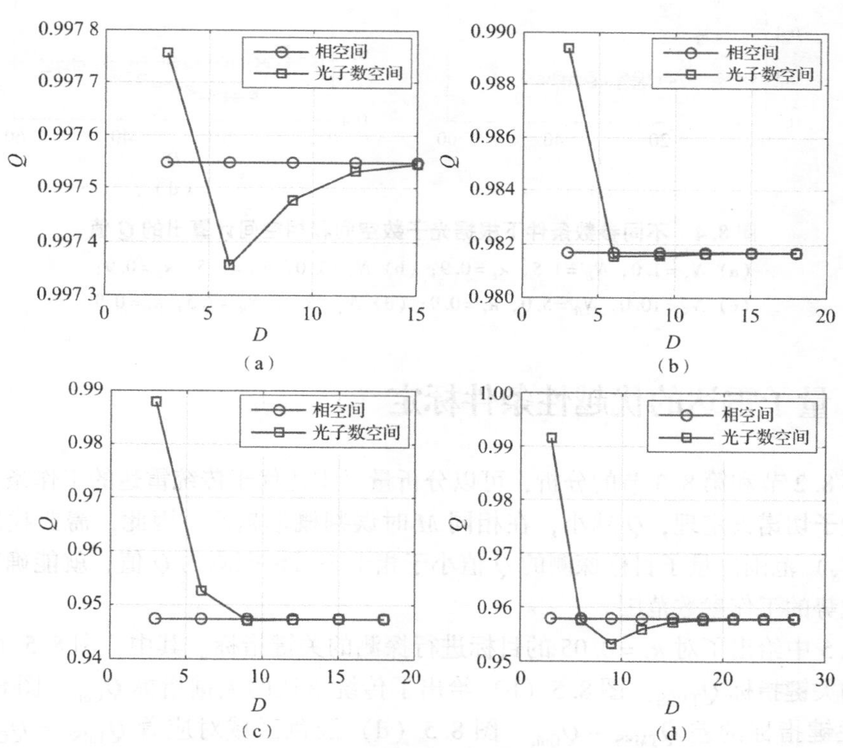

图 8.3　不同参数条件下根据光子数空间和相空间计算出的 Q 值

(a) $N_S=0.1$，$N_B=1.0$，$\kappa_t=0.1$；(b) $N_S=N_B=1.0$，$\kappa_t=0.1$；

(c) $N_S=3.0$，$N_B=1.0$，$\kappa_t=0.1$；(d) $N_S=4.0$，$N_B=2.0$，$\kappa_t=0.1$

然而，光子数空间的一个缺点是不适用于平均光子数较多时的目标探测。图 8.4 给出了 $\kappa_t=0.9$ 时，(a) $N_S=1.0$，$N_B=1.5$，(b) $N_S=1.0$，$N_B=2.5$，(c) $N_S=10.0$，$N_B=5.0$ 以及 (d) $N_S=5.0$，$N_B=7.5$ 时目标探测的关键性能指标 Q。可以发现，在光子数空间中需要更多的维度 D 才可以达到收敛，而相空间的方法却不受平均光子数高低的影响。

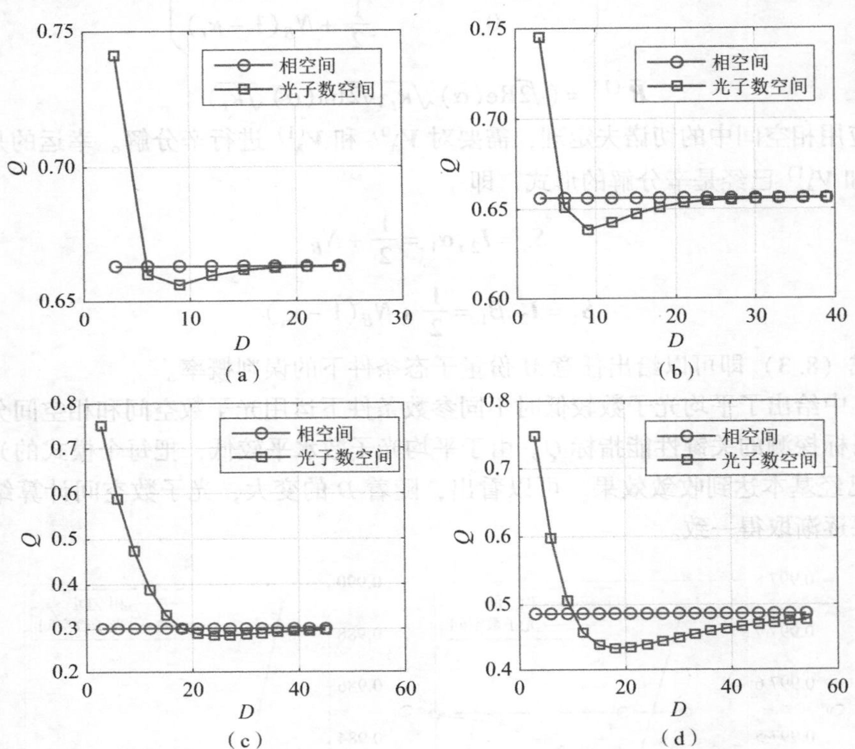

图 8.4 不同参数条件下根据光子数空间和相空间计算出的 Q 值

(a) $N_S=1.0$，$N_B=1.5$，$\kappa_t=0.9$；(b) $N_S=1.0$，$N_B=2.5$，$\kappa_t=0.9$；
(c) $N_S=10.0$，$N_B=5.0$，$\kappa_t=0.9$；(d) $N_S=5.0$，$N_B=7.5$，$\kappa_t=0.9$

8.4 量子雷达的优越性条件标定

基于第 8.2 节和第 8.3 节的分析，可以分析量子雷达优于传统雷达的工作条件。

根据量子切诺夫定理，Q 越小，在相同 M 时误判概率越低。因此，需要找出在什么参数 (N_B，N_S) 范围内量子目标探测的 Q 值小于相干态目标探测的 Q 值，就能确定量子目标探测具有优势的工作参数范围。

在图 8.5 中给出了对 $\kappa_t=0.05$ 的目标进行探测的关键指标。其中，图 8.5 (a) 给出了量子雷达的关键指标 Q_{TMSS}。图 8.5 (b) 给出了传统雷达的关键指标 Q_{Coh}。图 8.5 (c) 给出了两个关键指标的差 $Q_{\mathrm{TMSS}}-Q_{\mathrm{Coh}}$。图 8.5 (d) 浅色区域对应着 $Q_{\mathrm{TMSS}}<Q_{\mathrm{Coh}}$，只有当 ($N_B$，$N_S$) 落在浅色区域内时，量子雷达才比传统雷达有优势。

采用类似的方法，可以对其他反射率的物体进行分析。在图 8.6 给出了 $\kappa_t=0.10$，0.20，0.30，0.40，0.50，0.60，0.70，0.80，0.90，0.99 时量子雷达优于传统雷达的工作条件。如果（N_B，N_S）落在浅色区域，则量子雷达就有优势，将会比传统雷达有更低的误判概率。

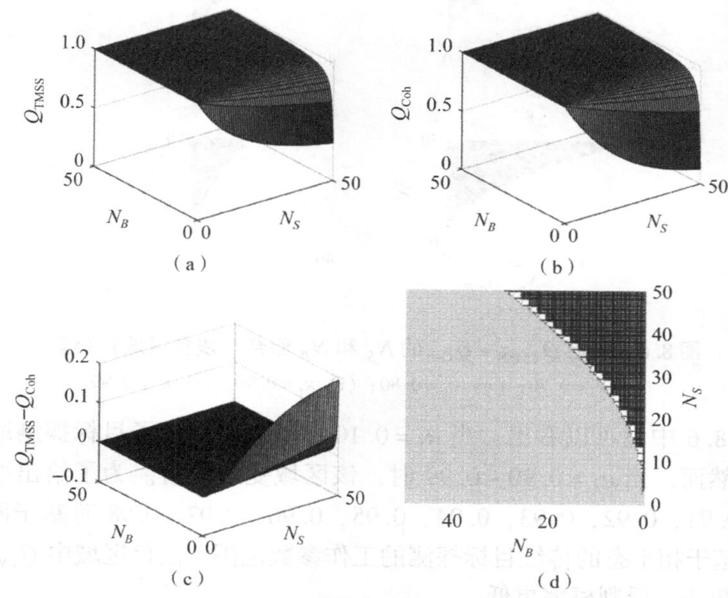

图 8.5　$\kappa_t = 0.05$ 时利用相空间计算出的 Q 值

（a）两模压缩态的 Q_{TMSS}；（b）相干态 Q_{Coh}；（c）二者之差 $Q_{TMSS} - Q_{Coh}$；

（d）满足 $Q_{TMSS} < Q_{Coh}$ 的 N_S 和 N_B 组合（浅色区域）

深色区域对应的为 $Q_{TMSS} \geqslant Q_{Coh}$。所有计算采用相空间中的量子切诺夫定理完成

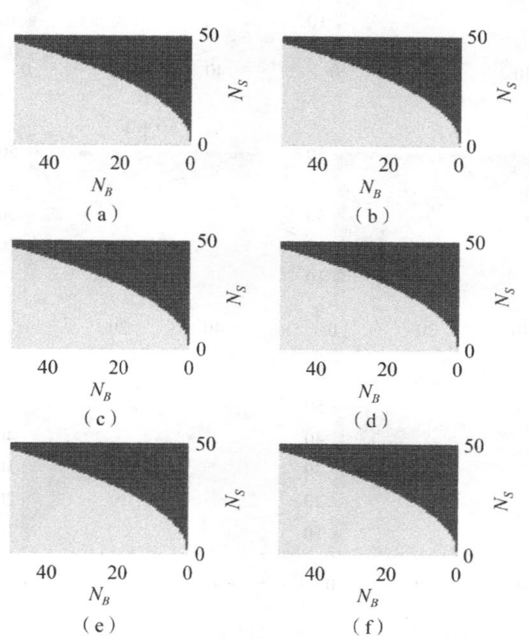

图 8.6　满足 $Q_{TMSS} < Q_{Coh}$ 的 N_S 和 N_B 组合（浅色区域）

（a）$\kappa_t = 0.01$；（b）$\kappa_t = 0.10$；（c）$\kappa_t = 0.30$；（d）$\kappa_t = 0.40$；（e）$\kappa_t = 0.50$；（f）$\kappa_t = 0.60$

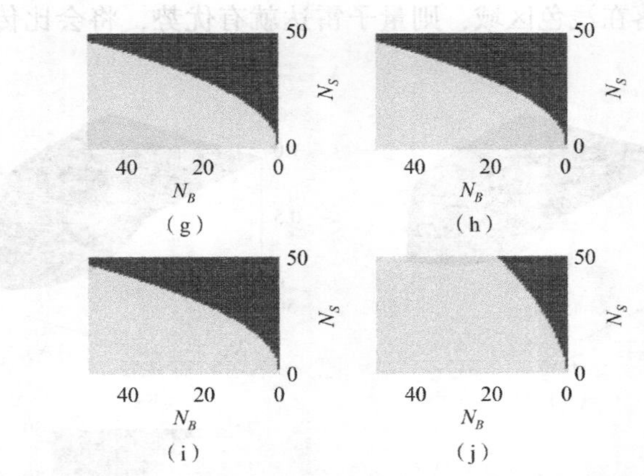

图 8.6　满足 $Q_{\mathrm{TMSS}}<Q_{\mathrm{Coh}}$ 的 N_S 和 N_B 组合（浅色区域）（续）

(g) $\kappa_t=0.70$；(h) $\kappa_t=0.80$；(i) $\kappa_t=0.90$；(j) $\kappa_t=0.99$

另外，从图 8.6 中也可以看出，当 $\kappa_t=0.10\sim0.90$ 时，量子目标探测取得优势的区域几乎没有变化。然而，当 $\kappa_t=0.90\sim0.99$ 时，该区域变化显著。为了给出变化情况，在图 8.7 给出了 $\kappa_t=0.91$，0.92，0.93，0.94，0.95，0.96，0.97，0.98 时基于两模压缩态的量子目标探测优于基于相干态的传统目标探测的工作参数范围。浅色区域中 $Q_{\mathrm{TMSS}}<Q_{\mathrm{Coh}}$，也即量子雷达的 Q 值更小，误判概率更低。

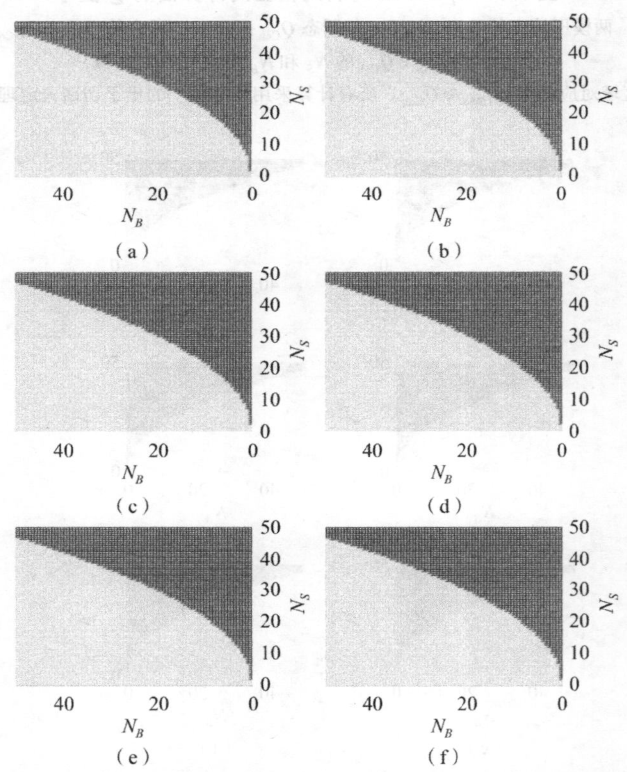

图 8.7　满足 $Q_{\mathrm{TMSS}}<Q_{\mathrm{Coh}}$ 的 N_S 和 N_B 组合（浅色区域）

(a) $\kappa_t=0.91$；(b) $\kappa_t=0.92$；(c) $\kappa_t=0.93$；(d) $\kappa_t=0.94$；(e) $\kappa_t=0.95$；(f) $\kappa_t=0.96$

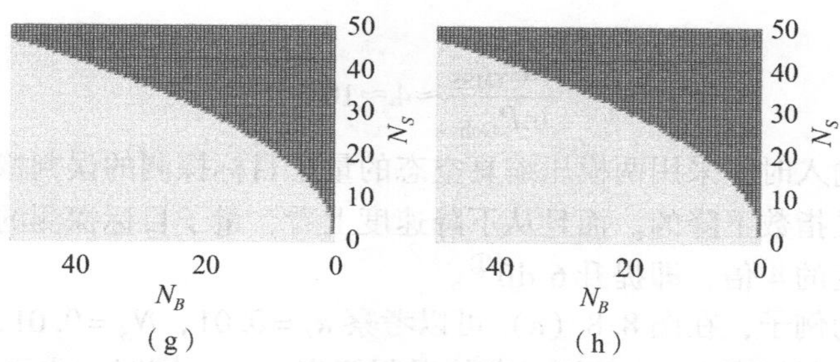

图8.7 满足 $Q_{\text{TMSS}} < Q_{\text{Coh}}$ 的 N_S 和 N_B 组合（浅色区域）（续）

(g) $\kappa_t = 0.97$；(h) $\kappa_t = 0.98$

通过图8.6和图8.7的分析，易知，基于两模压缩真空态的量子雷达比传统雷达更加优越的必要工作条件是：

$$N_S < N_B \tag{8.54}$$

8.5 6 dB增益的由来

在诸多文献中，量子雷达比相干态雷达具有6 dB增益的优势。为了帮助读者理解相关文献，有必要对6 dB增益进行阐述。6 dB增益实际上指的是量子目标探测相比相干态目标探测的误判概率随着信号态数目 M 的下降速度。事实上，在第8.2节和第8.3节中严格地给出量子切诺夫定理所给出的关键参数 Q 是困难的。为了对量子目标探测的优势给出一个数量上的界定，可以从 Q 上界的角度进行分析。根据量子切诺夫定理，易知

$$Q \leqslant \operatorname{Tr}\left[\boldsymbol{\rho}_0^{\frac{1}{2}}\boldsymbol{\rho}_1^{\frac{1}{2}}\right] \tag{8.55}$$

该上界即为巴塔恰里雅界（Bhattacharyya Bound）[24]。对于相干态，有

$$Q_{\text{Coh}} \leqslant \exp\left[-\kappa_t N_S\left(\sqrt{N_B+1}-\sqrt{N_B}\right)^2\right] \tag{8.56}$$

当 $N_B \gg 1$ 时，有

$$Q_{\text{Coh}} \approx \exp\left(-\frac{\kappa_t N_S}{4N_B}\right) \tag{8.57}$$

与此同时，如果采用两模压缩真空态并且 $\kappa_t \ll 1$，$N_S \ll 1$，$N_B \gg 1$[24]，可以得到

$$Q_{\text{TMSS}} \leqslant \exp\left(-\frac{\kappa_t N_S}{N_B}\right) \tag{8.58}$$

于是，在 M 份信号态情况下，相干态目标探测的误判概率为

$$P_{\text{Coh}} \approx \frac{1}{2}\exp\left(-M\frac{\kappa_t N_S}{4N_B}\right) \tag{8.59}$$

$$P_{\text{TMSS}} \leqslant \frac{1}{2}\exp\left(-M\frac{\kappa_t N_S}{N_B}\right) \tag{8.60}$$

因此，可以发现

$$\frac{\ln P_{\text{TMSS}}}{\ln P_{\text{Coh}}} = \frac{\ln\left(\frac{1}{2}\right) - M\frac{\kappa_t N_S}{N_B}}{\ln\left(\frac{1}{2}\right) - M\frac{\kappa_t N_S}{4N_B}} \tag{8.61}$$

当 $M \gg 1$ 时，易知

$$\frac{\ln P_{\mathrm{TMSS}}}{\ln P_{\mathrm{Coh}}} \approx 4 \approx 10^{\frac{6}{10}} \tag{8.62}$$

即，在多份信号态输入时，采用两模压缩真空态的量子目标探测的误判概率和相干态目标探测的误判概率都是呈指数下降的。而且从下降速度上看，量子目标探测的误判概率的下降速度是相干态下降速度的4倍，即提升6 dB①。

作为一个简单的例子，在图8.8（a）可以考察 $\kappa_t = 0.01$，$N_S = 0.01$，$N_B = 15$ 条件下的两模压缩真空态的误判概率 P_{TMSS} 和相干态的误判概率 P_{Coh}。同时，也画出了二者的巴塔恰里雅界 $P_{\mathrm{TMSS}}^{(\mathrm{B})}$ 和 $P_{\mathrm{Coh}}^{(\mathrm{B})}$。图8.8（b）给出了误判概率的上界 $P_{\mathrm{TMSS}}^{(\mathrm{B})}$ 和 $P_{\mathrm{Coh}}^{(\mathrm{B})}$ 随着 M 的变化情况。理论上，量子目标探测比相干态目标探测在下降速度上有6 dB的提升。随着 M 逐渐增大，当 $M \approx 10^8$ 时，可以看到实际的下降速度已经接近理论值 $\frac{\ln P_{\mathrm{TMSS}}}{\ln P_{\mathrm{Coh}}} = 4$。

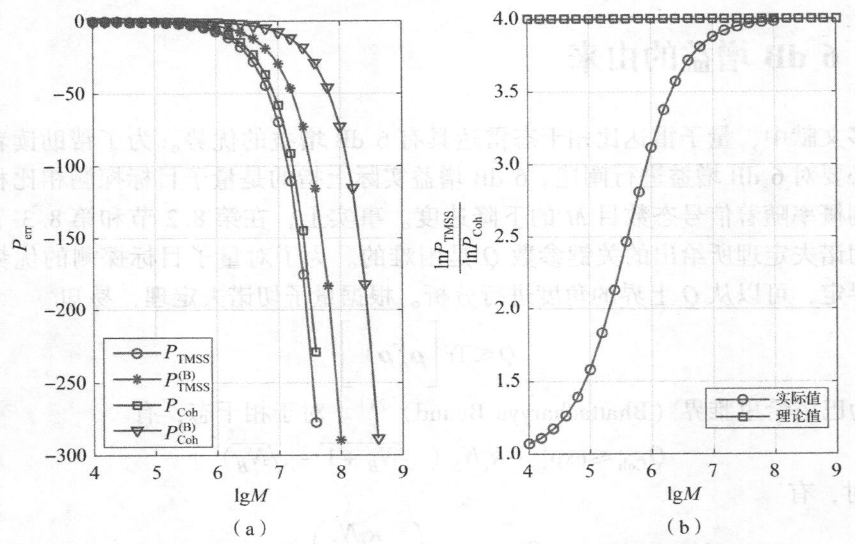

图8.8　参数 $\kappa_t = 0.01$，$N_S = 0.01$，$N_B = 15$ 条件下误判概率（a）以及误判概率比值随着 M 的变化速度（b）

8.6　小结

对于信号源采用高斯态的量子雷达仿真而言，相空间是一个十分有效的描述和定量分析方法。它为研究任意强度下的量子目标探测提供了有效工具。本章引入了相空间的量子切诺夫定理，并以此为基础定量讨论了基于两模压缩真空态的量子雷达和基于相干态的传统雷达，并对探测不同反射率的目标过程中量子雷达取得优势的工作范围进行标定。这些工作为分析和设计高效的量子雷达提供了重要参考。

① dB的定义：$X = 10\lg \frac{P_2}{P_1}$ dB。

第三部分
非高斯量子雷达

第9章
非高斯态与非高斯操作的光子数空间描述

非高斯态与非高斯操作的相关内容比较丰富，为了形式上的简洁，在本章中从光子数空间的角度阐述非高斯态及非高斯操作。光子数空间形式上比较简单，往往用于描述量子态在光子数空间中的具体形式已知并且光子数主要布居在较低的光子数本征态的情况。

9.1 非高斯态

由前文分析得知，高斯态是魏格纳函数为高斯函数的量子态，是十分重要的量子资源。然而，在无限维希尔伯特空间中，高斯态仅仅占据很少的部分，更多的为非高斯量子态。非高斯态的获得可以有多种方法。事实上，高斯态经过高斯操作后仍为高斯态，除此之外，一般都是非高斯态，如图9.1所示。

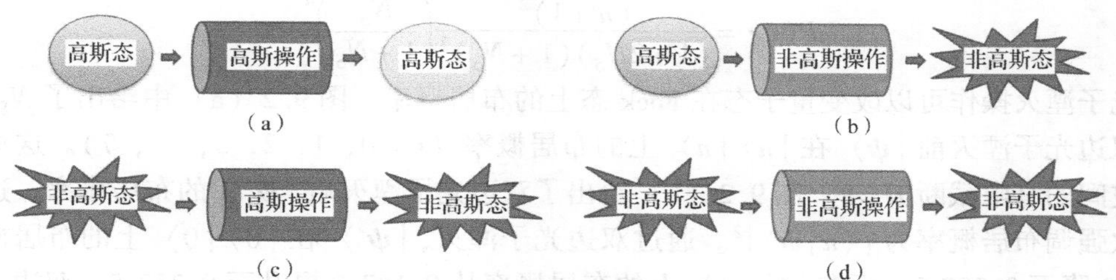

图9.1 获得高斯态（a）与非高斯态（b）（c）（d）的途径

非高斯态下的量子信息具有更多优势。具有相同平均光子数的非高斯态比高斯态具有更加优异的性能。比如，非高斯态在贝尔不等式违背方面具有更加优异的表现[198,199]，在量子隐形传态中具有更高的保真度[200]，在量子目标探测中具有更低的虚警概率[26,27]，在以能量提取为基准的麦克斯韦妖中具有更高的效率[201]。

9.1.1 几种常见的非高斯态

对于光子数分布形式已知的非高斯态，光子数空间也是一种十分简洁高效的描述方式。以下举几个例子。

例9.1.1 配对相干态。

“配对相干态”[202,203]（Pair - Coherent state）在量子密码中具有潜在应用[204-207]，其量子态可以表示为

$$|\boldsymbol{\psi}_{\mathrm{PCS}}\rangle = \frac{1}{\sqrt{I_0(2|\mu|)}}\sum_{n=0}^{\infty}\frac{\mu^n}{n!}|n\rangle|n\rangle \tag{9.1}$$

式中，$I_0(\cdot)$为修正的第一类贝塞尔函数；μ 为配对相干态的本征值参数，即

$$\hat{a}\otimes\hat{b}\,|\psi_{\text{PCS}}\rangle=\mu\,|\psi_{\text{PCS}}\rangle \tag{9.2}$$

这里 $\hat{a}$ 和 $\hat{b}$ 分别为两个模式上的湮灭算符。

"配对相干态"在$|n\rangle|n\rangle$ 态上的布居概率为

$$P(n)=\frac{\mu^{2n}}{(n!)^2I_0(2|\mu|)} \tag{9.3}$$

例 9.1.2 双边光子湮灭后的两模压缩真空态。

最简单的两模高斯态为两模压缩真空态。在光子数空间中可以表示为

$$|\psi_{\text{TMSS}}\rangle=\sum_{n=0}^{\infty}\frac{1}{\sqrt{1+N_S}}\left(\sqrt{\frac{N_S}{1+N_S}}\right)^n|n\rangle|n\rangle \tag{9.4}$$

通过对$|\psi_{\text{TMSS}}\rangle$ 的双边光子湮灭，可以得到

$$|\psi'\rangle=\frac{1}{\sqrt{\mathcal{N}}}(\hat{a}\otimes\hat{b})\,|\psi\rangle \tag{9.5}$$

式中，$\mathcal{N}=\langle\psi|\hat{a}^\dagger\hat{a}\otimes\hat{b}^\dagger\hat{b}|\psi\rangle$。

归一化以后，可以得到

$$|\psi'\rangle=\sum_{n=0}^{\infty}\frac{(n+1)}{\sqrt{1+2N_S}\,(1+N_S)}\left(\sqrt{\frac{N_S}{1+N_S}}\right)^n|n\rangle|n\rangle \tag{9.6}$$

因此，非高斯态$|\psi'\rangle$ 在$|n\rangle|n\rangle$ 上的布居概率可以表示为

$$P(n)=\frac{(n+1)^2}{(1+2N_S)(1+N_S)^2}\left(\frac{N_S}{1+N_S}\right)^n \tag{9.7}$$

光子湮灭操作可以改变量子态在 Fock 态上的布居概率。图 9.2（a）中给出了 $N_S=1/3$ 时，双边光子湮灭前$|\psi\rangle$ 在$|n\rangle|n\rangle$ 上的布居概率（$n=0,1,2,3,\cdots,7$）。这里取光子数空间的有限截断 $D=8$。图 9.2（b）给出了双边光子湮灭后$|\psi'\rangle$ 的布居概率。这里需要再次强调布居概率为$|\langle n|\psi\rangle|^2$。通过双边光子湮灭，$|\psi'\rangle$ 在$|0\rangle|0\rangle$ 上的布居概率从 0.750 0 降至 0.337 5，而在$|1\rangle|1\rangle$ 上的布居概率从 0.187 5 提升至 0.337 5。双边光子湮灭操作有力地降低了量子态在$|0\rangle|0\rangle$ 上的布居概率，提升了在非零光子数态上的布居概率。

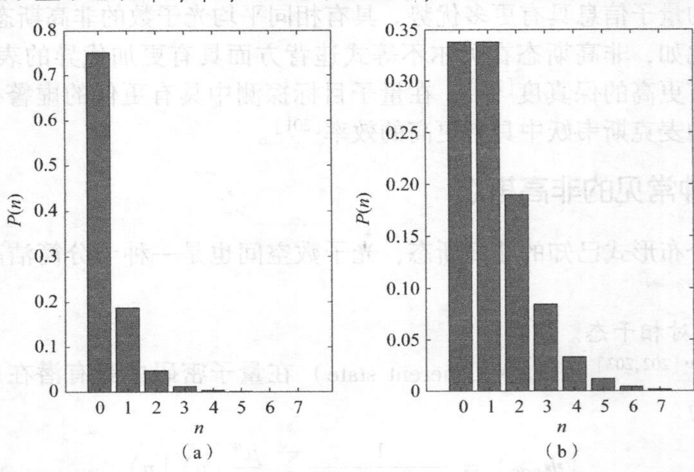

图 9.2 （a）两模压缩真空态（$N_S=1/3$）的光子数布居概率和（b）$|\psi'\rangle$（$N_S=1/3$）的光子数布居概率

然而，值得一提的是，如果非高斯态的具体形式未知，则光子数空间就不能给出非高斯态的严格精确表述。在计算机数值仿真中，只能利用有限截断的方法来近似地表示非高斯态。

9.1.2 非高斯态的非高斯性

高斯态的魏格纳函数是高斯型函数，而非高斯态的魏格纳函数是非高斯函数。非高斯态的非高斯程度如何度量是一个有趣的问题①。

目前，关于量子态的非高斯性的度量理论很多[209,210]，由于篇幅所限，这里介绍 M. G. A. Paris 教授等[208]提出的基于希尔伯特距离的方法。

定义 9.1.1 非高斯性。

设$\boldsymbol{\rho}_1$为待考察量子态，其协方差矩阵和一阶矩分别为$\boldsymbol{V}$，$\bar{\boldsymbol{R}}$，设$\boldsymbol{\rho}_2$为协方差矩阵为$\boldsymbol{V}$、一阶矩为$\bar{\boldsymbol{R}}$的高斯态，则$\boldsymbol{\rho}_1$的非高斯性定义为[208]

$$\delta_{\mathrm{NG}}(\boldsymbol{\rho}_1)=\frac{D_{\mathrm{HS}}^2(\boldsymbol{\rho}_1,\boldsymbol{\rho}_2)}{\mathrm{Tr}(\boldsymbol{\rho}_1^2)} \tag{9.8}$$

式中，$D_{\mathrm{HS}}(\boldsymbol{\rho}_1,\boldsymbol{\rho}_2)$为量子态$\boldsymbol{\rho}_1$，$\boldsymbol{\rho}_2$的希尔伯特距离

$$D_{\mathrm{HS}}(\boldsymbol{\rho}_1,\boldsymbol{\rho}_2)=\sqrt{\frac{\mathrm{Tr}(\boldsymbol{\rho}_1^2)+\mathrm{Tr}(\boldsymbol{\rho}_2^2)-2\mathrm{Tr}(\boldsymbol{\rho}_1\boldsymbol{\rho}_2)}{2}} \tag{9.9}$$

定义 9.1.1 实际上考察的是量子态$\boldsymbol{\rho}_1$和一个与其有相同协方差矩阵及一阶矩的高斯态之间的偏差程度。

特别地，当$\boldsymbol{\rho}_1$本身就是高斯态时，$\boldsymbol{\rho}_2=\boldsymbol{\rho}_1$，$D_{\mathrm{HS}}(\boldsymbol{\rho}_1,\boldsymbol{\rho}_2)=0$，$\delta_{\mathrm{NG}}(\boldsymbol{\rho}_1)=0$，即高斯态的非高斯性为零。

由此定义，可以对常见的单模和两模量子态的非高斯性进行计算。

例 9.1.3 单光子态的非高斯性。

设$\boldsymbol{\rho}_1=|1\rangle\langle 1|$为单光子态。根据定义 7.1.4，其协方差矩阵为

$$\boldsymbol{V}=\frac{3}{2}\boldsymbol{I}_2,\bar{\boldsymbol{R}}=\boldsymbol{0} \tag{9.10}$$

与其具有相同协方差矩阵和一阶矩的高斯量子态$\boldsymbol{\rho}_2$为平均光子数为1的单模热态

$$\boldsymbol{\rho}_2=\sum_{k=0}^{\infty}\left(\frac{1}{2}\right)^{k+1}|k\rangle\langle k| \tag{9.11}$$

通过简单计算易知

$$\mathrm{Tr}(\boldsymbol{\rho}_1^2)=1 \tag{9.12}$$

$$\mathrm{Tr}(\boldsymbol{\rho}_2^2)=\frac{1}{3} \tag{9.13}$$

$$\mathrm{Tr}(\boldsymbol{\rho}_1\boldsymbol{\rho}_2)=\frac{1}{4} \tag{9.14}$$

$$D_{\mathrm{HS}}(\boldsymbol{\rho}_1,\boldsymbol{\rho}_2)=\frac{\sqrt{15}}{6} \tag{9.15}$$

---

① 在数理统计中，也有类似的度量一个概率分布的非高斯性的相关命题。

于是，单光子态的非高斯性度量为

$$\delta_{\mathrm{NG}}(\boldsymbol{\rho}_1)=\frac{5}{12} \tag{9.16}$$

例 9.1.4 配对相干态的非高斯性。

根据以上定义，可以十分方便地计算出配对相干态的非高斯性。取光子数有限截断 $D=7$，可以轻易地计算出不同的参数 μ 下的配对相干态在各个光子数态的分布情况。图 9.3（a）（b）分别给出了 $\mu=0.1$ 和 $\mu=0.8$ 时配对相干态的分布概率。随着 μ 的增加，配对相干态开始在多光子数态上进行非零的布居。图 9.3（c）给出了非高斯性 δ_{NG} 随着 μ 的变化情况。

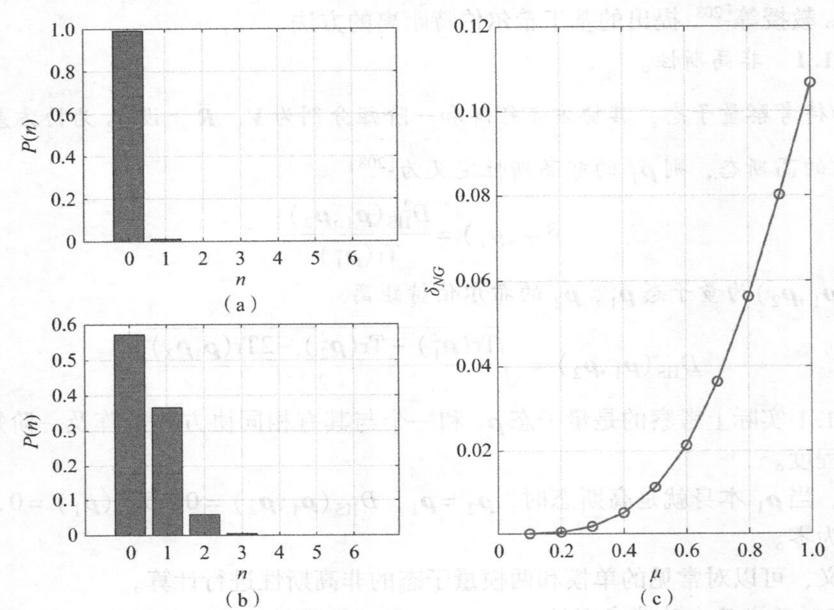

图 9.3 配对相干态的非高斯性（光子有限截断在 $D=7$）

（a）$\mu=0.1$ 时的配对相干态在各个光子数态上的分布概率；

（b）$\mu=0.8$ 时的配对相干态在各个光子数态上的分布概率；（c）非高斯性随 μ 的变化关系

9.2 非高斯操作

非高斯操作是将高斯量子态演化为非高斯态的操作，在连续变量量子信息中具有重要的地位和作用。已经证明，非高斯操作是连续变量量子纠缠蒸馏的必要手段[211,212]，是连续变量量子计算中实现量子加速的核心组成部件[213]，是连续变量量子纠错码中的必要组成部分[214]。

通常实现非高斯操作最好的办法是光子数测量。通过光子数测量可以诱导出非高斯性。目前最常用的非高斯操作包括光子擦除、光子增加、光子无噪放大和光子催化等都是由光子数测量引起的。

9.2.1 光子擦除

光子擦除操作，有时又叫光子减去（Photon Subtraction），其基本思想是从待操作光场中剥离出一些光子。根据剥离出光子的数目，光子擦除可以分为单光子擦除和多光子擦除。单光子擦除是从已知量子态中剥离出一个光子，是最简单的光子擦除操作。原则上，多光子擦除可以通过多次单光子擦除的方式实现。

9.2.1.1　光子湮灭——最理想的光子擦除

光子湮灭是最理想的光子擦除。知道光子湮灭算符可以实现 Fock 态的光子数减1，有

$$\hat{a}\mid n\rangle=\sqrt{n}\mid n-1\rangle \tag{9.17}$$

然而，光子湮灭操作对应是非物理操作，并不能够用物理系统来实现。

9.2.1.2　基于光子数测量的光子擦除

实际单光子擦除操作可以用一个透过率为 T 的分束器和单光子探测器来实现，方案如图 9.4 所示。该方案已经广泛应用在基于光子擦除的量子纠缠蒸馏的研究[190,192,197,200,215-217]。

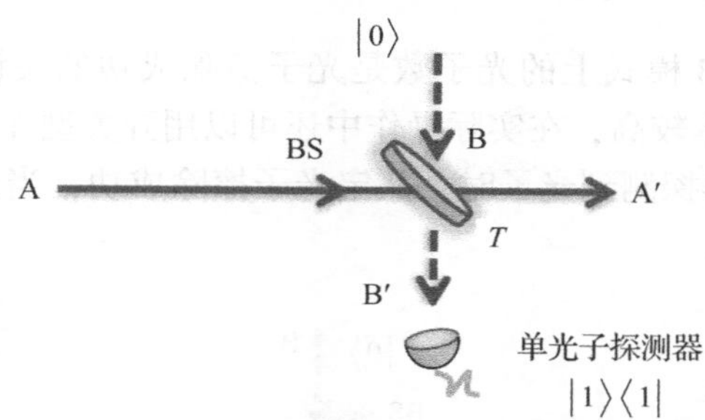

图 9.4　基于光学分束器和单光子探测器的光子擦除

在光子擦除中，A 路输入的为待擦除的量子态，B 路输入的为真空态，A－B 采用透过率为 T 的光学分束器进行耦合，然后在 B 路的输出端进行光子数测量。光子数测量采用单光子探测器，当且仅当光子数测量结果为 1 即单光子探测器探测到 1 个光子时，光子擦除成功。当光子数测量结果为其他时，认为光子擦除未成功。一般地，A 输入可以为任意的量子态，而光子擦除的效果会因输入量子态的不同而有所区别。

为了更加清晰地看到光子擦除的效果，设图 9.4 中 A 路输入的为 Fock 态 $|n\rangle$，则经过分束器变换①，得到

$$|\boldsymbol{\psi}\rangle_{AB}=\boldsymbol{U}_{BS}(T)\mid n\rangle\mid 0\rangle=e^{\theta_0(\hat{a}\hat{b}^\dagger-\hat{a}^\dagger\hat{b})}\mid n\rangle\mid 0\rangle \tag{9.18}$$

式中，$\theta_0=\arctan(\sqrt{(1-T)/T})$；$\hat{\boldsymbol{a}}$ 和 $\hat{\boldsymbol{b}}$ 是 A 和 B 两个模式上的光学湮灭算符。根据式(3.37)，可以得到

$$|\boldsymbol{\psi}\rangle_{AB}=\sum_{k=0}^{n}\sqrt{\binom{n}{k}}T^{\frac{n-k}{2}}(1-T)^{\frac{k}{2}}|n-k\rangle_A|k\rangle_B \tag{9.19}$$

量子态 $|\boldsymbol{\psi}\rangle_{AB}$是 $|n-k,\ k\rangle$ 的叠加。如果 $k=1$，可以看到 A 模上的量子态变成了 $|n-1\rangle$。这也正是基于光学分束器和单光子探测器进行光子擦除的工作原理。数学上，有

$$|n\rangle\rightarrow_B\langle 1\mid\boldsymbol{\psi}\rangle_{AB}=g_1(n)\mid n-1\rangle \tag{9.20}$$

---

① 光学分束器对量子态的变换可参考第 3.4 节。

式中

$$g_1(n)=\sqrt{\frac{n(1-T)}{T}}T^{\frac{n}{2}} \tag{9.21}$$

由于光子擦除成功以后，输出态为$|n-1\rangle$，因而其保真度可以表示为

$$F_1=1 \tag{9.22}$$

这个变换并不能确定性（100%概率）实现，当且仅当B模式上有1个光子时才能实现。根据式（9.21），B模式上恰有1个光子的概率为

$$P_{\text{succ}}^{(1)}=(g_1(n))^2=n(1-T)T^{n-1} \tag{9.23}$$

当$n=1$时，成功概率为$(1-T)$。一般地，取$T\approx0.90$，以保证光子擦除的高保真度。在这种情况下，对于单光子态的光子擦除成功概率$P_{\text{succ}}\ll1$。当$n\gg1$时，P_{succ}随着n迅速减小，这个方案对于多光子量子态的光子擦除效率不高。

9.2.1.3　基于开关型光子探测的光子擦除

由以上分析知，检测B模式上的光子数是光子擦除成功的关键。考虑到具有光子数分辨能力的单光子探测器成本较高，在实际操作中还可以用开关型光子探测器进行探测，如图9.5所示。当开关型探测器探测到光子时，认定光子擦除成功，当开关型探测器未探测到光子时，认定光子擦除失败。

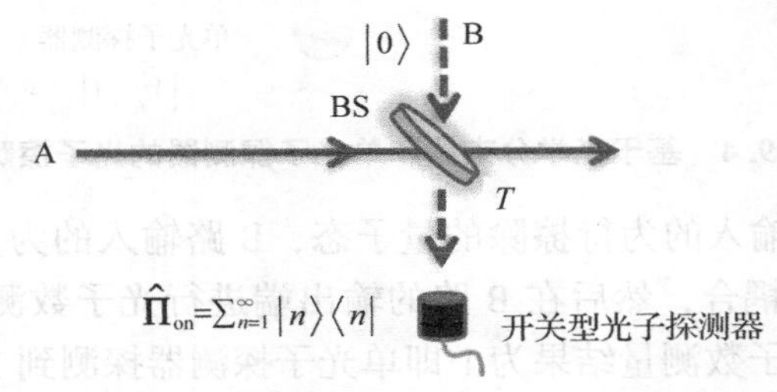

图9.5　基于开关型光子探测的光子擦除

根据广义量子测量理论，开关型探测器探测到光子的概率可以表示为

$$P_{\text{succ}}^{(2)}=\text{Tr}[\,|\boldsymbol{\psi}\rangle_{\text{AB}}\langle\boldsymbol{\psi}|(\boldsymbol{I}\otimes\hat{\boldsymbol{\Pi}}_{\text{on}})]=1-T^n$$

式中，$|\boldsymbol{\psi}\rangle_{\text{AB}}$由式（9.18）给出。

由于开关型光子探测器不能区分所探测到的光子数目，A路的量子态可以表示为

$$\begin{aligned}\boldsymbol{\rho}_{\text{A}}&=\frac{1}{P_{\text{succ}}^{(2)}}\text{Tr}_{\text{B}}[\,|\boldsymbol{\psi}\rangle_{\text{AB}}\langle\boldsymbol{\psi}|(\boldsymbol{I}\otimes\hat{\boldsymbol{\Pi}}_{\text{on}})]\\&=\frac{1}{1-T^n}\sum_{m=1}^{n}\binom{n}{m}T^{n-m}(1-T)^m|n-m\rangle\langle n-m|\end{aligned} \tag{9.24}$$

采用开关型光子探测器进行光子擦除的保真度可以表示为

$$F_2=\langle n-1|\boldsymbol{\rho}_{\text{A}}|n-1\rangle=\frac{nT^{n-1}(1-T)}{1-T^n} \tag{9.25}$$

比较式（9.20）和式（9.24），不难发现，对于同样输入的是$|n\rangle$态，采用单光子探测器并且成功进行光子擦除后，得到的输出态只有$|n-1\rangle$态，并且为纯态。而采用开关型光子探

测器，则 A 路输出态不仅有代表 $n-1$ 个光子的 $|n-1\rangle\langle n-1|$ 态，还有 $|n-2\rangle\langle n-2|$，$|n-3\rangle\langle n-3|$，…，$|0\rangle\langle 0|$。这正是开关型光子探测器不具有光子数分辨能力的直接结果。

可以对以上两种方案进行对比。不妨取 $n=7$，图 9.6（a）考察了不同的透过率 T 时的保真度。在基于光子数测量的光子擦除方案中，输出态与 T 无关，对于任意 T，均有保真度 $F_1=1$。而对于采用开关型光子探测的光子擦除方案，则受到 T 的较大影响。只有当 T 接近于 1 时，保真度才接近 100%。但与此同时，其成功概率 $P_{\text{succ}}^{(2)}$ 也迅速降低。另外，采用光子数测量的光子擦除成功概率较低，因为其只考虑探测器探测到 1 个光子的情况，相比之下，采用开关型光子探测器则也考虑探测到 2，3，4，…多光子的情况，其成功概率较高，如图 9.6（b）所示。因此，在实际的光子擦除过程中，光子擦除方案的选择受到成功概率和保真度的双重制约。图 9.6（c）给出了基于光子数测量的光子擦除方案所对应的输出，其中定义 $\boldsymbol{\rho}_{\mathrm{A}}=\sum_{i,j}\boldsymbol{\rho}_{\mathrm{A}}(i,j)|i\rangle\langle j|$。不难发现，该方案的输出只有 6 光子态 $|6\rangle$。图 9.6（d）给出了采用开关型光子探测时光子擦除后的量子态，输出不仅有 6 光子态的成分，也有 5 光子和 4 光子成分，这也是其保真度不高的重要原因。

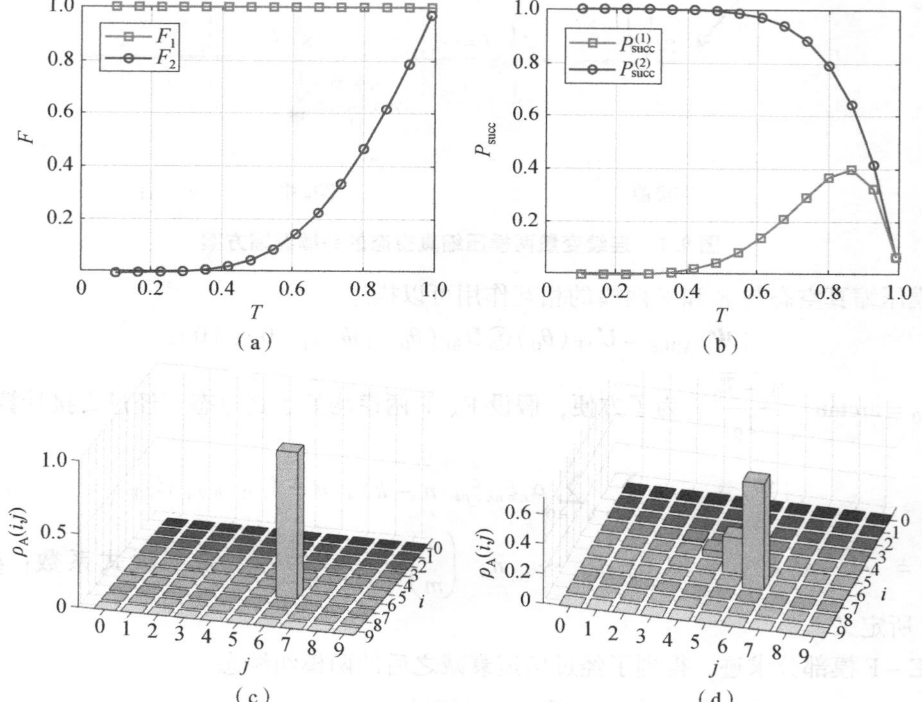

图 9.6 对于 $|n\rangle$（$n=7$）态的光子擦除效果对比（光子数有限截断在 $D=10$）

（a）不同 T 条件下的保真度 F_1，F_2；（b）不同 T 条件下的成功概率 $P_{\text{succ}}^{(1)}$，${}^{(2)}_{\text{succ}}$；（c）采用光子数测量的输出态；（d）采用开关型光子探测的输出态：$T=0.9$

9.2.1.4 光子擦除的应用——基于光子擦除的纠缠蒸馏

在第 9.2.1.3 节中，展示了光子擦除操作对单个模式上的光量子态的影响。如果光子擦除操作作用在多个模式上，也会对多个模式上的光量子态产生影响。最具代表性的多模量子态即为纠缠量子态。大量文献表明，光子擦除操作可以提高多模量子纠缠态的纠缠度。这给纠缠蒸馏提供了新的工具和途径。

纠缠蒸馏的概念最早在 1996 年由 C. H. Bennet 等人提出[218]，其中心思想是从大量的弱纠缠中提炼出少量的高质量纠缠。这对于实际有损信道条件下的纠缠分发具有重要意义。

2000 年，T. Opatrný 等学者提出了基于光子擦除的连续变量量子纠缠的蒸馏方案，如图 9.7 所示。该蒸馏方案中的光子擦除即通过光学分束器和开关型光子探测器实现[200]。光子探测器的探测结果可以作为蒸馏成功与否的标记。如果探测到光子，则光子擦除成功，经过擦除后，量子态比擦除前拥有更高的纠缠度。

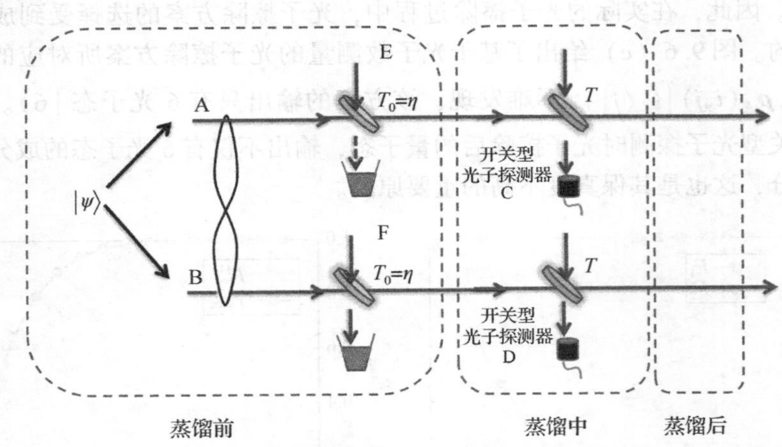

图 9.7　连续变量两模压缩真空态的纠缠蒸馏方案

两模压缩真空态与 E 和 F 两模的相互作用可以描述为

$$|\boldsymbol{\Psi}\rangle_{\mathrm{ABEF}}=\boldsymbol{U}_{\mathrm{AE}}(\theta_0)\otimes\boldsymbol{U}_{\mathrm{BF}}(\theta_0)\,|\boldsymbol{\psi}\rangle_{\mathrm{AB}}\,|0\rangle_{\mathrm{E}}\,|0\rangle_{\mathrm{F}} \tag{9.26}$$

式中，$\theta_0=\arctan\sqrt{\dfrac{1-T_0}{T_0}}$。为了方便，假设 E、F 两模均处于真空态。经过直接计算，有

$$|\boldsymbol{\Psi}\rangle_{\mathrm{ABEF}}=\sum_{n=0}^{\infty}\sum_{k,l=0}^{n}\alpha_n\xi_{nk}\xi_{nl}\,|n-k\rangle_{\mathrm{A}}\,|n-l\rangle_{\mathrm{B}}\,|k\rangle_{\mathrm{E}}\,|l\rangle_{\mathrm{F}} \tag{9.27}$$

这里 $\alpha_n=\sqrt{1-\lambda^2}\,\lambda^n$；$m$ 取 0，1，…，n；$\dbinom{n}{m}=\dfrac{n!}{m!\,(n-m)!}$是二项式系数；$\xi_{nm}$ 由式（3.37）所定义。

将 E－F 模部分求迹，得到了经过信道衰减之后的两模纠缠态

$$\begin{aligned}\boldsymbol{\rho}_{\mathrm{mix}}&\equiv\boldsymbol{\rho}_{\mathrm{AB}}=\mathrm{Tr}_{\mathrm{EF}}(\,|\boldsymbol{\Psi}\rangle_{\mathrm{ABEF}}\langle\boldsymbol{\Psi}|\,)\\&=\sum_{m,n=0}^{\infty}\sum_{i=0}^{n}\sum_{j=0}^{m}f_{nmij}\,|n-i\rangle_{\mathrm{A}}\langle m-i|\otimes|n-j\rangle_{\mathrm{B}}\langle m-j|\end{aligned} \tag{9.28}$$

式中，f_{nmij} 为一个正的实系数：$f_{nmij}=\alpha_n\alpha_m\xi_{ni}\xi_{mi}\xi_{nj}\xi_{mj}$。

根据第 4.2.1.1 节，在光子数基下，开关型光探测器可以用测量算符表示

$$\begin{aligned}\hat{\boldsymbol{\Pi}}^{(\mathrm{off})}&=|0\rangle\langle 0|\\\hat{\boldsymbol{\Pi}}^{(\mathrm{on})}&=\boldsymbol{I}-\hat{\boldsymbol{\Pi}}^{(\mathrm{off})}=\sum_{k=1}^{\infty}|k\rangle\langle k|\end{aligned} \tag{9.29}$$

根据以上定义，可以对图9.7中的纠缠蒸馏协议加以刻画。不妨设进行光子擦除时的分束器的透过系数为 T（相应的反射系数为 $R=1-T$），整个光子擦除过程可以表示为

$$\boldsymbol{\rho}_{\mathrm{ABCD}}=U[\boldsymbol{\rho}_{\mathrm{mix}}\otimes|0\rangle_{\mathrm{C}}\langle 0|\otimes|0\rangle_{\mathrm{D}}\langle 0|]U^{\dagger} \tag{9.30}$$

$$\tilde{\boldsymbol{\rho}}(\mathrm{on},\mathrm{on})=\frac{\mathrm{Tr}_{\mathrm{CD}}[\boldsymbol{\rho}_{\mathrm{ABCD}}\boldsymbol{I}_{\mathrm{AB}}\otimes\boldsymbol{\Pi}_{\mathrm{C}}^{(\mathrm{on})}\otimes\Pi_{\mathrm{D}}^{(\mathrm{on})}]}{P(\mathrm{on},\mathrm{on})}$$

式中，$U=U_{\mathrm{AC}}(\theta)\otimes U_{\mathrm{BD}}(\theta)$，$\theta=\arctan(\sqrt{R/T})$；$\tilde{\boldsymbol{\rho}}(\mathrm{on},\mathrm{on})$ 指归一化后的输出两模纠缠态；$P(\mathrm{on},\mathrm{on})$ 是纠缠成功的概率，也就是两个光探测器均为“开”的概率。

$$P(\mathrm{on},\mathrm{on})=\mathrm{Tr}[\boldsymbol{\rho}_{\mathrm{ABCD}}(\boldsymbol{I}_{\mathrm{AB}}\otimes\Pi_{\mathrm{C}}^{(\mathrm{on})}\otimes\Pi_{\mathrm{D}}^{(\mathrm{on})})] \tag{9.31}$$

这里对所有的四个模式A、B、C、D全部求迹。

在下文的研究中，经常用到 $\eta=1$ 这一特殊情况。经过在光子数空间中直接计算可以得出，当两个开关型光子探测均探测到“开”的结果时，A和B两个模式上的量子态为[197]

$$\boldsymbol{\rho}_{\mathrm{PSTMSS}}=\tilde{\boldsymbol{\rho}}(\mathrm{on},\mathrm{on})\big|_{\eta=1}$$

$$=\frac{(1-\lambda^2)(1-\lambda^2T)(1-\lambda^2T^2)}{\lambda^2(1-T)^2(1+\lambda^2T)}\sum_{n,m=1}^{\infty}(\lambda T)^{n+m} \tag{9.32}$$

$$\sum_{k,l=1}^{\min\{n,m\}}C_{mn}^{kl}|n-k,n-l\rangle\langle m-k,m-l| \tag{9.33}$$

式中

$$\lambda=\sqrt{\frac{N_S}{N_S+1}} \tag{9.34}$$

$$C_{mn}^{kl}=\sqrt{\binom{n}{k}\binom{m}{k}\binom{n}{l}\binom{m}{l}}\left(\frac{1-T}{T}\right)^{k+l} \tag{9.35}$$

且 T 是实际光子擦除所采用的光学分束器的透过系数。

由式（9.6）中 $|\boldsymbol{\psi}'\rangle$ 的定义，实际光子擦除与理想双边光子擦除保真度可表示为

$$F=\langle\boldsymbol{\psi}'|\boldsymbol{\rho}_{\mathrm{PSTMSS}}|\boldsymbol{\psi}'\rangle \tag{9.36}$$

图9.8给出了保真度与随 T、有限截断 D 之间的关系。以 $N_S=0.5$ 的两模压缩真空态为例。随着 T 的变大，F 逐渐趋向于1。增大 T 是诸多光子擦除相关的理论和实验研究中普遍采用的策略。当 $T\to 1$ 时，$F\to 1$。图9.8（b）给出了 $D=14$ 时 F 随 T 的变化关系。可以看出，当 $T\to 1$ 时，$F\approx T$。事实上，这一关系可以通过分析 $1-F$ 和 $1-T$ 的变化关系（图9.8（c））得到。特别地，在图9.8（d）中，研究 $D=14$ 时 $\log_{10}(1-F)$ 与 $\log_{10}(1-T)$ 的关系。易知，$T=1-10^{-5}$ 时，$F=1-10^{-4.2}$。反过来，这一性质也预示着，要将保真度的缺失 $1-F$ 控制在 10^{-4} 的精度范围内，需要较高透过率（$(1-T)<10^{-5}$）的光学分束器。这种光学分束器在制备和实现上具有较大难度。这在一定程度上说明这种光子擦除方案不适用于保真度要求十分严格（如 $(1-F)<10^{-4}$）的光子擦除任务中。

纠缠蒸馏后的纠缠度和蒸馏成功概率分别为[197]

$$E_N(\boldsymbol{\rho}_{\mathrm{PSTMSS}})=\log_2\left[\frac{(1+\lambda)(1-\lambda^2T)(1+\lambda T)}{(1-\lambda T)(1+\lambda^2T)(1-\lambda T+\lambda R)}\right] \tag{9.37}$$

$$P_{\mathrm{succ}}=P(\mathrm{on},\mathrm{on})\bigg|_{\eta=1}=\frac{\lambda^2(1-T)^2(1+\lambda^2T)}{(1-\lambda^2T)(1-\lambda^2T^2)} \tag{9.38}$$

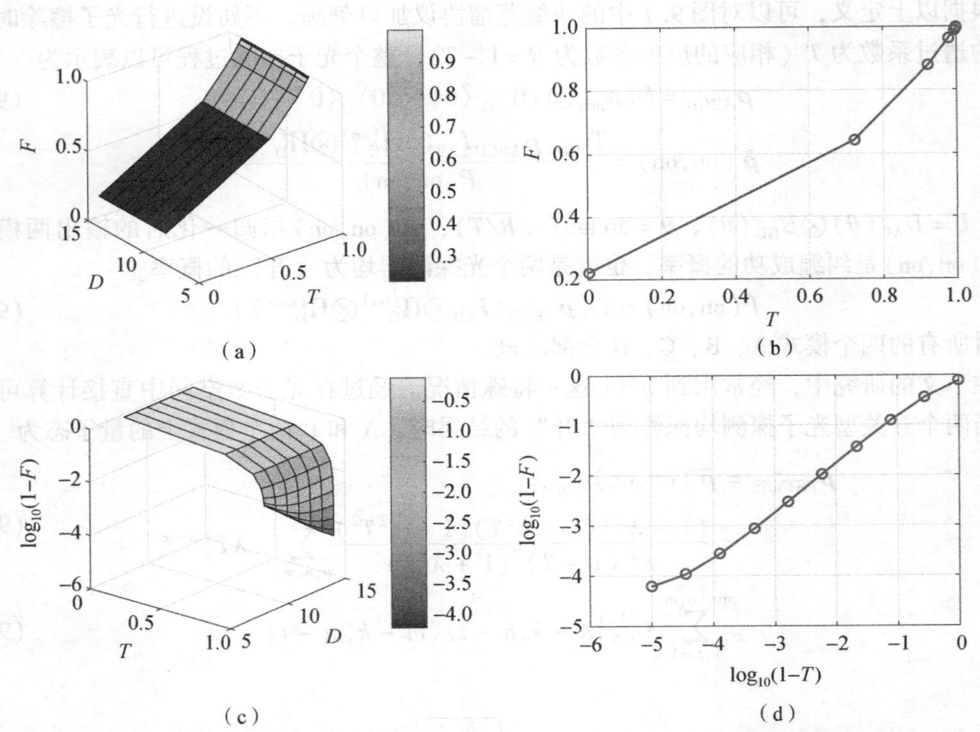

图 9.8 (a) 保真度 F 随 T 和 D 变化关系；(b) $D=14$，保真度 F（对数）随透过率 T（对数）变化关系；(c) 保真度的缺失 $1-F$（对数）随 T 和 D 变化关系；(d) $D=14$，保真度的缺失 $1-F$（对数）随透过率 T（对数）变化关系

国际上许多学者对基于光子擦除的纠缠蒸馏展开了一系列研究。代表性的结果如下：S. Olivare 等考察了利用开关型光子探测器进行蒸馏的可能[215]；A. Kitagawa 等对开关型光子探测器方案进行了严格的数值计算[150]；M. Sasaki 等研究了光子擦除过程中的模式耦合问题并建立了多模耦合的理论模型[216]。2010 年 3 月，A. Furusawa 小组首次实验实现了高斯型连续变量纠缠纯态的光子擦除蒸馏方案，并第一次实验验证了光子擦除后的纠缠蒸馏现象[217]。随后，本课题组也做了一系列的研究，系统研究了振幅衰减过程中的两模压缩真空态的纠缠蒸馏方案[197]，给出了纠缠蒸馏过程中的分束器分束比阈值条件，受到了同行的关注。另外，还发现了局域压缩操作对基于光子擦除的纠缠蒸馏的改善作用[192]。在局域压缩操作辅助下，光子擦除可以大大提高现有纠缠蒸馏方案的成功概率以及输出的纠缠度。这一结论为探索更加有效的纠缠蒸馏方案提供了新的思路。国际量子信息领域知名学者 J. Fiurášek 充分肯定了我们的结果[190]，并进一步证明了局域的位移算符对纠缠蒸馏同样具有改善作用。

9.2.2 光子增加

光子增加操作是光子擦除操作的逆过程。单光子增加是指向未知量子态增加 1 个光子的操作。

9.2.2.1 单光子辅助下的光子增加

光子增加操作可以采用辅助单光子态和零光子探测的方法，方案如图 9.9 所示。设 A

路为亟待进行光子增加操作的量子态。B 路为辅助的单光子态。在 A 和 B 路经过光学分束器耦合以后，在 B 路的输出端 B′进行光子探测。图 9.9（a）采用的是单光子探测器；图 9.9（b）采用的是开关型光子探测器。当 B′路上探测到 0 个光子时，光子增加操作成功。由光子数测量相关理论易知，当光子数测量到 0 个光子时，实际上是将被测量子态投影到 $|0\rangle\langle 0|$。而这恰与开关型探测器探测到"关"所对应的测量算符 $\hat{\boldsymbol{\Pi}}_{\text{off}}$ 相同。因此，当 B 路输入为单光子态时，图 9.9（a）和图 9.9（b）的输出态是完全一样的。这也意味着，在单光子辅助时，可以采用更加方便的开关型光子探测器进行光子增加操作。

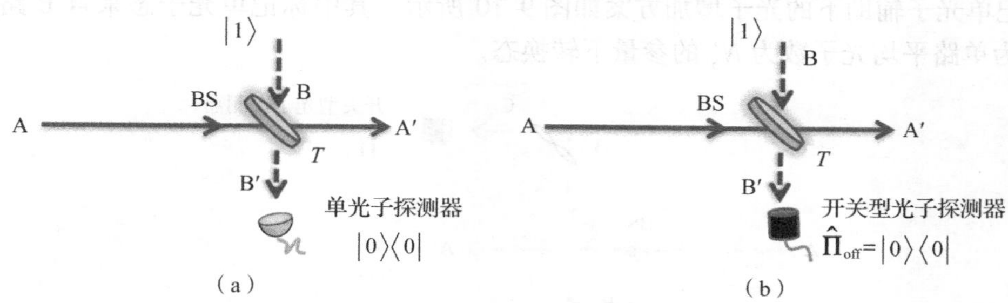

图 9.9　光子增加

（a）基于单光子探测器的光子增加操作；（b）基于开关型光子探测器的光子增加操作

以下分析光子增加过程中的量子态演化。为了使物理过程更加清晰，分析 A 路输入为 Fock 态 $|n\rangle$ 的情况。A－B 经过光学分束器耦合以后，量子态可以表示为

$$|\boldsymbol{\psi}'\rangle_{\mathrm{A'B'}} = \boldsymbol{U}_{\mathrm{AB}}(T)\,|n\rangle\,|1\rangle = \mathrm{e}^{\theta_0(\hat{a}\hat{b}^\dagger - \hat{a}^\dagger\hat{b})}\,|n\rangle\,|1\rangle \tag{9.39}$$

式中，$\theta_0 = \arctan(\sqrt{(1-T)/T})$。

代入式（3.58），得到

$$|\boldsymbol{\psi}'\rangle_{\mathrm{A'B'}} = \sum_{k=0}^{n}\sum_{\ell=0}^{1} f_{kl}^{n}(T)\,|n-k+\ell\rangle\,|1+k-\ell\rangle \tag{9.40}$$

式中

$$f_{kl}^{n}(T) = (-1)^{\ell}\sqrt{\binom{n}{k}\binom{n-k+\ell}{\ell}\binom{k+1-\ell}{k}}\,T^{\frac{n+1-k-\ell}{2}}(1-T)^{\frac{k+\ell}{2}} \tag{9.41}$$

B′路探测到 0 个光子等价于对 B′路的光子进行向 $|0\rangle\langle 0|$ 的投影测量，成功概率为

$$\begin{aligned} P_{\text{succ}}^{(1)} &= \mathrm{Tr}[\,|\boldsymbol{\psi}'\rangle_{\mathrm{A'B'}}\langle\boldsymbol{\psi}'|\,(\boldsymbol{I}\otimes|0\rangle\langle 0|)\,] \\ &= (n+1)(1-T)T^{n} \end{aligned} \tag{9.42}$$

根据量子测量理论，B′投影到 $|0\rangle\langle 0|$ 后 A′的量子态可以表示为

$$\boldsymbol{\rho}_{\mathrm{A'}} = \frac{1}{P_{\text{succ}}^{(1)}}\mathrm{Tr}_{\mathrm{B'}}[\,|\boldsymbol{\psi}'\rangle_{\mathrm{A'B'}}\langle\boldsymbol{\psi}'|\,(\boldsymbol{I}\otimes|0\rangle\langle 0|)\,] \tag{9.43}$$

$$= |n+1\rangle\langle n+1| \tag{9.44}$$

即输出恰好为 $n+1$ 个光子的 Fock 态。

这一结果也可以由式（9.40）看出。事实上，B′路探测到 0 个光子意味着 $k+1=\ell$，又因为 $0\leqslant\ell\leqslant m=1$，所以只有 $k=0$，$\ell=1$ 这一项才符合要求，此时，A′路的量子态恰为 $|n-k+\ell\rangle = |n+1\rangle$。

因此，光子增加操作的保真度为

$$F_1 = \langle n+1|\boldsymbol{\rho}_{\mathrm{A}'}|n+1\rangle = 1 \tag{9.45}$$

9.2.2.2　标记单光子辅助下的光子增加

单光子辅助为光子增加提供了诸多便利，不需要单光子探测器，仅需要开关型光子探测即可以实现。然而单光子辅助需要理想的单光子源。但目前一个能按需发射理想单光子的单光子源本身尚未完全实现。正如第 4.3 节介绍，在实际过程中往往采用的是标记单光子源[219-211]。

标记单光子辅助下的光子增加方案如图 9.10 所示。其中标记单光子态来自 B 路。B 路和 C 路为单路平均光子数为 N_S' 的参量下转换态。

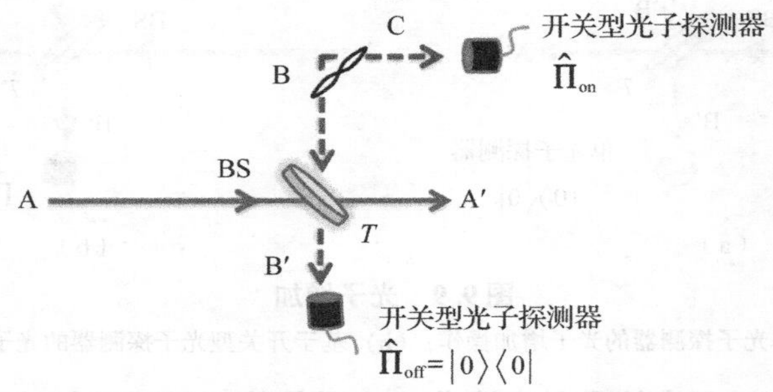

图 9.10　标记单光子辅助下的光子增加操作

根据第 2.5.5 节，B－C 两路的量子态可写作

$$|\boldsymbol{\psi}_{\mathrm{BC}}\rangle = \sum_{m=0}^{\infty}\frac{1}{\sqrt{1+N_S'}}\left(\sqrt{\frac{N_S'}{1+N_S'}}\right)^m|m\rangle|m\rangle \tag{9.46}$$

C 路上利用一个开关型光子探测器来“标记”单光子态的产生，当开关型光子探测器探测到“开”（即有光子）时，认为单光子输出，此时 B 路的量子态可以写成

$$\boldsymbol{\rho}_{\mathrm{B}} = \sum_{m=1}^{\infty}\frac{1}{1+N_S'}\left(\frac{N_S'}{1+N_S'}\right)^{m-1}|m\rangle\langle m| \tag{9.47}$$

这是一个由 $|1\rangle\langle 1|$，$|2\rangle\langle 2|$，$|3\rangle\langle 3|$ 组成的混态。

A 和 B 路的光子相互作用是在光学分束器上进行的，仍然设其透过率为 T，则不难得到

$$\boldsymbol{\rho}_{\mathrm{A'B'}} = \boldsymbol{U}(|n\rangle\langle n|\otimes\boldsymbol{\rho}_{\mathrm{B}})\boldsymbol{U}^{\dagger} \tag{9.48}$$

在光子增加环节，类似第 9.2.2.1 节，只有当 B′路没有探测到光子时，光子增加成功。根据量子测量理论，这等价于对 B′路进行量子测量 $\hat{\boldsymbol{\Pi}}_{\mathrm{off}}$，其成功概率为

$$P_{\mathrm{succ}}^{(2)} = \mathrm{Tr}[\boldsymbol{\rho}_{\mathrm{A'B'}}(\boldsymbol{I}\otimes\hat{\boldsymbol{\Pi}}_{\mathrm{off}})] \tag{9.49}$$

相应地，A′路的输出态可以表示为

$$\boldsymbol{\rho}_{\mathrm{A}'} = \frac{1}{P_{\mathrm{succ}}^{(2)}}\mathrm{Tr}_{\mathrm{B}'}[\boldsymbol{\rho}_{\mathrm{A'B'}}(\boldsymbol{I}\otimes\hat{\boldsymbol{\Pi}}_{\mathrm{off}})] \tag{9.50}$$

由此可以计算标记单光子辅助下的光子增加操作的保真度

$$F_2 = \langle n+1|\boldsymbol{\rho}_{\mathrm{A}'}^{(2)}|n+1\rangle \tag{9.51}$$

由于计算结果较为冗长，这里可以利用数值的办法给出其结果。取 $n=2$，$N_S'=0.1$ 对图 9.9（b）和 9.10 中光子增加操作的性能进行了对比。如图 9.11（a）所示，随着光学分束器透过率 T 的增加，光子增加操作的保真度也不断增加。与此同时，光子增加操作的成功概率

（图 9.11（b））不断下降。可以考察 $T=0.90$ 时两种方案给出的 $\boldsymbol{\rho}_{A'}$ 的密度矩阵。图 9.11（c）中给出了单光子辅助下光子增加方案的输出态 $\boldsymbol{\rho}_{A'}^{(1)} = \sum_{i,j} \boldsymbol{\rho}_{A'}^{(1)}(i,j)|i\rangle\langle j|$，其中只有 3 光子态上有布居，这也与输出恰为 Fock 态 $|3\rangle$ 相一致；图 9.11（d）中给出了标记单光子方案中输出态的密度矩阵 $\boldsymbol{\rho}_{A'}^{(2)} = \sum_{i,j} \boldsymbol{\rho}_{A'}^{(2)}(i,j)|i\rangle\langle j|$。除了 3 光子态应有的非零布居，在 $|4\rangle\langle 4|$ 上也有非零布居。事实上，这也可以根据光子数守恒来解释。这是因为当 C 路上探测到“开”的结果时，B 路的量子态不仅有所需的单光子成分 $m=1$，也包含了多光子成分 $m=2$，$m=3$，…。经过光学分束器后，由于只考虑 B′路为 0 光子的情况，所以这些多光子成分只能出现在 A′路上。因此，结果就导致了在 A′路上光子数的增加。

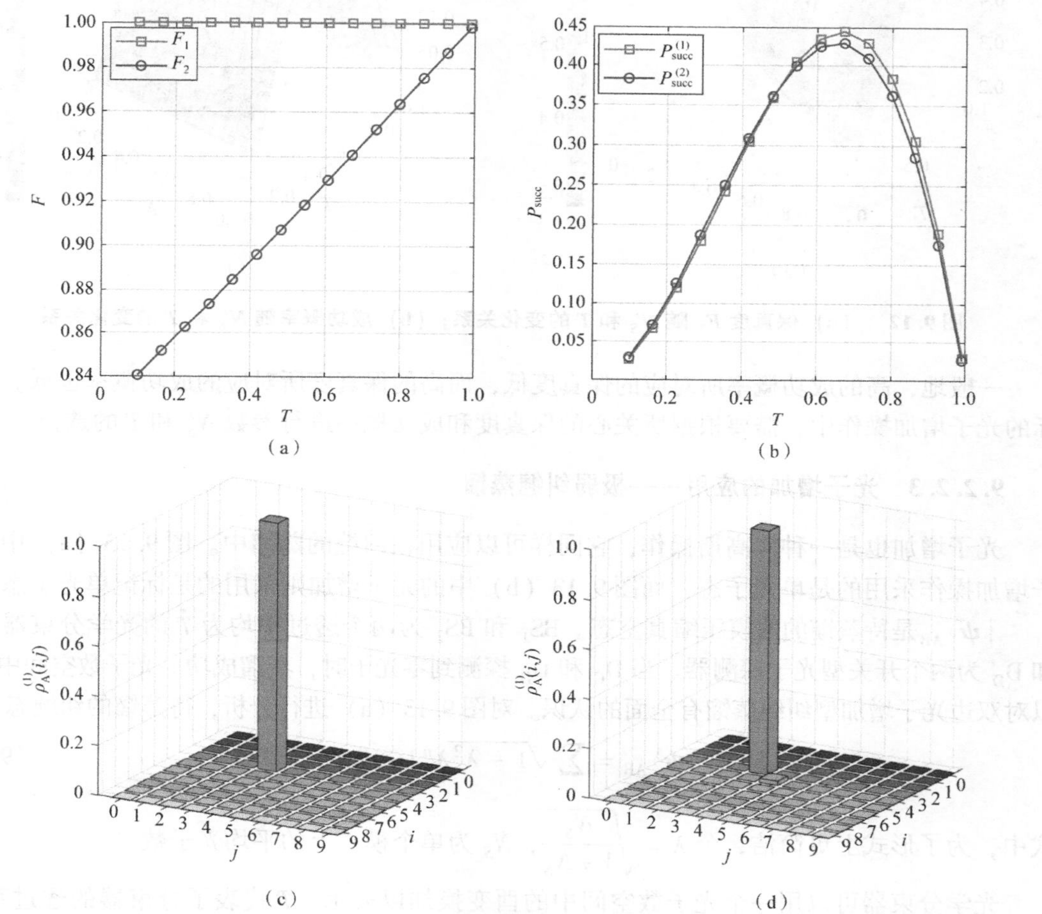

图 9.11　对于 $|n\rangle$（$n=2$）态的光子擦除效果对比（光子数有限截断在 $D=10$）

（a）不同 T 条件下的保真度 F_1，F_2；（b）不同 T 条件下的成功概率 $P_{succ}^{(1)}, {}^{(2)}_{succ}$；（c）采用光子数测量的输出态；（d）采用开关型光子探测的输出态：$T=0.9$

此外，不同的参数 N_S' 会影响标记单光子的单光子成分，进而对光子增加操作的保真度产生影响。可以从保真度出发，考察不同的参数 N_S' 和不同的透过率 T 条件下的保真度。在图 9.12（a）中给出了保真度随 N_S' 和 T 的变化关系。图 9.12（b）给出了相对应的光子增加的成功概率。

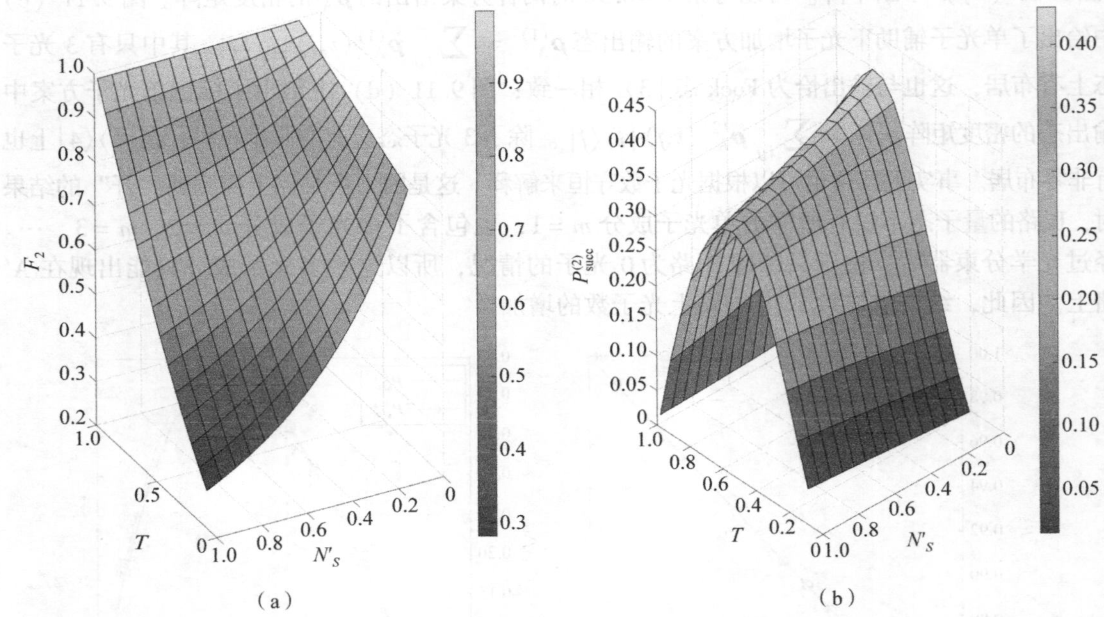

图 9.12　(a) 保真度 F_2 随 N'_S 和 T 的变化关系；(b) 成功概率随 N'_S 和 T 的变化关系

一般地，高的成功概率所对应的保真度低，而高的保真度所对应的成功概率也低。在实际的光子增加操作中，需要根据所关心的保真度和成功概率进行参数 N'_S 和 T 的选择。

9.2.2.3　光子增加的应用——极弱纠缠蒸馏

光子增加也是一种非高斯操作，它同样可以应用在纠缠的蒸馏中。图 9.13 (a) 中的光子增加操作采用的是单光子态，而图 9.13 (b) 中的光子增加则采用的是标记单光子态。

$|\boldsymbol{\psi}\rangle_{AB}$是待蒸馏的两模压缩真空态。$BS_1$ 和 BS_2 为两个透过率均为 T 的光学分束器。D_C 和 D_D 为两个开关型光子探测器。当 D_C 和 D_D 探测到零光子时，蒸馏成功。光子数空间中，可以对双边光子增加型纠缠蒸馏有全面的认识。对图 9.13 (a) 进行分析，待蒸馏的纠缠态为

$$|\boldsymbol{\psi}\rangle_{AB} = \sum_n \sqrt{1-\lambda^2}\lambda^n |n\rangle_A |n\rangle_B \tag{9.52}$$

式中，为了形式上更简洁，令 $\lambda = \sqrt{\dfrac{N_S}{1+N_S}}$，$N_S$ 为单个模式上的平均光子数。

光学分束器可以用一个光子数空间中的酉变换加以表示，T 代表了分束器的透过系数。光学模式 C 和 E 的输入为单光子态$|1\rangle$。于是，在光子探测之前，四模量子态可以表示为

$$|\boldsymbol{\Psi}\rangle_{ABCE} = \boldsymbol{U}_{AC}(T)\otimes\boldsymbol{U}_{BE}(T)(|\boldsymbol{\psi}\rangle_{AB}\otimes|1\rangle_C\otimes|1\rangle_E) \tag{9.53}$$

根据量子测量理论，事件 D_C 和 D_E 探测到零光子对应着将 C 和 E 对应的输出投影到$|0\rangle$ 态。数学上，可以用如下表达式来表示未归一的量子态

$$\begin{aligned}|\boldsymbol{\psi}_{unnorm}\rangle_{AB} &= {}_C\langle 0|\otimes_E\langle 0|\boldsymbol{\Psi}\rangle_{ABCE}\\ &= \sum_{n=0}^{\infty}\sqrt{1-\lambda^2}(\lambda T)^n(n+1)(1-T)|n+1\rangle_A|n+1\rangle_B\end{aligned} \tag{9.54}$$

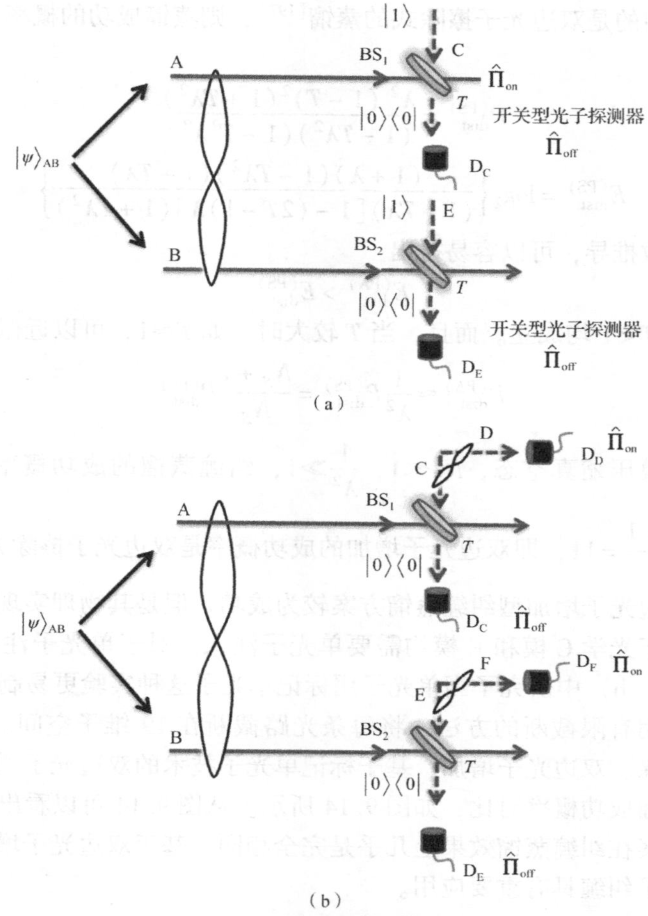

图 9.13　光子增强

（a）单光子辅助的纠缠蒸馏方案；（b）标记单光子辅助的纠缠蒸馏方案

双边光子增加的成功概率可以表示为

$$\begin{aligned}P_{\text{dist}}^{(\text{PA})} &= {}_{\text{AB}}\langle \boldsymbol{\psi}_{\text{unnorm}} \mid \boldsymbol{\psi}_{\text{unnorm}} \rangle_{\text{AB}} \\ &= \frac{(1-T)^2(1-\lambda^2)(1+T^2\lambda^2)}{(1-T^2\lambda^2)^3}\end{aligned} \tag{9.55}$$

经过归一化后，可以得到蒸馏后的产出纠缠态为

$$\begin{aligned}&|\boldsymbol{\psi}_{\text{dist}}\rangle_{\text{AB}} \\ &= \sum_{n=0}^{\infty} \frac{(1-T^2\lambda^2)^{3/2}}{\sqrt{1+T^2\lambda^2}}(n+1)(\lambda T)^n |n+1\rangle_{\text{A}} |n+1\rangle_{\text{B}}\end{aligned} \tag{9.56}$$

本身恰恰为光子数关联态，对其纠缠度的计算可以采用 Schmidt 分解的办法直接进行。不难计算出纠缠度为

$$\begin{aligned}E_{\text{dist}}^{(\text{PA})} &= 2\log_2\left[\sum_{n=0}^{\infty} \frac{(n+1)(\lambda T)^n(1-T^2\lambda^2)^{3/2}}{\sqrt{1+T^2\lambda^2}}\right] \\ &= \log_2\left[\frac{(1+T\lambda)^3}{(1-T\lambda)(1+T^2\lambda^2)}\right]\end{aligned} \tag{9.57}$$

相比之下，如果采用的是双边光子擦除式的蒸馏[197]，则蒸馏成功的概率和蒸馏后的产出纠缠分别为

$$P_{\text{dist}}^{(\text{PS})}=\frac{\lambda^2\ (1-T)^2(1+T\lambda^2)}{(1-T\lambda^2)(1-T^2\lambda^2)} \tag{9.58}$$

$$E_{\text{dist}}^{(\text{PS})}=\log_2\left\{\frac{(1+\lambda)(1-T\lambda^2)(1+T\lambda)}{(1-T\lambda)[1-(2T-1)\lambda](1+T\lambda^2)}\right\} \tag{9.59}$$

利用简单的代数推导，可以容易得出

$$E_{\text{dist}}^{(\text{PA})}>E_{\text{dist}}^{(\text{PS})} \tag{9.60}$$

对于所有的 $0<\lambda$，$T<1$ 均成立。而且，当 T 较大时，如 $T\approx1$，可以近似地得到

$$P_{\text{dist}}^{(\text{PA})}\approx\frac{1}{\lambda^2}P_{\text{dist}}^{(\text{PS})}=\frac{N_S+1}{N_S}P_{\text{dist}}^{(\text{PS})} \tag{9.61}$$

对于极弱的两模压缩真空态，$N_S\ll1$，$\frac{1}{\lambda^2}\gg1$，纠缠蒸馏的成功概率可以极大地提高。比如 $N_S=0.1$，$\frac{N_S+1}{N_S}=11$，即双边光子增加的成功概率是双边光子擦除方案的 11 倍。

由此可见，双边光子增加型纠缠蒸馏方案较为成功。但是其物理实现比双边光子擦除复杂，其复杂之处在于光学 C 模和 E 模均需要单光子注入。对于单光子注入这一要求可以适当放宽，在图 9.13（b）中研究了当单光子用标记单光子这种实验更易制备的伪单光子源所替代时的方案。利用有限截断的方法，将每条光路截断在 19 维子空间。我们遍历了参数，给出了双边光子擦除、双边光子增加、基于标记单光子技术的双边光子增加三种蒸馏方案的产出纠缠对比和蒸馏成功概率对比，如图 9.14 所示。从图 9.14 可以看出，采用单光子态和标记单光子态的方案在纠缠蒸馏效果上几乎是完全相同。基于双边光子增加的纠缠蒸馏方案对于提升极弱的量子纠缠具有重要应用。

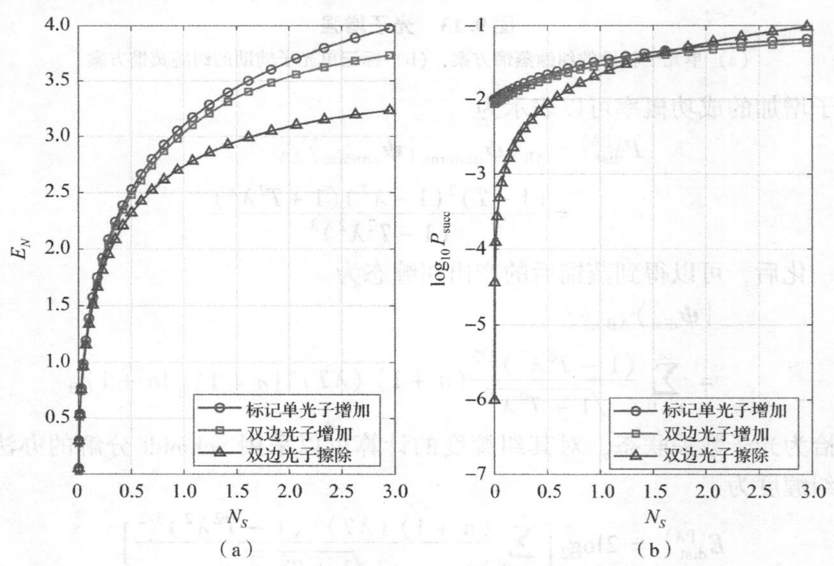

图 9.14　不同方案下的纠缠蒸馏效果对比

（其他参数 $T=0.90$，标记单光子参数 $N_S'=0.092$。光路中每路的有限截断发生在 $D=19$）

（a）纠缠蒸馏后的纠缠度；（b）纠缠蒸馏的成功概率

9.2.3　光子催化

催化[222]本身是一个化学概念，它指在化学反应里能改变反应物的化学反应速度而不改变化学平衡，并且本身的质量和化学性质在化学反应前后没有发生改变的现象。催化剂改变化学反应的作用称为催化作用。

在量子光学中，也有类似的催化，即量子催化。A. I. Lvovsky 等人[223]发现了单光子态对已知量子态的催化作用。通过单光子与已知量子态的干涉，可以改变已知量子态的光子数分布，进而改变量子态的相关性质。

9.2.3.1　光子催化方案

图 9.15 中给出了对于单模无限维量子态的光子催化。图 9.15 以纯的 Fock 态为例，示意了 m 个光子作为催化剂的量子态演化方案。光子催化过程实际上非常简单，用 m 个光子的 Fock 态 $|m\rangle$ 与已知量子态在光学分束器上进行干涉。分束器的透过率为 T。用 C 表示 $|m\rangle$ 所在的光学模式，用 C′表示 C 经过分束器后的输出。如果 C′模式仍有 m 个光子，则 C 模的量子态本身没有变化，起到了催化剂的作用。

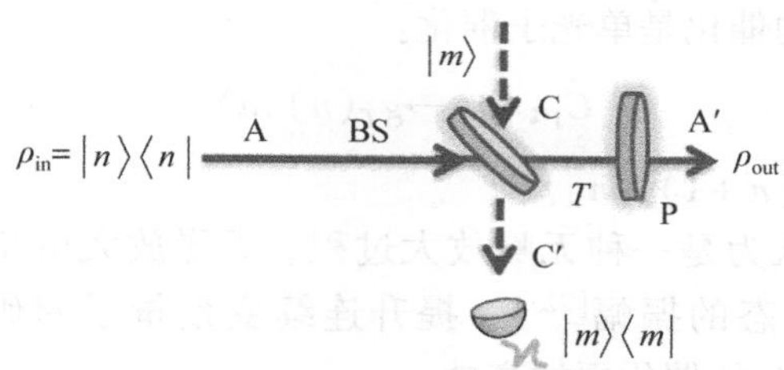

图 9.15　对 Fock 态 $|n\rangle$ 的光子催化

（BS 代表透过率为 T 的光学分束器；P 代表位相为 π 的位相旋转片）

根据式（3.58），A 和 C 的耦合可以表示为

$$U(T)\,|n\rangle\,|m\rangle = \sum_{k=0}^{n}\sum_{\ell=0}^{m} f(n,m,k,\ell,T)\,|n-k+\ell\rangle\,|m+k-\ell\rangle \tag{9.62}$$

式中，$f(n,m,k,\ell,T)$ 由式（3.59）给出。

经过光学分束器的耦合，输出态 A 和 C 之间变成了多种可能的量子态叠加。为了使催化过程对于叠加态仍然适用，需要在 A′模式的输出端前面增加一个位相旋转为 π 的位相旋转片。经过位相旋转，则 A′－C 模式最终输出量子态为

$$U(T)\,|n\rangle\,|m\rangle = \sum_{k=0}^{n}\sum_{\ell=0}^{m} f(n,m,k,\ell,T)\,\mathrm{e}^{\mathrm{i}\pi(n-k+\ell)}\,|n-k+\ell\rangle\,|m+k-\ell\rangle \tag{9.63}$$

根据式（9.63），若要保证 C′被投影到了 $|m\rangle$，需要有 $k=\ell$。于是，催化后的 A′的量子态（未归一）为

$$(\boldsymbol{I}\otimes\langle m|)\,\boldsymbol{U}(T)\,|n\rangle\,|m\rangle = C(n,m,T)\,|n\rangle \tag{9.64}$$

$$C(n,m,T) = \sum_{k=0}^{\min\{n,m\}} \binom{n}{k}\binom{m}{k} T^{\frac{m+n-2k}{2}}\,(T-1)^{k}\,\mathrm{e}^{\mathrm{i}\pi n} \tag{9.65}$$

于是，经过归一化，可以得到，A′模式上的量子态为$|n\rangle$。即光子催化过程实现了以下量子态的变换

$$\hat{C}_m:|n\rangle \to C(n,m,T)|n\rangle \tag{9.66}$$

对于输入n光子的Fock态，催化剂是m个光子，输出也恰好是n光子的Fock态$|n\rangle$。这一方面印证了催化过程催化剂的量子态不变，另一方面也显示了输入的量子态保持不变。事实上，这也正是线性光学分束器的性质。在作用之后，光子数之和不发生变化。在催化剂仍是m个光子的Fock态时，输出也必须是n个光子的Fock态才能保证光子数守恒。

光子催化是概率性的，催化成功的概率为

$$P_C = |C(n,m,T)|^2 \tag{9.67}$$

例 9.2.1 零光子催化。

当$m=0$时，所对应的催化即零光子催化。根据式（9.65），易知

$$\hat{C}_0:|n\rangle \to e^{i\pi n}T^{n/2}|n\rangle \tag{9.68}$$

即催化过程使$|n\rangle$态前的系数以$\sqrt{T}^n$的趋势降低。这与M. Mičuda等[224]无噪缩小方案具有相同的功能。事实上，当$m=0$时，光子催化恰恰与文献［224］的方案完全一致。

例 9.2.2 单光子催化。

当$m=1$时，所对应的催化是单光子催化：

$$\hat{C}_1:|n\rangle \to g_T(n)|n\rangle \tag{9.69}$$

式中，$g_T(n)=e^{i\pi n}T^{\frac{n-1}{2}}[T(n+1)-n]$。

$m=1$时的催化可以认为是一种无噪放大过程。无噪放大由T. Ralph等人在2009年提出，可以用来提高弱相干态的振幅[225]，提升连续变量量子密码的安全距离[226,227]。与T. Ralph等人相比，$m=1$时的催化更加高效。

例 9.2.3 对弱相干态的催化。

可以对弱相干态进行催化，如图9.16（a）所示。

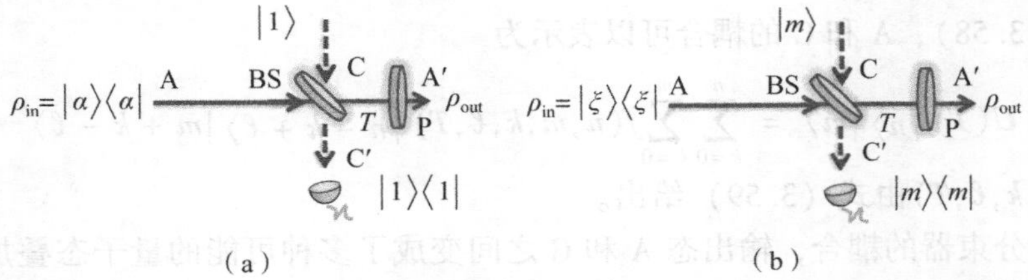

（a）　　（b）

图 9.16　(a) 对相干态的单光子催化；(b) 对单模压缩真空态的m光子催化

对于弱相干态，$\alpha \ll 1$，可以近似地认为$|\alpha\rangle = |0\rangle + \alpha|1\rangle$[228]。于是，有

$$\hat{C}_1|0\rangle = T^{1/2}|0\rangle \tag{9.70}$$

$$\hat{C}_1|1\rangle = (1-2T)|1\rangle \tag{9.71}$$

$$\hat{C}_1|\alpha\rangle = T^{1/2}\left(|0\rangle + \alpha\frac{1-2T}{\sqrt{T}}|1\rangle\right) \approx T^{1/2}|g_C\alpha\rangle \tag{9.72}$$

式中，$g_C=\dfrac{1-2T}{\sqrt{T}}$；$\alpha \ll 1$。

如果 $T<1/4$，就会得到 $g_C>1$，经过催化后，可以得到振幅更大的相干态 $|g_C\alpha\rangle$。催化成功的概率为 $P_C=T$。

图 9.17 给出了不同透过率 T 时单光子催化方案的增益、成功概率以及成功概率与放大增益的关系。在单光子催化中，如果要实现 $g>1$，光学分束器透过率 T 最大只能取到 0.25。催化成功的概率为 0～0.25，也就是说，具有放大效果的光子催化的成功概率总是小于 0.25。

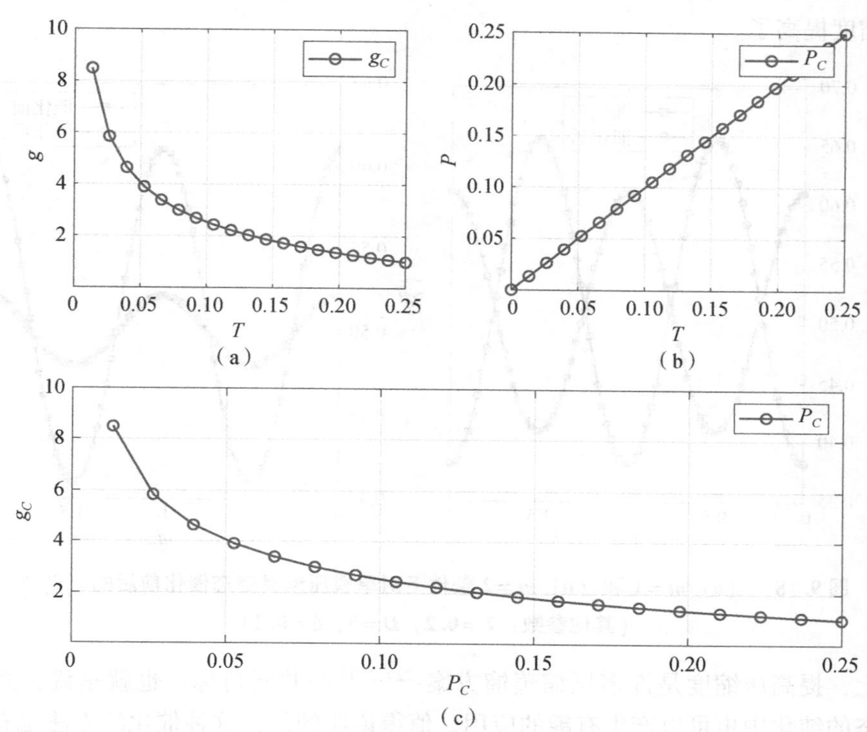

图 9.17　(a) 不同透过率 T 时的放大增益；(b) 不同透过率 T 时的催化概率；(c) 放大增益与成功概率 P 的关系

例 9.2.4　对压缩真空态的催化。

除了相干态的催化，对非经典态的催化也有一定的意义。比如，以单模压缩态 $|\xi\rangle$ 为例，可以考察催化后态的压缩度的变化。

同样采用图 9.16 中的方案，将 ρ_{in} 设定为单模压缩真空态。仍然设 C 模式输入为 $|m\rangle$ 光子态，C′模式向 m 光子态 $|m\rangle$ 投影，则若投影成功，则 A′模式的输出量子态为

$$\rho=|\phi_m(\xi)\rangle\langle\phi_m(\xi)| \tag{9.73}$$

$$|\phi_m(\xi)\rangle=\frac{|\tilde{\boldsymbol{\Psi}}\rangle}{\sqrt{\langle\tilde{\boldsymbol{\Psi}}|\tilde{\boldsymbol{\Psi}}\rangle}} \tag{9.74}$$

$$|\tilde{\boldsymbol{\Psi}}\rangle=(\boldsymbol{I}\otimes\langle m|)\boldsymbol{U}(T)|\xi\rangle|m\rangle \tag{9.75}$$

可以考察 $\boldsymbol{\rho}$ 在某一个分量上的涨落①

$$\langle \delta_{\hat{x}_\theta}^2 \rangle = \mathrm{Tr}(\hat{\boldsymbol{x}}_\theta^2 \boldsymbol{\rho}) - \mathrm{Tr}(\hat{\boldsymbol{x}}_\theta \boldsymbol{\rho}) \tag{9.76}$$

在图 9.18（a）（b）中分别给出了 $m=1$ 和 $m=2$ 催化前后 $\langle \delta_{\hat{x}_\theta}^2 \rangle$ 随 θ 的变化关系。当 $m=1$ 时，催化前 $\theta=\pi/2$ 时，$\langle \delta_{\hat{x}_\theta}^2 \rangle$ 的方差最小，恰为 $\exp(-2r)/2$。当进行光子催化以后，$\langle \delta_{\hat{x}_\theta}^2 \rangle$ 在 $\theta=0$ 时达到最小值，该最小值比 $\exp(-2r)/2$ 更小。可以计算出在 $r=0.1$ 时，催化前在 $\theta=\pi/2$ 时有压缩，压缩为 0.86 dB；催化后在 $\theta=0$ 时有压缩，压缩为 1.16 dB。这意味着压缩度提高了。

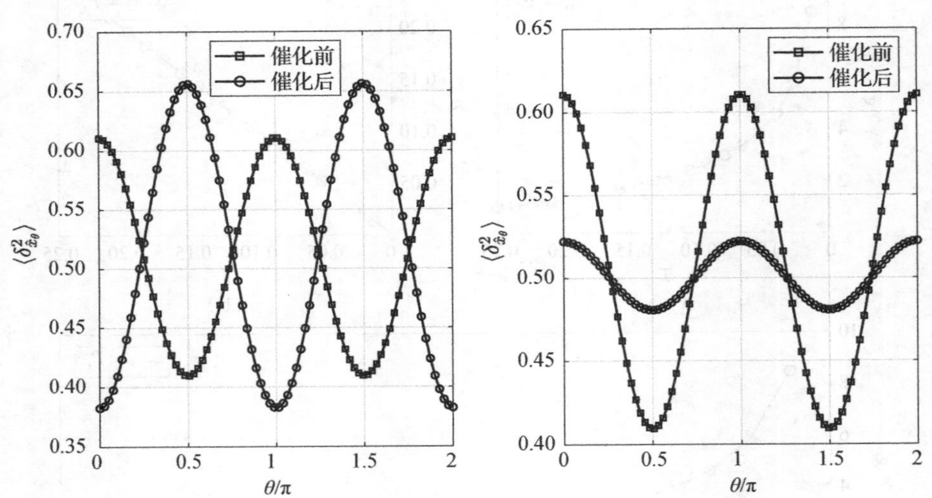

图 9.18　（a）$m=1$ 和（b）$m=2$ 条件下对单模压缩真空态催化前后的 $\langle \delta_{\hat{x}_\theta}^2 \rangle$（其他参数：$T=0.2$，$D=8$，$\xi=0.1$）

事实上，提高压缩度是许多压缩蒸馏方案[229,230]的共同目标。也就是说，光子催化技术在压缩态的纯化中也可以产生有趣的应用。值得说明的是，这种催化的方法也有一定的适用性。不是所有的态和所有的催化都会提高压缩度。同样的装置，在 $m=2$（图 9.18（b））时却发现方差没有降低，压缩度没有提高，反而降低了。这也说明催化并不会对所有的量子信息过程都产生积极的促进效果，需要根据具体的方案、具体的指标进行计算。

9.2.3.2　光子催化的应用——相干性增强

光子催化的一个重要应用即是它可以概率性地调整量子态在各个 Fock 态上的布居，改变量子态的许多性质。本节中主要讨论量子相干性。量子相干性在量子力学中具有重要地位。量子态的量子叠加性本身也是量子相干性的具体体现。2014 年，来自德国的科学家 M. B. Plenio 等人开始从量子资源的角度定量地研究了量子相干[231]。经过近年来的飞速发展，量子相干性的蒸馏[232]、冷冻[233]、度量[234]各方面都不断取得突破。最近本课题组还研究了量子雷达与量子态相干性之间的关系，为量子雷达的优化提供了新的思路[34]。

量子相干作为一种资源，在量子密码和量子计算中也都有重要应用。最近，人们在实验

① $\hat{x}_\theta$ 的定义见第 7.5.1 节。

中直接测量出了量子相干的大小[235]。量子相干性的研究不局限于有限维的量子系统，无限维系统中的量子相干性也开始被重视[236-238]。无限维系统十分普遍，比如量子光学中的非经典光场。这本身就是由无限维 Fock 态张成的叠加态。

量子相干性定义为

$$C(\boldsymbol{\rho}) = S(\boldsymbol{\rho}_{\text{diag}}) - S(\boldsymbol{\rho}) \tag{9.77}$$

式中，$\boldsymbol{\rho} = \sum_{ij} \boldsymbol{\rho}_{ij} |i\rangle\langle j|$；$\boldsymbol{\rho}_{\text{diag}} = \sum_i \boldsymbol{\rho}_{ii} |i\rangle\langle i|$；$S(\boldsymbol{\rho}) = \text{Tr}(-\boldsymbol{\rho}\log_2\boldsymbol{\rho})$ 为 $\boldsymbol{\rho}$ 的冯 · 诺依曼熵。

例 9.2.5　量子比特的量子相干。

对于二能级量子比特 $|\phi\rangle = \cos(\theta)|0\rangle + \sin(\theta)|1\rangle$，其量子相干为

$$C(|\phi\rangle) = -2\cos^2(\theta)\ln(\cos(\theta)) - 2\sin^2(\theta)\ln(\sin(\theta)) \tag{9.78}$$

当 $\theta = \pi/4$，$3\pi/4$ 时，量子相干的最大值为 $\ln 2$；当 $\theta = 0$ 时，$|\phi\rangle = |0\rangle$，它的量子相干为 0。图 9.19（a）中给出了 $|\phi\rangle$ 的量子相干随着角度 θ 的变化关系。

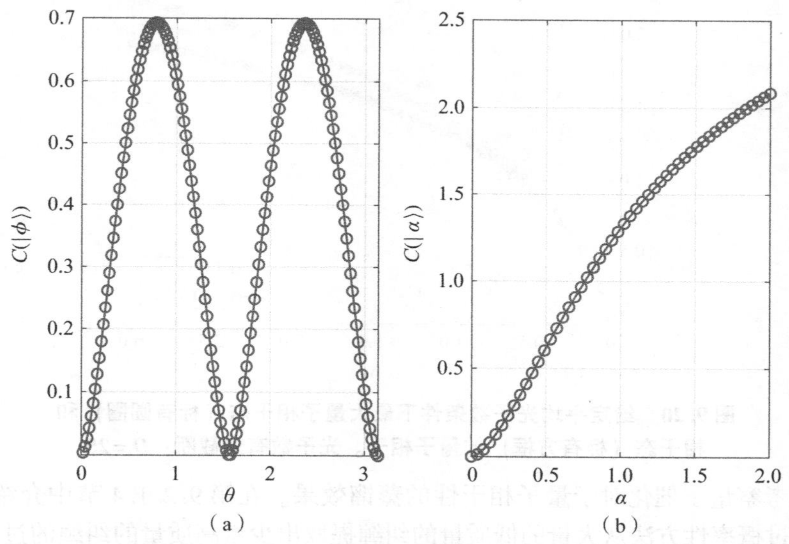

图 9.19　(a) 不同 θ 时二维量子态 $|\phi\rangle$ 的量子相干；(b) 不同 α 时相干态 $|\alpha\rangle$ 的量子相干。相干态有限截断的空间维度为 $D = 20$

对于有限维量子体系，其量子相干总是有限的。很显然，如果量子体系的维度为 D，则最大的量子相干为

$$C_{\max} = \ln D \tag{9.79}$$

对于无限维希尔伯特空间中的量子态，其量子相干可以无限大。

例 9.2.6　相干态的量子相干。

相干态是光场湮灭算符的本征态。在第 2.1 节中已经介绍过相干态。根据量子相干性的定义，相干态的量子相干性为

$$C(|\alpha\rangle) = |\alpha|^2(1 - \ln|\alpha|^2) + \sum_{n=0}^{\infty} \frac{e^{-|\alpha|^2}|\alpha|^{2n}}{n!}\ln n! \tag{9.80}$$

图 9.19（b）中给出了相干态的量子相干随着相干态参数 α 的变化关系。随着 α 的变大，其量子相干逐渐变大。事实上，随着 α 趋向于无限大，其平均光子数 $N_S = |\alpha|^2$ 也趋向

于无限大，相应的量子相干也趋向于无穷大。

通过限定平均光子数，寻找平均光子数一定时的最大量子相干的量子态无疑是十分有意义的。

如果限定平均光子数为 N_S，在 Fock 态组成的无限维空间中，已经证明[236]：存在一个量子态，它的量子相干可以达到最大值。这样的量子态为

$$|\boldsymbol{\psi}_{\max-\mathrm{coh}}\rangle = \sum_{n=0}^{\infty} \frac{N_S^{n/2}}{(N_S+1)^{\frac{n+1}{2}}}|n\rangle \tag{9.81}$$

其量子相干为

$$C_{\max} = (N_S+1)\ln(N_S+1) - N_S\ln N_S \tag{9.82}$$

最大量子相干态的量子相干性与相干态的量子相干性如图 9.20 所示。

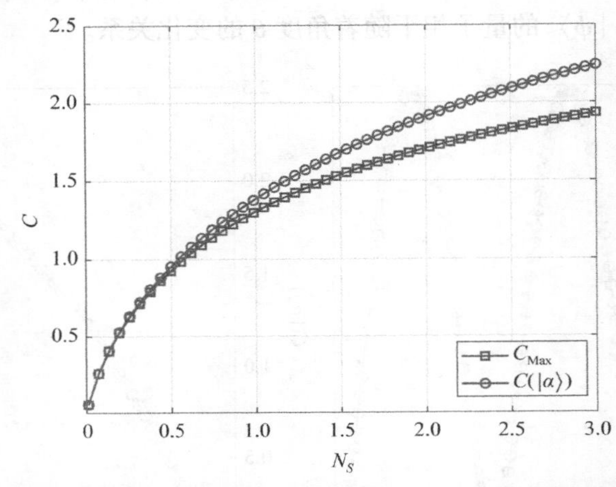

图 9.20　给定平均光子数条件下最大量子相干态（标有圆圈）和相干态（标有方框）的量子相干。光子数有效截断：$D=25$

以下重点考察量子催化对于量子相干性的蒸馏效果。在第 9.2.1.4 节中介绍了纠缠蒸馏。纠缠蒸馏是通过概率性方法从大量的低质量的纠缠提取出少量高质量的纠缠的过程。而相干性的蒸馏，顾名思义，即是从大量的弱相干性量子态中提取出少量强相干性的量子态的过程。

例 9.2.7　相干态的相干性催化。

以相干态输入为例，可以考察光子催化前后其相干性的变化。为了方便，考察单光子催化，即 $m=1$。光子催化以后的相干态可以表示为

$$|\boldsymbol{\psi}'\rangle = \frac{\hat{C}_1|\alpha\rangle}{\sqrt{P_C}} = \sum_{n=0}^{\infty} \frac{\mathrm{e}^{-|\alpha|^2/2}\alpha^n g_T(n)}{\sqrt{P_C n!}}|n\rangle \tag{9.83}$$

式中，P_C 为光子催化成功的概率

$$\begin{aligned} P_C &= \langle\alpha|\hat{C}_1^{\dagger}\hat{C}_1|\alpha\rangle \\ &= \mathrm{e}^{-(1-T)\alpha^2}[T^3\alpha^4 + T^2\alpha^2(3-2\alpha^2) + T(1-4\alpha^2+\alpha^4) + \alpha^2] \end{aligned} \tag{9.84}$$

经过催化以后的相干态，其相干性可以表示为

$$C' = S(\boldsymbol{\rho}_{\mathrm{diag}}) \tag{9.85}$$

$$\boldsymbol{\rho}_{\mathrm{diag}} = \sum_{n=0}^{\infty} \frac{\mathrm{e}^{-|\alpha|^2}|\alpha|^{2n} g_T^2(n)}{P_C n!}|n\rangle\langle n| \tag{9.86}$$

在图 9.21（a）中考察了 $\alpha = 0.5$ 时催化前后的相干性情况。当 $T = 0.03 \sim 0.25$ 时，易知催化过程可以明显提升相干态的相干性。这是因为催化过程重新调整了所考察量子态在各种可能的 Fock 态上的系数，也就调整了量子态在各种可能的 Fock 态上的布居概率。图 9.21（b）展示了催化成功的概率随光学分束器透过率 T 的变化关系。显然，T 越大，催化成功的概率越大。

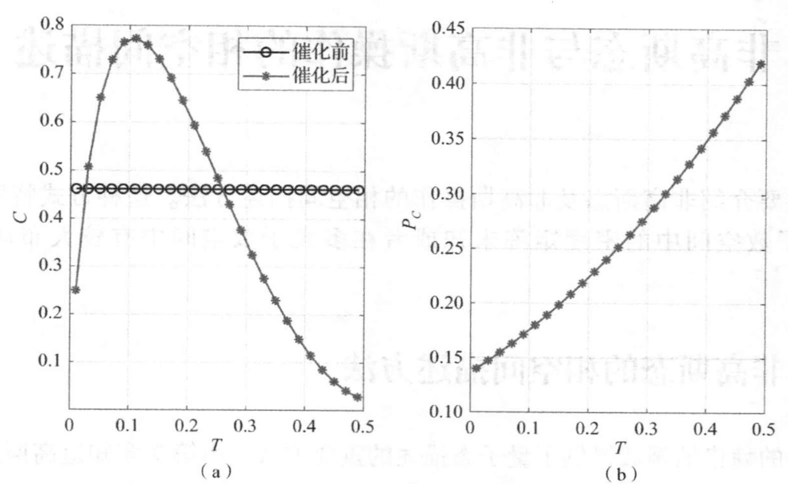

图 9.21　相干态在单光子催化前后的相干性

（每个光学模式上的光子都在 20 维子空间中进行截断）

（a）$\alpha = 0.4$；（b）相应的单光子催化的成功概率

9.3　小结

光子数空间是分析和描述非高斯量子态最直接的方法。本章介绍了几种常见的非高斯态以及三种典型的非高斯操作：光子擦除、光子增加和光子催化。光子数空间方法固然简单，尤其是对于输入量子态在光子数空间的具体形式可解析的情况下极为方便。但该方法也有明显缺点，比如对于分析多模态和多光子布居较明显的量子态和量子态演化就十分烦琐和困难，这时可以从相空间的角度结合多个高斯态的线性组合的方法实现非高斯态的有效表征，详见第 10 章。

第10章

非高斯态与非高斯操作的相空间描述

本章中主要介绍非高斯态及非高斯操作的相空间描述方法。这种方式特别适合描述在量子态的光子数空间中的密度矩阵未知或者在多光子数空间中有较大布居的非高斯量子态。

10.1 非高斯态的相空间描述方法

相空间中的魏格纳函数提供了量子态描述的重要方式。由第7章知道高斯态的魏格纳函数为高斯函数，仅用其协方差矩阵和一阶矩就可以唯一确定一个高斯态。而非高斯态的魏格纳函数为非高斯函数，仅利用协方差矩阵和一阶矩是不足以完全刻画其所有信息。在第7.1.2节中介绍了单光子态。令 $\boldsymbol{r}=(x,p)$ 是二维实向量，其魏格纳函数为

$$W(\boldsymbol{r},|1\rangle\langle 1|)=\frac{1}{\pi}\exp(-\boldsymbol{rIr}^{\mathrm{T}})+\frac{1}{\pi}\exp(-\boldsymbol{rIr}^{\mathrm{T}})(2\boldsymbol{rIr}^{\mathrm{T}}-2) \tag{10.1}$$

该函数是关于 $\boldsymbol{r}$ 的一个高斯函数和一个非高斯函数的线性组合。特别地，利用多个高斯函数的线性组合，是描述非高斯量子态的重要方法，经常用于描述光子探测诱导所产生的非高斯量子态。设 $c_i(i=1,2,\cdots N)$ 为实数且 $\sum_{i=1}^{N} c_i=1$，则

$$W(\boldsymbol{r})=\sum_{i=1}^{N} c_i W(\boldsymbol{r},\boldsymbol{V}_i,\bar{\boldsymbol{R}}_i) \tag{10.2}$$

描述了协方差矩阵和一阶矩分别为 $\boldsymbol{V}_i$ 和 $\bar{\boldsymbol{R}}_i$ 的 N 个高斯态的线性组合。

10.2 非高斯操作的相空间描述方法

相空间描述方法可以应用到后续的诸多非高斯操作的定量化分析中。

在第4.3节中，介绍了开关型光子探测。开关型光子探测有两种测量结果，分别为“开”（on）和“关”（off）。从测量算符上，它们分别对应着

$$\hat{\boldsymbol{\Pi}}_{\mathrm{on}}=\boldsymbol{I}_{\infty}-|0\rangle\langle 0|=\sum_{k=1}^{\infty}|k\rangle\langle k| \tag{10.3}$$

$$\hat{\boldsymbol{\Pi}}_{\mathrm{off}}=|0\rangle\langle 0| \tag{10.4}$$

而 $\hat{\boldsymbol{\Pi}}_{\mathrm{on}}$ 恰恰对应着两个高斯操作的线性叠加。

依据量子态的魏格纳函数定义，可以计算算符 $\hat{\boldsymbol{\Pi}}_{\text{on}}$ 的魏格纳函数。依据定义，有

$$W(\boldsymbol{r}) = \frac{1}{(2\pi)^2}\int \mathrm{d}^2\boldsymbol{\zeta}\exp(-\mathrm{i}\boldsymbol{r}\boldsymbol{\zeta}^{\mathrm{T}})\chi_{\hat{\Pi}_{\text{on}}}(\boldsymbol{\zeta}) \tag{10.5}$$

式中，$\boldsymbol{r}$ 是一个 2 维实向量且 $\chi_{\hat{\Pi}_{\text{on}}} = \mathrm{Tr}[\exp(\mathrm{i}\hat{\boldsymbol{R}}\boldsymbol{\zeta}^{\mathrm{T}})\hat{\boldsymbol{\Pi}}_{\text{on}}]$ 为 $\hat{\boldsymbol{\Pi}}_{\text{on}}$ 的特征函数。根据矩阵迹的线性性质

$$\chi_{\hat{\Pi}_{\text{on}}} = \mathrm{Tr}[\exp(\mathrm{i}\hat{\boldsymbol{R}}\boldsymbol{\zeta}^{\mathrm{T}})(\boldsymbol{I} - |0\rangle\langle 0|)] \tag{10.6}$$

$$= \mathrm{Tr}[\exp(\mathrm{i}\hat{\boldsymbol{R}}\boldsymbol{\zeta}^{\mathrm{T}})(\boldsymbol{I})] - \mathrm{Tr}[\exp(\mathrm{i}\hat{\boldsymbol{R}}\boldsymbol{\zeta}^{\mathrm{T}})|0\rangle\langle 0|] \tag{10.7}$$

$$= \chi_{\boldsymbol{I}} - \chi_{|0\rangle\langle 0|} \tag{10.8}$$

由此，算符 $\hat{\boldsymbol{\Pi}}_{\text{on}}$ 的魏格纳函数可以写作

$$W(\boldsymbol{r}) = W_{\boldsymbol{I}}(\boldsymbol{r}) - W_{|0\rangle\langle 0|}(\boldsymbol{r}) \tag{10.9}$$

式中，$W_{\boldsymbol{I}}(\boldsymbol{r})$ 为单位算符 $\boldsymbol{I}$ 所对应的魏格纳函数。

以下分别求解之。

首先，根据单位算符的分解，有

$$\boldsymbol{I} = \frac{1}{\pi}\int \mathrm{d}^2\alpha\,|\alpha\rangle\langle\alpha| \tag{10.10}$$

其次

$$D(\boldsymbol{\zeta}) = \exp\left(-\frac{\zeta_1^2+\zeta_2^2}{4}\right)\exp\left[\hat{\boldsymbol{a}}^{\dagger}\left(\frac{-\zeta_2}{\sqrt{2}}+\mathrm{i}\frac{\zeta_1}{\sqrt{2}}\right)\right]\exp\left[\hat{\boldsymbol{a}}\left(\frac{\zeta_2}{\sqrt{2}}+\mathrm{i}\frac{\zeta_1}{\sqrt{2}}\right)\right] \tag{10.11}$$

单位算符的特征函数可以表示为

$$\begin{aligned}\chi(\boldsymbol{\zeta}) &= \mathrm{Tr}[\boldsymbol{I}D(\zeta)] = \frac{1}{\pi}\int \mathrm{d}^2\alpha\mathrm{Tr}[\,|\alpha\rangle\langle\alpha|D(\zeta)] \\ &= \frac{1}{\pi}\exp\left(-\frac{\zeta_1^2+\zeta_2^2}{4}\right)\int \mathrm{d}^2\alpha\langle\alpha|\exp\left[\hat{\boldsymbol{a}}^{\dagger}\left(\frac{-\zeta_2}{\sqrt{2}}+\mathrm{i}\frac{\zeta_1}{\sqrt{2}}\right)\right]\exp\left[\hat{\boldsymbol{a}}\left(\frac{\zeta_2}{\sqrt{2}}+\mathrm{i}\frac{\zeta_1}{\sqrt{2}}\right)\right]|\alpha\rangle \\ &= \frac{1}{\pi}\exp\left(-\frac{\zeta_1^2+\zeta_2^2}{4}\right)\int \mathrm{d}^2\alpha\langle\alpha|\exp\left[\hat{\boldsymbol{a}}^{\dagger}\left(\frac{-\zeta_2}{\sqrt{2}}+\mathrm{i}\frac{\zeta_1}{\sqrt{2}}\right)\right]\exp\left[\left(\frac{\zeta_2}{\sqrt{2}}+\mathrm{i}\frac{\zeta_1}{\sqrt{2}}\right)\alpha\right]|\alpha\rangle\end{aligned} \tag{10.12}$$

注意到

$$\langle\alpha|(\beta a^{\dagger})^k = [[\langle\alpha|(\beta a^{\dagger})^k]^{\dagger}]^{\dagger} = [(\beta^* a)^k|\alpha\rangle]^{\dagger} = [(\beta^*\alpha)^k|\alpha\rangle]^{\dagger} = \langle\alpha|(\beta\alpha^*)^k \tag{10.13}$$

于是

$$\begin{aligned}\chi_I(\boldsymbol{\zeta}) &= \frac{1}{\pi}\exp\left(-\frac{\zeta_1^2+\zeta_2^2}{4}\right)\int \mathrm{d}^2\alpha\exp\left[\alpha^*\left(\frac{-\zeta_2}{\sqrt{2}}+\mathrm{i}\frac{\zeta_1}{\sqrt{2}}\right)\right]\exp\left[\left(\frac{\zeta_2}{\sqrt{2}}+\mathrm{i}\frac{\zeta_1}{\sqrt{2}}\right)\alpha\right] \\ &= \frac{1}{\pi}\exp\left(-\frac{\zeta_1^2+\zeta_2^2}{4}\right)\int \mathrm{d}^2\alpha\exp\left[\frac{\zeta_2(\alpha-\alpha^*)}{\sqrt{2}}+\mathrm{i}\frac{\zeta_1(\alpha+\alpha^*)}{\sqrt{2}}\right]\end{aligned} \tag{10.14}$$

设复数 $\alpha = x + \mathrm{i}y$，于是 $\mathrm{d}^2\alpha = \mathrm{d}x\mathrm{d}y$，且有

$$\chi_I(\zeta) = \frac{1}{\pi}\exp\left(-\frac{\zeta_1^2+\zeta_2^2}{4}\right)\iint \mathrm{d}x\mathrm{d}y\exp(\mathrm{i}\zeta_2\sqrt{2}y + \mathrm{i}\zeta_1\sqrt{2}x) \tag{10.15}$$

应用 δ 函数的性质，容易得到

$$\chi(\boldsymbol{\zeta})=2\pi\exp\left(-\frac{\zeta_1^2+\zeta_2^2}{4}\right)\delta_{\zeta_1,0}\delta_{\zeta_2,0} \tag{10.16}$$

及

$$W(\boldsymbol{r})=\frac{1}{(2\pi)^2}\int \mathrm{d}^2\boldsymbol{\zeta}\chi(\zeta)\exp(-\mathrm{i}\boldsymbol{r}^{\mathrm{T}}\zeta) \tag{10.17}$$

$$=\frac{1}{(2\pi)^2}\int \mathrm{d}^2\boldsymbol{\zeta}2\pi\exp\left(-\frac{\zeta_1^2+\zeta_2^2}{4}\right)\delta(\zeta_1)\delta(\zeta_2)\exp[-\mathrm{i}\boldsymbol{r}^{\mathrm{T}}\zeta] \tag{10.18}$$

再次利用 δ 函数的性质，最终得到

$$W(\boldsymbol{r})=\frac{1}{2\pi} \tag{10.19}$$

根据第 7.1.1 节知，真空态的魏格纳函数为 $W_{|0\rangle\langle 0|}(\boldsymbol{r})=\frac{1}{\pi}\exp(-|\boldsymbol{r}|^2)$。

综上，算符 $\hat{\boldsymbol{\Pi}}_{\mathrm{on}}$ 的魏格纳函数为

$$W_{\hat{\Pi}_{\mathrm{on}}}(\boldsymbol{r})=\frac{1}{2\pi}-\frac{1}{\pi}\exp(-|\boldsymbol{r}|^2) \tag{10.20}$$

例 10.2.1 通过光子数探测可以诱导出非高斯态。

设 A－B 为两模高斯态，将其中的 B 模式直接用开关型光子探测器探测。如果探测器探测到光子，即探测器显示探测结果为“on”，则 A 模式上的量子态就演化成了非高斯态。光子探测方案的示意图如 10.1 所示。对 A－B 两模高斯态，设其协方差矩阵为 $\boldsymbol{V}$，一阶矩为 $\bar{\boldsymbol{R}}$，当 B 模式上探测器探测到光子时，A 模式上的输出态为两个高斯态的线性组合（证明详见附录 A.8）：

$$\boldsymbol{\rho}_{\mathrm{out}}=\frac{1}{P_{\mathrm{on}}}\sum_{i=1}^{2}P_i\boldsymbol{\rho}(\boldsymbol{V}_i,\bar{\boldsymbol{R}}_i) \tag{10.21}$$

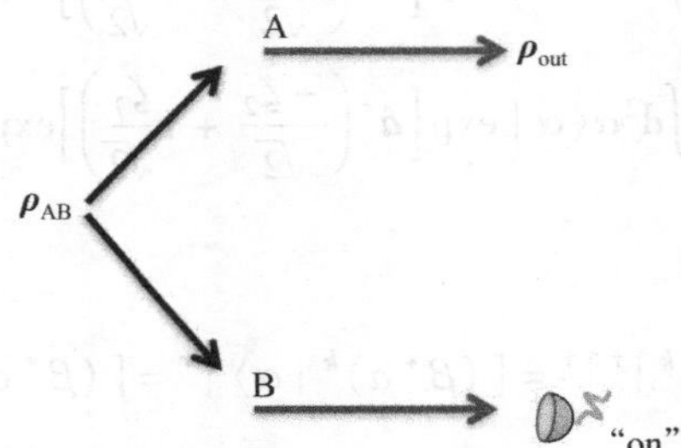

图 10.1 对两模高斯态 A－B 的 B 模式进行光子探测，当探测结果为“on”时，A 模式的输出量子态即为非高斯态

式中

$$P_{\mathrm{on}}=P_1+P_2 \tag{10.22}$$

$$\boldsymbol{V}_1=\boldsymbol{M}_{\mathrm{AA}} \tag{10.23}$$

$$\bar{\boldsymbol{R}}_1=\bar{\boldsymbol{R}}_{\mathrm{A}} \tag{10.24}$$

$$P_1=1 \tag{10.25}$$

$$\boldsymbol{V}_2=\boldsymbol{M}_{\mathrm{AA}}-\boldsymbol{M}_{\mathrm{AB}}\left(\boldsymbol{M}_{\mathrm{BB}}+\frac{1}{2}\boldsymbol{I}_2\right)^{-1}\boldsymbol{M}_{\mathrm{AB}}^{\mathrm{T}} \tag{10.26}$$

$$\overline{\boldsymbol{R}_2} = \bar{\boldsymbol{R}}_{\mathrm{A}} - \bar{\boldsymbol{R}}_{\mathrm{B}}\left(\boldsymbol{M}_{\mathrm{BB}} + \frac{1}{2}\boldsymbol{I}_2\right)^{-1}\boldsymbol{M}_{\mathrm{AB}}^{\mathrm{T}} \tag{10.27}$$

$$P_2 = -\frac{\exp\left[-\frac{1}{2}\bar{\boldsymbol{R}}_2\left(\boldsymbol{M}_{\mathrm{BB}} + \frac{1}{2}\boldsymbol{I}_2\right)^{-1}\bar{\boldsymbol{R}}_2^{\mathrm{T}}\right]}{\sqrt{\det\left(\boldsymbol{M}_{\mathrm{BB}} + \frac{1}{2}\boldsymbol{I}_2\right)}} \tag{10.28}$$

式（10.28）中的 $\boldsymbol{M}_{i,j}$，i，$j \in$ A，B 均为 2 行 2 列矩阵，其来自对协方差矩阵的分块

$$\boldsymbol{V} = \begin{pmatrix} \boldsymbol{M}_{\mathrm{AA}} & \boldsymbol{M}_{\mathrm{AB}} \\ \boldsymbol{M}_{\mathrm{BA}} & \boldsymbol{M}_{\mathrm{BB}} \end{pmatrix} \tag{10.29}$$

$\bar{\boldsymbol{R}}_{\mathrm{A}}$，$\bar{\boldsymbol{R}}_{\mathrm{B}}$来自对一阶矩 $\bar{\boldsymbol{R}}$ 的分块

$$\bar{\boldsymbol{R}} = (\bar{\boldsymbol{R}}_{\mathrm{A}}, \bar{\boldsymbol{R}}_{\mathrm{B}}) \tag{10.30}$$

特别地，A－B 两模态为两模压缩真空态时，即

$$\boldsymbol{V} = \boldsymbol{V}_{\mathrm{TMSS}}(r) \tag{10.31}$$

$$\bar{\boldsymbol{R}} = (0,0,0,0) \tag{10.32}$$

当 B 模式上探测到“on”的结果时，可以得到

$$\boldsymbol{M}_{\mathrm{AA}} = \boldsymbol{M}_{\mathrm{BB}} = \frac{1}{2}\cosh(2r)\boldsymbol{I}_2 \tag{10.33}$$

$$\boldsymbol{M}_{\mathrm{AB}} = \boldsymbol{M}_{\mathrm{BA}} = \frac{1}{2}\sinh(2r)\operatorname{diag}(1,-1) = \frac{1}{2}\sinh(2r)\boldsymbol{\sigma}_z \tag{10.34}$$

$$P_1 = 1 \tag{10.35}$$

$$\boldsymbol{V}_1 = \frac{1}{2}\cosh(2r)\boldsymbol{I}_2 \tag{10.36}$$

$$P_2 = -\frac{1}{\cosh^2(r)} = \lambda^2 - 1 \tag{10.37}$$

$$\boldsymbol{V}_2 = \frac{1}{2}\boldsymbol{I}_2, \overline{\boldsymbol{R}_1} = \overline{\boldsymbol{R}_2} = (0,0) \tag{10.38}$$

其中，令 $\lambda = \tanh^2(r)$。不难看出，$\boldsymbol{\rho}(\boldsymbol{V}_1, \overline{\boldsymbol{R}_1})$是一个协方差阵矩为$\frac{1}{2}\cosh(2r)\boldsymbol{I}_2$、一阶矩为零的单模热态。这恰恰为一个平均光子数为$\frac{\lambda^2}{1-\lambda^2}$的单模热态

$$\boldsymbol{\rho}(\boldsymbol{V}_1, \overline{\boldsymbol{R}_1}) = \sum_{n=0}^{\infty}(1-\lambda^2)\lambda^{2n}|n\rangle\langle n| \tag{10.39}$$

而$\boldsymbol{\rho}(\boldsymbol{V}_2, \overline{\boldsymbol{R}_2})$是一个协方差阵矩为$\frac{1}{2}\boldsymbol{I}_2$、一阶矩为零的单模热态，恰恰为一个真空态$|0\rangle\langle 0|$。代入式（10.21），易得

$$P_{\mathrm{on}} = \lambda^2 \tag{10.40}$$

$$\boldsymbol{\rho}_{\mathrm{out}} = \sum_{n=1}^{\infty}(1-\lambda^2)\lambda^{2n-2}|n\rangle\langle n| \tag{10.41}$$

这与式（4.36）完全一致。

10.3 光子擦除

相空间方法也可以用来描述图 9.7 中双边光子擦除。由于 A－B 两个模式输入的量子态为两模压缩真空态，一阶矩为零。C－D－E－F 的输入均为真空态，因此，在对 A－B 两模态的双边光子擦除过程中，量子态的一阶矩始终为零。

首先，在纠缠蒸馏之前，A－B 两个模式与 E－F 两个模式进行耦合，其协方差矩阵可以表示为

$$\boldsymbol{V}'=\boldsymbol{S}_1\left(\boldsymbol{V}_{\mathrm{TMSS}}(r)\oplus\frac{1}{2}\boldsymbol{I}_2\oplus\frac{1}{2}\boldsymbol{I}_2\oplus\frac{1}{2}\boldsymbol{I}_2\oplus\frac{1}{2}\boldsymbol{I}_2\right)\boldsymbol{S}_1^{\mathrm{T}} \tag{10.42}$$

$$\boldsymbol{S}_1=\boldsymbol{S}_{\mathrm{AC}}(T_0)\oplus\boldsymbol{S}_{\mathrm{BD}}(T_0) \tag{10.43}$$

式（10.42）中的$\frac{1}{2}\boldsymbol{I}_2\oplus\frac{1}{2}\boldsymbol{I}_2\oplus\frac{1}{2}\boldsymbol{I}_2\oplus\frac{1}{2}\boldsymbol{I}_2$分别是 C－D－E－F 四个模式输入的真空量子态的协方差矩阵。

由于 E－F 两个模式被耗散到环境中，直接把 E－F 两个模式进行部分求迹。根据第 7.4 节的相关理论，A－B 两个模式的量子态仍为高斯态，其协方差矩阵为 $\boldsymbol{V}'$的第 1～8 行和第 1～8 列组成的子矩阵，以下记作

$$\boldsymbol{V}''={}^{[8,8]}\boldsymbol{V}' \tag{10.44}$$

其次，A－B 两个模式与 C－D 两个模式进行耦合，得到 A－B－C－D 四个模式的协方差矩阵为

$$\boldsymbol{V}'''=\boldsymbol{S}_2\boldsymbol{V}''\boldsymbol{S}_2^{\mathrm{T}} \tag{10.45}$$

$$\boldsymbol{S}_2=\boldsymbol{S}_{\mathrm{AC}}(T)\oplus\boldsymbol{S}_{\mathrm{BD}}(T) \tag{10.46}$$

采用第 10.2 节中的方法，可以计算出，当 C－D 两个开关型探测器均探测到“on”的探测结果时，输出量子态可以表示为四个高斯态的线性组合

$$\tilde{\boldsymbol{\rho}}=\frac{1}{P(\mathrm{on},\mathrm{on})}\sum_{j=1}^{4}P_j\boldsymbol{\rho}(\boldsymbol{V}_j,\boldsymbol{0}) \tag{10.47}$$

式中

$$P(\mathrm{on},\mathrm{on})=\sum_{j=1}^{4}P_j \tag{10.48}$$

$$P_1=1 \tag{10.49}$$

$$\boldsymbol{V}_1=\boldsymbol{\Gamma}_{\mathrm{AB}} \tag{10.50}$$

$$\boldsymbol{\Gamma}_{\mathrm{AB}}=\begin{pmatrix}\boldsymbol{M}_{\mathrm{AA}} & \boldsymbol{M}_{\mathrm{AB}}\\ \boldsymbol{M}_{\mathrm{BA}} & \boldsymbol{M}_{\mathrm{BB}}\end{pmatrix} \tag{10.51}$$

$$P_2=-\frac{1}{\sqrt{\det\left(\boldsymbol{M}_{\mathrm{CC}}+\frac{1}{2}\boldsymbol{I}_2\right)}} \tag{10.52}$$

$$\boldsymbol{V}_2=\boldsymbol{\Gamma}_{\mathrm{AB}}-\boldsymbol{\sigma}_{\mathrm{AB,C}}\left(\boldsymbol{M}_{\mathrm{CC}}+\frac{1}{2}\boldsymbol{I}_2\right)^{-1}\boldsymbol{\sigma}_{\mathrm{AB,C}}^{\mathrm{T}} \tag{10.53}$$

$$\boldsymbol{\sigma}_{\mathrm{AB,C}}=\begin{pmatrix}\boldsymbol{M}_{\mathrm{AC}}\\ \boldsymbol{M}_{\mathrm{BC}}\end{pmatrix} \tag{10.54}$$

$$P_3 = -\frac{1}{\sqrt{\det\left(\boldsymbol{M}_{\mathrm{DD}} + \frac{1}{2}I_2\right)}} \tag{10.55}$$

$$\boldsymbol{V}_3 = \boldsymbol{\Gamma}_{\mathrm{AB}} - \boldsymbol{\sigma}_{\mathrm{AB,D}}\left(\boldsymbol{M}_{\mathrm{DD}} + \frac{1}{2}\boldsymbol{I}_2\right)^{-1}\boldsymbol{\sigma}_{\mathrm{AB,D}}^{\mathrm{T}} \tag{10.56}$$

$$\boldsymbol{\sigma}_{\mathrm{AB,D}} = \begin{pmatrix} \boldsymbol{M}_{\mathrm{AD}} \\ \boldsymbol{M}_{\mathrm{BD}} \end{pmatrix} \tag{10.57}$$

$$P_4 = \frac{1}{\sqrt{\det\left(\boldsymbol{\Gamma}_{\mathrm{CD}} + \frac{1}{2}\boldsymbol{I}_4\right)}} \tag{10.58}$$

$$\boldsymbol{V}_4 = \boldsymbol{\Gamma}_{\mathrm{AB}} - \boldsymbol{\sigma}_{\mathrm{AB,CD}}\left(\boldsymbol{\Gamma}_{\mathrm{CD}} + \frac{1}{2}\boldsymbol{I}_4\right)^{-1}\boldsymbol{\sigma}_{\mathrm{AB,CD}}^{\mathrm{T}} \tag{10.59}$$

$$\boldsymbol{\sigma}_{\mathrm{AB,CD}} = \begin{pmatrix} \boldsymbol{M}_{\mathrm{AC}} & \boldsymbol{M}_{\mathrm{AD}} \\ \boldsymbol{M}_{\mathrm{BC}} & \boldsymbol{M}_{\mathrm{BD}} \end{pmatrix} \tag{10.60}$$

$\boldsymbol{M}_{ij}(i,j \in \{\mathrm{A,B,C,D}\})$均为 2 行 2 列矩阵，其来自将 8 行 8 列矩阵 $\boldsymbol{V}'''$的分块

$$\boldsymbol{V}''' \equiv \begin{pmatrix} \boldsymbol{M}_{\mathrm{AA}} & \boldsymbol{M}_{\mathrm{AB}} & \boldsymbol{M}_{\mathrm{AC}} & \boldsymbol{M}_{\mathrm{AD}} \\ \boldsymbol{M}_{\mathrm{BA}} & \boldsymbol{M}_{\mathrm{BB}} & \boldsymbol{M}_{\mathrm{BC}} & \boldsymbol{M}_{\mathrm{BD}} \\ \boldsymbol{M}_{\mathrm{CA}} & \boldsymbol{M}_{\mathrm{CB}} & \boldsymbol{M}_{\mathrm{CC}} & \boldsymbol{M}_{\mathrm{CD}} \\ \boldsymbol{M}_{\mathrm{DA}} & \boldsymbol{M}_{\mathrm{DB}} & \boldsymbol{M}_{\mathrm{DC}} & \boldsymbol{M}_{\mathrm{DD}} \end{pmatrix} \tag{10.61}$$

根据以上计算，化简整理可以得出

$$P(\mathrm{on,on}) = \frac{\lambda^2(1-\tilde{T})^2(1+\lambda^2\tilde{T})}{(1-\lambda^2\tilde{T})(1-\lambda^2\tilde{T}^2)} \tag{10.62}$$

式中，$\lambda = \sqrt{\frac{N_S}{N_S+1}}$并且定义 $\tilde{T} = 1-\eta R$，$\tilde{R} = 1-\eta T$。

当 $\eta = 1$ 时，$P(\mathrm{on,on})$恰与式（9.38）完全一致。

通过与第 9.2.1.4 节的对比，不难看出，相空间方法的形式较为简洁，可以轻易地描述信道有损耗（$\eta<1$）的情况。而且相空间方法可以轻易地描述任意两模高斯纠缠态的光子擦除：只需把本节中 $\boldsymbol{V}_{\mathrm{TMSS}}(r)$替换成任意两模高斯纠缠态的协方差矩阵即可。相比之下，采用光子数空间的方法只有在 $\eta=1$ 时才有较为简洁的输出态具体形式（式（9.33））。

另外，虽然式（10.47）并没有给出最终输出量子态的密度矩阵的具体形式，但是它可以利用相空间向光子数空间转化的算法（第 7.6.3 节）逐个实现。

为了验证相空间描述的正确性，把式（9.33）给出的量子态密度矩阵记为 $\boldsymbol{\rho}_1$，把式（10.47）给出的量子态密度矩阵记作 $\boldsymbol{\rho}_2$，在典型的参数下讨论二者的保真度。

定义了

$$\tilde{e} = \max_{i,j,k,l} e_{ijkl} \tag{10.63}$$

$$e_{ijkl} = \left| \langle i,j|\boldsymbol{\rho}_1|k,l\rangle - \langle i,j|\boldsymbol{\rho}_2|k,l\rangle \right| \tag{10.64}$$

并在图 10.2（a）中给出了不同的有限截断 D 时 $\tilde{e}$ 的变化情况，其中取 $r=0.15$，$T=0.90$，$\eta=1$。随着 D 从 4 到 9 的不断增大，光子数空间和相空间计算出的密度矩阵差 $\tilde{e}$ 迅速降低

到 8.64×10^{-7}，结果逐渐吻合。二者分别计算出的纠缠度也逐渐趋于一致，达到式（9.37）所给出的理论值 0.714 5，如图 10.2（b）所示。为了更加清晰地给出其密度矩阵元，在图 10.2（c）（d）中，取 $D=9$ 并给出 $\boldsymbol{\rho}_1$ 和 $\boldsymbol{\rho}_2$ 局部的细节 $\langle i,\ j|\boldsymbol{\ell}|k,\ l\rangle$（$i,\ j,\ k,\ l\leqslant3$），$\boldsymbol{\ell}=\boldsymbol{\rho}_1,\ \boldsymbol{\rho}_2$。在 $D=9$ 时，二者的误差已经基本可以忽略。

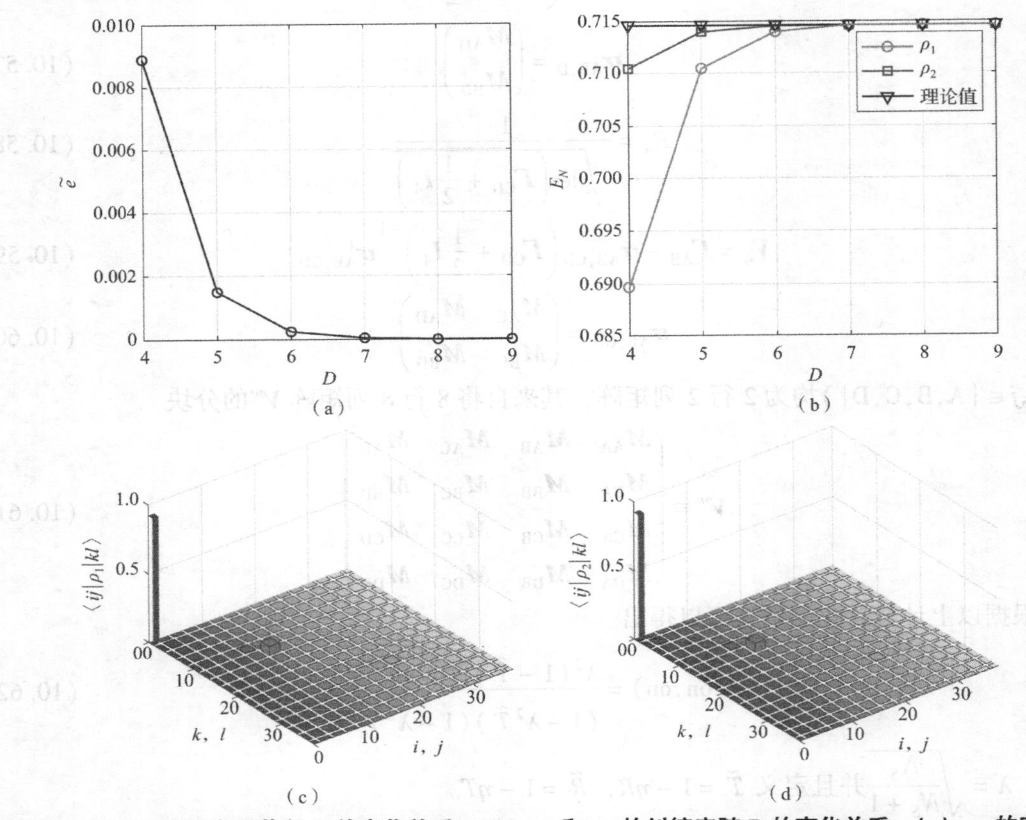

图 10.2　（a）$\tilde{e}$ 随有限截断 D 的变化关系；（b）$\boldsymbol{\rho}_1$ 和 $\boldsymbol{\rho}_2$ 的纠缠度随 D 的变化关系；（c）$\boldsymbol{\rho}_1$ 的密度矩阵元；（d）$\boldsymbol{\rho}_2$ 的密度矩阵元。其他参数取值为：$r=0.15$，$T=0.90$，$\eta=1$

10.4　光子催化

本章最后讨论一下如何利用相空间方法描述光子催化过程。为了更好地考虑多光子成分的贡献，依然采用开关型光子探测器，如图 10.3（a）所示。在最简单的单光子催化中，C 模式上应注入单个光子，然而由于实际上单光子态魏格纳函数较为复杂，可以采用标记单光子代替。采用压缩参数较低（$r_0\ll1$）的两模压缩真空态 C－D，并在 D 模式上进行开关型光子探测进行标记①。

① 标记单光子态的相关理论已于第 4.3 节和第 10.2 节介绍。

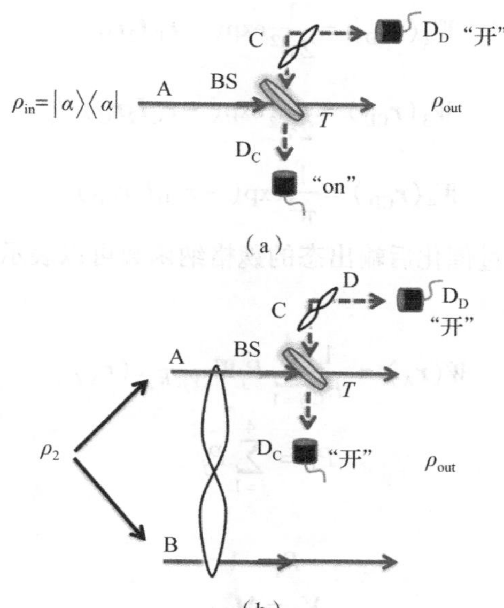

图 10.3　基于开关型光子探测器的光子催化

(a) 催化相干态；(b) 催化两模纠缠态

基于开关型光子探测器的光子催化仍然适用于多模量子态的催化。图 10.3 给出了对两模纠缠态的其中一个模式进行催化的示意图。这种催化同样适用于对两模纠缠态的双边光子催化等量子信息处理。限于篇幅，本节仅对图 10.3 (a) 中的单模相干态进行催化，对多模量子态的催化可以参考文献 [34]。

现在回到图 10.3 (a) 中的量子态演化。首先，A 模为相干态，C－D 为两模压缩真空态。因此，A－C－D 三模量子态的协方差矩阵和一阶矩分别为

$$\boldsymbol{V}_{\mathrm{ACD}} = \frac{1}{2}\boldsymbol{I}_2 \oplus \boldsymbol{V}_{\mathrm{TMSS}}(N_S') \tag{10.65}$$

$$\bar{\boldsymbol{R}} = (\sqrt{2}\alpha, 0) \oplus \boldsymbol{0}_{1\times 4} = (\sqrt{2}\alpha, 0, 0, 0, 0, 0) \tag{10.66}$$

其次，A－C 两个模式经过光学分束器进行耦合，耦合之后的协方差矩阵和一阶矩为

$$\boldsymbol{V}'_{\mathrm{ACD}} = \boldsymbol{S}_{\mathrm{AC}}(T)\boldsymbol{V}_{\mathrm{ACD}}\boldsymbol{S}_{\mathrm{AC}}(T)^{\mathrm{T}} \tag{10.67}$$

$$\bar{\boldsymbol{R}}' = (\sqrt{2}\alpha, 0, 0, 0, 0, 0)\boldsymbol{S}_{\mathrm{AC}}(T)^{\mathrm{T}} \tag{10.68}$$

然后，C－D 两个模式被开关型光子探测器探测且测量结果均为“on”，此时输出态的魏格纳函数可以表示为

$$W(\boldsymbol{r}_{\mathrm{A}}) = \frac{(2\pi)^2}{P_{\mathrm{C}}}\int_{\mathbb{R}^4} W_{(\boldsymbol{V}'_{\mathrm{ACD}}, \bar{\boldsymbol{R}}')}(\boldsymbol{r}_{\mathrm{ACD}}) W_{(\mathrm{on},\mathrm{on})}(\boldsymbol{r}_{\mathrm{CD}})\mathrm{d}\boldsymbol{r}_{\mathrm{CD}} \tag{10.69}$$

式中

$$W_{(\mathrm{on},\mathrm{on})}(\boldsymbol{r}_{\mathrm{CD}}) = W_1(\boldsymbol{r}_{\mathrm{CD}}) - W_2(\boldsymbol{r}_{\mathrm{CD}}) - \tag{10.70}$$

$$W_3(\boldsymbol{r}_{\mathrm{CD}}) + W_4(\boldsymbol{r}_{\mathrm{CD}}) \tag{10.71}$$

且

$$W_1(\boldsymbol{r}_{\mathrm{CD}}) = \frac{1}{4\pi^2} \tag{10.72}$$

$$W_2(\boldsymbol{r}_{\mathrm{CD}})=\frac{1}{2\pi^2}\exp(-\boldsymbol{r}_{\mathrm{D}}\boldsymbol{I}_2\boldsymbol{r}_{\mathrm{D}}) \tag{10.73}$$

$$W_3(\boldsymbol{r}_{\mathrm{CD}})=\frac{1}{2\pi^2}\exp(-\boldsymbol{r}_{\mathrm{C}}\boldsymbol{I}_2\boldsymbol{r}_{\mathrm{C}}) \tag{10.74}$$

$$W_4(\boldsymbol{r}_{\mathrm{CD}})=\frac{1}{\pi^2}\exp(-\boldsymbol{r}_{\mathrm{CD}}\boldsymbol{I}_4\boldsymbol{r}_{\mathrm{CD}}) \tag{10.75}$$

经过计算，可以得到经过催化后输出态的魏格纳函数可以表示为四个高斯态魏格纳函数的形式

$$W(\boldsymbol{r}_{\mathrm{A}})=\frac{1}{P_{\mathrm{C}}}\sum_{j=1}^{4}P_jW_{(\boldsymbol{V}_j,\bar{\boldsymbol{R}}_j')}(\boldsymbol{r}_{\mathrm{A}}) \tag{10.76}$$

$$P_{\mathrm{C}}=\sum_{j=1}^{4}P_j \tag{10.77}$$

式中

$$P_1=1 \tag{10.78}$$

$$\boldsymbol{V}_1=\boldsymbol{M}_{\mathrm{AA}} \tag{10.79}$$

$$\bar{\boldsymbol{R}}_1'=\bar{\boldsymbol{R}}_{\mathrm{A}}' \tag{10.80}$$

$$P_2=-\frac{\exp\left[-\frac{1}{2}\bar{\boldsymbol{R}}_{\mathrm{D}}'\left(\boldsymbol{M}_{\mathrm{DD}}+\frac{1}{2}\boldsymbol{I}_2\right)^{-1}\bar{\boldsymbol{R}}_{\mathrm{D}}'^{\mathrm{T}}\right]}{\sqrt{\det\left(\boldsymbol{M}_{\mathrm{DD}}+\frac{1}{2}\boldsymbol{I}_2\right)}} \tag{10.81}$$

$$\boldsymbol{V}_2=\boldsymbol{M}_{\mathrm{AA}}-\boldsymbol{M}_{\mathrm{AD}}\left(\boldsymbol{M}_{\mathrm{DD}}+\frac{1}{2}\boldsymbol{I}_2\right)^{-1}\boldsymbol{M}_{\mathrm{AD}}^{\mathrm{T}} \tag{10.82}$$

$$\bar{\boldsymbol{R}}_2'=\bar{\boldsymbol{R}}_{\mathrm{A}}'-\bar{\boldsymbol{R}}_{\mathrm{D}}'\left(\boldsymbol{M}_{\mathrm{DD}}+\frac{1}{2}\boldsymbol{I}_2\right)^{-1}\boldsymbol{M}_{\mathrm{AD}}^{\mathrm{T}} \tag{10.83}$$

$$P_3=-\frac{\exp\left[-\frac{1}{2}\bar{\boldsymbol{R}}_{\mathrm{C}}'\left(\boldsymbol{M}_{\mathrm{CC}}+\frac{1}{2}\boldsymbol{I}_2\right)^{-1}\bar{\boldsymbol{R}}_{\mathrm{C}}'^{\mathrm{T}}\right]}{\sqrt{\det\left(\boldsymbol{M}_{\mathrm{CC}}+\frac{1}{2}\boldsymbol{I}_2\right)}} \tag{10.84}$$

$$\boldsymbol{V}_3=\boldsymbol{M}_{\mathrm{AA}}-\boldsymbol{M}_{\mathrm{AC}}\left(\boldsymbol{M}_{\mathrm{CC}}+\frac{1}{2}\boldsymbol{I}_2\right)^{-1}\boldsymbol{M}_{\mathrm{AC}}^{\mathrm{T}} \tag{10.85}$$

$$\bar{\boldsymbol{R}}_3'=\bar{\boldsymbol{R}}_{\mathrm{A}}'-\bar{\boldsymbol{R}}_{\mathrm{C}}'\left(\boldsymbol{M}_{\mathrm{CC}}+\frac{1}{2}\boldsymbol{I}_2\right)^{-1}\boldsymbol{M}_{\mathrm{AC}}^{\mathrm{T}} \tag{10.86}$$

$$P_4=\frac{\exp\left[-\frac{1}{2}\bar{\boldsymbol{R}}_{\mathrm{CD}}'\left(\boldsymbol{\Gamma}_{\mathrm{CD}}+\frac{1}{2}\boldsymbol{I}_4\right)^{-1}\bar{\boldsymbol{R}}_{\mathrm{CD}}'^{\mathrm{T}}\right]}{\sqrt{\det\left(\boldsymbol{\Gamma}_{\mathrm{CD}}+\frac{1}{2}\boldsymbol{I}_4\right)}} \tag{10.87}$$

$$\boldsymbol{V}_4=\boldsymbol{M}_{\mathrm{AA}}-\boldsymbol{\sigma}_{\mathrm{A,CD}}\left(\boldsymbol{\Gamma}_{\mathrm{CD}}+\frac{1}{2}\boldsymbol{I}_4\right)^{-1}\boldsymbol{\sigma}_{\mathrm{A,CD}}^{\mathrm{T}} \tag{10.88}$$

$$\bar{\boldsymbol{R}}_4'=\bar{\boldsymbol{R}}_{\mathrm{A}}'-\bar{\boldsymbol{R}}_{\mathrm{CD}}'\left(\boldsymbol{\Gamma}_{\mathrm{CD}}+\frac{1}{2}\boldsymbol{I}_4\right)^{-1}\boldsymbol{\sigma}_{\mathrm{A,CD}}^{\mathrm{T}} \tag{10.89}$$

式中，定义 $\boldsymbol{\Gamma}_{\mathrm{CD}}$，$\boldsymbol{\sigma}_{\mathrm{A,CD}}$ 为

$$\boldsymbol{\Gamma}_{\mathrm{CD}}=\begin{pmatrix}\boldsymbol{M}_{\mathrm{CC}} & \boldsymbol{M}_{\mathrm{CD}}\\ \boldsymbol{M}_{\mathrm{DC}} & \boldsymbol{M}_{\mathrm{DD}}\end{pmatrix} \tag{10.90}$$

$$\boldsymbol{\sigma}_{\mathrm{A,CD}}=(\boldsymbol{M}_{\mathrm{AC}}\quad \boldsymbol{M}_{\mathrm{AD}}) \tag{10.91}$$

$$\bar{\boldsymbol{R}}'_{\mathrm{CD}}=(\bar{\boldsymbol{R}}'_{\mathrm{C}},\bar{\boldsymbol{R}}'_{\mathrm{D}}) \tag{10.92}$$

$\boldsymbol{M}_{ij}(i,j\in\{\mathrm{A,B,C,D}\})$为 2 行 2 列的矩阵，来自对协方差矩阵 $\boldsymbol{V}'_{\mathrm{ACD}}$的分块

$$\boldsymbol{V}'_{\mathrm{ACD}}\equiv\begin{pmatrix}\boldsymbol{M}_{\mathrm{AA}} & \boldsymbol{M}_{\mathrm{AC}} & \boldsymbol{M}_{\mathrm{AD}}\\ \boldsymbol{M}_{\mathrm{CA}} & \boldsymbol{M}_{\mathrm{CC}} & \boldsymbol{M}_{\mathrm{CD}}\\ \boldsymbol{M}_{\mathrm{DA}} & \boldsymbol{M}_{\mathrm{DC}} & \boldsymbol{M}_{\mathrm{DD}}\end{pmatrix} \tag{10.93}$$

$\bar{\boldsymbol{R}}'_j(j\in\{\mathrm{A,C,D}\})$来源于对 $\bar{\boldsymbol{R}}'$的分块

$$\bar{\boldsymbol{R}}'\equiv(\bar{\boldsymbol{R}}'_{\mathrm{A}},\bar{\boldsymbol{R}}'_{\mathrm{C}},\bar{\boldsymbol{R}}'_{\mathrm{D}}) \tag{10.94}$$

作为一个例子，在图 10.4 中考察了对单模相干态的催化问题。以相干态 $|\alpha\rangle(\alpha=0.2)$为例，分析了不同透过率 T 条件下催化前后的量子相干。当 $T(T<1/4)$较小，催化等效为一种放大。T 越小，放大效果越好，催化后的量子相干越强。催化效果与光子数空间的描述方法（第 9.2.3.1 节）一致。

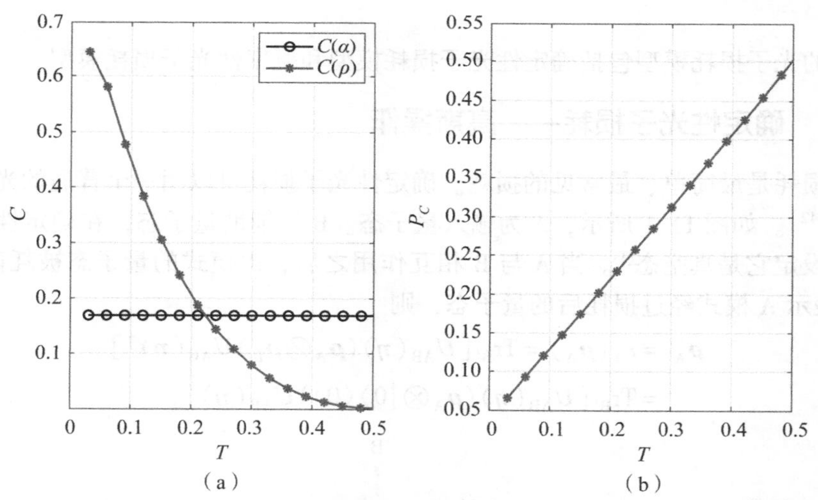

图 10.4　(a) 不同透过率 T 条件下光子催化后相干态的相干性；(b) 光子催化的成功概率随 T 的关系。其他参数：$\alpha=0.20$，$r_0=0.10$。每个光学模式均在由 $|0\rangle,|1\rangle,\cdots,|7\rangle$ 张成的 8 维子空间中进行有效截断

10.5　小结

高斯量子态的线性组合为描述非高斯操作作用下的量子态演化提供了诸多方便。从最基本的光子探测所诱导的非高斯态出发，对光子擦除（特别是双边光子擦除）和光子催化下的量子态演化做了相空间描述，这种分析方法对于分析多模量子纠缠下的量子雷达非常有效，详见第 13 章和第 14 章。

第 11 章 光子损耗下的非高斯量子雷达

在非高斯态和非高斯操作的基础上，可以讨论许多更加实际的量子雷达。光子损耗下的量子雷达是第一个要重点讨论的问题。

光子损耗是所有基于光的量子信息处理中不可回避的问题。光子损耗是量子光场与环境相互作用的结果，这种作用有的是高斯操作，有的是非高斯操作。借助第 9 章和第 10 章的相关方法，可以对非高斯态条件下的量子雷达进行研究。

11.1 光子损耗模型

最常见的光子损耗模型包括确定性光子损耗模型和概率性光子损耗模型。

11.1.1 确定性光子损耗——高斯操作

确定性损耗是最简单、最常见的损耗。确定性光子损耗可以用一个普通的光学分束器进行模拟[234-242]。如图 11.1 所示，A 为输入量子态。B 为辅助量子态，在确定性光子损耗模型中，一般设定它是真空态①。当 A 与 B 相互作用之后，B′模式的量子态被耗散至环境中。如果用 $\boldsymbol{\rho}_{A'}$ 表示 A 模式经过损耗后的量子态，则

$$\begin{aligned}\boldsymbol{\rho}'_{\mathrm{A}} &= \boldsymbol{\varepsilon}_1(\boldsymbol{\rho}_{\mathrm{A}}) = \mathrm{Tr}_{\mathrm{B}'}[\boldsymbol{U}_{\mathrm{AB}}(\boldsymbol{\eta})(\boldsymbol{\rho}_{\mathrm{A}} \otimes \boldsymbol{\rho}_{B})\boldsymbol{U}_{\mathrm{AB}}(\boldsymbol{\eta})^{\dagger}] \\ &= \mathrm{Tr}_{\mathrm{B}'}[\boldsymbol{U}_{\mathrm{AB}}(\boldsymbol{\eta})(\boldsymbol{\rho}_{\mathrm{A}} \otimes |0\rangle\langle 0|)\boldsymbol{U}_{\mathrm{AB}}(\boldsymbol{\eta})^{\dagger}]\end{aligned} \tag{11.1}$$

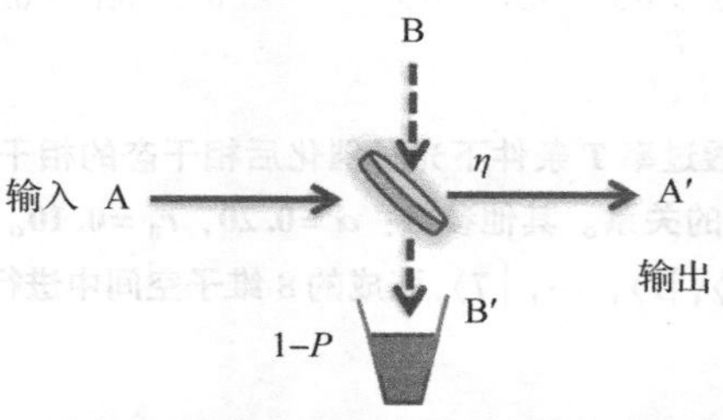

图 11.1 透过效率为 $\boldsymbol{\eta}$ 的单模光子损耗信道

确定性光子损耗是一个高斯过程，它将输入的高斯态映射为一个新的高斯态。如果 $\boldsymbol{\rho}_{\mathrm{A}}$ 为高斯态，其协方差矩阵为 $\boldsymbol{V}$、一阶矩为 $\bar{\boldsymbol{R}}$，经过如图 11.1 所示的信道后，信道的输出 $\boldsymbol{\rho}'_{\mathrm{A}}$ 仍然为高斯态，其协方差矩阵和一阶矩分别为

---

① 更一般的模型也可以假设其为热态[243]。

$$V' = \eta V + \frac{(1-\eta)}{2} I \tag{11.2}$$

$$\bar{R}' = \sqrt{\eta}\bar{R} \tag{11.3}$$

证明过程可以参考文献［244］的附录 C。

例 11.1.1　相干态经过确定性光子损耗之后仍为相干态。

相干态是一种十分特殊的高斯态。一般情况下，确定性光子损耗信道将一个量子纯态演化为量子混态。而相干态却十分特殊，其经过确定性光子损耗信道之后仍为纯态。这一点可以从式（11.3）计算得到。知道相干态 $|\alpha\rangle$（α 为实数）的一阶矩和协方差矩阵分别为 $\bar{R} = (\sqrt{2}\alpha, 0)$ 和 $\frac{1}{2}I_2$，经过透过效率为 η 的确定性光子损耗信道后，由式（11.3）知，其协方差矩阵和一阶矩分别为

$$V' = \frac{1}{2} I_2 \tag{11.4}$$

$$\bar{R}' = (\sqrt{2\eta}\alpha, 0) \tag{11.5}$$

这恰恰对应着相干态 $|\sqrt{\eta}\alpha\rangle$，仍然为一个高斯态。

11.1.2　概率性光子损耗——非高斯操作

概率性光子损耗广泛应用于描述随机性的光子损耗[245,246]。其物理含义是光子通过某一信道，由于信道本身具有随机性，光子以一定的概率完全损耗，而以一定的概率未发生任何损耗，如图 11.2 所示。除了极端特殊情况（$P=0$ 或 $P=1$）外，概率性光子损耗信道的输出都是一个量子混态①。因此，对于概率性光子损耗，一般采用光子数空间中的密度矩阵的方法来描述。

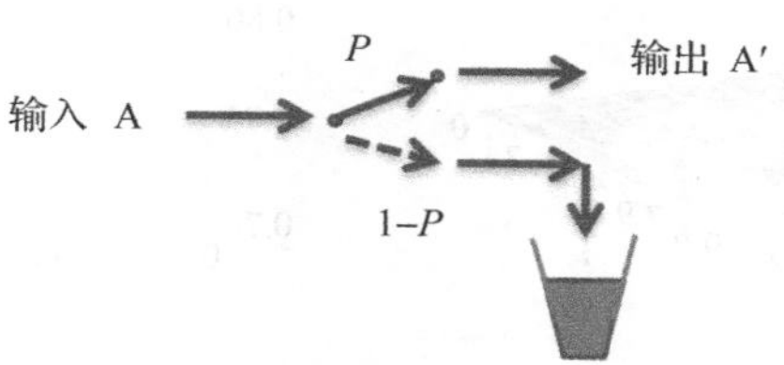

图 11.2　概率为 P 的概率性光子损耗信道示意图

概率性光子损耗是一个映射：

$$\rho_{A'} = \varepsilon_2(P) = P\rho_A + (1-P)|0\rangle\langle 0| \tag{11.6}$$

因此，如果输入为一个高斯态 ρ_A，输出为真空态和高斯态 ρ_A 的线性组合，将高斯输入映射为非高斯量子态，因此，概率性光子损耗是个非高斯量子操作。

以相干态 $|\alpha\rangle$，$\alpha=0.6$ 为例，可以比较在相同的信道参数条件下两种信道 ε_1，ε_2 的输出态的情况。图 11.3（a）给出了未经损耗时 $|\alpha\rangle$ 在 Fock 基下的密度矩阵 $\rho = |\alpha\rangle\langle\alpha| =$

①　即使输入为相干态，也不例外。

$\sum_{ij}\boldsymbol{\rho}_{ij}\,|i\rangle\langle j|$。图 11.3（b）展示了在透过效率为 $\eta=0.1$ 时经过确定性损耗信道 ε_1 后的输出态 $\varepsilon_1(\boldsymbol{\rho})=\sum_{ij}[\varepsilon_1(\boldsymbol{\rho})]_{ij}|i\rangle\langle j|$。图 11.3（c）展示了在透过效率为 $P=\eta=0.1$ 时，通过概率性损耗信道后输出态的密度矩阵 $\varepsilon_2(\boldsymbol{\rho})=\sum_{ij}[\varepsilon_2(\boldsymbol{\rho})]_{ij}|i\rangle\langle j|$。令保真度

$$F_1(\eta)=\langle\alpha|\varepsilon_1(|\alpha\rangle\langle\alpha|)|\alpha\rangle \tag{11.7}$$

$$F_2(\eta)\equiv F_2(P=\eta)=\langle\alpha|\varepsilon_2(|\alpha\rangle\langle\alpha|)|\alpha\rangle \tag{11.8}$$

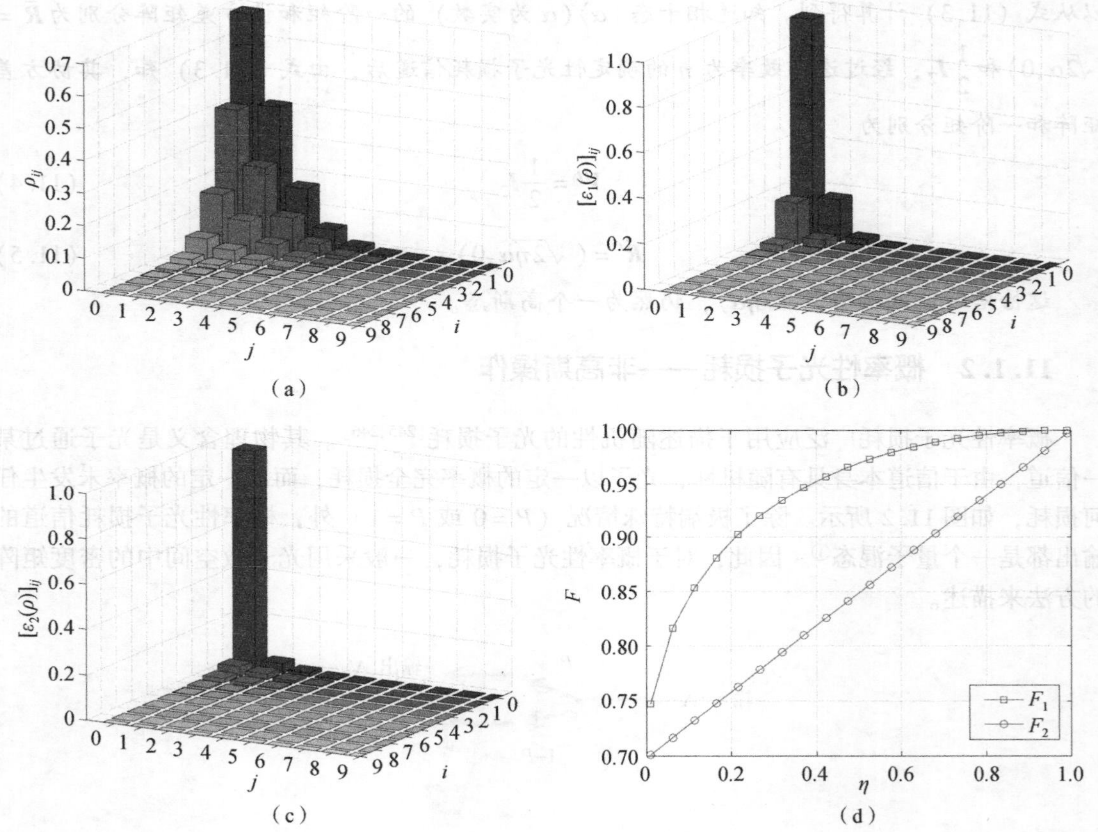

图 11.3　（a）单模相干态在各个 Fock 基上的分布，$\alpha=0.6$，$D=10$；（b）经过确定性光子损耗信道 $\eta=0.1$ 后的单模相干态，$\alpha=0.6$，$D=10$；（c）经过概率性光子损耗信道 $P=\eta=0.1$ 后的单模相干态，$\alpha=0.6$，$D=10$；（d）确定性光子损耗和概率性光子损耗信道输出量子态与输入相干态 $|\alpha\rangle$ 的保真度

可以得到 $F_1(0.1)=0.845\,0$，$F_2(0.1)=0.727\,9$。在相同的透过效率条件下，确定性损耗信道比概率性损耗信道具有更高保真度。事实上，对于 $0<\eta<1$，如图 11.3（d）所示，总是有 $\varepsilon_1(\boldsymbol{\rho})$ 比 $\varepsilon_2(\boldsymbol{\rho})$ 的保真度更高。

在平均光子数较高时也有类似结论。图 11.4 展示了 $\alpha=2$，$D=20$ 时保真度 F_1 和 F_2 随信道效率 η 变化的情况。

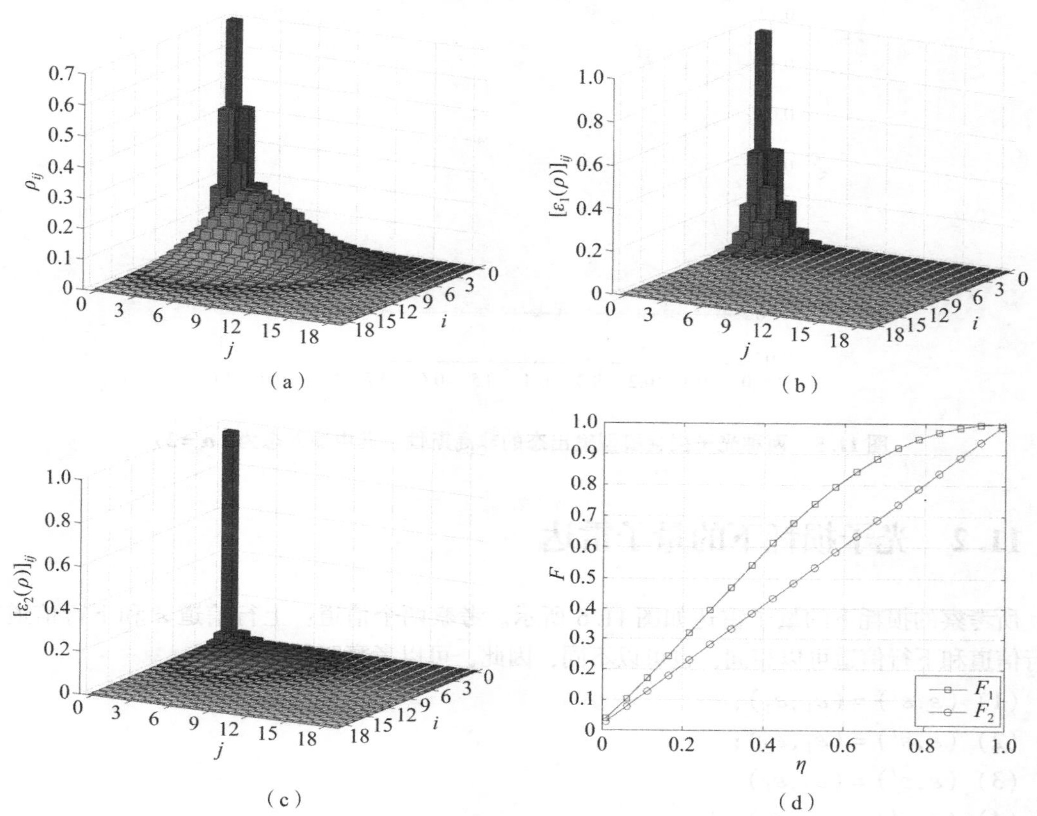

图 11.4　（a）单模相干态在各个 Fock 基上的分布；（b）经过确定性光子损耗信道 $\eta=0.1$ 后的单模相干态；（c）经过概率性光子损耗信道 $P=\eta=0.1$ 后的单模相干态；（d）确定性损耗和概率性损耗信道输出量子态与输入相干态 $|\alpha\rangle$ 的保真度。其他参数：$\alpha=2.0$，$D=20$

光子损耗模型的非高斯性也可以通过计算输出态的非高斯性来揭示。设 $|\alpha\rangle$，$\alpha=0.5$，对于不同的 η，可以算出确定性损耗模型的输出态 $|\sqrt{\eta}\alpha\rangle$ 的非高斯性 $\delta_{\mathrm{NG},1}=0$。而采用概率性损耗模型后，损耗后的输出态 $\delta_{\mathrm{NG},2}>0$。在图 11.5 中，取有限截断 $D=17$，给出了不同的 η 条件下两种损耗模型对应的输出态的非高斯性。只有当 $\eta=1$ 或 $\eta=0$ 时（分别对应输出态为 $|\alpha\rangle$ 和 $|0\rangle$），概率性损耗模型的输出才是高斯态 $\delta_{\mathrm{NG},2}=0$，其他情况均是输出非高斯态。

关于光子损耗信道，需要指出，德国罗斯托克大学和乌克兰波戈留博夫理论物理研究所的科学家们提出了光束漂移（Beam Wandering）模型。该模型的核心考虑了大气湍流、雨雾、冰雹等随机性天气因素以及光束的随机漂移，把信道等效为透过率服从一定概率分布 $P(T)$ 的光学分束器，通过求解 $P(T)$ 的表达式，解算出具体的模型。该模型引起了较多的关注，有兴趣的读者可以参考文献［247］。

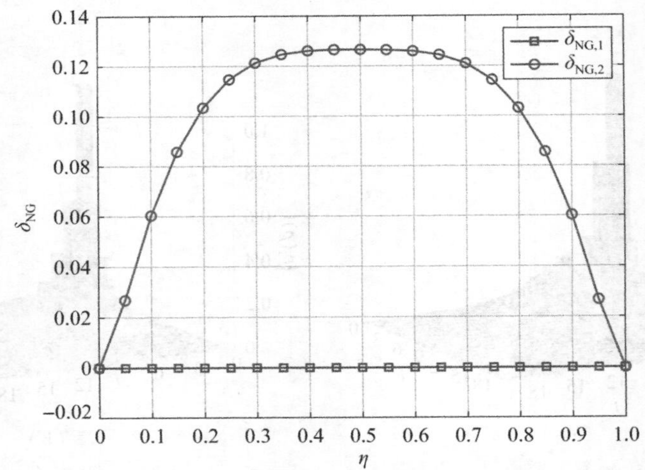

图 11.5　两种光子损耗模型输出态的非高斯性，其中输入态为 $|\alpha=2\rangle$

11.2　光子损耗下的量子雷达

所考察的损耗下的量子雷达如图 11.6 所示。考察两个信道：上行信道 $\boldsymbol{\varepsilon}$ 和下行信道 $\boldsymbol{\varepsilon}'$。上行信道和下行信道可以相同，也可以不同，因此，可以考察四种组合：

(1) $(\boldsymbol{\varepsilon},\boldsymbol{\varepsilon}')=(\boldsymbol{\varepsilon}_1,\boldsymbol{\varepsilon}_1)$；

(2) $(\boldsymbol{\varepsilon},\boldsymbol{\varepsilon}')=(\boldsymbol{\varepsilon}_1,\boldsymbol{\varepsilon}_2)$；

(3) $(\boldsymbol{\varepsilon},\boldsymbol{\varepsilon}')=(\boldsymbol{\varepsilon}_2,\boldsymbol{\varepsilon}_1)$；

(4) $(\boldsymbol{\varepsilon},\boldsymbol{\varepsilon}')=(\boldsymbol{\varepsilon}_2,\boldsymbol{\varepsilon}_2)$。

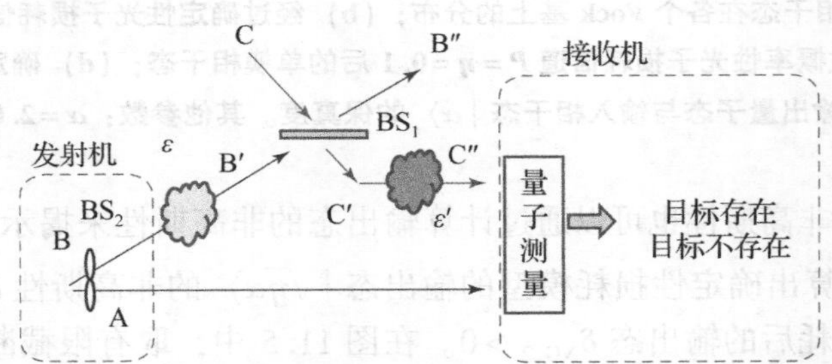

图 11.6　有损条件下的量子雷达。上行信道 $\boldsymbol{\varepsilon}$ 和下行信道 $\boldsymbol{\varepsilon}'$。设光学分束器 BS_1 的透过率为 $T_1=1-\kappa$。发射机制备的纠缠态为 $\boldsymbol{\rho}_{AB}$

为了使表达简洁，设 A－B 模的量子态为 $\boldsymbol{\rho}_{AB}$。首先 B 模经过信道 $\boldsymbol{\varepsilon}$ 后，A－B′两模态可以表示为

$$\boldsymbol{\rho}_{AB'}=(\boldsymbol{I}\otimes\boldsymbol{\varepsilon})(\boldsymbol{\rho}_{AB})=\sum_{ijkl}\langle ij|\boldsymbol{\rho}|kl\rangle(|i\rangle\langle k|)\otimes\boldsymbol{\varepsilon}(|j\rangle\langle l|)\tag{11.9}$$

B′与目标相互作用，有

$$\boldsymbol{\rho}_{AB''C'}=\boldsymbol{U}_{B'C}(T_1)(\boldsymbol{\rho}_{AB'}\otimes\boldsymbol{\rho}_C)\boldsymbol{U}_{B'C}(T_1)^{\dagger}\tag{11.10}$$

B″耗散到环境中，于是 AC′模的量子态可以表示为

$$\boldsymbol{\rho}_{AC'}=\mathrm{Tr}_{B''}[\boldsymbol{\rho}_{AB''C'}]\tag{11.11}$$

C′模式的量子态会经过下行信道的作用，于是

$$\boldsymbol{\rho}_{\mathrm{AC}''}(\boldsymbol{\rho}_{\mathrm{AB}},\kappa)=(\boldsymbol{I}\otimes\varepsilon')(\boldsymbol{\rho}_{\mathrm{AC}'}) \tag{11.12}$$

$$=\sum_{ijkl}\langle ij|\boldsymbol{\rho}_{\mathrm{AC}'}|kl\rangle\,|i\rangle\langle k|\otimes\varepsilon'(|j\rangle\langle l|) \tag{11.13}$$

式中，$\boldsymbol{\rho}_{\mathrm{AC}''}(\boldsymbol{\rho}_{\mathrm{AB}},\kappa)$表示$\boldsymbol{\rho}_{\mathrm{AC}''}$与输入态$\boldsymbol{\rho}_{\mathrm{AB}}$及目标透过率$\kappa$密切相关。

设目标的反射率为κ_t，因此，只要设$\kappa=\kappa_t$和$\kappa=0$就可以分别表示目标存在和目标不存在两种情况下接收机收到的量子态。利用量子切诺夫定理就可以评估任意M份纠缠发射和接收时的渐近误判概率

$$P_{\mathrm{QCB}}=\frac{1}{2}Q(\boldsymbol{\rho}_{\mathrm{AB}},\varepsilon,\varepsilon')^M \tag{11.14}$$

式中

$$Q(\boldsymbol{\rho}_{\mathrm{AB}},\varepsilon,\varepsilon')=\min_{0\leqslant s\leqslant 1}\mathrm{Tr}(\boldsymbol{\rho}_0^s\boldsymbol{\rho}_1^{1-s}) \tag{11.15}$$

$$\boldsymbol{\rho}_0=\boldsymbol{\rho}_{\mathrm{AC}''}(\kappa=0) \tag{11.16}$$

$$\boldsymbol{\rho}_1=\boldsymbol{\rho}_{\mathrm{AC}''}(\kappa=\kappa_t) \tag{11.17}$$

仍然考虑发射机制备和发射两模压缩真空态的情形：$\boldsymbol{\rho}_{\mathrm{AB}}=|\boldsymbol{\psi}\rangle\langle\boldsymbol{\psi}|$，其中，$|\boldsymbol{\psi}\rangle=\sum_{n=0}^{\infty}\frac{1}{\sqrt{1+N_S}}\left(\sqrt{\frac{N_S}{1+N_S}}\right)^n|n\rangle|n\rangle$。目标反射率为$\kappa_t$，C 模输入的环境噪声的平均光子数水平为$N_B$。量子雷达的关键指标与光子损耗信道的类型有关，根据信道情况，定义以下四种不同的Q：

$$Q_{11}=Q(|\boldsymbol{\psi}\rangle\langle\boldsymbol{\psi}|,\varepsilon_1,\varepsilon_1) \tag{11.18}$$

$$Q_{12}=Q(|\boldsymbol{\psi}\rangle\langle\boldsymbol{\psi}|,\varepsilon_1,\varepsilon_2) \tag{11.19}$$

$$Q_{21}=Q(|\boldsymbol{\psi}\rangle\langle\boldsymbol{\psi}|,\varepsilon_2,\varepsilon_1) \tag{11.20}$$

$$Q_{22}=Q(|\boldsymbol{\psi}\rangle\langle\boldsymbol{\psi}|,\varepsilon_2,\varepsilon_2) \tag{11.21}$$

取光子有效截断$D=12$，在图 11.7 中给出了光子损耗条件下量子雷达的Q参数，其中考虑$\eta_1=\eta_2=\sqrt{\eta}$。其中，在图 11.7（a）和（b）中分别考虑了低反射目标$\kappa_t=0.1$和高反射目标$\kappa_t=0.90$的情况。两模压缩态的参数$N_S=0.50$，环境噪声水平$N_B=0.50$。图 11.7 中的黑色实线（标记五角星）给出了光子无损耗时的Q参数，该参数与$\eta=1$的计算结果相一致，这也验证了光子损耗模型的自洽性。从图 11.7 中可以看出，当$0<\eta<1$时，对于低反射目标和高反射目标，上行信道和下行信道均是确定性损耗时所对应的指标Q_{11}是最小的。这也与相同透过率时确定性光子损耗信道比概率性光子损耗信道的保真度更高相一致。

针对一个给定的传输效率$\eta=\eta_1\eta_2$，可以分析不同的（η_1，η_2）对Q_{11}，Q_{12}，Q_{21}，Q_{22}因子的影响情况。设

$$\eta_1=\sqrt{\eta}/q \tag{11.22}$$

$$\eta_2=\sqrt{\eta}q \tag{11.23}$$

式中，$q_{\min}\leqslant q\leqslant q_{\max}$，且

$$q_{\min}=\sqrt{\eta} \tag{11.24}$$

$$q_{\max}=1/\sqrt{\eta} \tag{11.25}$$

以保证$\eta_1\leqslant 1$，$\eta_2\leqslant 1$。

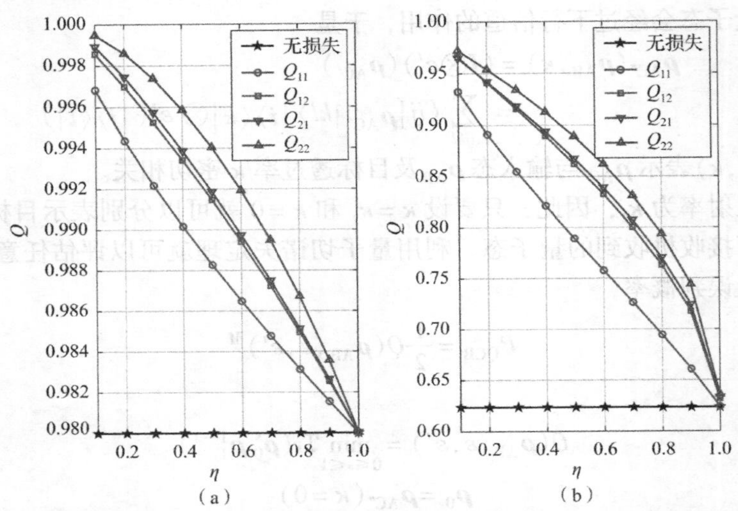

图 11.7　光子损耗条件下量子雷达关键指标。纠缠源采用两模压缩真空态 $\boldsymbol{\rho}_{AB}$。上行信道和下行信道的传输效率 $\eta_1=\eta_2=\sqrt{\eta}$。$N_S=0.50$，$N_B=0.50$，$D=12$。其他参数：(a) $\kappa_t=0.10$；(b) $\kappa_t=0.90$

当 $q=1$ 时，上行信道、下行信道的传输效率相等，即 $\eta_1=\eta_2=\sqrt{\eta}$。在图 11.8 中，设置了 $N_S=0.5$，$\kappa_t=0.5$，$N_B=0.5$，$\eta=0.9$。可以看出，当 $q=q_{\min}$ 时，上行信道效率为 $\eta_1=1$，上行信道的两种光子损耗模型相同，两种上行信道相对应的量子雷达的性能相同：$Q_{11}=Q_{21}$，$Q_{12}=Q_{22}$。当 $q=q_{\max}$ 时，下行信道效率为 $\eta_2=1$，下行信道的两种光子损耗模型相同，两种下行信道相对应的量子雷达的性能相同：$Q_{12}=Q_{11}$，$Q_{22}=Q_{21}$。一般地，当 $q_{\min}<q<q_{\max}$ 时，对于同一个 q，可以看到 Q_{11}，Q_{12}，Q_{21}，Q_{22} 有各自的变化规律。当 $q=1$ 时，$\eta_1=\eta_2$，上行信道和下行信道的传输效率相等，均为 $\eta_1=\eta_2=\sqrt{\eta}$。然而此时这四个量并不相等：$Q_{11}\neq Q_{12}\neq Q_{21}\neq Q_{22}$。

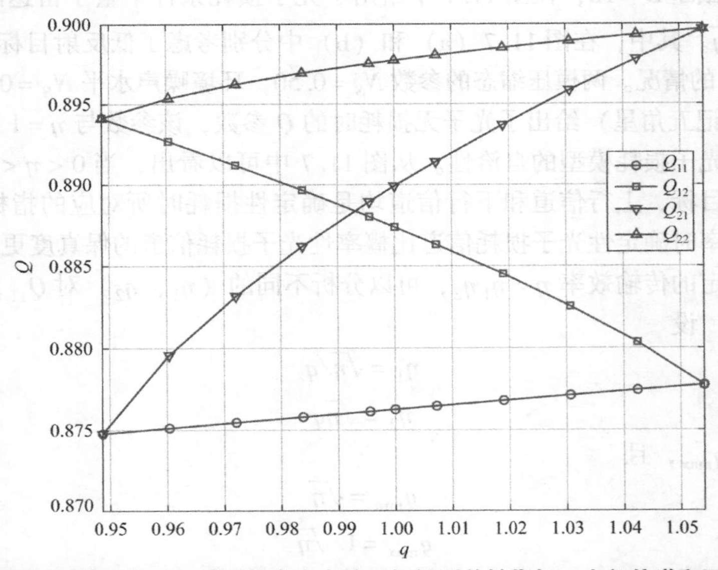

图 11.8　光子损耗条件下基于两模压缩真空态的目标探测关键指标。上行信道和下行信道的传输效率分别为 $\eta_1=\sqrt{\eta}/q$ 和 $\eta_2=\sqrt{\eta}q$。其他参数：$N_S=0.5$，$\kappa_t=0.5$，$N_B=0.5$，$\eta=0.9$

值得说明的是信道的不可加性。由图 11.8 可见，Q_{11} 曲线并不是一条关于 $q=1$ 的轴对称性曲线。尽管上行和下行均为确定性损耗信道，但其总的效果并不能等价于一条传输效率为二者之积的单个确定性光子损耗信道。其原因之一就是热态 $\boldsymbol{\rho}_{\text{th}}(N_B)$ 所引入的噪声，这是量子雷达分析中需要认真研究的重要问题之一。

11.3　双边光子擦除与光子损耗的克服

11.3.1　光子擦除的改进效果

光子损耗使得量子雷达的 Q 因子增加，从而使得相同条件下误判概率增加。为了克服这个问题，最直接的办法是利用更加有效、性能更佳的量子纠缠源作为信号源。可以尝试采用非高斯操作获得非高斯量子纠缠态，并以此作为信号源。光子擦除是产生非高斯操作最常见、最有效的手段，在发射机中对两模压缩真空态进行双边光子擦除，将擦除成功后的量子态发射到环境中与目标相互作用。发射机内部的方案如图 11.9 所示。发射机外部的相互作用与图 11.6 一致。

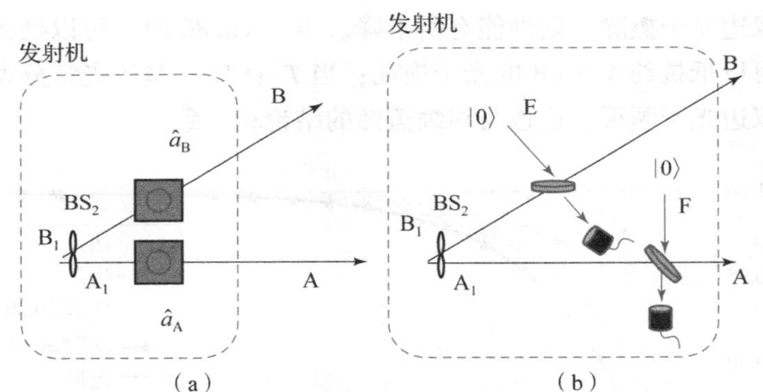

图 11.9　基于双边光子擦除的接收机方案

(a) 基于理想双边光子湮灭；(b) 基于实际开关型光子探测器的双边光子擦除

图 11.9 (a) 中设想接收机中采用的是理想的双边光子湮灭，A_1-B_1 是参数为 N_S 的两模压缩真空态 $|\boldsymbol{\psi}\rangle$（参考式 (9.4)），经过双边光子湮灭后，发射机发射的量子态为

$$\boldsymbol{\rho}_{\text{AB}}^{(a)}=|\boldsymbol{\psi}'\rangle\langle\boldsymbol{\psi}'| \tag{11.26}$$

式中，$|\boldsymbol{\psi}'\rangle$ 由式 (9.6) 给出。

图 11.9 (b) 所示为考虑了采用光学分束器和开关型光子探测的方案，如果 A_1-B_1 是参数为 N_S 的两模压缩真空态 $|\boldsymbol{\psi}\rangle$，并且两路的光学分束器透过效率均为 T，则光子擦除后的A－B 两模态可以与纠缠蒸馏[①]后的量子态相同，即

$$\boldsymbol{\rho}_{\text{AB}}^{(b)}=\frac{[1+N_S(1-T)][1+N_S(1-T^2)]}{N_S(1-T)^2(1+N_S)(1+N_S+N_ST)}\sum_{n,m=1}^{\infty}\left(\sqrt{\frac{N_S}{1+N_S}}T\right)^{n+m}\cdot$$
$$\sum_{k,l=1}^{\min\{n,m\}}\mathrm{C}_{mn}^{kl}|n-k,n-l\rangle\langle m-k,m-l| \tag{11.27}$$

① 参考第 9.2.1.4 节。

式中，C_{mn}^{kl} 由式（9.35）给出。

以下考虑发射机分别发射 $\boldsymbol{\rho}_{AB}^{(a)}$ 和 $\boldsymbol{\rho}_{AB}^{(b)}$ 时目标探测性能，设

$$Q_{11}^{(a)}=Q(\boldsymbol{\rho}_{AB}^{(a)},\varepsilon_1,\varepsilon_1),Q_{12}^{(a)}=Q(\boldsymbol{\rho}_{AB}^{(a)},\varepsilon_1,\varepsilon_2) \tag{11.28}$$

$$Q_{21}^{(a)}=Q(\boldsymbol{\rho}_{AB}^{(a)},\varepsilon_2,\varepsilon_1),Q_{22}^{(a)}=Q(\boldsymbol{\rho}_{AB}^{(a)},\varepsilon_2,\varepsilon_2) \tag{11.29}$$

$$Q_{11}^{(b)}=Q(\boldsymbol{\rho}_{AB}^{(b)},\varepsilon_1,\varepsilon_1),Q_{12}^{(b)}=Q(\boldsymbol{\rho}_{AB}^{(b)},\varepsilon_1,\varepsilon_2) \tag{11.30}$$

$$Q_{21}^{(b)}=Q(\boldsymbol{\rho}_{AB}^{(b)},\varepsilon_2,\varepsilon_1),Q_{22}^{(b)}=Q(\boldsymbol{\rho}_{AB}^{(b)},\varepsilon_2,\varepsilon_2) \tag{11.31}$$

由于双边确定性光子损耗信道给出的 Q 更小，其对量子雷达的不利影响最小。以下以 Q_{11} 为例进行讨论。采用类似的方法，有兴趣的读者可以讨论 Q_{12}，Q_{21}，Q_{22} 随 $\boldsymbol{\eta}$ 的变化情况。图 11.10 给出了 Q_{11}，$Q_{11}^{(a)}$，$Q_{11}^{(b)}$ 随着 $\boldsymbol{\eta}$ 的变化规律。其中，水平实线给出了无损条件时采用两模压缩真空态的 Q 因子。如果对两模压缩真空态施加双边光子擦除，则其 Q 因子明显下降。下降的 Q 因子使得量子雷达在有损信道中性能更佳。标记有正方形的曲线给出了 $\boldsymbol{\rho}_{AB}=\boldsymbol{\rho}_{AB}^{(a)}$ 的情况，可以看出，当 $\boldsymbol{\eta}=10^{-0.5}$ 时（对应信道为 5 dB 光子损耗），Q 因子与无损的两模压缩真空态对应的 Q 因子相同。即通过对两模压缩真空态进行双边光子湮灭，可以抵抗 5 dB 的损耗，使得 Q 因子仍然保持无损时的情形。如果采用基于光学分束器和开光型光子探测器的双边光子擦除，则性能有所下降。当 $T=0.80$ 时，可以抵抗约 3 dB 的损耗；当 $T=0.95$ 时，可以抵抗约 4.5 dB 的光子损耗；当 $T\to1$ 时，基于光学分束器的双边光子擦除逼近于理想的双边光子湮灭，这也与纠缠蒸馏的结论相一致。

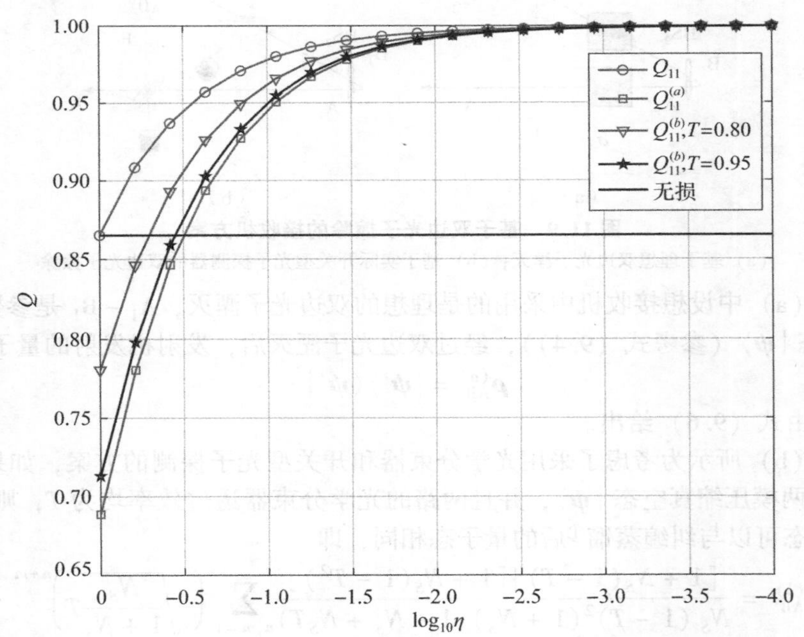

图 11.10　光子损耗条件下基于两模压缩真空态的 Q_{11} 因子与基于光子擦除后的两模纠缠态的 $Q_{11}^{(a)}$，$Q_{11}^{(b)}$ 因子比较。其中，设上行信道和下行信道的传输效率相等，均为 $\sqrt{\boldsymbol{\eta}}$。其他参数：$N_S=0.5$，$\kappa_t=0.5$，$N_B=0.5$

11.3.2　光子损耗与资源消耗

非高斯操作对量子雷达的改进也可以用资源消耗数目来说明。给定一个固定的误判概率 P_{fix}，可以讨论光子损耗与达到 P_{fix} 所需纠缠资源的关系。根据量子切诺夫定理，渐近误判概率与纠缠资源数目之间的关系为 $P_{\text{fix}}=\frac{1}{2}Q^M$。于是可以得到

$$M=\frac{\ln(2P_{\text{fix}})}{\ln(Q)} \tag{11.32}$$

由于 Q 会随着信道效率 η 发生改变，因此 M 也是信道效率 η 的函数。

令 M，$M^{(a)}$，$M^{(b)}$ 分别表示量子雷达达到某一特定误判概率所需的量子纠缠 $\boldsymbol{\rho}_{\text{AB}}=|\boldsymbol{\psi}\rangle\langle\boldsymbol{\psi}|$，$\boldsymbol{\rho}_{\text{AB}}^{(a)}$，$\boldsymbol{\rho}_{\text{AB}}^{(b)}$ 的数目。可以看一下 M 随着信道效率的变化情况。

仍然取 $N_S=0.5$，$\kappa_t=0.5$，$N_B=0.5$，在图 11.11 中分别给出了在上行信道和下行信道分别为 $(\varepsilon_1,\varepsilon_1)$，$(\varepsilon_1,\varepsilon_2)$，$(\varepsilon_2,\varepsilon_1)$，$(\varepsilon_2,\varepsilon_2)$ 时达到误判概率为 $P_{\text{fix}}=10^{-4}$ 所需的纠缠的数目情况。由于所考虑的模型中上行信道、下行信道效率均为 $\sqrt{\eta}$，因此，信道总的效率为 η。为了使比较更加清晰，对 η 和 M 均取了对数。同时，还给出了 $M(\eta=1)/\eta$ 随 η

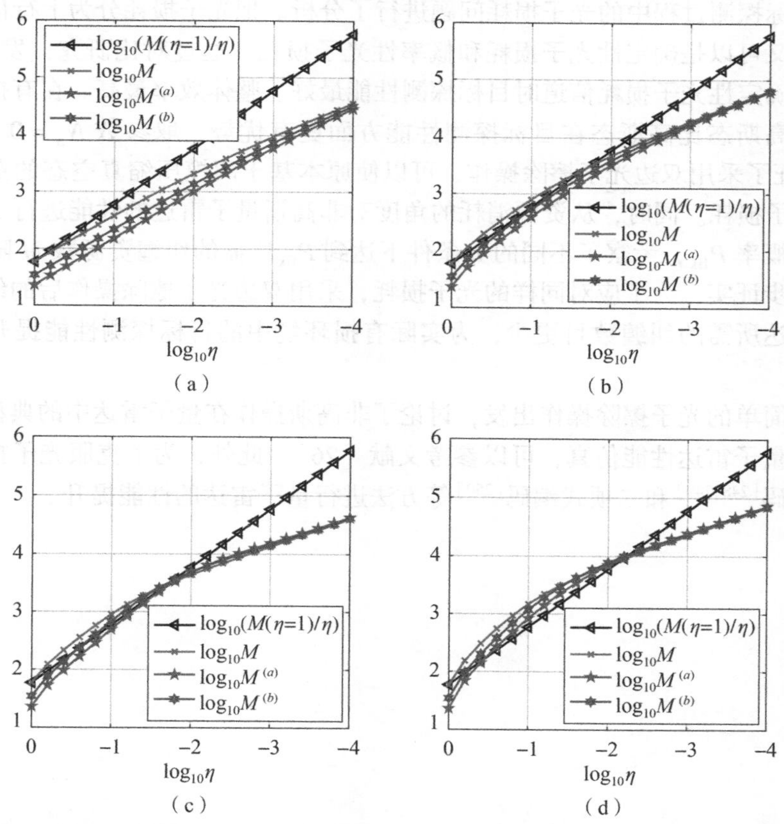

图 11.11　达到固定误判概率 10^{-4} 所需的纠缠数目。(a) 上行下行 $(\varepsilon_1,\varepsilon_1)$；(b) 上行下行 $(\varepsilon_1,\varepsilon_2)$；(c) 上行下行 $(\varepsilon_2,\varepsilon_1)$；(d) 上行下行 $(\varepsilon_2,\varepsilon_2)$。其他参数：$N_S=0.5$，$\kappa_t=0.5$，$N_B=0.5$。光子擦除所用的光学分束器透过率为 $T=0.80$，光子有限截断在 $D=12$

的变化。$M(\eta=1)/\eta$ 曲线具有较大的参考意义。这是因为 $M(\eta=1)$ 表示光子无损耗时达到 P_{fix} 误判概率所需的两模压缩真空态的数目，$M(\eta=1)/\eta$ 可以理解为为了克服有限传输效率 η 而原本应该发送的数目，而 $1/\eta$ 则为信道达到 1 次理想纠缠分发所需的纠缠资源数目。标记有"×"的曲线为误判概率达到 10^{-4} 时所需的两模压缩真空态的数目。标记为五角星和六角星的曲线分别为光子擦除后的两模压缩真空态达到同一误判概率所需的纠缠数目。以 $(\varepsilon_1,\ \varepsilon_1)$ 即图 11.11（a）为例，所需的纠缠资源数目均是小于 $M(\eta=1)/\eta$ 的，这也说明量子纠缠的存在使得量子雷达在对抗光子损耗方面更有优势。特别是在 $\eta\ll1$ 时，量子雷达达到同一误判概率所需的资源消耗远远小于光子信道损耗本身。图 11.11（b）（c）（d）也有类似的结论。

此外，从图 11.11 还可以看出，在 $\eta\ll1$（如 $\eta=10^{-3}$）时，无论是理想的两模压缩真空态，还是光子擦除后的两模压缩真空态，因为初始时平均光子数较小（$N_S=0.5$），它们的纠缠都将在有损信道中消耗殆尽，在资源消耗方面趋于一致。

11.4 小结

本章对目标探测过程中的光子损耗问题进行了分析。把光子损耗分为上行信道和下行信道。每个信道又可以是确定性光子损耗和概率性光子损耗。通过对比研究，发现上行信道、下行信道均为确定性光子损耗信道时目标探测性能最好、整体效率最高。在有损信道中，光子擦除后的非高斯态比高斯态在目标探测性能方面更有优势。取参数 $N_S=0.5$，$\kappa_t=0.5$，$N_B=0.5$，验证了采用双边光子擦除操作，可以使原本基于两模压缩真空态的量子雷达方案抵抗5 dB的光子损耗。同时，从资源消耗的角度对非高斯量子雷达的性能进行了验证。取一个固定的误判概率 P_{fix}，考察了不同的 η 条件下达到 P_{fix} 所需的纠缠资源数 M 随 η 的变化关系。结果进一步证实，为了应对同样的光子损耗，采用双边光子擦除操作后的纠缠态作为信号源的量子雷达所需的纠缠数目更少，为实际有损环境中的目标探测性能提升提供了新的思路。

本章从最简单的光子擦除操作出发，讨论了非高斯操作在量子雷达中的典型应用，关于其他参数下的量子雷达性能仿真，可以参考文献［26］。此外，为了克服光子损耗，也可以利用量子纠错码[248,249]和二项式编码[250]等方法进行量子雷达的性能提升。

第四部分　实用量子雷达的接收机设计

第 12 章 传统雷达的接收机设计

在以上的分析中，我们利用量子切诺夫定理证明了基于量子纠缠的量子雷达比基于相干态的传统雷达目标探测具有更多明显的优势。然而量子切诺定理只是给出了 $M(M\gg1)$ 的渐近情况，而要逼近这个定理所给的渐近误判概率，需要对 M 份量子态进行全局量子测量。我们知道，全局量子测量实际上实现非常困难。那么是否能够回避全局量子测量并尽可能地逼近量子切诺夫定理所给的误判概率呢？答案是肯定的。文献［32］设计出了对于 M 份量子态的局域测量方式，这使得量子雷达的接收机方案更加可行。本章就对基于多份相干态的目标探测进行详细介绍和分析。

12.1 基于局域测量的接收机方案描述

基于局域测量的接收机方案如图 12.1 所示。设发射机向待测区域依次发射 A_1，A_2，…，A_M 共计 M 个相干态 $|\alpha\rangle(\alpha>0)$，接收机对反射回来的信号 C_1，C_2，…，C_M 进行接收。在该方案中，对每个收到的信号均采用平衡零拍测量①的办法进行测量，测量结果分别记为 x_1，x_2，…，x_M。由于采用局域测量，在实际接收机设计中并不需要 M 个独立的平衡零拍测量装置，可以采用同一个平衡零拍测量装置依次对 M 个量子态分别测量即可。因此，局域测量可以大大节省接收机中量子测量装置的数量，更易于操作。

除了测量装置外，在接收机内部还需要建立一个推测规则来反推目标的存在性信息。设 M 次平衡零拍测量的结果之和为

$$X = \sum_{i=1}^{M} x_i \tag{12.1}$$

推测规则如下：

推测规则 12.1.1 基于平衡零拍测量结果的目标推测规则

①如果 $X<X_{\mathrm{th}}$，则认为目标不存在。

②如果 $X>X_{\mathrm{th}}$，则认为目标存在。

为何这样设计规则以及阈值 X_{th} 的设定则是大家十分感兴趣的问题。为了回答这个问题，需要对相干态目标探测过程中的量子态演化进行分析。

① 参见第 7.5 节。

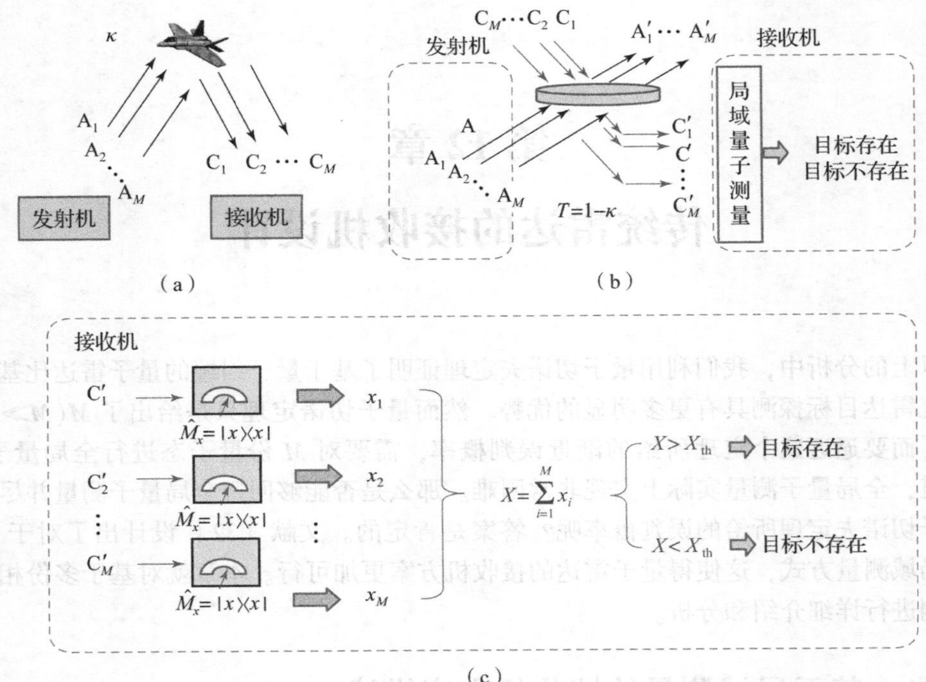

图 12.1 (a) 发射机依次发射 M 份相干态，接收机依次接收相应的量子态；(b) 透过率 $T=1-\kappa$ 的光学分束器；(c) 基于平衡零拍测量的相干态目标探测方案

12.2 接收机中的量子态分析

由于局域测量是通过平衡零拍测量的方式进行的，因此通过相空间表述量子态非常方便。由第 8.3 节可知：

(i) 当待测区域中目标不存在时，输出态 C′模的协方差矩阵和一阶矩为

$$\boldsymbol{V}^{(0)}=\begin{pmatrix} N_B+\dfrac{1}{2} & 0 \\ 0 & N_B+\dfrac{1}{2} \end{pmatrix} \tag{12.2}$$

$$\overline{\boldsymbol{R}}^{(0)}=(0,0) \tag{12.3}$$

(ii) 当待测区域中目标存在时，输出态 C′模的协方差矩阵和一阶矩为

$$\boldsymbol{V}^{(1)}=\begin{pmatrix} N_B(1-\kappa_t)+\dfrac{1}{2} & 0 \\ 0 & N_B(1-\kappa_t)+\dfrac{1}{2} \end{pmatrix} \tag{12.4}$$

$$\overline{\boldsymbol{R}}^{(1)}=\begin{pmatrix} \sqrt{2N_S\kappa_t} & 0 \end{pmatrix} \tag{12.5}$$

式中，代入了相干态的参数 $\alpha=\sqrt{N_S}$。

这两种情况下，X 都将服从高斯分布。事实上，有如下定理：

定理 12.2.1　对于协方差矩阵为 $\boldsymbol{V}$、一阶矩为 $\overline{\boldsymbol{R}}=(R_1,R_2)$ 的单模高斯态，其正则坐标分量服从均值为 R_1、方差为 $\boldsymbol{V}_{11}$ 的高斯分布，其中，$\boldsymbol{V}_{11}$ 为 $\boldsymbol{V}$ 的第一行第一列。

证明：由式（7.3）定义知，单模高斯态的魏格纳函数可以表示为

$$W(\boldsymbol{r}) = \frac{1}{(2\pi)^2}\int \mathrm{d}^2\boldsymbol{\zeta}\exp(-\mathrm{i}\boldsymbol{r}\boldsymbol{\zeta}^{\mathrm{T}})\chi(\boldsymbol{\zeta}) \tag{12.6}$$

式中，$\boldsymbol{r}=(x,p)$，而 x 和 p 则分别代表其正则坐标分量和正则动量分量的取值。

正则坐标分量的分布可以通过对正则动量分量积分得到：

$$P(x) = \int_{-\infty}^{+\infty} W(\boldsymbol{r})\,\mathrm{d}p = \int \frac{\mathrm{d}^2\boldsymbol{\zeta}}{(2\pi)^2}\mathrm{d}p\exp(-\mathrm{i}x\zeta_1)\exp(-\mathrm{i}p\zeta_2)\chi(\boldsymbol{\zeta}) \tag{12.7}$$

$$= \frac{1}{(2\pi)}\int \mathrm{d}\zeta_1\exp(-\mathrm{i}x\zeta_1)\chi(\boldsymbol{\zeta}_0) \tag{12.8}$$

式中，定义 $\boldsymbol{\zeta}_0=(\zeta_1,0)$ 及利用了积分 $\int \mathrm{d}p\exp(\mathrm{i}\zeta_2 p) = (2\pi)\delta_{\zeta_2,0}$。代入特征函数的定义（式(7.4)），易知 x 服从高斯分布

$$x \sim \mathcal{N}(R_1,\boldsymbol{V}_{11}) \tag{12.9}$$

其概率密度函数为

$$P(x) = \frac{1}{\sqrt{2\pi\boldsymbol{V}_{11}}}\exp\left[-\frac{1}{2}\frac{(x-R_1)^2}{\boldsymbol{V}_{11}}\right] \tag{12.10}$$

因此，其均值和方差分别为

$$\int xP(x)\,\mathrm{d}x = R_1 \tag{12.11}$$

$$\int x^2P(x)\,\mathrm{d}x - R_1^2 = \boldsymbol{V}_{11} \tag{12.12}$$

当目标不存在时，测量的结果服从均值为 0、方差为 $N_B+\dfrac{1}{2}$ 的高斯分布

$$x_i^{(0)} \sim \mathcal{N}(0,\Sigma_0) \tag{12.13}$$

$$\Sigma_0 = N_B + \frac{1}{2} \tag{12.14}$$

当目标存在时，测量的结果服从均值为 $\sqrt{2N_S\kappa_t}$、方差为 $N_B(1-\kappa_t)+\dfrac{1}{2}$ 的高斯分布

$$x_i^{(1)} \sim \mathcal{N}(\sqrt{2N_S\kappa_t},\Sigma_1) \tag{12.15}$$

$$\Sigma_1 = N_B(1-\kappa_t) + \frac{1}{2} \tag{12.16}$$

经过 M 次测量，并把 M 次测量的结果相加，得到 $X = \sum\limits_{i=1}^{M} x_i$。当目标不存在时，定义测量结果为

$$X^{(0)} \equiv \sum_{i=1}^{M} x_i^{(0)} \tag{12.17}$$

当待测区域中目标存在时，定义测量结果为

$$X^{(1)} \equiv \sum_{i=1}^{M} x_i^{(1)} \tag{12.18}$$

由于 $x_i^{(0)}$ 和 $x_i^{(1)}$ 均为高斯分布，根据高斯分布的性质，易知 $X = \sum_{i=1}^{M} x_i$ 仍然是一个高斯型概率分布

$$X^{(0)} \sim \mathcal{N}(0, M\Sigma_0) \tag{12.19}$$

$$X^{(1)} \sim \mathcal{N}(M\sqrt{2N_S\kappa_t}, M\Sigma_1) \tag{12.20}$$

为了更清晰地观察二者的概率分布情况，在图12.2（a）中给出了 $N_B=5.0$，$\kappa_t=0.10$，$N_S=0.20$，$M=10$ 时 $X^{(0)}$ 和 $X^{(1)}$ 的概率密度函数。从图中可以看出，二者的概率密度函数在很大程度上重合在一起。这意味着目标不存在和目标存在的测量结果服从近乎相同的概率分布。在这种情况下来区分目标的“无”和“有”是十分困难的。在图12.2（b）~（d）中，依次取 $M=200$，500，3 000，给出了 $X^{(0)}$ 和 $X^{(1)}$ 的概率分布。从图 12.2 中不难看出，继续增大 M，$X^{(0)}$ 和 $X^{(1)}$ 的概率密度函数变得更加可分辨，这使得根据测量结果来区分 $X^{(0)}$ 和 $X^{(1)}$ 变得十分容易。取 $X^{(0)}$ 和 $X^{(1)}$ 的均值作为一个参考值

$$X_{\text{ref}} = \frac{0 + M\sqrt{2N_S\kappa_t}}{2} = \frac{M\sqrt{2N_S\kappa_t}}{2} \tag{12.21}$$

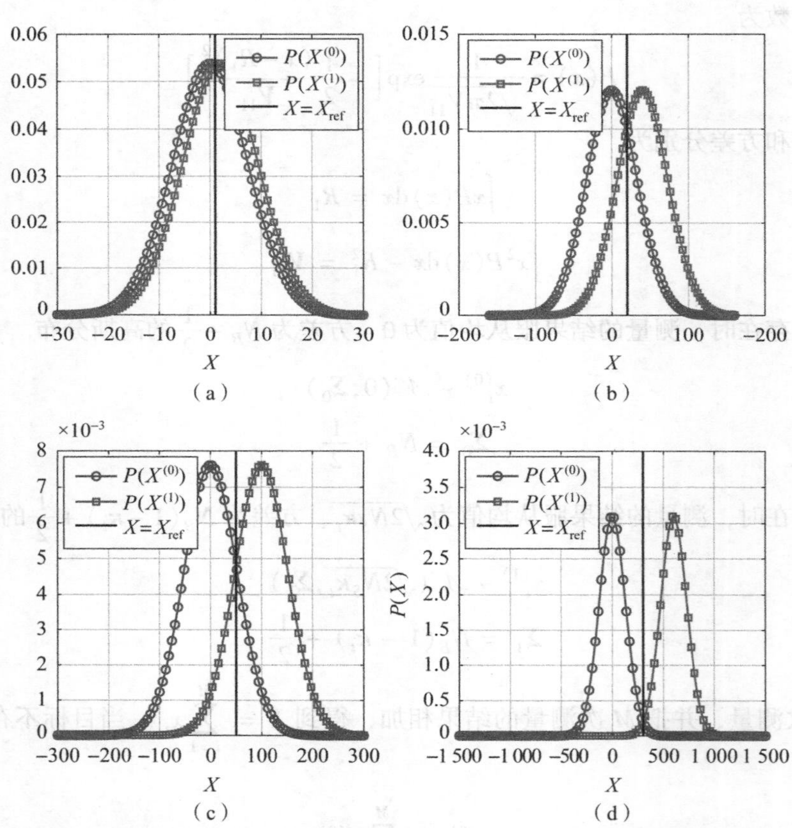

图 12.2　不同参数下的 $X^{(0)}$ 和 $X^{(1)}$ 高斯概率密度函数：（a）$M=10$；（b）$M=200$；（c）$M=500$；（d）$M=3\,000$。其他参数为：$N_B=5.0$，$\kappa_t=0.10$，$N_S=0.20$。竖直实线标示出了一条经验性的区分界线 X_{ref}，见式（12.21）

不难发现，对于较大的 M，例如 $M=3\,000$，$X^{(0)}$ 有很大的概率小于 X_{ref}，而 $X^{(1)}$ 有很大

的概率大于 X_{ref}。因此，在没有目标先验信息的情况下，一旦 M 次平衡零拍测量的结果之和大于 X_{ref}，则可以大概率地推测该待测区域“有”目标；而一旦 M 次平衡零拍测量的结果之和小于 X_{ref}，则可以大概率地推测该待测区域“无”目标。这就是第 12.1 节推测规则的基本原理。

作为本节最后，需要强调的是，X_{ref} 并不是真实的阈值 X_{th}，这是因为阈值 X_{th} 的设定还要考虑 $X^{(0)}$ 和 $X^{(1)}$ 的方差问题。

12.3　阈值的设定与误判概率

阈值的设定与我们所考虑的评价指标有关。在此，有必要再回顾一下雷达性能指标的定义。

根据定义 5.3.1，虚警概率定义为当目标不存在却判断为目标存在的概率。由于目标不存在时测量结果 $X = X^{(0)}$，同时，根据第 12.1 节的推测规则，判定目标存在的条件是 $X > X_{\mathrm{th}}$，于是，虚警概率为

$$P_{\mathrm{fa}} = P(H_1 \mid H_0) = \mathrm{Prob}(X^{(0)} > X_{\mathrm{th}}) \tag{12.22}$$

根据定义 5.3.3，漏检概率定义为当目标存在时判断为目标不存在的概率。这实质上是 $X^{(1)} < X_{\mathrm{th}}$ 的概率，即

$$P_{\mathrm{m}} = P(H_0 \mid H_1) = \mathrm{Prob}(X^{(1)} < X_{\mathrm{th}}) \tag{12.23}$$

在图 12.3 中给出了漏检概率和虚警概率示意图。如果想最大限度地降低虚警概率，则应该增大 X_{th}，降低把无目标误判为有目标的概率；如果想最大限度地降低漏检概率，则应该减小 X_{th}，降低把有目标判断为无目标的概率。然而实际上，需要同时兼顾漏检概率和虚警概率。比如，可以设定域值 X_{th}，使得

$$P_{\mathrm{fa}} = P_{\mathrm{m}} \tag{12.24}$$

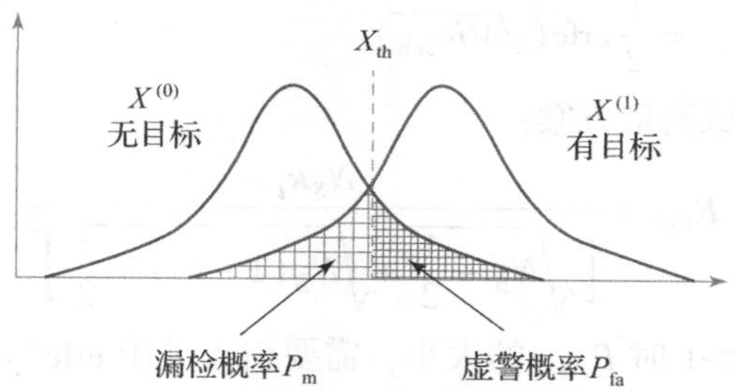

图 12.3　漏检概率和虚警概率示意图。虚警概率 P_{fa} 为 $X^{(0)} > X_{\mathrm{th}}$ 的概率，漏检概率 P_{m} 为 $X^{(1)} < X_{\mathrm{th}}$ 的概率。竖直虚线标示出了阈值 X_{th}

根据式（12.19）和式（12.20）关于 $X^{(0)}$ 和 $X^{(1)}$ 的概率分布，易知

$$\begin{aligned} P_{\mathrm{fa}} &= \int_{X_{\mathrm{th}}}^{+\infty} \frac{1}{\sqrt{2\pi M\Sigma_0}} \exp\left(-\frac{x^2}{2M\Sigma_0}\right) \mathrm{d}x \\ &= \frac{1}{2}\mathrm{erfc}\left(\frac{X_{\mathrm{th}}}{\sqrt{2M\Sigma_0}}\right) \end{aligned} \tag{12.25}$$

其中，用到了以下函数

$$\operatorname{erfc}(x) = \frac{2}{\sqrt{\pi}}\int_x^{\infty} e^{-s^2}ds \tag{12.26}$$

类似地，关于漏检概率，有

$$\begin{aligned} P_m &= \int_{-\infty}^{X_{th}} \frac{1}{\sqrt{2\pi M\Sigma_1}}\exp\left[-\frac{(x-M\sqrt{2N_S\kappa_t})^2}{2M\Sigma_1}\right]dx \\ &= \frac{1}{2}\operatorname{erfc}\left(\frac{M\sqrt{2N_S\kappa_t}-X_{th}}{\sqrt{2M\Sigma_1}}\right) \end{aligned} \tag{12.27}$$

根据式（12.25）和式（12.27），漏检概率与虚警概率相等意味着

$$\frac{X_{th}}{\sqrt{2M\Sigma_0}} = \frac{M\sqrt{2N_S\kappa_t}-X_{th}}{\sqrt{2M\Sigma_1}} \tag{12.28}$$

即

$$X_{th} = (M\sqrt{2N_S\kappa_t})\frac{\sqrt{\Sigma_0}}{\sqrt{\Sigma_0}+\sqrt{\Sigma_1}} \tag{12.29}$$

当 $N_B\kappa_t \ll 1$ 时，$\Sigma_0 \approx \Sigma_1$，于是

$$X_{th} \approx X_{ref} \tag{12.30}$$

若没有目标的任何先验信息，可以假设目标存在和不存在的概率各为$\frac{1}{2}$。可以得到

$$P_{err,L} = \frac{1}{2}P_{fa} + \frac{1}{2}P_m = P_{fa} \tag{12.31}$$

$$= \frac{1}{2}\operatorname{erfc}\left(\frac{\sqrt{MN_S\kappa_t}}{\sqrt{N_B+\frac{1}{2}}+\sqrt{N_B(1-\kappa_t)+\frac{1}{2}}}\right) \tag{12.32}$$

$$= \frac{1}{2}\operatorname{erfc}(\sqrt{MR_{Coh}}) \tag{12.33}$$

式中，下标 L 表示采用局域测量方案；

$$R_{Coh} = \frac{N_S\kappa_t}{\left[\sqrt{N_B+\frac{1}{2}}+\sqrt{N_B(1-\kappa_t)+\frac{1}{2}}\right]^2} \tag{12.34}$$

为了更清晰地分析 $M \gg 1$ 时 $P_{err,L}$ 的大小，需要引入关于 $\operatorname{erfc}(y)$ 的近似

$$\operatorname{erfc}(y) \approx \frac{\exp(-y^2)}{\sqrt{\pi}y} \tag{12.35}$$

这个近似在 $y \gg 1$ 时十分成功。特别地，在图 12.4 中给出了 $\operatorname{erfc}(y)$ 与$\frac{\exp(-y^2)}{\sqrt{\pi}y}$的近似性。当 $y<1$ 时，二者的差异较大；但是当 $y \gg 1$ 时，可以发现二者是十分吻合的。

至此，可以得到

$$P_{err,L} \approx P'_{err,L} \tag{12.36}$$

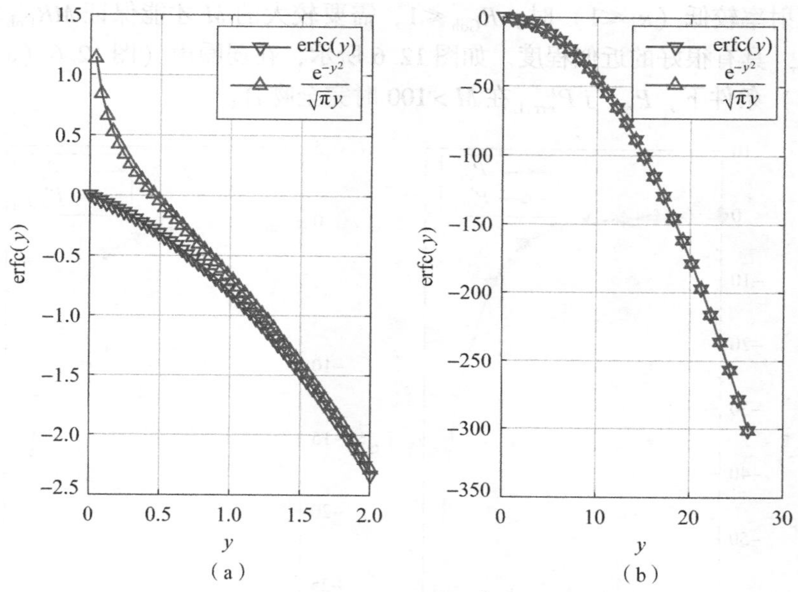

图 12.4　erfc(y)与$\frac{\exp(-y^2)}{\sqrt{\pi}y}$的近似性

(a) $0\leqslant y\leqslant 2$；(b) $0\leqslant y\leqslant 100$

式中

$$P'_{\text{err,L}}=\frac{e^{-MR_{\text{Coh}}}}{2\sqrt{\pi MR_{\text{Coh}}}} \tag{12.37}$$

当目标反射率较高时，R_{Coh}较大，需要较小的M就能保证$MR_{\text{Coh}}\gg 1$。如图 12.5 所示，当$\kappa_t=0.9$时，目标反射率较高，只需要较少的M（如$M>10$）即可实现$MR_{\text{Coh}}\gg 1$，从而保证较高的近似程度。

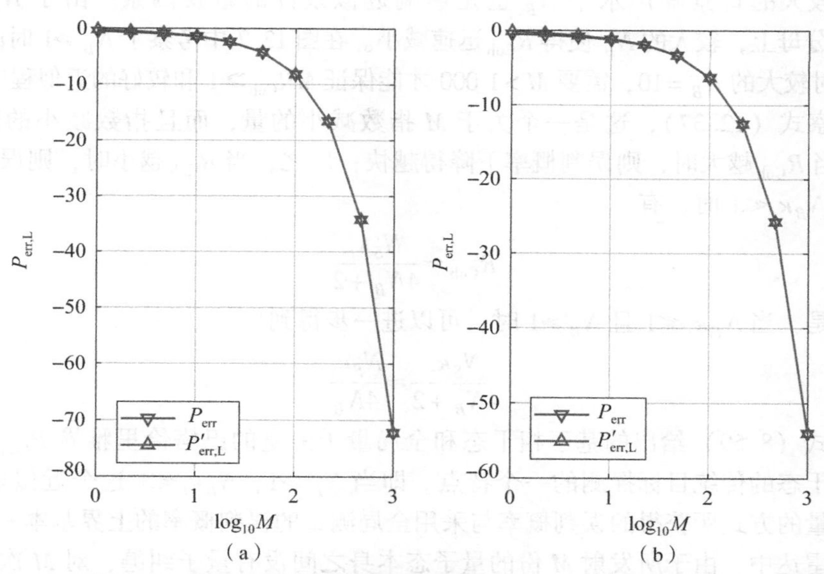

图 12.5　基于相干态的目标探测中的$P_{\text{err,L}}$与$P'_{\text{err,L}}$的近似性

(a) $N_B=0.1$，$N_S=0.4$，$\kappa_t=0.9$；(b) $N_B=5.0$，$N_S=1.5$，$\kappa_t=0.9$

当目标反射率较低（$\kappa_t \ll 1$）时，$R_{\text{Coh}} \ll 1$，需要较大的 M 才能保证 $MR_{\text{Coh}} \gg 1$，从而保证 $P_{\text{err,L}}$ 与 $P'_{\text{err,L}}$ 具有很好的近似程度。如图 12.6 所示，在弱噪声（图 12.6（a））和强噪声（图 12.6（b））条件下，P_{err} 与 $P'_{\text{err,L}}$ 在 $M > 100$ 时完全吻合。

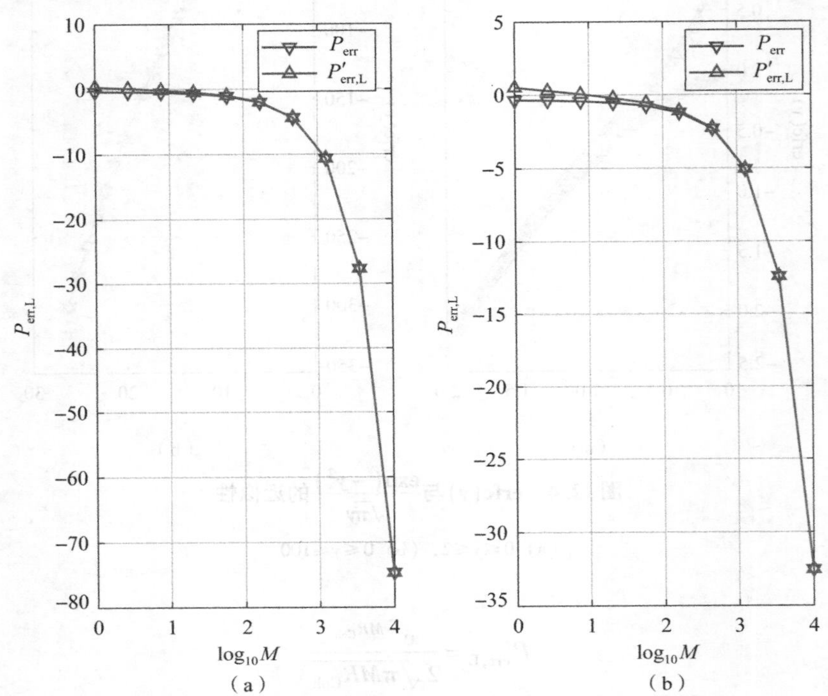

图 12.6　相干态目标探测中的 $P_{\text{err,L}}$ 与 $P'_{\text{err,L}}$ 的近似性

(a) $N_B = 0.1$，$N_S = 0.4$，$\kappa_t = 0.1$；(b) $N_B = 5.0$，$N_S = 1.5$，$\kappa_t = 0.1$

此外，较大的背景噪声水平 N_B 也是影响近似条件的重要因素。由于 N_B 出现在式（12.34）的分母上，较大的 N_B 使得 R_{Coh} 迅速减小。在图 12.7 中考察了 $N_B \gg 1$ 时的误判概率。不难看出，对较大的 $N_B = 10$，需要 $M > 1\,000$ 才能保证 $MR_{\text{Coh}} \gg 1$ 和较好的近似程度。

现在观察式（12.37），这是一个关于 M 指数减小的量，而且指数减小的速度完全由 R_{Coh} 决定。当 R_{Coh} 越大时，则误判概率下降得越快；反之，当 R_{Coh} 越小时，则误判概率下降得越慢。当 $N_B\kappa_t \ll 1$ 时，有

$$R_{\text{Coh}} \approx \frac{N_S\kappa_t}{4N_B + 2} \tag{12.38}$$

特别有趣的是，当 $N_B\kappa_t \ll 1$ 且 $N_B \gg 1$ 时，可以进一步得到

$$\frac{N_S\kappa_t}{4N_B + 2} \approx \frac{N_S\kappa_t}{4N_B} \tag{12.39}$$

此时 R_{Coh} 与式（8.59）给出的基于相干态和全局量子测量的巴塔恰里雅界 P_{Coh} 相一致。这也是基于相干态的传统目标探测的一个特点。即当 $N_B \gg 1$，$N_B\kappa_t \ll 1$ 这个近似条件成立时，采用局域测量的方式所获得的误判概率与采用全局测量的误判概率的上界基本一致。这也表明，在传统雷达中，由于所发射 M 份的量子态本身之间没有量子纠缠，对 M 次回波信号的探测采用局域测量基本可以达到全局量子测量的效果。

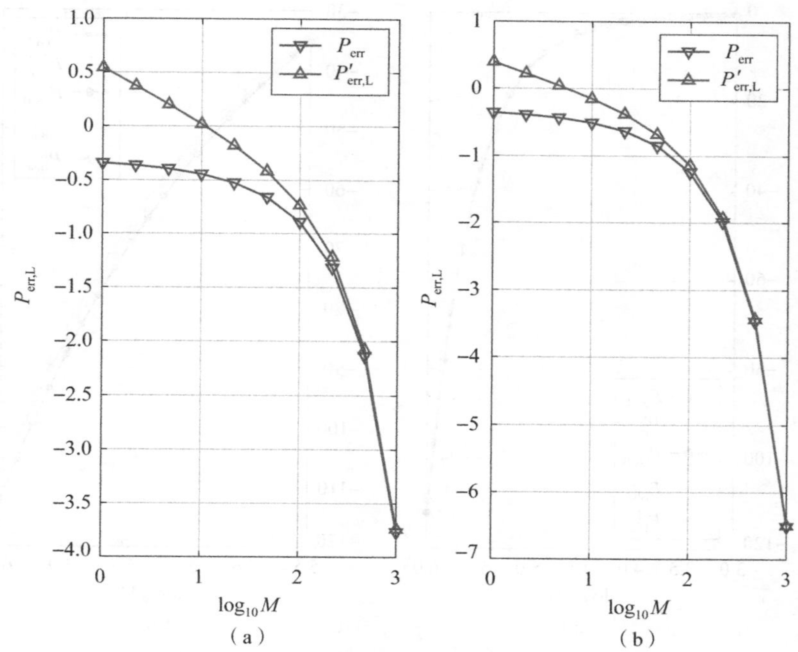

图 12.7　相干态目标探测中的 $P_{err,L}$ 与 $P'_{err,L}$ 的近似性

(a) $N_B=10$，$N_S=0.4$，$\kappa_t=0.5$；(b) $N_B=20$，$N_S=1.5$，$\kappa_t=0.5$

以下比较 $P_{err,L}$，$P'_{err,L}$，量子切诺夫定理给出的 P_{QCB} 及未采用近似的巴塔恰里雅界 $P_{Bha}^{(1)}$，$P_{Bha}^{(2)}$ 这五个误判概率。其中，取

$$P_{Bha}^{(1)}=\frac{1}{2}\exp[-M\kappa_t N_S(\sqrt{N_B+1}-\sqrt{N_B})^2] \tag{12.40}$$

$$P_{Bha}^{(2)}=\frac{1}{2}\exp\left(-\frac{M\kappa_t N_S}{4N_B}\right) \tag{12.41}$$

$P_{Bha}^{(2)}$ 较清晰地给出了巴塔恰里雅界随着 M 的变化趋势，但这一结果只有在 $N_B\gg1$ 时才成立 $P_{Bha}^{(2)}\approx P_{Bha}^{(1)}$。

首先，考察 $N_B\gg1$，$N_B\kappa_t\ll1$ 这一近似条件成立时的计算结果。设 $N_B=10$，$\kappa_t=0.02$，$N_S=2$，给出了 M 从 10^3 到 10^6 变化时的 $P_{err,L}$，$P'_{err,L}$，P_{QCB}，$P_{Bha}^{(1)}$，$P_{Bha}^{(2)}$，如图 12.8 (a) 所示。从图中可以看出，这五条曲线基本重合，这也再一次验证了近似的正确性。同时，为了看清各个量的关系，在图 12.8 (b) 中给出了当 M 从 $10^{5.5}$ 到 10^6 变化时的误判概率情况。量子切诺夫定理给出的结果是五个误判概率中的最低值，采用局域测量的方案所给出的 $P_{err,L}$ 和 $P_{err,L'}$ 相重合，稍大于 P_{QCB}。巴塔恰里雅界 P_{Bha} 给出的是误判概率的上界，数值最大。当 $N_B=20\gg1$ 时，$P_{Bha}^{(1)}$ 和 $P_{Bha}^{(2)}$ 是几乎完全一致的。同时，可以看到，在参数取值 $N_B=20$，$\kappa_t=0.01$，$N_S=2$，$M>10^5$ 时，$P_{err,L}$，$P'_{err,L}$ 均与 $P_{Bha}^{(2)}$ 重合，这也表明局域测量方案下的误判概率达到了巴塔恰里雅界。

其次，考察 $N_B=2$ 时的误判概率情况。此时选取 $\kappa_t=0.1$，$N_S=2$，计算结果如图 12.9 所示。由于不能满足 $N_B\ll1$ 的条件，巴塔恰里雅界的近似值 $P_{Bha}^{(2)}$ 出现较大偏差，它本该是

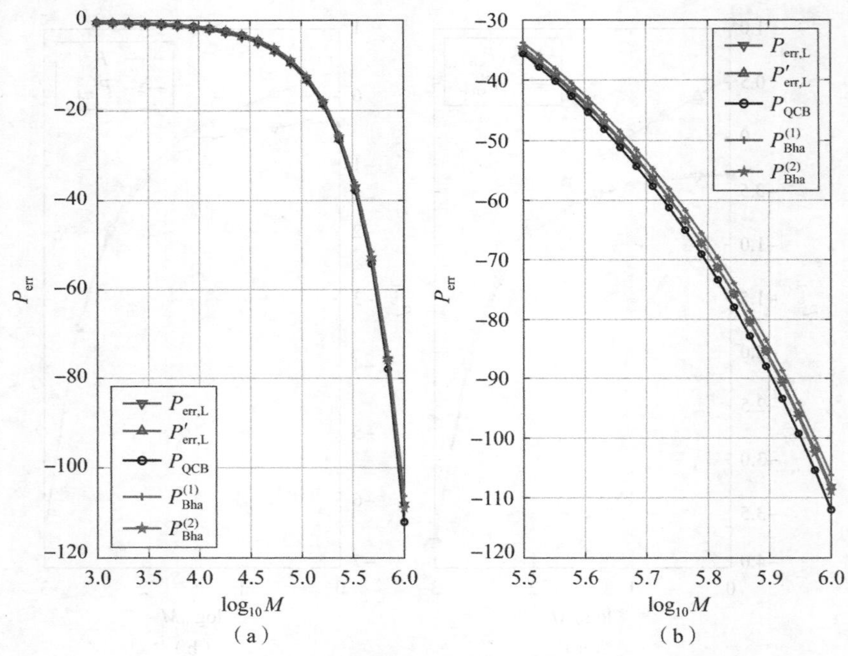

图 12.8　基于局域测量的相干态目标探测误判概率比较，其中参数 $N_B=20$，$\kappa_t=0.01$，$N_S=2$

上界，但图示显示其值比量子切诺夫定理给出的值还要低。但其精确值 $P^{(1)}_{\mathrm{Bha}}$ 仍是准确的，是所有五条曲线中最大的。在图 12.9 中，$P_{\mathrm{err,L}}$ 和 $P'_{\mathrm{err,L}}$ 的近似仍是成立的。

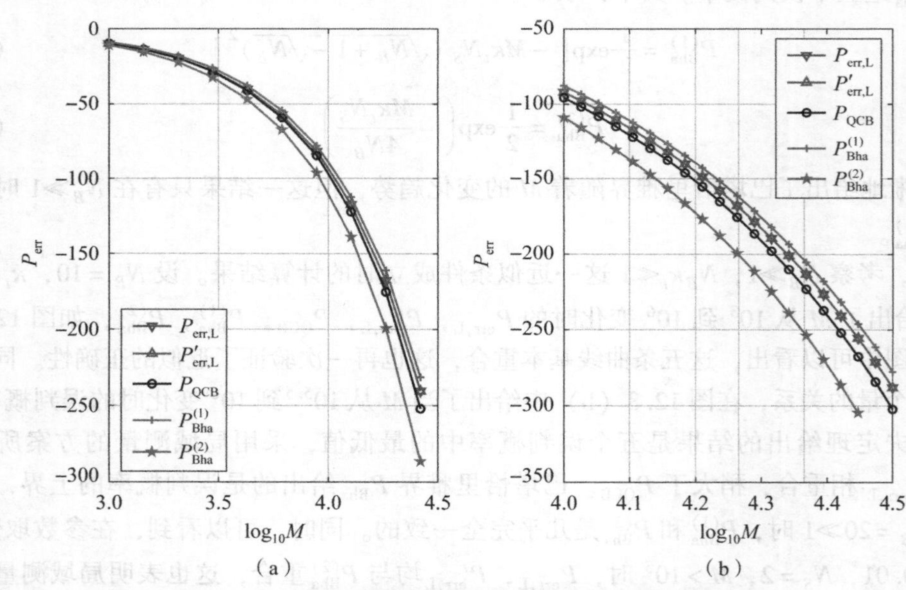

图 12.9　基于局域测量的相干态目标探测误判概率比较，其中参数 $N_B=2$，$\kappa_t=0.1$，$N_S=2$

12.4　基于局域测量的接收机 ROC 曲线

在以上的分析中，根据虚警概率与漏警概率相等设定了阈值，把虚警概率和漏检概率的平均值作为指标，分析了误判概率随信号数目 M 的变化关系。在许多具体的应用场景中，人们对于虚警概率和探测概率的相互关系更为关注，更倾向于使用灵敏度曲线来衡量雷达系统的实际性能。灵敏度曲线又称为接收者操作特性曲线（Receiver Operating Characteristic curve），简称为 ROC 曲线。该曲线的横坐标为虚警概率，纵坐标为探测概率。为了研究 ROC 曲线，可以摒弃式（12.24）中的阈值条件，在区间 $[0,\ M\sqrt{2N_S\kappa_t}]$ 内任意设定阈值。

根据式（5.13）定义，探测概率

$$P_{\mathrm{d}} = 1 - P_{\mathrm{m}} \tag{12.42}$$

$$= 1 - \frac{1}{2}\mathrm{erfc}\left(\frac{M\sqrt{2N_S\kappa_t} - X_{\mathrm{th}}}{\sqrt{2M\Sigma_1}}\right) \tag{12.43}$$

作为一个例子，取参数 $N_B = 2$，$\kappa_t = 0.1$，$N_S = 2$，$M = 100$，在图 12.10（a）中给出了随着 X_{th} 的增大，探测概率和虚警概率（取对数）随 X_{th} 的变化关系。随着 X_{th} 的增大，虚警概率（图 12.3）越来越小，同时漏检概率越来越大，探测概率 P_{d} 越来越小，这与理论分析是一致的。图 12.10（b）中给出了同一个阈值 X_{th} 时探测概率随虚警概率的变化关系。

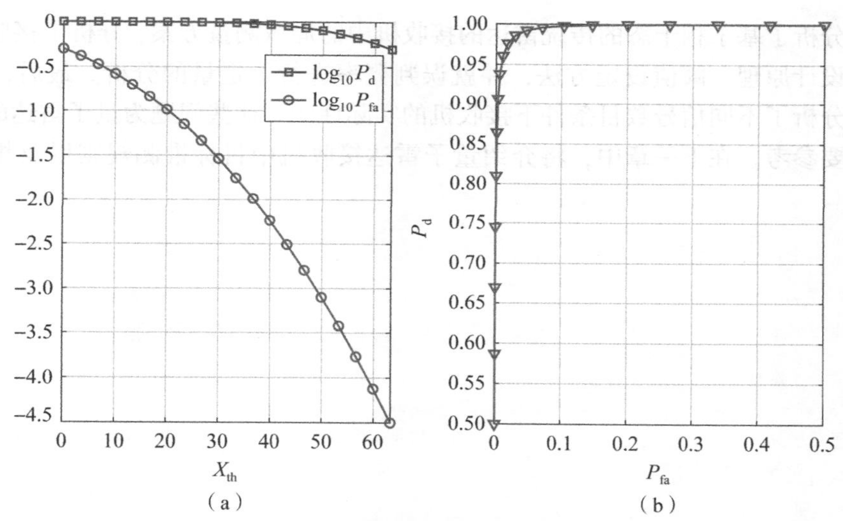

图 12.10　基于局域测量的相干态目标探测误判概率比较，其中参数 $N_B = 2$，$\kappa_t = 0.1$，$N_S = 2$，$M = 100$

ROC 曲线受到多方面的影响，不仅取决于发射机所发射的信号 N_S 和背景噪声水平 N_B，还取决于信号机所发射的信号数目。在图 12.11 中取不同的 M，给出了探测概率随虚警概率的变化关系。发射机所发射的信号数目越多，同一个虚警概率所对应的探测概率越高，则目标探测性能越好。

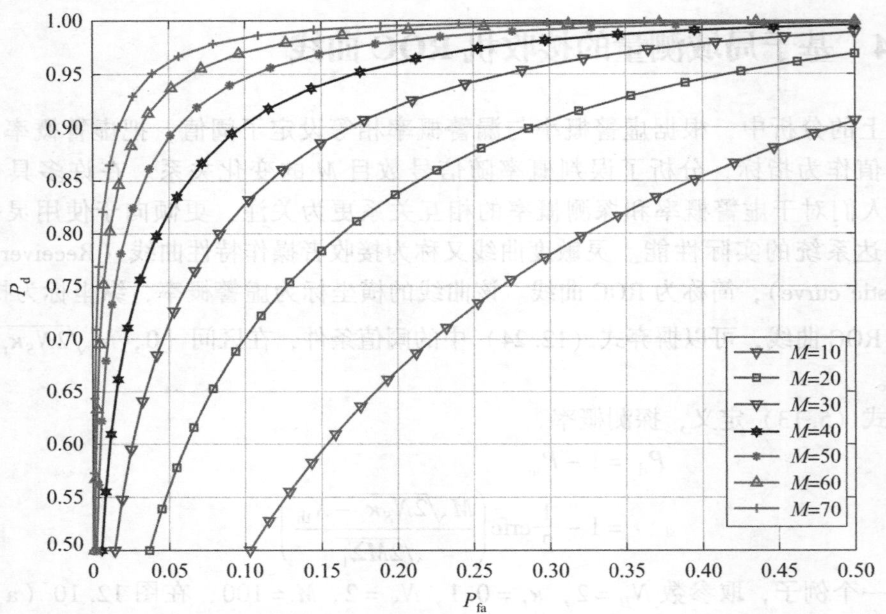

图 12.11　基于局域测量的相干态目标探测误判概率比较，其中参数 $N_B=2$，$\kappa_t=0.1$，$N_S=2$

12.5　小结

本章中分析了基于相干态的传统雷达的接收机中的局域测量方案，分析了接收机中目标推测规则的设计原理、阈值设定方法，并就误判概率进行了定量的分析。最后，还从 ROC 曲线入手，分析了不同信号数目条件下接收机的实际性能。这些问题为量子雷达的接收机设计提供了重要参考。在下一章中，将介绍量子雷达接收机中目标推测规则以及相应的 ROC 曲线。

第13章
量子雷达的接收机的设计

在第6章和第8章分别从光子数空间和相光间两种角度利用量子切诺夫定理给出了量子目标探测的渐近误判概率，并且证明了在全局量子测量条件下，基于量子纠缠的量子雷达比基于相干态的传统雷达具有更多明显的优势。然而这种优势在没有全局量子测量参与的情况下是否会完全丧失，是一个十分有实际意义的问题。本章就对一个典型的量子接收机案例进行详细介绍和分析。

13.1 量子雷达接收机方案

2009年，美国BBN科技公司①的S. Guha和B. Erkmen提出了国际上首个基于局域测量的量子雷达接收机方案[32]。该方案依然采用对M个信号进行逐份测量的办法，而对每一份测量则采用非线性光学分束器和单光子探测器来实现。最后，通过对M次测量结果的统计实现目标存在和目标不存在的区分。图13.1给出了基于局域测量的量子雷达接收机方案。该方案将接收机收到的信号C_1'与A_1进行耦合，耦合采用非线性光学分束器SU(1,1)（参数为G），经过耦合以后，对其中的A_1'模式进行光子数探测。设光子数测量结果为n_1。类似地，对C_2'与A_2、C_3'与A_3直至C_M'与A_M进行耦合，并测量A_2'，A_3'，…，A_M'模式上的光子数，并记光子数测量结果为n_2，n_3，…，n_M。记M次光子数测量结果之和为

$$N = \sum_{i=1}^{M} n_i \tag{13.1}$$

设N_{th}为目标甄别时所用的阈值，设计目标推测规则如下：

推测规则13.1.1 基于局域测量的量子雷达接收机推测规则

①如果$N<N_{\text{th}}$，认为目标不存在。

②如果$N\geqslant N_{\text{th}}$，认为目标存在。

其中，N_{th}的值将由式（13.47）给出。

① 同年成为美国雷神公司子公司。

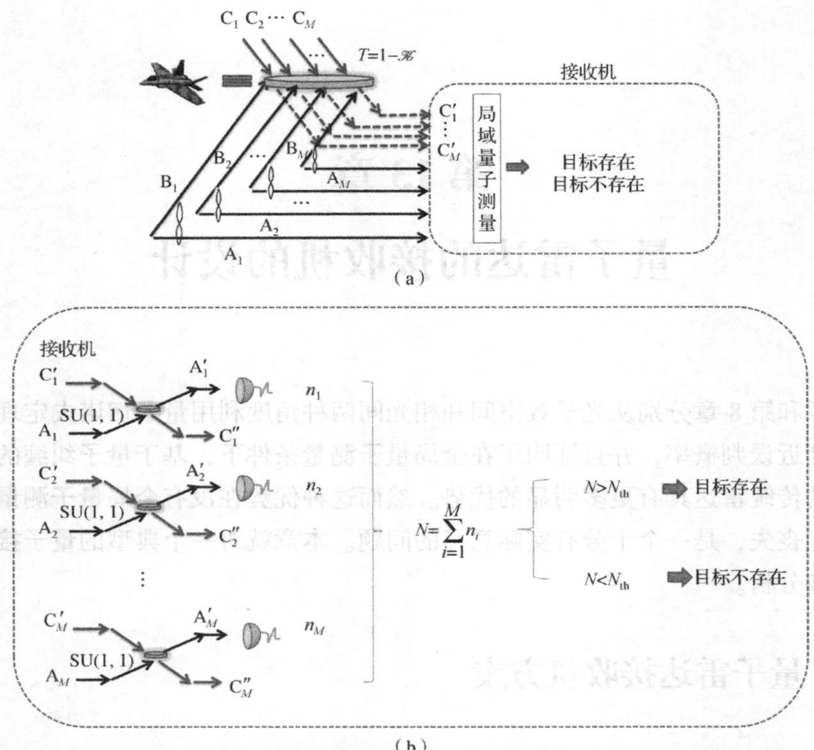

图 13.1　(a) 基于局域测量的量子雷达接收机方案；(b) 接收机原理图。SU(1,1) 是参数为 G 的非线性光学分束器。接收机对 A_1'，A_2'，…，A_M' 路进行光子数探测，光子数探测的结果分别记作 n_1，n_2，…，n_M。将 M 次结果求和并与阈值进行比较，实现目标有无的区分

13.2　局域测量方案中量子态分析

在进行光子数探测之前，该接收机中的量子态演化仍然为高斯态的演化。可以很方便地从相空间着手，分析量子态的演化。由于 A_1-B_1，A_2-B_2，…，A_M-B_M 是相同的两模压缩真空态，C_1，C_2，…，C_M 输入的是相同环境噪声的热态，并且对 M 份收到的态进行相同的耦合和测量，因此，A_1'，A_2'，…，A_M' 的量子态是相同的，只需要对其中一份量子态的演化进行分析即可。

根据第 8.2 节内容知道，在进行非线性分束器作用之前，A_1-C_1' 两模量子态为高斯态，其一阶矩为零，协方差矩阵为

$$\boldsymbol{V}_{A_1C_1'}=\boldsymbol{V}_{AC'} \tag{13.2}$$

式中，$\boldsymbol{V}_{AC'}$ 由式 (8.18) 给出。

设 SU(1,1) 非线性分束器的参数为 $G=\cosh^2(r')$，根据第 7.3.3 节相关理论，其对应的辛变换可写作

$$\boldsymbol{S}_{SU}=\begin{pmatrix} \sqrt{G} & & \sqrt{G-1} & \\ & \sqrt{G} & & -\sqrt{G-1} \\ \sqrt{G-1} & & \sqrt{G} & \\ & -\sqrt{G-1} & & \sqrt{G} \end{pmatrix} \tag{13.3}$$

在非线性分束器的作用下，A_1-C_1'两模量子态演化为一个新的高斯态，其协方差矩阵为

$$V_{A_1'C_1''}=S_{SU}V_{A_1C_1'}S_{SU}^{T} \tag{13.4}$$

经过计算，易知

$$V_{A_1'C_1''}=\begin{pmatrix} X' & & Z' & \\ & X' & & -Z' \\ Z' & & Y' & \\ & -Z' & & Y' \end{pmatrix} \tag{13.5}$$

式中

$$X'=\frac{1}{2}[(G-1)(1-\kappa)(2N_B+1)+(G-\kappa+G\kappa)(2N_S+1)]+2\sqrt{G\kappa(G-1)N_S(N_S+1)} \tag{13.6}$$

$$Y'=\frac{1}{2}[G(1-\kappa)(2N_B+1)+(G+G\kappa-1)(2N_S+1)]+2\sqrt{G\kappa(G-1)N_S(N_S+1)} \tag{13.7}$$

$$Z'=\frac{1}{2}[\sqrt{G(G-1)}(1+\kappa)(2N_S+1)+2(2G-1)\sqrt{\kappa N_S(N_S+1)}]+\frac{1}{2}\sqrt{G(G-1)}(1-\kappa)(2N_B+1) \tag{13.8}$$

由于两模压缩真空态的一阶矩为零，经过辛变换后仍变为零。在以下分析中，可以不考虑一阶矩的演化。

利用第 7.4 节中部分求迹，易知其中 A_1'模式的协方差矩阵实际上只是 $V_{A_1'C_1''}$的前两行和前两列，这里用到了 r 与 N_S 的定量关系 $N_S=\sinh^2(r)$。

(i) 当目标不存在时，$\kappa=0$，有

$$V_{A_1'}^{(0)}=\begin{pmatrix} N_0+\frac{1}{2} & 0 \\ 0 & N_0+\frac{1}{2} \end{pmatrix} \tag{13.9}$$

$$N_0=GN_S+(N_B+1)(G-1) \tag{13.10}$$

(ii) 当目标存在时，$\kappa=\kappa_t$，有①

$$V_{A_1'}^{(1)}=\begin{pmatrix} N_1+\frac{1}{2} & 0 \\ & N_1+\frac{1}{2} \end{pmatrix} \tag{13.11}$$

$$N_1=GN_S-(G-1)\kappa_t(N_B-N_S)+(N_B+1)(G-1)+2\sqrt{G(G-1)\kappa_t N_S(N_S+1)} \tag{13.12}$$

事实上，需要对这两个协方差矩阵所对应的量子态进行区分。由于图 13.1 中采取的是

① 文献 [32] 中把热态的平均光子数设置为$\frac{N_B}{1-\kappa_t}$，则计算出 $N_1=GN_S+(G-1)(1+N_B+\kappa_t N_S)+2\sqrt{G(G-1)}\sqrt{\kappa_t N_S(N_S+1)}$。

光子数探测的方式进行区分，为此，需要知道 $\boldsymbol{V}_{\mathrm{A}_1^{\prime}}^{(0)}$，$\boldsymbol{V}_{\mathrm{A}_1^{\prime}}^{(1)}$ 所对应的量子态 $\boldsymbol{\rho}_0$，$\boldsymbol{\rho}_1$ 在光子数空间中的具体形式。

根据第 7.2.2 节和第 7.6.1 节的方法，可以得知 $\boldsymbol{\rho}_0$ 和 $\boldsymbol{\rho}_1$ 均为热态，它们在光子数空间的量子态可以写作

$$\boldsymbol{\rho}_0 = \sum_{k=0}^{\infty} \frac{N_0^k}{(1+N_0)^{k+1}} | k\rangle\langle k | \tag{13.13}$$

$$\boldsymbol{\rho}_1 = \sum_{k=0}^{\infty} \frac{N_1^k}{(1+N_1)^{k+1}} | k\rangle\langle k | \tag{13.14}$$

式中，N_0，N_1 定义由式（13.10）和式（13.12）给出。

13.3 阈值设定与误判概率

阈值设定与光子数之和 N 的统计分布有关。这里，首先严格地证明 M 份热态时所测得的光子数之和 $N = \sum_{i=1}^{M} n_i$ 所满足的统计分布。为了表述方便，用上标（0）和（1）分别表示待测区域无目标和有目标时光子计数，即

$$N^{(0)} = \sum_{i=1}^{M} n_i^{(0)} \tag{13.15}$$

$$N^{(1)} = \sum_{i=1}^{M} n_i^{(1)} \tag{13.16}$$

关于光子数之和，有如下定理：

定理 13.3.1 [32] *对 M 个热态 $\boldsymbol{\rho}_m(m=0,1)$（式（13.13）和式（13.14））的光子数计数的和的概率密度为*

$$P_M(N^{(m)}=n) = \binom{n+M-1}{n}\frac{N_m^n}{(1+N_m)^{n+M}} \quad (m=0,1) \tag{13.17}$$

证明：采用数学归纳法进行证明。

（1）当 $M=1$ 时，有

$$P_1(n) = \frac{N_m^n}{(1+N_m)^{n+1}} \tag{13.18}$$

（2）当 $M=2$ 时，设第一次和第二次测量结果分别为 n_1，n_2，则

$$P_2(n) = P_2(n_1+n_2=n) \tag{13.19}$$

$$= \sum_{\ell=0}^{n} P_1(n_1=\ell)P_1(n_2=n-\ell) \tag{13.20}$$

$$= \sum_{\ell=0}^{n} \frac{N_m^{\ell}}{(1+N_m)^{\ell+1}}\frac{N_m^{n-\ell}}{(1+N_m)^{n-\ell+1}} \tag{13.21}$$

$$= (1+n)\frac{N_m^n}{(1+N_m)^{n+2}} \tag{13.22}$$

（3）当 $M=K$ 时，设 $P_K(n) = \binom{n+K-1}{n}\frac{N_m^n}{(1+N_m)^{n+K}}$。在 $M=K+1$ 时，可以得到

$$
\begin{aligned}
P_{K+1}(n) &= P_K(n_1+n_2+\cdots+n_{K+1}) \\
&= \sum_{\ell=0}^{n} P_K(n_1+n_2+\cdots+n_K=\ell)P_1(n_{K+1}=n-\ell) && (13.23)\\
&= \sum_{\ell=0}^{n} \binom{\ell+K-1}{\ell}\frac{N_m^{\ell}}{(N_m+1)^{\ell+K}}\frac{N_m^{n-\ell}}{(N_m+1)^{n-\ell+1}} && (13.24)\\
&= \binom{n+(K+1)-1}{n}\frac{N_m^{n}}{(N_m+1)^{n+K+1}} && (13.25)
\end{aligned}
$$

由（1）~（3），即证得式（13.17）。

下面给出关于 $N^{(m)}$ 的平均值和方差的两个结论。

推论 13.1　$N^{(m)}$ 的平均值为

$$
\langle N^{(m)}\rangle = \sum_{n=0}^{\infty} nP_M(n) = MN_m \tag{13.26}
$$

推论 13.2　$N^{(m)}$ 的方差为

$$
\begin{aligned}
\langle (N^{(m)})^2\rangle - \langle N^{(m)}\rangle^2 &= \sum_{n=0}^{\infty} n^2P_M(n) - \langle N^{(m)}\rangle^2 && (13.27)\\
&= MN_m(N_m+1) && (13.28)
\end{aligned}
$$

文献［32］表明，当 M 足够大时，概率分布 $P_M(n)$ 将逼近于平均值为 MN_m、方差为 $MN_m(N_m+1)$ 的高斯分布。

图 13.2（a）给出了 $P_M(N^{(0)})$ 与均值为 MN_0、方差为 $MN_0(N_0+1)$ 的高斯分布的相似性。图 13.2（b）给出了 $P_M(N^{(1)})$ 与均值为 MN_1、方差为 $MN_1(N_1+1)$ 的高斯分布的相似性。

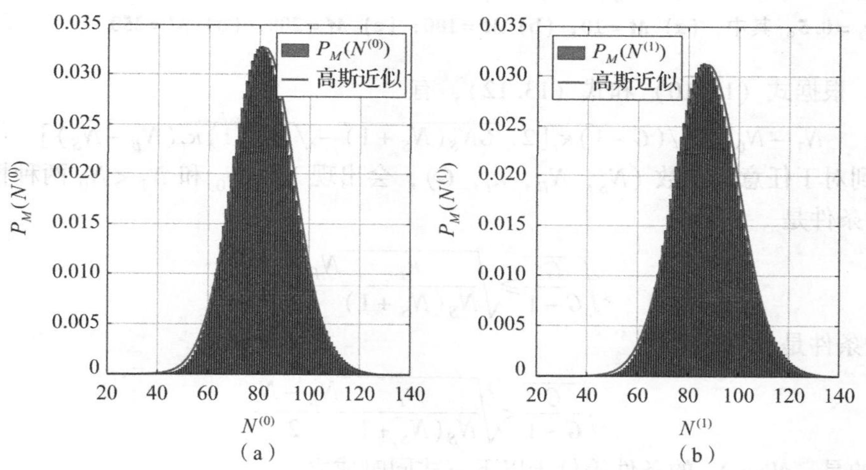

图 13.2　(a) $P_M(N^{(0)})$ 与均值为 MN_0、方差为 $MN_0(N_0+1)$ 高斯分布的相似性；(b) $P_M(N^{(1)})$ 与均值为 MN_1、方差为 $MN_1(N_1+1)$ 高斯分布的相似性。其他参数：$N_B=5.0$，$G=1.1$，$N_S=0.2$，$\kappa_t=0.1$，$M=100$

$N^{(0)}$ 和 $N^{(1)}$ 的概率分布为区分目标存在和目标不存在提供了重要依据。$N^{(0)}$ 的平均值为 MN_0，$N^{(1)}$ 的平均值为 MN_1，即使 N_0，N_1 相差很小，也可以采用增加 M 的办法使得两个概率分布更容易区分。在图 13.3 中，依次给出了 $M=10$，100，200，350 时 $N^{(0)}$ 和 $N^{(1)}$ 的概率分布。随着 M 的增加，可以很方便地在 $[MN_0, MN_1]$ 区间设置一个阈值，实现目标存在与否的区分。

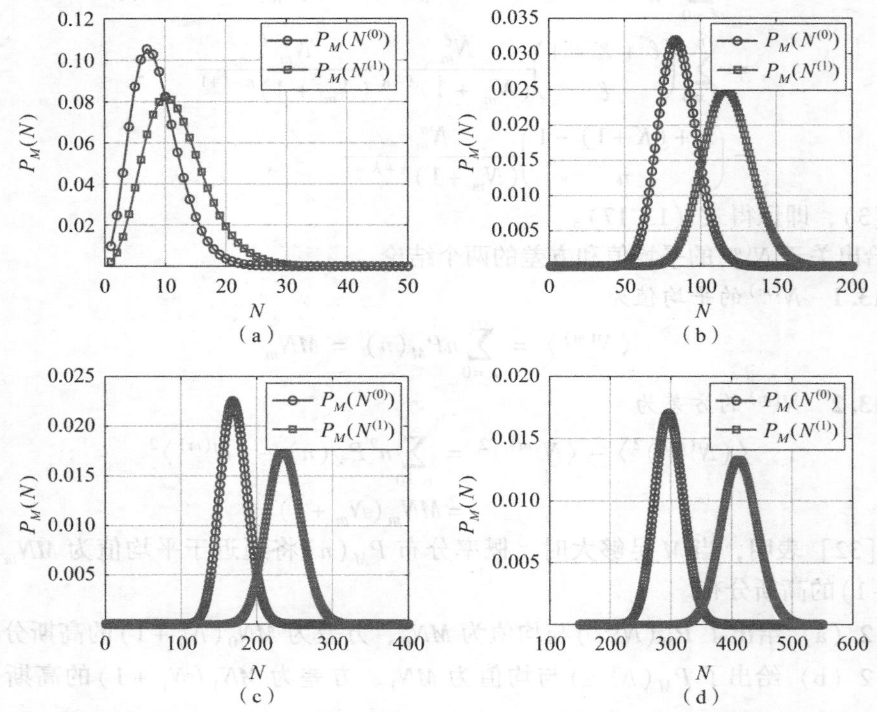

图 13.3　不同 M 时的 $P_M(N^{(0)})$ 和 $P_M(N^{(1)})$ 的概率分布情况，参数取值为 $N_B=2.0$，$G=1.1$，$N_S=0.5$，$\kappa_t=0.5$。其中，(a) $M=10$；(b) $M=100$；(c) $M=200$；(d) $M=350$

此外，根据式（13.10）和式（13.12），有

$$N_1-N_0=2\sqrt{(G-1)\kappa_t}\left[2\sqrt{GN_S(N_S+1)}-\sqrt{(G-1)\kappa_t}(N_B-N_S)\right] \tag{13.29}$$

注意到对于任意的参数（N_S，N_B，κ_t，G），会出现 $N_1 \geqslant N_0$ 和 $N_1 < N_0$ 两种情况。其中 $N_1 \geqslant N_0$ 的条件是

$$\sqrt{\frac{G}{G-1}} \geqslant \sqrt{\frac{\kappa_t}{N_S(N_S+1)}}\frac{N_B-N_S}{2} \tag{13.30}$$

$N_1 < N_0$ 的条件是

$$\sqrt{\frac{G}{G-1}} < \sqrt{\frac{\kappa_t}{N_S(N_S+1)}}\frac{N_B-N_S}{2} \tag{13.31}$$

需要说明的是，$N_1 < N_0$ 的条件等价于以下三式同时成立

$$N_B > N_S \tag{13.32}$$

$$\kappa_t > \frac{4N_S(N_S+1)}{(N_B-N_S)^2} \tag{13.33}$$

$$G > \frac{\kappa_t(N_B-N_S)^2}{\kappa_t(N_B-N_S)^2-4N_S(N_S+1)} \tag{13.34}$$

在以下的讨论中，只考虑 $N_1 \geqslant N_0$ 的情况。这是因为在 $N_1 < N_0$ 时，需要较大的 $G(G \gg 1)$

才能实现目标存在和目标不存在的区分，而较大的非线性参数 $G\gg 1$ 在实验中也很难实现。

13.3.1　误判概率分析

根据定义 5.3.1，虚警概率定义为当目标不存在却判断为目标存在的概率。由于目标不存在时测量结果为 $N^{(0)}$，同时，根据第 13.1 节的推测规则，判定目标存在的条件是 $N^{(0)} > N_{\text{th}}$，于是，虚警概率为

$$P_{\text{fa},Q} = \text{Prob}(N^{(0)} > N_{\text{th}}) \tag{13.35}$$

其中，下标 Q 表示量子雷达接收机。

根据定义 5.3.3，漏检概率定义为当目标存在时判断为目标不存在的概率。这实质上是 $N^{(1)} < N_{\text{th}}$ 的概率，即

$$P_{\text{m},Q} = \text{Prob}(N^{(1)} < X_{\text{th}}) \tag{13.36}$$

根据定理 13.3.1 以及 $P(N^{(m)})$ 与高斯分布的近似性，可以得到

$$P_{\text{fa},Q} = \sum_{n=N_{\text{th}}}^{\infty} P_M(N^{(0)} = n) \tag{13.37}$$

$$\approx \int_{N_{\text{th}}}^{\infty} \frac{1}{\sqrt{2\pi\Sigma_0'}} \exp\left[-\frac{(x-\nu_0)^2}{2\Sigma_0'}\right]\mathrm{d}x \tag{13.38}$$

$$P_{\text{m},Q} = \sum_{n=0}^{N_{\text{th}}} P_M(N^{(1)} = n)$$

$$\approx \int_{0}^{N_{\text{th}}} \frac{1}{\sqrt{2\pi\Sigma_1'}} \exp\left[-\frac{(x-\nu_1)^2}{2\Sigma_1'}\right]\mathrm{d}x \tag{13.39}$$

在式（13.49）中引入了定义

$$\nu_0 = MN_0 \tag{13.40}$$

$$\nu_1 = MN_1 \tag{13.41}$$

$$\Sigma_0' = MN_0(N_0+1) \tag{13.42}$$

$$\Sigma_1' = MN_1(N_1+1) \tag{13.43}$$

式中，用带“′”的符号 Σ_0'，Σ_1' 来区别于相干态局域测量方案中的 Σ_0，Σ_1（式（12.14）和式（12.16））。

采用类似第 12.3 节中的方法，虚警概率可以简化为

$$P_{\text{fa},Q} \approx \frac{1}{2}\text{erfc}\left(\frac{N_{\text{th}}-\nu_0}{\sqrt{2\Sigma_0'}}\right) \tag{13.44}$$

当 $M\gg 1$ 时，$N^{(1)}$ 将主要分布在 $N^{(1)}>0$ 的区域，如图 13.3（b）（c）（d）所示。因此，有

$$P_{\text{m},Q} \approx \int_{-\infty}^{N_{\text{th}}} \frac{1}{\sqrt{2\pi\Sigma_1'}} \exp\left[-\frac{(x-\nu_1)^2}{2\Sigma_1'}\right]\mathrm{d}x = \frac{1}{2}\text{erfc}\left(\frac{\nu_1-N_{\text{th}}}{\sqrt{2\Sigma_1'}}\right) \tag{13.45}$$

为了与传统雷达接收机进行比较，仍可以用虚警概率与漏检概率相等这一条件来确定阈值。于是，就可以得到

$$\frac{N_{\text{th}}-\nu_0}{\sqrt{2\Sigma_0'}} = \frac{\nu_1-N_{\text{th}}}{\sqrt{2\Sigma_1'}} \tag{13.46}$$

从而有

$$N_{\mathrm{th}}=\frac{M(\sqrt{\Sigma_1'}N_0+\sqrt{\Sigma_0'}N_1)}{\sqrt{\Sigma_0'}+\sqrt{\Sigma_1'}} \tag{13.47}$$

于是，当目标存在和不存在这两种情况均为$\frac{1}{2}$的概率时，误判概率可以表示为

$$P_{\mathrm{err,LQ}}=\frac{1}{2}P_{\mathrm{fa,Q}}+\frac{1}{2}P_{\mathrm{m,Q}} \tag{13.48}$$

$$=\frac{1}{2}\mathrm{erfc}(\sqrt{MR_{\mathrm{Q}}}) \tag{13.49}$$

式中，下标“L”表示局域测量、“Q”表示量子雷达。R_{Q} 与所使用的量子纠缠态的数目无关，即

$$R_{\mathrm{Q}}=\frac{M(N_1-N_0)^2}{2(\sqrt{\Sigma_0'}+\sqrt{\Sigma_1'})^2} \tag{13.50}$$

$$=\frac{(N_1-N_0)^2}{2[\sqrt{N_0(N_0+1)}+\sqrt{N_1(N_1+1)}]^2} \tag{13.51}$$

利用近似

$$\mathrm{erfc}(\gamma)\approx\frac{\exp(-\gamma^2)}{\sqrt{\pi}\gamma} \tag{13.52}$$

得到[32]

$$P'_{\mathrm{err,LQ}}=\frac{\mathrm{e}^{-MR_{\mathrm{Q}}}}{2\sqrt{\pi MR_{\mathrm{Q}}}} \tag{13.53}$$

当 M 较大时，$\sqrt{MR_{\mathrm{Q}}}\gg1$，误判概率 $P_{\mathrm{err,LQ}}$ 可以被 $P'_{\mathrm{err,LQ}}$ 很好地近似。在图 13.4（a）中，取参数 $N_B=0.1$，$G=1.3$，$N_S=0.4$，$\kappa_t=0.1$，给出了 $P_{\mathrm{err,LQ}}$ 与 $P'_{\mathrm{err,LQ}}$ 随所使用的量子纠缠的数量 M 之间的关系。不难看出，M 越大，二者的近似程度越高。在图 13.4（b）（c）（d）中，加大了环境噪声水平 N_B，二者的近似仍能得到很好的验证。

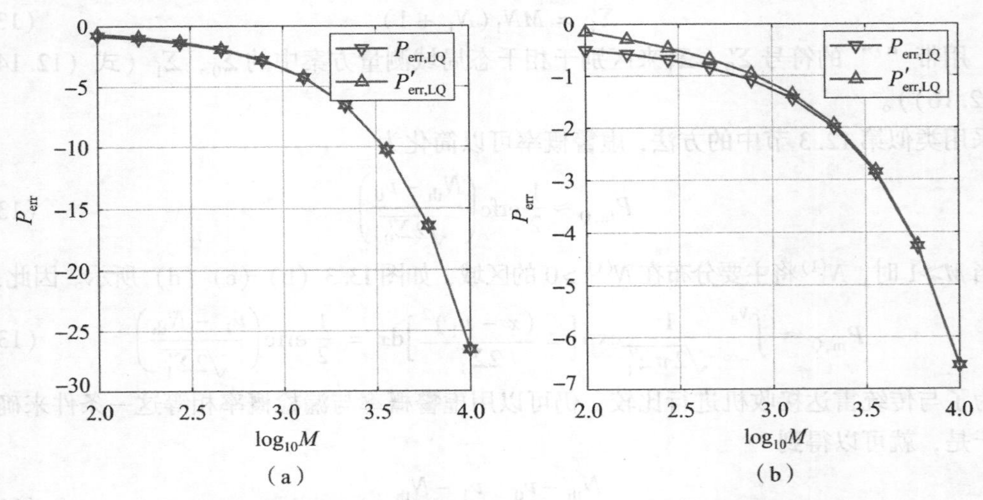

图 13.4　量子目标探测中的 $P_{\mathrm{err,LQ}}$ 与 $P'_{\mathrm{err,LQ}}$ 的近似性

（a）$N_B=0.1$，$G=1.3$，$N_S=0.4$，$\kappa_t=0.1$；（b）$N_B=5.0$，$G=1.3$，$N_S=0.8$，$\kappa_t=0.1$

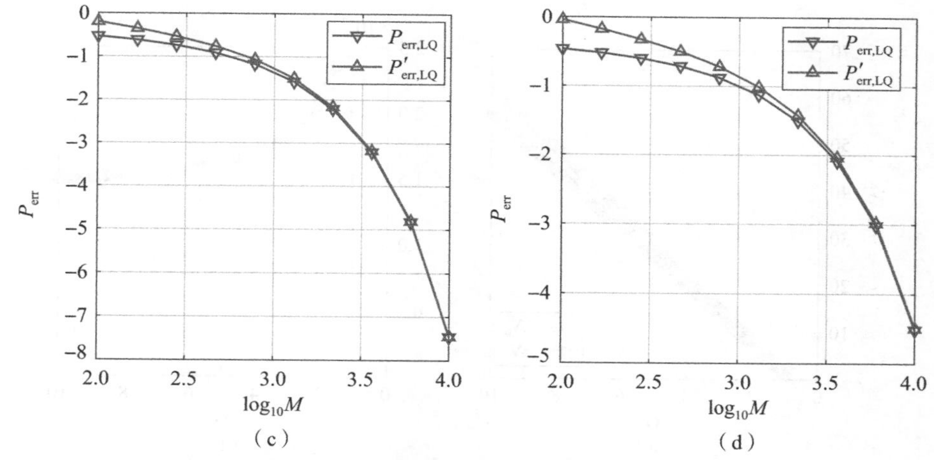

图 13.4　量子目标探测中的 $P_{\text{err,LQ}}$ 与 $P'_{\text{err,LQ}}$ 的近似性（续）

(c) $N_B=10$，$G=1.3$，$N_S=2.0$，$\kappa_t=0.1$；(d) $N_B=15$，$G=1.3$，$N_S=2.0$，$\kappa_t=0.1$

13.3.2　与量子切诺夫定理的比较

局域测量方案的误判概率随着所使用量子纠缠态的数量呈指数衰减，而第 8.2 节采用量子切诺夫定理所给出的误判概率也呈指数衰减趋势，因此，很有必要对这两种误判概率进行对比。

首先需要指出的是，局域测量的误判概率由式（13.49）的 $P_{\text{err,LQ}}$ 给出。影响误判概率的因素除了纠缠的数目 M 之外，还有 R_Q，而后者受到 SU(1,1) 非线性分束器的参数 G 影响。因此，对于给定的一组参数 N_S，N_B，κ_t，需要对 SU(1,1) 非线性分束器的参数 G 进行优化。在图 13.5 中，考虑了参数 $N_B=4$，$N_S=1.1$，$\kappa_t=0.1$ 的目标探测场景。其中，图 13.5（a）中给出了 N_0，N_1 随 G 的变化，以验证 $N_1>N_0$ 这一前提条件。事实上，由于 $\kappa_t<4N_S(N_S+1)/(N_B-N_S)^2$，条件（13.34）不能满足，总是有 $N_1>N_0$。图13.5（b）中给出了 R_Q 随 G 变化关系。R_Q 越大，所对应的 $P_{\text{err,LQ}}$ 越小。因此，首先需要找到合适的 G，以达到 R_Q 的最大化。由图 13.5（b）可以看出，R_Q 随着 G 并不是单调变化的，而是在 $G_{\text{opt}}=1.34$ 附近取得最大值。选取此时的参数 G_{opt} 进行误判概率的计算。

图 13.5（c）中比较了不同 M 条件下的 $P_{\text{err,LQ}}$，$P'_{\text{err,LQ}}$，$P_{\text{QCB,Q}}$，其中，$P_{\text{QCB,Q}}$ 由第 8.2 节给出，下标“Q”是为了与传统雷达的结果相区分。对于充分大的 M，$P_{\text{err,LQ}}$ 与 $P'_{\text{err,LQ}}$ 是重合的，这也说明了式（13.52）这一近似的合理性。同时，可以看出，在 M 足够大时，总是有

$$P_{\text{err,LQ}}>P_{\text{QCB,Q}} \tag{13.54}$$

说明采用局域测量的误判概率是高于量子切诺夫定理给出的误判概率的。这也说明了局域测量方案虽然更容易实验实现，但是它是以牺牲一定的目标探测性能为前提的。同时，也不难发现，基于局域测量的量子雷达接收机的误判概率与量子切诺夫定理所给出的结果还有一定差距，这也为继续改进和优化量子雷达的接收机提供了契机。

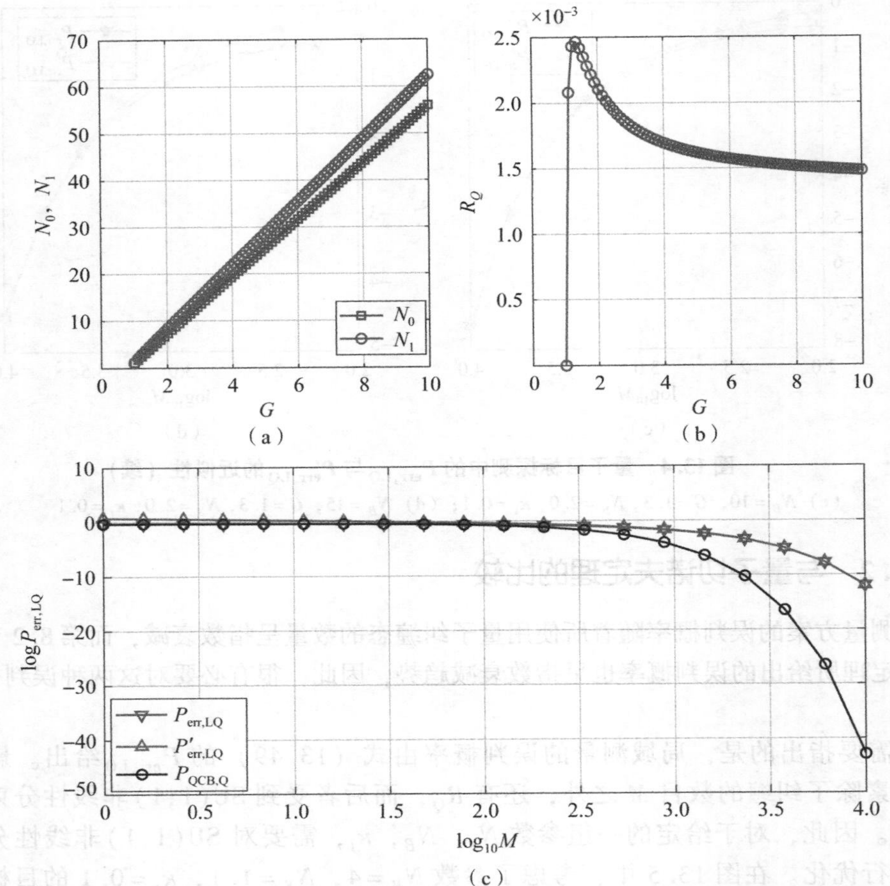

图 13.5 (a) N_0，N_1 随参数 G 的变化情况；(b) R_Q 随参数 G 的变化情况；(c) 基于局域测量的误判概率 $P_{\mathrm{err,LQ}}$ 与基于全局测量的误判概率的量子切诺界 P_{QCB} 的比较。(a) 和 (b) 参数相同：$N_B=4$，$N_S=1.1$，$\kappa_t=0.1$；(c) 参数：$N_B=4$，$N_S=1.1$，$\kappa_t=0.1$，$G=G_{\mathrm{opt}}=1.34$

13.4 量子雷达与传统雷达的比较

为了回答本章开始时提出的问题，现在对基于局域测量方案的量子雷达与传统雷达的性能进行对比。将分别采用误判概率和 ROC 曲线两种指标进行分析。

13.4.1 误判概率比较

取误判概率作为评价指标，讨论相同信号强度（N_S）条件下的目标探测性能。

在量子雷达方案中，发射机制备 M 份参数为 N_S 的两模压缩真空态。发射机将两模压缩真空态中的一个模式发射到待测区域，于是，用于目标探测的量子信号的平均光子数恰为两模压缩真空态中单个模式上的平均光子数 N_S。采用图 13.1 所给的局域测量方案，其误判概率为式（13.49）给出的 $P_{\mathrm{err,LQ}}$。

相比之下，传统雷达方案采用图 12.1，发射机制备平均光子数为 N_S 的相干态并将其发射到待测区域。其误判概率为式（12.33）给出的 $P_{err,L}$。

为了更清晰地进行比较，给出表 13.1。从 $P_{err,LQ}$和 $P_{err,L}$的表达式可以看出，如果 $R_Q > R_{Coh}$，则量子雷达的误判概率更低，更有优势；反之，如果 $R_Q < R_{Coh}$，则传统雷达误判概率更低，更有优势。

表 13.1　基于局域测量的传统雷达与基于局域测量的量子雷达误判概率性能比较

雷达类型	传统雷达	量子雷达
方案原理图	图 12.1	图 13.1
探测原理	平衡零拍测量	光子数测量
阈值选择标准	$P_{fa} = P_m$	$P_{fa,Q} = P_{m,Q}$
阈值	$X_{th} = (M\sqrt{2N_S\kappa_t})\dfrac{\sqrt{\Sigma_0}}{\sqrt{\Sigma_0}+\sqrt{\Sigma_1}}$	$N_{th} = \dfrac{M(\sqrt{\Sigma_1'}N_0+\sqrt{\Sigma_0'}N_1)}{\sqrt{\Sigma_0'}+\sqrt{\Sigma_1'}}$
误判概率	$P_{err,L} = \dfrac{1}{2}\text{erfc}(\sqrt{MR_{Coh}})$	$P_{err,LQ} = \dfrac{1}{2}\text{erfc}(\sqrt{MR_Q})$
误判概率近似值	$P'_{err,L} = \dfrac{e^{-MR_{Coh}}}{2\sqrt{\pi MR_{Coh}}}$	$P'_{err,LQ} = \dfrac{e^{-MR_Q}}{2\sqrt{\pi MR_Q}}$
备注	$R_{Coh} = \dfrac{N_S\kappa_t}{\left[\sqrt{N_B+\frac{1}{2}}+\sqrt{N_B(1-\kappa_t)+\frac{1}{2}}\right]^2}$	$R_Q = \dfrac{(N_1-N_0)^2}{2[\sqrt{N_0(N_0+1)}+\sqrt{N_1(N_1+1)}]^2}$

以强背景噪声下目标探测应用为例，首先考虑采用弱信号强度 $N_S \ll 1$ 的目标探测。图 13.6（a）（c）（e）（g）给出了目标反射率 $\kappa_t = 0.000\,1$，$0.000\,2$，$0.000\,3$，$0.000\,4$ 时的 R_Q 和 R_C 的相对大小，在图 13.6（b）（d）（f）（h）中给出了不同参数 G 所对应的 $N_1 - N_0$。由于 $\kappa_t < 4N_S(N_S+1)/(N_B-N_S)^2$，所以，总是有 $N_1 - N_0 > 0$。而且对于每一个给定的 κ_t，取参数 $G = 1 \sim 1.1$ 以实现 R_Q 的优化。在 $N_B = 10$，$N_S = 0.01$ 时，当 $0.000\,1 \leqslant \kappa_t \leqslant 0.000\,4$ 时，总可以找到 G_{opt}，以最大化 R_Q。继续增加 G，R_Q 会逐渐减小，甚至 $R_Q < R_{Coh}$，即量子雷达的误判概率将高于传统雷达。当 $\kappa_t = 0.000\,1$，$G = 1.007\,5$ 时，$R_Q = 3.44\times10^{-8}$，而采用传统雷达 $R_{Coh} = 2.38\times10^{-8}$。因此，$R_Q/R_{Coh} = 1.45$。从表 13.1 中误判概率的近似值可以看出

$$P'_{err,LQ} \approx (P'_{err,L})^{1.45} \tag{13.55}$$

这意味着量子雷达所需资源比传统雷达大大减少。

为了比较雷达所用资源情况，固定误判概率为 P_{fix}。根据误判概率计算公式，易知达到这一误判概率所需发射的信号数目为

$$M_{Coh} = \frac{[\text{erfc}^{-1}(2P_{fix})]^2}{R_{Coh}} \tag{13.56}$$

$$M_Q = \frac{[\text{erfc}^{-1}(2P_{fix})]^2}{R_Q} \tag{13.57}$$

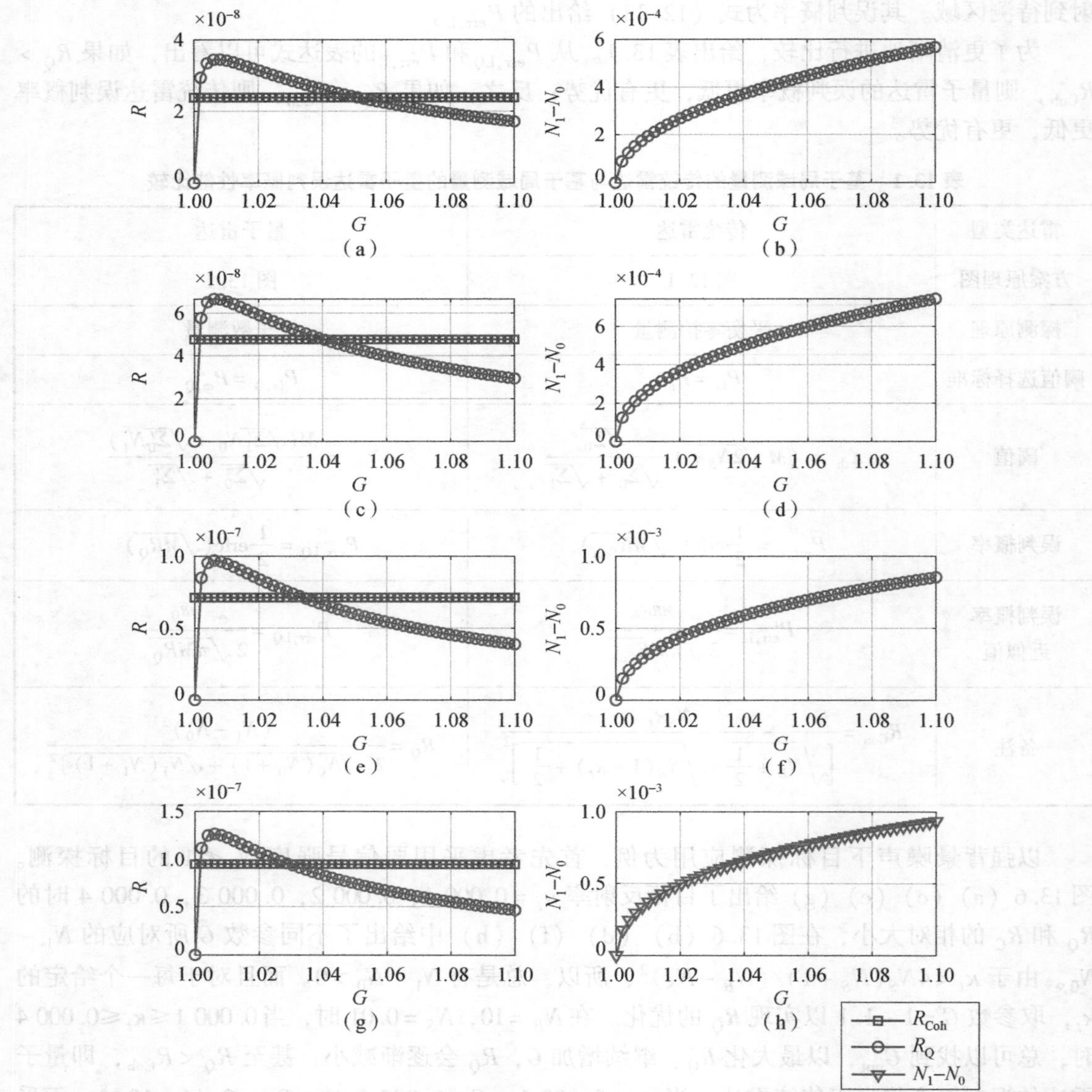

图 13.6　基于局域测量的传统雷达的关键指标 R_{Coh} 与基于局域测量的量子雷达的关键指标 R_{Q} 的比较。参数取值：$N_B=10$，$N_S=0.01$。其中，目标反射率参数：(a)(b) $\kappa_t=0.000\,1$；(c)(d) $\kappa_t=0.000\,2$；(e) (f) $\kappa_t=0.000\,3$；(g) (h) $\kappa_t=0.000\,4$

式中，$\mathrm{erfc}^{-1}(\,)$为函数 $\mathrm{erfc}(\,)$的逆函数。图 13.7 中给出了 M_{Coh} 和 M_{Q} 随着 P_{fix} 变化的情况，可以看出，当 $\kappa_t\geqslant 0.1$ 时，随着 P_{fix} 的下降，M_{Q} 和 M_{R} 均是增加的。但是 M_{Q} 的增加速度远远小于 M_{Coh}。特别地，可以定义

$$\Delta_{\mathrm{Q}}=\frac{M_{\mathrm{Coh}}-M_{\mathrm{Q}}}{M_{\mathrm{Coh}}}\times 100\% \tag{13.58}$$

来衡量资源节省的程度。

表 13.2 中给出了不同反射率下的 Δ_{Q} 变化情况。可以看出，对于 $0.000\,1\leqslant\kappa_t\leqslant 0.000\,4$，

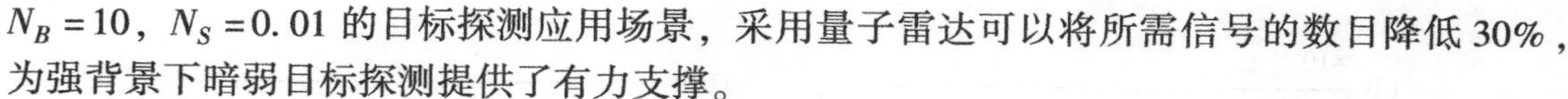

$N_B=10$，$N_S=0.01$ 的目标探测应用场景，采用量子雷达可以将所需信号的数目降低 30%，为强背景下暗弱目标探测提供了有力支撑。

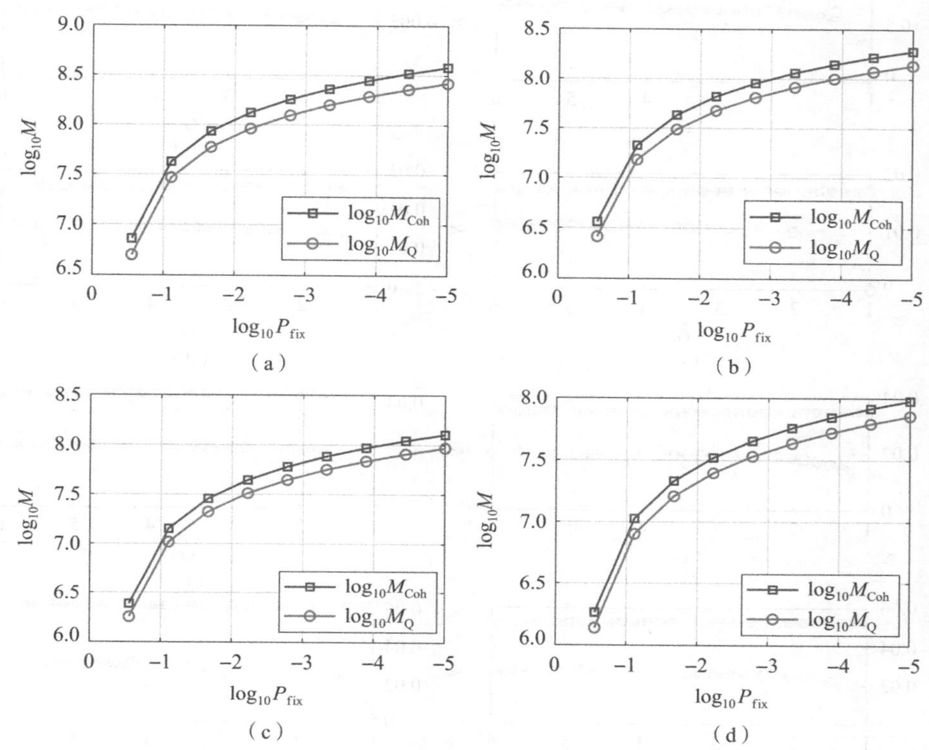

图 13.7　基于局域测量的传统雷达的资源消耗情况与基于局域测量的量子雷达的资源消耗情况比较。参数取值：$N_B=10$，$N_S=0.1$。其中，G 在 0 ~ 1.1 之间取最优值。其他参数为：(a) $\kappa_t=0.0001$；(b) $\kappa_t=0.0002$；(c) $\kappa_t=0.0003$；(d) $\kappa_t=0.0004$

表 13.2　基于局域测量的传统雷达与基于局域测量的量子雷达误判概率性能比较（参数取值：$P_{\mathrm{fix}}=10^{-5}$，$N_B=10$，$N_S=0.1$。其中，G_{opt} 在 $G=1$ ~ 1.1 时取得的最优值）

κ_t	0.000 1	0.000 2	0.000 3	0.000 4
G_{opt}	1.007 5	1.006 5	1.006 0	1.006 0
Δ_{Q}/%	31.0	28.4	26.5	24.8

值得说明的是，如果考虑低背景噪声时的目标探测，则基于局域测量的传统雷达性能更优。在图 13.8 中，考察了 $N_B=0.1$，$N_S=0.2$ 时的目标探测场景。由于 $N_S>N_B$，所以，根据式（13.32），对于任意的 κ_t，G，均有 $N_1>N_0$，可以采用目标推测规则 13.1.1 进行目标存在性区分。对于 $0.01<\kappa_t<0.9$ 的任意大小反射率的目标和任意的参数 G，均发现 $R_{\mathrm{Q}}<R_{\mathrm{Coh}}$。这意味着基于图 13.1 中非线性分束器和光子探测的量子雷达的性能将不如传统雷达。因此，针对低背景噪声目标的探测问题，还需要研究性能更佳的基于局域测量的量子雷达方案。

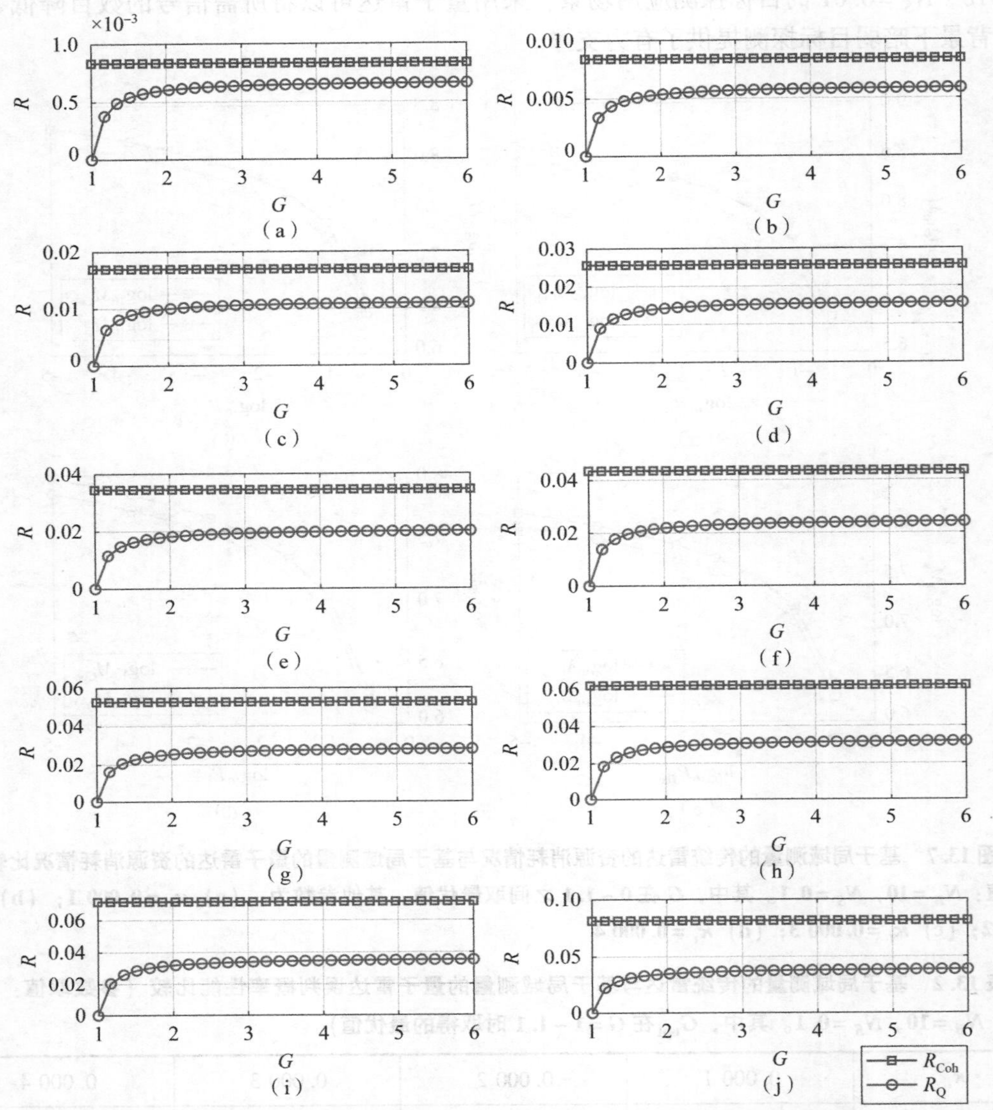

图 13.8 基于局域测量的传统雷达的关键指标 R_{Coh} 与基于局域测量的量子雷达的关键指标 R_{Q} 的比较。参数取值：$N_B=0.1$，$N_S=0.2$。其中，目标反射率参数：(a) $\kappa_t=0.01$；(b) $\kappa_t=0.1$；(c) $\kappa_t=0.2$；(d) $\kappa_t=0.3$；(e) $\kappa_t=0.4$；(f) $\kappa_t=0.5$；(g) $\kappa_t=0.6$；(h) $\kappa_t=0.7$；(i) $\kappa_t=0.8$；(j) $\kappa_t=0.9$

13.4.2 ROC 曲线比较

在本章最后，将基于局域测量的量子雷达和传统雷达的 ROC 曲线进行对比。首先定义探测概率为

$$P_{\mathrm{d,Q}}=1-P_{\mathrm{m,Q}}=1-\frac{1}{2}\mathrm{erfc}\left(\frac{MN_1-N_{\mathrm{th}}}{\sqrt{2MN_1(N_1+1)}}\right) \tag{13.59}$$

表 13.3 中给出了 ROC 曲线比较所需的各个指标的计算公式。

表 13.3　基于局域测量的传统雷达与基于局域测量的量子雷达的 ROC 曲线比较

雷达类型	传统雷达	量子雷达
方案原理图	图 12.1	图 13.1
探测原理	平衡零拍测量	光子数测量
阈值选择	$X^{(0)} \leqslant X_{\text{th}} \leqslant X^{(1)}$	$MN_0 \leqslant N_{\text{th}} \leqslant MN_1$
虚警概率	$P_{\text{fa}} = \frac{1}{2}\text{erfc}\left(\frac{X_{\text{th}}}{\sqrt{2M\left(N_B + \frac{1}{2}\right)}}\right)$	$P_{\text{fa,Q}} = \frac{1}{2}\text{erfc}\left(\frac{N_{\text{th}} - MN_0}{\sqrt{2MN_0(N_0+1)}}\right)$
探测概率	$P_{\text{d}} = 1 - \frac{1}{2}\text{erfc}\left(\frac{M\sqrt{2N_S\kappa_t} - X_{\text{th}}}{\sqrt{2M\Sigma_1}}\right)$	$P_{\text{d,Q}} = 1 - \frac{1}{2}\text{erfc}\left(\frac{MN_1 - N_{\text{th}}}{\sqrt{2MN_1(N_1+1)}}\right)$
备注	$\Sigma_0 = N_B + \frac{1}{2}$	$N_0 = GN_S + (N_B+1)(G-1)$
	$\Sigma_1 = N_B(1-\kappa_t) + \frac{1}{2}$	$N_1 = GN_S - (G-1)\kappa_t(N_B - N_S) + (N_B+1)(G-1) + 2\sqrt{G(G-1)\kappa_t N_S(N_S+1)}$

在图 13.9（a）中，仍以强背景噪声下的暗弱目标探测为例，基于局域测量的量子雷达和传统雷达进行对比。取 $N_B = 10$，$N_S = 0.01$，$\kappa_t = 0.000\,1$，$M = 10^7$。首先，给出了 P_{fa} 与 P_{d} 之间的关系；其次，在量子雷达的 ROC 曲线中考察了不同的参数 $G = 1.000\,1 \sim 1.000\,7$ 对目标探测性能影响。相比于传统雷达，量子雷达更接近于（$P_{\text{fa}} = 0$，$P_{\text{d}} = 1$），灵敏度表现更佳。此外，非线性参数 G 对其探测性能有较大影响。在图 13.9（b）中，将 $0 < P_{\text{fa}} \leqslant 0.025$ 的 ROC 曲线进行局部放大，数值研究表明，G 越大，其目标探测性能越好，在 $G = 1.000\,7$ 时，相同的虚警概率所对应的探测概率取得最大值。

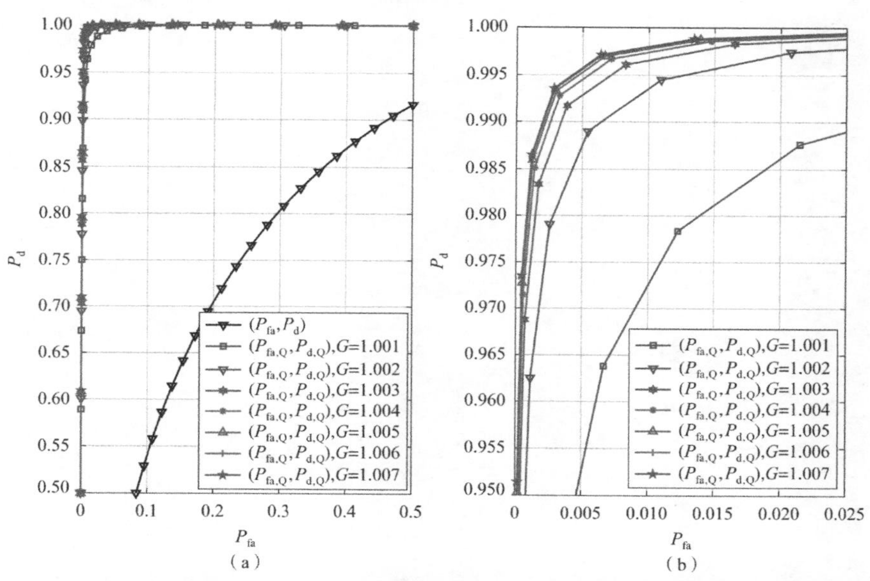

图 13.9　(a) 基于局域测量的传统雷达的 ROC 曲线与基于局域测量的量子雷达的 ROC 曲线比较，参数取值：$N_B = 10$，$N_S = 0.01$，$M = 10^7$，其中，目标反射率参数：$\kappa_t = 0.000\,1$；(b) ROC 曲线在 $0 < P_{\text{fa}} \leqslant 0.025$ 时的局部放大图

13.5 小结

本章从实际易于实现的局域测量操作出发，讨论了基于非线性光学分束器和光子探测的量子雷达方案。通过强背景噪声水平下低反射率目标的探测仿真，验证了量子雷达较之于传统雷达的优越性。此外，还从误判概率和反映雷达灵敏度的接收者操作特性曲线两个角度对量子雷达的性能进行了仿真。数值分析表明，量子雷达在低信号强度、强背景噪声的目标探测方面具有独特优势。同时，数值分析还表明，在进行弱背景噪声水平下的目标探测时，传统雷达仍然具有优势。这些结果一方面表明了基于局域量子测量的量子雷达还需要不断完善，以适应更多样化的探测需求；另一方面也表明量子雷达与传统雷达是一种相辅相成的关系，需要根据不同的目标探测需求进行合理的设计和分析。这已经成为重要的研究方向，许多研究工作已经展开[251]。

第 14 章

量子雷达的实验验证

截至目前，已经有多个实验小组成功地完成了量子雷达的实验验证。

2013 年，意大利都灵理工大学和米兰大学的科学家们首先报道了量子雷达的实验方案[33,252]。该方案设计了一种基于光子数关联测量的量子雷达，在实验上首次验证了量子纠缠在目标探测性能的提升中的重要作用。同时，该实验还证明了量子纠缠这种性能的提升在噪声和有损条件下具有很强的鲁棒性。

2013 年，美国麻省理工学院的 J. Shapiro 团队实验验证了基于量子雷达的保密通信[46]。实验证实了该保密通信方案对于环境噪声的鲁棒性。当信道噪声为 8.3 dB 时，量子纠缠已经被环境破坏，但此时的通信仍然具有窃听免疫力（eavesdropping - immune）。

2020 年，奥地利科技学院和英国约克大学的科学家们率先完成了微波波段的量子雷达实验[29]。实验人员利用低温（1 mK①）下的约瑟夫参量转换器制备出微波波段量子纠缠，并以此对实验室内 1 m 距离的目标进行了量子雷达实验。结果表明，在微波量子纠缠帮助下，目标探测的信噪比可以提高三倍。

2023 年，法国里昂高等师范学院的科研工作者采用全局量子测量的量子雷达方案，验证了量子雷达比传统雷达性能提高约 20%[253]。

下面以 2013 年意大利小组的实验为例，简单介绍该实验的基本情况。

14.1 实验原理图

实验装置如图 14.1 所示。其中，图 14.1（a）展示了利用 BBO 晶体产生的量子纠缠进行目标探测。入射的 335 nm 激光在 BBO 晶体上发生参量下转换，产生 A 和 B 两个模式的量子纠缠。纠缠的其中一个模式 B 直接用于与目标相互作用。该实验采用 50 : 50 光学分束器来模拟待测目标，目标的反射率为 $\kappa_t = 0.50$。另一个模式 A 作为闲置模式直接被 CCD 探测。Arecchi 盘用于将入射的光束转换为热噪声。当 B 和 C′作用后，模式 B 耗散到了环境当中，而光学模式 C′的透过模式 C″则直接进入 CCD 探测器。A 和 C″两个模式的关联是量子雷达取得优势的关键所在。

图 14.1（b）展示了利用一个单模热态进行目标探测。在第 6.5.1 节的分析中，经典目标探测通常是指采用相干态进行目标探测。这里为了实验方便，采用一个单模热态作为信号源来

① 1 mK = 10^{-3} K，或（$-273.15 + 1\times10^{-3}$）℃。

模拟经典目标探测。由式（2.101）可知，参量下转换产生的量子纠缠态的单个模式恰为单模热态。于是，在图 14.1（b）中，BBO 晶体中的输出模式 A 被用来进行后续的目标探测。A 的量子态首先经光学分束器分束得到 A′和 D′。A′被送到 CCD 探测器进行探测，D′与目标直接作用，并将作用后的光学模式 C″送到 CCD 探测器。将在第 14.2 节中给出具体的计算过程。

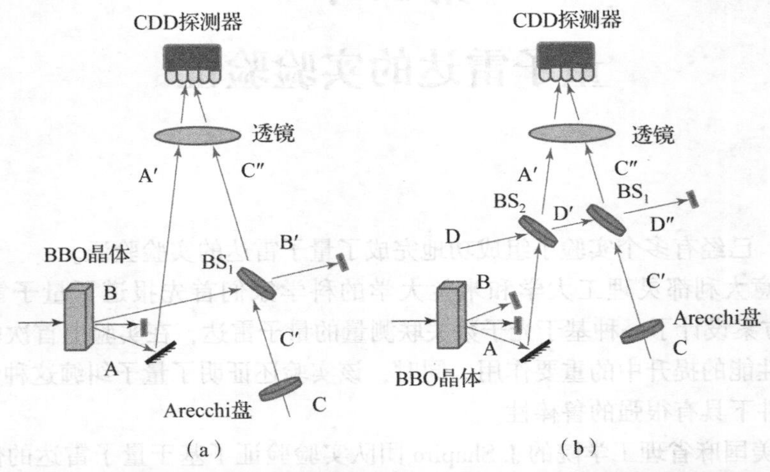

图 14.1 （a）基于参量下转换光源的目标探测和（b）基于两模相关热态的目标探测

14.2 实验中的量子态

设 $\hat{a}_{A'}$，$\hat{a}_{C''}$分别为图 14.1 中 A′和 C″模式上的光场湮灭算符，则 A′和 C″两个模式上的平均光子数可以表示为

$$\hat{N}_1 = \hat{a}^\dagger_{A'}\hat{a}_{A'},\hat{N}_2 = \hat{a}^\dagger_{C''}\hat{a}_{C''} \tag{14.1}$$

该实验采用 CCD 阵列探测器进行光子数探测，将直接测量到光子数关联

$$\langle \delta_{\hat{N}_1}\delta_{\hat{N}_2}\rangle = \mathrm{Tr}(\delta_{\hat{N}_1}\delta_{\hat{N}_2}\boldsymbol{\rho}_{A'C''}) \tag{14.2}$$

$$= \langle (\hat{N}_1 - \langle \hat{N}_1\rangle)(\hat{N}_2 - \langle \hat{N}_2\rangle)\rangle \tag{14.3}$$

式中

$$\delta_{\hat{N}_1} = \hat{N}_1 - \langle \hat{N}_1\rangle \tag{14.4}$$

$$\delta_{\hat{N}_2} = \hat{N}_2 - \langle \hat{N}_2\rangle \tag{14.5}$$

$$\langle \hat{N}_1\rangle = \mathrm{Tr}[(\hat{N}_1 \otimes \boldsymbol{I})\boldsymbol{\rho}_{A'C''}] \tag{14.6}$$

$$\langle \hat{N}_2\rangle = \mathrm{Tr}[(\boldsymbol{I} \otimes \hat{N}_2)\boldsymbol{\rho}_{A'C''}] \tag{14.7}$$

式（14.2）中，$\boldsymbol{\rho}_{A'C''}$为 A′－C″两模量子态的密度矩阵。

通过光子数关联的测量，可以给出柯西许瓦兹指标[254]：

$$\epsilon = \frac{\langle :\delta_{\hat{N}_1}\delta_{\hat{N}_2}:\rangle}{\sqrt{\langle :(\delta_{\hat{N}_1})^2:\rangle\langle :(\delta_{\hat{N}_2})^2:\rangle}} \tag{14.8}$$

式中，$:\hat{N}_i:(i=1,2)$表示算符 $\hat{N}_i$ 中的升降算符的正序排列（相关定义见第 A.9 节）。根据正序排列的定义和性质，易知

$$:(\delta_{\hat{N}_1})^2: = \hat{N}_1^2 - \hat{N}_1 - 2\langle N_1\rangle \hat{N}_1 + \langle \hat{N}_1\rangle^2 \tag{14.9}$$

$$\langle :(\delta_{\hat{N}_1})^2: \rangle = \langle (\delta_{\hat{N}_1})^2\rangle - \langle \hat{N}_1\rangle \tag{14.10}$$

$$\langle (\delta_{\hat{N}_1})^2\rangle = \langle \hat{N}_1^2\rangle - \langle \hat{N}_1\rangle^2 \tag{14.11}$$

及

$$\epsilon = \frac{\langle \delta_{\hat{N}_1}\delta_{\hat{N}_2}\rangle}{\sqrt{(\langle (\delta_{\hat{N}_1})^2\rangle - \langle \hat{N}_1\rangle)(\langle (\delta_{\hat{N}_2})^2\rangle - \langle \hat{N}_2\rangle)}} \tag{14.12}$$

为了便于柯西许瓦兹指标的计算，首先给出以下定理。

定理 14.2.1　对于两模量子态 $\boldsymbol{\rho}_{\mathrm{A'C''}}$，设其在光子数空间中的密度矩阵表示为 $\boldsymbol{\rho}_{\mathrm{A'C''}} = \sum_{k_1,k_2,m_1,m_2=0}^{\infty}[\boldsymbol{\rho}_{\mathrm{A'C''}}]_{k_1,k_2,m_1,m_2}|k_1,k_2\rangle\langle m_1,m_2|$，其两模式的光子数关联为

$$\langle \hat{N}_1\hat{N}_2\rangle = \sum_{k_1,k_2=0}^{\infty}[\boldsymbol{\rho}_{\mathrm{A'C''}}]_{k_1,k_2,k_1,k_2}k_1k_2 \tag{14.13}$$

证明：根据定义

$$\begin{aligned}
\langle \hat{N}_1\hat{N}_2\rangle &= \langle \hat{N}_1\otimes\hat{N}_2\rangle &(14.14)\\
&= \mathrm{Tr}[(\hat{\boldsymbol{a}}_{\mathrm{A'}}^{\dagger}\hat{\boldsymbol{a}}_{\mathrm{A'}}\otimes\hat{\boldsymbol{a}}_{\mathrm{C''}}^{\dagger}\hat{\boldsymbol{a}}_{\mathrm{C''}})\boldsymbol{\rho}_{\mathrm{A'C''}}] &(14.15)\\
&= \sum_{k_1,k_2,m_1,m_2=0}^{\infty}[\boldsymbol{\rho}_{\mathrm{A'C''}}]_{k_1,k_2,m_1,m_2}\mathrm{Tr}[(\hat{\boldsymbol{a}}_{\mathrm{A'}}^{\dagger}\hat{\boldsymbol{a}}_{\mathrm{A'}}\otimes\hat{\boldsymbol{a}}_{\mathrm{C''}}^{\dagger}\hat{\boldsymbol{a}}_{\mathrm{C''}})|k_1k_2\rangle\langle m_1m_2|] &(14.16)\\
&= \sum_{k_1,k_2,m_1,m_2=0}^{\infty}[\boldsymbol{\rho}_{\mathrm{A'C''}}]_{k_1,k_2,m_1,m_2}k_1k_2\delta_{k_1m_1}\delta_{k_2m_2} &(14.17)\\
&= \sum_{k_1,k_2=0}^{\infty}\langle k_1k_2|\boldsymbol{\rho}_{\mathrm{A'C''}}|k_1k_2\rangle k_1k_2 &(14.18)
\end{aligned}$$

式中用到了光子数态为光子数算符的本征态这一重要性质，即

$$\hat{N}_1|k_1\rangle = \hat{\boldsymbol{a}}_{\mathrm{A'}}^{\dagger}\hat{\boldsymbol{a}}_{\mathrm{A'}}|k_1\rangle = k_1|k_1\rangle \tag{14.19}$$

定理 14.2.1 表明了光子数关联仅仅取决于两模量子态 $\boldsymbol{\rho}_{\mathrm{A'C''}}$ 的对角元。由于本章主要考虑的是光子数关联，这意味着在下文的分析中只要求出量子态 $\boldsymbol{\rho}_{\mathrm{A'C''}}$ 的对角元即可。

由定理 14.2.1 可以很容易得出两模量子态中单个模式上的平均光子数。

定理 14.2.2　对于两模量子态 $\boldsymbol{\rho}_{\mathrm{A'C''}}$，设其在光子数空间中的密度矩阵表示为 $\boldsymbol{\rho}_{\mathrm{A'C''}} = \sum_{k_1,k_2,m_1,m_2=0}^{\infty}[\boldsymbol{\rho}_{\mathrm{A'C''}}]_{k_1,k_2,m_1,m_2}|k_1,k_2\rangle\langle m_1,m_2|$，其两个模式的光子数分别为

$$\langle \hat{N}_1\rangle = \sum_{k_1,k_2=0}^{\infty}[\boldsymbol{\rho}_{\mathrm{A'C''}}]_{k_1,k_2,k_1,k_2}k_1 \tag{14.20}$$

$$\langle \hat{N}_2\rangle = \sum_{k_1,k_2=0}^{\infty}[\boldsymbol{\rho}_{\mathrm{A'C''}}]_{k_1,k_2,k_1,k_2}k_2 \tag{14.21}$$

14.2.1　无噪情况 $N_B=0$

为了简化分析，以下考察理想情况下（$N_B=0$）的光子数关联。

14.2.1.1　基于量子纠缠的量子雷达方案

设图 14.1（a）中 A－B 两模量子态是参数为 N_S 的两模压缩真空态：

$$|\boldsymbol{\psi}(N_S)\rangle = \frac{1}{\sqrt{N_S+1}}\sum_{n=0}^{\infty}\left(\sqrt{\frac{N_S}{N_S+1}}\right)^n |n\rangle_{\mathrm{A}}|n\rangle_{\mathrm{B}} \tag{14.22}$$

由于 $N_B=0$，可以把 C 模式的输入写作 $\boldsymbol{\rho}_{\mathrm{C}}=|0\rangle\langle 0|$。为了给出更一般的结论，先设分束器 BS_1 的透过率为 T_1。经过 B－C′相互作用以后，A－B′－C″三个模式的量子态可以写作

$$\begin{aligned}\boldsymbol{\rho}_{\mathrm{AB'C''}} &= \boldsymbol{U}_{\mathrm{BC'}}(T_1)(|\boldsymbol{\psi}(N_S)\rangle\langle\boldsymbol{\psi}(N_S)|\otimes\boldsymbol{\rho}_{\mathrm{C}})\boldsymbol{U}_{\mathrm{BC'}}(T_1)^{\dagger} \\ &= \frac{1}{N_S+1}\sum_{n,m=0}^{\infty}\left(\sqrt{\frac{N_S}{N_S+1}}\right)^{n+m}|n\rangle_{\mathrm{A}}\langle m|\otimes\boldsymbol{U}_{\mathrm{BC'}}(T_1)(|n0\rangle\langle m0|)\boldsymbol{U}_{\mathrm{BC'}}(T)^{\dagger} \\ &= \frac{1}{N_S+1}\sum_{n,m=0}^{\infty}\left(\sqrt{\frac{N_S}{N_S+1}}\right)^{n+m}|n\rangle_{\mathrm{A}}\langle m|\otimes \\ &\qquad \sum_{k=0}^{n}\sum_{k'=0}^{m}\xi_{nk}(T_1)\xi_{m,k'}(T_1)|n-k,k\rangle_{\mathrm{B'C''}}\langle m-k',k'|\end{aligned} \tag{14.23}$$

式中，$\xi_{nk}(T_1)$ 由式（3.37）给出。

由于只有 A′C″两个模式才能被 CCD 探测器探测，所以把 B 模进行部分求迹即可得到 A′C″的量子态，即

$$\begin{aligned}\boldsymbol{\rho}_{\mathrm{A'C''}} &= \frac{1}{N_S+1}\sum_{n,m=0}^{\infty}\sum_{k=0}^{\infty}\sum_{k'=0}^{m}\xi_{nk}(T_1)\xi_{mk}(T_1)\cdot \\ &\qquad \left(\sqrt{\frac{N_S}{N_S+1}}\right)^{n+m}\mathrm{Tr}(|n-k\rangle_{\mathrm{B'}}\langle m-k'|)|n\rangle_{\mathrm{A'}}\langle m|\otimes|k\rangle_{\mathrm{C''}}\langle k'| \\ &= \frac{1}{N_S+1}\sum_{n,m=0}^{\infty}\sum_{k=0}^{\infty}\sum_{k'=0}^{m}\xi_{nk}(T_1)\xi_{mk}(T_1)\cdot \\ &\qquad \left(\sqrt{\frac{N_S}{N_S+1}}\right)^{n+m}\delta_{n-k,m-k'}|n\rangle_{\mathrm{A'}}\langle m|\otimes|k\rangle_{\mathrm{C''}}\langle k'|\end{aligned} \tag{14.24}$$

根据定理 14.2.1 和定理 14.2.2，只关心 $\boldsymbol{\rho}_{\mathrm{A'C''}}$ 的对角元，令 $n=m$，$k=k'$，定义矩阵

$$\boldsymbol{\rho}_{\mathrm{A'C''}}^{\mathrm{diag}} = \frac{1}{N_S+1}\sum_{n=0}^{\infty}\sum_{k=0}^{n}\left(\frac{N_S}{N_S+1}\right)^n\xi_{nk}^2|nk\rangle\langle nk| \tag{14.25}$$

$$= \frac{1}{N_S+1}\sum_{n=0}^{\infty}\sum_{k=0}^{n}\left(\frac{N_S}{N_S+1}\right)^n\binom{n}{k}T_1^{n-k}(1-T_1)^k|nk\rangle\langle nk| \tag{14.26}$$

由定理 14.2.1 知

$$\langle\hat{N}_1\hat{N}_2\rangle_Q = \mathrm{Tr}[(\hat{N}_1\hat{N}_2)\boldsymbol{\rho}_{\mathrm{A'C''}}] = \mathrm{Tr}[(\hat{N}_1\hat{N}_2)\boldsymbol{\rho}_{\mathrm{A'C''}}^{\mathrm{diag}}] \tag{14.27}$$

式中，用下标 Q 表示量子雷达的相关指标。

利用恒等式

$$\sum_{k=0}^{n}\binom{n}{k}x^k k = nx(1+x)^{n-1} \tag{14.28}$$

易得①

$$\langle\hat{N}_1\hat{N}_2\rangle_Q = (1-T_1)N_S(2N_S+1) \tag{14.29}$$

---

① 文献[33]中用 μ_{TW} 表示两模压缩真空态单个模式上的平均光子数，即 $\mu_{\mathrm{TW}}=N_S$，其中下标 TW 意为 “Twin field”（孪生场）。这是对晶体参量下转换产生的光场的另一种称呼。

根据定理 14.2.2 易知，$\boldsymbol{\rho}_{\mathrm{A'C''}}$的单个模式上的光子数分别为

$$\langle \hat{N}_1 \rangle_Q = N_S \tag{14.30}$$

$$\langle \hat{N}_2 \rangle_Q = (1 - T_1) N_S \tag{14.31}$$

于是，可以得出

$$\langle \delta_{\hat{N}_1} \delta_{\hat{N}_2} \rangle_Q = \langle \hat{N}_1 \hat{N}_2 \rangle - \langle \hat{N}_1 \rangle \langle \hat{N}_2 \rangle \tag{14.32}$$

$$= (1 - T_1) N_S (N_S + 1) \tag{14.33}$$

关于 $\langle (\delta_{\hat{N}_1})^2 \rangle$ 和 $\langle (\delta_{\hat{N}_2})^2 \rangle$，有如下结论：

$$\begin{aligned}\langle \hat{N}_1^2 \rangle_Q &= \frac{1}{N_S + 1} \sum_{n=0}^{\infty} \left(\frac{N_S}{N_S + 1} \right)^n n^2 \sum_{k=0}^{n} \xi_{nk}^2 \\ &= N_S (2N_S + 1)\end{aligned} \tag{14.34}$$

$$\begin{aligned}\langle \hat{N}_2^2 \rangle_Q &= \frac{1}{N_S + 1} \sum_{n=0}^{\infty} \left(\frac{N_S}{N_S + 1} \right)^n \sum_{k=0}^{n} \xi_{nk}^2 k^2 \\ &= (1 - T_1) N_S [2N_S (1 - T_1) + 1]\end{aligned} \tag{14.35}$$

于是，可以得出

$$\langle (\delta_{\hat{N}_1})^2 \rangle_Q = \langle \hat{N}_1^2 \rangle - \langle \hat{N}_1 \rangle^2 = N_S (N_S + 1) \tag{14.36}$$

$$\langle (\delta_{\hat{N}_2})^2 \rangle_Q = \langle \hat{N}_2^2 \rangle - \langle \hat{N}_2 \rangle^2 = (1 - T_1) N_S [1 + (1 - T_1) N_S] \tag{14.37}$$

由此，可以计算出在无噪条件下，柯西许瓦兹指标为

$$\epsilon_0^Q = \frac{N_S + 1}{N_S} \tag{14.38}$$

柯西许瓦兹指标随着两模压缩态的平均光子数 N_S 呈递减趋势。当 $N_S = 0.075$ 时，可以得到 $\epsilon_0^Q = 14.33$；当 $N_S = 0.111$ 时，可以得到 $\epsilon_0^Q = 10.009$。

值得说明的是，当平均光子数无限大，即

$$N_S \to \infty, \epsilon_0^Q \to 1 \tag{14.39}$$

时，该方案的量子优势逐渐失去，将与经典探测方案结果相同，详见式（14.55）。

14.2.1.2 基于热态的目标探测方案

图 14.1（b）给出了基于热态的目标探测方案。该方案也是通过用 CCD 阵列探测器对 A′－C″两个模式进行探测来实现的。但此时，A′C″的信号主要来自参量下转换产生的两个模式中的一个，即 A 模式。由于 B 模式未实际使用，由式（2.101）知道，A 模式的光处于一种热态中。为了使以下分析更具普适性，设此时参量下转换产生的量子态为 $|\boldsymbol{\psi}(N'_S)\rangle$。参数 N'_S 可以在后续讨论中再行设定。

下面分析图 14.1（b）中的柯西许瓦兹指标。

首先，参量下转换后，A 模式的量子态可以表示为

$$\boldsymbol{\rho}_{\mathrm{A}} = \frac{1}{N'_S + 1} \sum_{n=0}^{\infty} \left(\frac{N'_S}{N'_S + 1} \right)^n |n\rangle\langle n| \tag{14.40}$$

根据热态的定义（式（2.40）），这恰为平均光子数为 N'_S 的单模热态。

在无噪条件 $N_B = 0$ 下，可以设 D 模和 C 模均处于真空态，A 模量子态先后与 D 模和 C

模进行耦合，耦合所用分束器分别表示为 $\boldsymbol{U}_{\mathrm{AD}}(T_2)$ 和 $\boldsymbol{U}_{\mathrm{D'C'}}(T_1)$。可以得到如下量子态

$$\boldsymbol{\rho}_{\mathrm{A'D''C''}}=\boldsymbol{U}_{\mathrm{D'C'}}(T_1)\boldsymbol{U}_{\mathrm{AD}}(T_2)(\boldsymbol{\rho}_{\mathrm{A}}\otimes|0\rangle_{\mathrm{D}}\langle 0|\otimes|0\rangle_{\mathrm{C}}\langle 0|)\boldsymbol{U}_{\mathrm{AD}}(T_2)^{\dagger}\boldsymbol{U}_{\mathrm{D'C'}}(T_1)^{\dagger} \tag{14.41}$$

实验中，D″模式的量子态被耗散掉。它代表了 D″模的量子态被目标吸收或耗散到环境的物理过程。把 D″模式进行部分求迹，即得出最终到达探测器的两模量子态

$$\begin{aligned}\boldsymbol{\rho}_{\mathrm{A'C''}}&=\mathrm{Tr}_{\mathrm{D}}(\boldsymbol{\rho}_{\mathrm{A'D''C''}})\\&=\frac{1}{N'_S+1}\sum_{n=0}^{\infty}\left(\frac{N'_S}{N'_S+1}\right)^n\sum_{k,k'=0}^{n}\sum_{p=0}^{k}\sum_{p'=0}^{k'}\xi_{nk}(T_2)\xi_{nk'}(T_2)\xi_{kp}(T_1)\xi_{k'p'}(T_1)\times\\&\quad\ \delta_{k-p,k'-p'}|n-k\rangle\langle n-k'|\otimes|p\rangle\langle p'|\end{aligned} \tag{14.42}$$

根据定理 14.2.1，只需要找到 $\boldsymbol{\rho}_{\mathrm{A'C''}}$ 的对角元就可以在理论上预测测量结果。定义

$$\begin{aligned}\boldsymbol{\rho}_{\mathrm{A'C''}}^{\mathrm{diag}}=&\frac{1}{N'_S+1}\sum_{n=0}^{\infty}\left(\frac{N'_S}{N'_S+1}\right)^n\sum_{k=0}^{n}\sum_{p=0}^{k}\binom{n}{k}\binom{k}{p}T_2^{n-k}T_1^{k-p}(1-T_2)^k(1-T_1)^p\times\\&|n-k\rangle_{\mathrm{A'}}\langle n-k|\otimes|p\rangle_{\mathrm{C''}}\langle p|\end{aligned} \tag{14.43}$$

以及

$$\langle\hat{\boldsymbol{N}}_1\hat{\boldsymbol{N}}_2\rangle_{\mathrm{C}}=\mathrm{Tr}[(\hat{\boldsymbol{N}}_1\otimes\hat{\boldsymbol{N}}_2)\boldsymbol{\rho}_{\mathrm{A'C''}}^{\mathrm{diag}}]=2(1-T_1)(1-T_2)T_2N_S'^2 \tag{14.44}$$

为了与第 14.2.1.1 节中的基于量子纠缠的量子雷达的结果进行区分，在本小节中使用下标“C”表示经典（classical）雷达。

此外，在单个模式上的光子数测量值满足

$$\langle\hat{\boldsymbol{N}}_1\rangle_{\mathrm{C}}=\mathrm{Tr}[(\hat{\boldsymbol{N}}_1\otimes\boldsymbol{I})\boldsymbol{\rho}_{\mathrm{A'C''}}^{\mathrm{diag}}]=N'_ST_2 \tag{14.45}$$

$$\langle\hat{\boldsymbol{N}}_1^2\rangle_{\mathrm{C}}=\mathrm{Tr}[(\hat{\boldsymbol{N}}_1^2\otimes\boldsymbol{I})\boldsymbol{\rho}_{\mathrm{A'C''}}^{\mathrm{diag}}]=N'_ST_2+2N_S'^2T_2^2 \tag{14.46}$$

$$\langle\hat{\boldsymbol{N}}_2\rangle_{\mathrm{C}}=\mathrm{Tr}[(\boldsymbol{I}\otimes\hat{\boldsymbol{N}}_2)\boldsymbol{\rho}_{\mathrm{A'C''}}^{\mathrm{diag}}]=N'_S(1-T_1)(1-T_2) \tag{14.47}$$

$$\begin{aligned}\langle\hat{\boldsymbol{N}}_2^2\rangle_{\mathrm{C}}&=\mathrm{Tr}[(\boldsymbol{I}\otimes\hat{\boldsymbol{N}}_2^2)\boldsymbol{\rho}_{\mathrm{A'C''}}^{\mathrm{diag}}]\\&=N'_S(1-T_1)(1-T_2)+2N_S'^2(1-T_1)^2(1-T_2)^2\end{aligned} \tag{14.48}$$

经过化简，可以得出

$$\langle:\delta\hat{\boldsymbol{N}}_1\delta\hat{\boldsymbol{N}}_2:\rangle_{\mathrm{C}}=\langle\delta\hat{\boldsymbol{N}}_1\delta\hat{\boldsymbol{N}}_2\rangle_{\mathrm{C}} \tag{14.49}$$

$$=N_S'^2T_2(1-T_1)(1-T_2) \tag{14.50}$$

$$\langle\delta^2\hat{\boldsymbol{N}}_1\rangle_{\mathrm{C}}=N'_ST_2+N_S'^2T_2^2 \tag{14.51}$$

$$\langle\delta^2\hat{\boldsymbol{N}}_2\rangle_{\mathrm{C}}=N'_S(1-T_1)(1-T_2)+N_S'^2(1-T_1)^2(1-T_2)^2 \tag{14.52}$$

$$\langle:\delta^2\hat{\boldsymbol{N}}_1:\rangle_{\mathrm{C}}=N_S'^2T_2^2 \tag{14.53}$$

$$\langle:\delta^2\hat{\boldsymbol{N}}_2:\rangle_{\mathrm{C}}=N_S'^2(1-T_1)^2(1-T_2)^2 \tag{14.54}$$

由此，可以计算出，在无噪条件下，柯西许瓦兹指标为

$$\epsilon_0^{\mathrm{C}}=\frac{\langle:\delta\hat{\boldsymbol{N}}_1\delta\hat{\boldsymbol{N}}_2:\rangle_{\mathrm{C}}}{\sqrt{\langle:\delta^2\hat{\boldsymbol{N}}_1:\rangle_{\mathrm{C}}\langle:\delta^2\hat{\boldsymbol{N}}_2:\rangle_{\mathrm{C}}}}=1 \tag{14.55}$$

特别说明的是，无噪条件下这个指标始终为 1，与 T_1，T_2 及 N'_S 的取值均无关。

至此，可以发现，在柯西许瓦兹指标上，经典雷达与量子雷达有很大的不同。

14.2.2 有噪情况 $N_B>0$

本节将考察更加实际的目标探测。一方面，假设环境噪声水平 $N_B>0$；另一方面，需要考虑非理想探测效率。设 CCD 阵列对于模式 A′和 C″的效率分别为 η_1，η_2。

根据第 11.1.1 节相关理论，可以用透过率分别为 η_1，η_2 的光学分束器（BS_3，BS_4）来模拟探测效率的非理想性[159]。图 14.2 中 E－F 模为真空态。光学分束器（BS_3，BS_4）的输出端口 E′－F′所对应的量子态耗散到了环境中。

先分析量子目标探测的问题。

14.2.2.1 基于量子纠缠的量子雷达方案

由于方案中牵涉到多个模式量子态的作用，光子数空间方法将十分复杂，将从相空间的角度进行分析。$\boldsymbol{S}_{k,l}(T)$ 表示作用在 k，l 两个模式上的透过率为 T 的光学分束器所对应的辛变换。由于在图 14.2（a）和（b）的方案中，量子态的一阶矩为零，只需要考察量子态的协方差矩阵的演化即可。

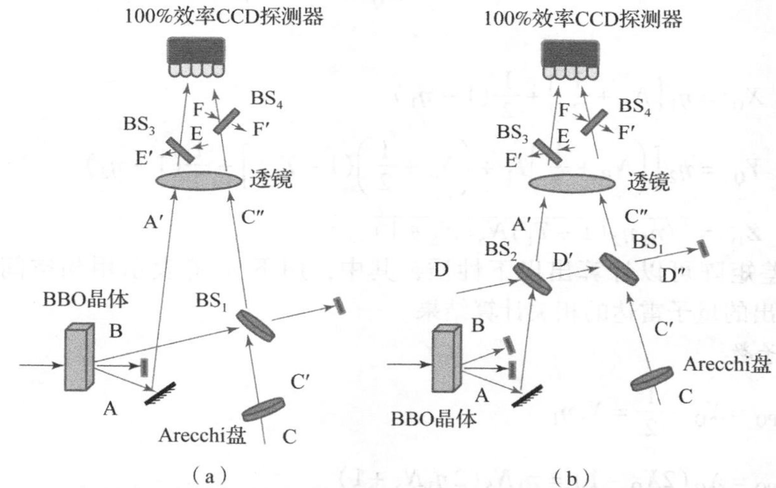

图 14.2　具有非理想探测效率的 CCD 阵列的目标探测原理图。
E，F 初始为真空态，分束器 BS_3，BS_4 的透过率分别为 η_1，η_2
（a）基于参量下转换光源的目标探测；（b）基于热态的目标探测

首先，A－B 两模的量子态是由参量下转换产生的两模压缩真空态 $|\boldsymbol{\psi}(N_S)\rangle$，C 模式上的态为热态。由于这都是一阶矩为零的高斯态，可以仅研究其协方差矩阵的演化即可。经过光学分束器 BS_1 后，三模高斯态 A－B－C 的协方差矩阵为

$$\boldsymbol{V}'_{\mathrm{ABC}}=\boldsymbol{S}_{\mathrm{AC}}(T_1)[\boldsymbol{V}_{\mathrm{AB}}(N_S)\oplus\boldsymbol{V}(N_B)]\boldsymbol{S}_{\mathrm{AC}}(T_1)^{\mathrm{T}} \tag{14.56}$$

式中，$\boldsymbol{V}_{\mathrm{AB}}(N_S)=\boldsymbol{V}_{\mathrm{TMSS}}(N_S)$①。

其次，B 模的量子态被环境所耗散，剩余 A′－C″两模量子态的协方差矩阵为

$$\boldsymbol{V}_{\mathrm{A'C''}}=[\boldsymbol{V}'_{\mathrm{ABC}}]_{1-2-5-6} \tag{14.57}$$

式中，$[\boldsymbol{O}]_{1-2-5-6}$表示矩阵 $\boldsymbol{O}$ 的第 1－2－5－6 行和第 1－2－5－6 列组成的子矩阵。

① V_{TMSS}的定义见式（7.36），$\boldsymbol{V}(N_B)$由式（7.168）给出。

再次，考察实际具有非理想探测效率的 CCD 阵列探测器。A′C″两个模式的量子态首先通过透过率分别为 η_1，η_2 的光学分束器，而后再由 100% 效率的 CCD 阵列探测器进行探测。A′－C″模与 E－F 模之间的耦合可以表示为

$$V_{\mathrm{A'C''EF}} = S_{\mathrm{A'E}}(\eta_1) S_{\mathrm{C''F}}(\eta_2) \left(V_{\mathrm{A'C''}} \oplus \frac{1}{2} I_{\mathrm{EF}} \right) S_{\mathrm{C''F}}(\eta_2)^{\mathrm{T}} S_{\mathrm{A'E}}(\eta_1)^{\mathrm{T}} \tag{14.58}$$

经过耦合后，E′－F′两个模式被耗散到环境中。于是，实际进入 CCD 阵列探测器量子态的协方差矩阵为

$$V_{\mathrm{A'C''}}^{\mathrm{Q}} = {}^{4\times4}[V_{\mathrm{A'C''EF}}] \tag{14.59}$$

式中，${}^{4\times4}[O]$ 表示矩阵 O 的左上 4×4 矩阵，上标 Q 表示是量子雷达方案（图 14.2（a））。

经过计算，可以得出两模高斯态 A′C″的协方差矩阵

$$V_{\mathrm{A'C''}}^{\mathrm{Q}} = \begin{pmatrix} X_{\mathrm{Q}} & & Z_{\mathrm{Q}} & \\ & X_{\mathrm{Q}} & & -Z_{\mathrm{Q}} \\ Z_{\mathrm{Q}} & & Y_{\mathrm{Q}} & \\ & -Z_{\mathrm{Q}} & & Y_{\mathrm{Q}} \end{pmatrix} \tag{14.60}$$

式中

$$X_{\mathrm{Q}} = \eta_1 \left(N_S + \frac{1}{2} \right) + \frac{1}{2}(1 - \eta_1) \tag{14.61}$$

$$Y_{\mathrm{Q}} = \eta_2 \left[\left(N_B + \frac{1}{2} \right) T_1 + \left(N_S + \frac{1}{2} \right)(1 - T_1) \right] + \frac{1}{2}(1 - \eta_2) \tag{14.62}$$

$$Z_{\mathrm{Q}} = \sqrt{\eta_1 \eta_2 (1 - T_1) N_S (N_S + 1)} \tag{14.63}$$

根据协方差矩阵可以计算出以下性质，其中，用下标PQ表示用相空间方法（Phase Space）方法给出的量子雷达的相关计算结果。

1. 平均光子数

$$\langle \hat{N}_1 \rangle_{\mathrm{PQ}} = X_{\mathrm{Q}} - \frac{1}{2} = N_S \eta_1 \tag{14.64}$$

$$\langle \hat{N}_1^2 \rangle_{\mathrm{PQ}} = X_{\mathrm{Q}}(2X_{\mathrm{Q}} - 1) = \eta_1 N_S (2\eta_1 N_S + 1) \tag{14.65}$$

$$\langle \hat{N}_2 \rangle_{\mathrm{PQ}} = Y_{\mathrm{Q}} - \frac{1}{2} = \eta_2 N_S (1 - T_1) + \eta_2 N_B T_1 \tag{14.66}$$

$$\begin{aligned} \langle \hat{N}_2^2 \rangle_{\mathrm{PQ}} &= Y_{\mathrm{Q}}(2Y_{\mathrm{Q}} - 1) \\ &= \eta_2 [N_S(1 - T_1) + N_B T_1][2N_S \eta_2 (1 - T_1) + 2N_B T_1 \eta_2 + 1] \end{aligned} \tag{14.67}$$

$$\langle (\hat{\delta}_{\hat{N}_1})^2 \rangle_{\mathrm{PQ}} = X_{\mathrm{Q}}^2 - \frac{1}{4} = \eta_1 N_S (\eta_1 N_S + 1) \tag{14.68}$$

$$\begin{aligned} \langle (\hat{\delta}_{\hat{N}_2})^2 \rangle_{\mathrm{PQ}} &= Y_{\mathrm{Q}}^2 - \frac{1}{4} \\ &= \eta_2 [N_S(1 - T_1) + N_B T_1][N_S(1 - T_1)\eta_2 + N_B T_1 \eta_2 + 1] \end{aligned} \tag{14.69}$$

2. 光子数关联

$$\langle \hat{N}_1 \hat{N}_2 \rangle_{\mathrm{PQ}} = X_{\mathrm{Q}} Y_{\mathrm{Q}} + Z_{\mathrm{Q}}^2 - \frac{X_{\mathrm{Q}} + Y_{\mathrm{Q}}}{2} + \frac{1}{4} \tag{14.70}$$

$$= \eta_1 \eta_2 N_S [1 + 2N_S(1 - T_1) + T_1(N_B - 1)] \tag{14.71}$$

3. 柯西许瓦兹指标

$$\epsilon_{N_B}^{Q}=\frac{(N_S+1)(1-T_1)}{N_S(1-T_1)+N_BT_1} \tag{14.72}$$

特别地，当 $N_B=0$，有

$$\epsilon_{N_B=0}^{Q}=\frac{(N_S+1)}{N_S}=\epsilon_0^{Q} \tag{14.73}$$

与式（14.38）结果一致。

14.2.2.2　基于热态的目标探测方案

参量下转换产生的 A－B 两模量子态是参数为 N'_S 的两模压缩真空态。由于 B 模式不参与后续的目标探测，只需考虑 A 模式的量子态即可。由于 A 模式为一个热态，协方差矩阵可以写作

$$\boldsymbol{V}_{\mathrm{A}}=\begin{pmatrix} N'_S+\frac{1}{2} & 0 \\ 0 & N'_S+\frac{1}{2} \end{pmatrix}=\left(N'_S+\frac{1}{2}\right)\boldsymbol{I}_2 \tag{14.74}$$

C′和 D 两个模式的输入分别为平均光子数为 N_B 的热态和真空态。于是，图 14.2（b）三个模式 AC′D 的输入态是协方差矩阵为

$$\boldsymbol{V}_{\mathrm{AC'D}}=\left(N'_S+\frac{1}{2}\right)\boldsymbol{I}_2\oplus\left(N_B+\frac{1}{2}\right)\boldsymbol{I}_2\oplus\frac{\boldsymbol{I}_2}{2} \tag{14.75}$$

的高斯态。

下面分析三个模式 AC′D 的高斯态在光学分束器上的演化。首先，光学分束器 BS_2 实现的是 AD′之间的耦合，作用之后，输出态的协方差矩阵为

$$\boldsymbol{V}_{\mathrm{A'C'D'}}=\boldsymbol{S}_{\mathrm{AD'}}(T_2)\boldsymbol{V}_{\mathrm{AC'D}}\boldsymbol{S}_{\mathrm{BD'}}(T_2)^{\mathrm{T}} \tag{14.76}$$

这里需要强调一下此时 D′的协方差矩阵。它是 $\boldsymbol{V}_{\mathrm{AC'D'}}$ 的第 5～6 行和第 5～6 列所组成的子矩阵，即

$$\boldsymbol{V}_{\mathrm{D'}}=\left[N'_S(1-T_2)+\frac{1}{2}\right]\boldsymbol{I}_2 \tag{14.77}$$

从这个协方差矩阵可以给出，D′模式上的平均光子数为

$$N_{\mathrm{D'}}=N'_S(1-T_2) \tag{14.78}$$

其次，C′D′在光学分束器 BS_1 上进行耦合，耦合之后协方差矩阵为

$$\boldsymbol{V}_{\mathrm{A'C''D''}}=\boldsymbol{S}_{\mathrm{C'D'}}(T_1)\boldsymbol{V}_{\mathrm{A'C'D'}}\boldsymbol{S}_{\mathrm{C'D'}}(T_1)^{\mathrm{T}} \tag{14.79}$$

紧接着，A′C″与 E－F 两个模式上的真空态作用，协方差矩阵演化为

$$\boldsymbol{V}_{\mathrm{A'C''D''EF}}=\boldsymbol{S}_{\mathrm{A'E}}(\eta_1)\boldsymbol{S}_{\mathrm{C''F}}(\eta_2)\left(\boldsymbol{V}_{\mathrm{A'C''D''}}\oplus\frac{1}{2}\boldsymbol{I}_{\mathrm{EF}}\right)\boldsymbol{S}_{\mathrm{C''F}}(\eta_2)^{\mathrm{T}}\boldsymbol{S}_{\mathrm{A'E}}(\eta_1)^{\mathrm{T}} \tag{14.80}$$

由于 D″E′F′被耗散到了环境中，A′－C″两模量子态的协方差矩阵可以表示为

$$\boldsymbol{V}_{\mathrm{A'C''}}^{\mathrm{C}}={}^{4\times4}[\boldsymbol{V}_{\mathrm{A'C''D''EF}}] \tag{14.81}$$

即 $\boldsymbol{V}_{\mathrm{A'C''D''EF}}$ 的第 1～4 行、1～4 列组成的子矩阵。

经过计算，可以得出两模高斯态 A′－C″的协方差矩阵

$$V_{\mathrm{A'C''}}^{\mathrm{C}}=\begin{pmatrix} X_{\mathrm{C}} & & Z_{\mathrm{C}} & \\ & X_{\mathrm{C}} & & Z_{\mathrm{C}} \\ Z_{\mathrm{C}} & & Y_{\mathrm{C}} & \\ & Z_{\mathrm{C}} & & Y_{\mathrm{C}} \end{pmatrix} \tag{14.82}$$

式中

$$X_{\mathrm{C}}=\eta_1 N_S' T_2+\frac{1}{2} \tag{14.83}$$

$$Y_{\mathrm{C}}=N_B T_1 \eta_2+N_S'(1-T_1)(1-T_2)\eta_2+\frac{1}{2} \tag{14.84}$$

$$Z_{\mathrm{C}}=-N_S'\sqrt{\eta_1\eta_2(1-T_1)(1-T_2)T_2} \tag{14.85}$$

由此可以计算出：

1. 平均光子数

$$\langle \hat{N}_1 \rangle_{\mathrm{PC}}=X_{\mathrm{C}}-\frac{1}{2} \tag{14.86}$$

$$\langle \hat{N}_1^2 \rangle_{\mathrm{PC}}=X_{\mathrm{C}}(2X_{\mathrm{C}}-1) \tag{14.87}$$

$$\langle \hat{N}_2 \rangle_{\mathrm{PC}}=Y_{\mathrm{C}}-\frac{1}{2} \tag{14.88}$$

$$\langle \hat{N}_2^2 \rangle_{\mathrm{PC}}=Y_{\mathrm{C}}(2Y_{\mathrm{C}}-1) \tag{14.89}$$

$$\langle (\hat{\delta}_{\hat{N}_1})^2 \rangle_{\mathrm{PC}}=X_{\mathrm{C}}^2-\frac{1}{4} \tag{14.90}$$

$$\langle (\hat{\delta}_{\hat{N}_2})^2 \rangle_{\mathrm{PC}}=Y_{\mathrm{C}}^2-\frac{1}{4} \tag{14.91}$$

其中，下标 PC 表示采用相空间方法计算的基于热态的传统目标探测。

2. 光子数关联

$$\langle \hat{N}_1\hat{N}_2 \rangle_{\mathrm{PC}}=\eta_1\eta_2 N_S' T_2[N_B T_1+2N_S'(1-T_1)(1-T_2)] \tag{14.92}$$

3. 柯西许瓦兹指标

$$\epsilon_{N_B}^{\mathrm{C}}=\frac{N_S'(1-T_1)(1-T_2)}{N_B T_1+N_S'(1-T_1)(1-T_2)} \tag{14.93}$$

当 $N_B=0$ 时，$\epsilon_{N_B=0}^{\mathrm{C}}=1$，恰与式（14.55）一致。

为了将量子雷达与传统雷达的柯西许瓦兹指标进行比较，需要统一目标探测所用的信号强度。在图 14.2（a）中，直接入射到目标（分束器 BS_1）上的量子光场（B 模式）光子数平均水平为 N_S。在图 14.2（b）中，直接入射到目标（分束器 BS_1）上的量子光场（D′模式）光子数平均水平为式（14.78）的 $N_{\mathrm{D'}}$。为此，令二者相等，即要求

$$N_S'=\frac{N_S}{1-T_2} \tag{14.94}$$

于是，将式（14.94）代入式（14.93），可以得到

$$\epsilon_{N_B}^{\mathrm{C}}=\frac{N_S(1-T_1)}{N_S(1-T_1)+N_B T_1} \tag{14.95}$$

为了更清晰地进行比较，代入光学分束器与目标反射率的关系

$$T_1 = 1 - \kappa \tag{14.96}$$

将柯西许瓦兹指标归纳在表 14.1 中。

表 14.1　量子雷达与传统雷达的柯西许瓦兹指标比较

指标比较	传统雷达	量子雷达
$N_B = 0$	$\epsilon_0^{C} = 1$	$\epsilon_0^{Q} = \dfrac{N_S + 1}{N_S}$
$N_B > 0$	$\epsilon_{N_B}^{C} = \dfrac{N_S\kappa}{N_S\kappa + N_B(1-\kappa)}$	$\epsilon_{N_B}^{Q} = \dfrac{(N_S+1)\kappa}{N_S\kappa + N_B(1-\kappa)}$

柯西许瓦兹指标随着 N_B 迅速减小。我们知道，当 $N_B = 0$ 时，$\epsilon_0^{Q} = 1 + \dfrac{1}{N_S}$，这在 $N_S \ll 1$ 时是无限大。但是随着 N_B 的增加，当

$$N_B > \frac{\kappa}{1-\kappa} \tag{14.97}$$

时，有

$$\epsilon_{N_B}^{Q} < 1 \tag{14.98}$$

相比之下，对于任意的 κ，N_B，总是有

$$\epsilon_{N_B}^{C} \leqslant 1 \tag{14.99}$$

在文献［35］中，$\epsilon_0 \leqslant 1$ 的区域被称为“经典区域”。

此外，不难发现

$$\epsilon_0^{C} - \epsilon_0^{Q} = -\frac{\kappa}{N_S\kappa + N_B(1-\kappa)} < 0 \tag{14.100}$$

因此，采用热态的传统雷达所给出的柯西许瓦兹指标总是小于量子雷达所给出的柯西许瓦兹指标。在图 14.3 中比较了 $N_S = 0.075$ 时不同热噪声 N_B 时的柯西许瓦兹指标 $\epsilon_{N_B}^{Q}$ 和 $\epsilon_{N_B}^{C}$。在图 14.3（a）中，只有在 $N_B > 1$ 时才有 $\epsilon_{N_B}^{Q} < 1$；而在图 14.3（b）中，只有在 $N_B > 9$ 时，才有 $\epsilon_{N_B}^{Q} < 1$。当 $N_B \gg 1$ 时，ϵ_0^{C} 和 ϵ_0^{Q} 均以 $1/N_B$ 的速度下降，最终二者都小于 1。

14.3　目标推测规则及误判概率

从柯西许瓦兹指标可以看出，量子雷达与传统雷达有许多不同。但是，从性能指标上看，人们更加容易接受从信噪比或误判概率的角度来分析量子雷达的实际性能。这就是本节着重讨论的内容。

兼顾到实验的易操作性，文献[33]采用了关联超级像素对（correlated pixels）所测结果的统计平均的办法来获取目标信息。

具体地，定义可观测量

$$\hat{\boldsymbol{\Delta}} = \frac{1}{\mathscr{K}}\sum_{k=1}^{\mathscr{K}} \hat{N}_1^{(k)}\hat{N}_2^{(k)} - \frac{1}{\mathscr{K}^2}\sum_{j=1}^{\mathscr{K}}\sum_{l=1}^{\mathscr{K}} \hat{N}_1^{(j)}\hat{N}_2^{(l)} \tag{14.101}$$

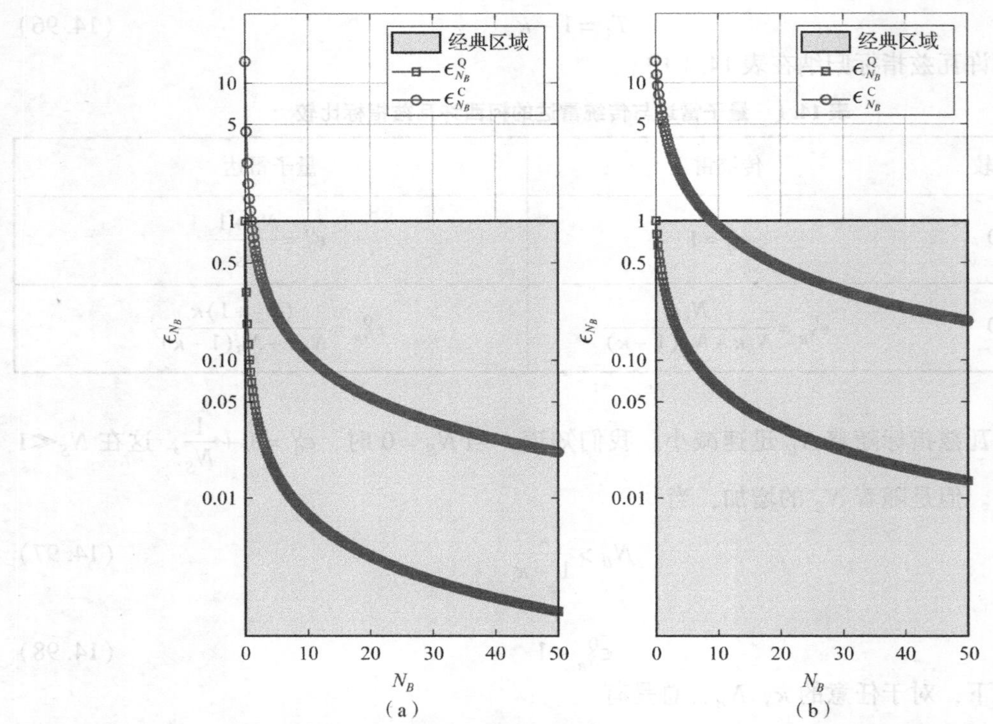

图 14.3　不同 N_B 时的柯西许瓦兹指标 $\epsilon_{N_B}^{Q}$ 和 $\epsilon_{N_B}^{C}$（其中 $N_S=0.075$）

(a) $\kappa=0.5$；(b) $\kappa=0.9$

其中，$\mathscr{K}=80$ 为所关心的关联超级像素对的对数。这里需要对关联超级像素对作说明：

(1) 由于光束的展宽，在探测平面上，光束会形成一个较大的光斑，而光斑的直径将远远大于 CCD 平面上物理像素的大小，也即是说在 CCD 平面上，多个物理像素将作为一组，文献［33］将这个“组”称为超级像素。换句话说，一个超级像素是由多个 CCD 上物理像素组成的。图 14.4 给出了一个超级像素由四个物理像素组成的示意图。然而在实际上，采用的超级像素由几百个像素组成。

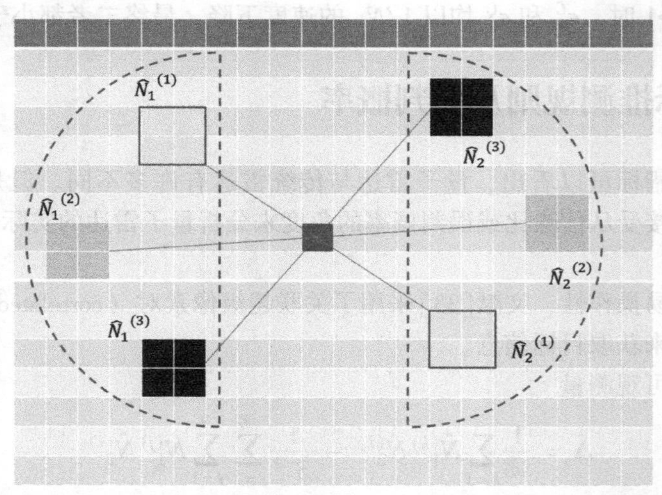

图 14.4　三对关联像素对在探测平面上的空间分布（$k=1,2,3$）

（2）一个超级像素的探测结果由 CCD 探测器收集 A′或 C″模式上的光子所形成，而在基于量子纠缠的量子雷达中，A′和 C″模式存在着光子数关联，因此，A′和 C″模式对应的超级像素形成了关联超级像素对。

（3）在实验中，由于纠缠对 A－B 产生的位置在空间上的不确定性，实验中对不同位置收到的超级像素对的结果进行了统计平均，在该实验中，采用了对 $\mathscr{K}=80$ 对超级像素对的结果进行了统计平均。对于每一个给定的 $k(1\leqslant k\leqslant\mathscr{K})$，$\hat{\boldsymbol{N}}_1^{(k)}$ 对应着第 k 对中 A′模式的光子数，而 $\hat{\boldsymbol{N}}_2^{(k)}$ 对应着第 k 对中 C″模式的光子数。

可观测量 $\hat{\boldsymbol{\Delta}}$ 的实验测量均值($\langle\hat{\boldsymbol{\Delta}}\rangle$) 和实验不确定度($\langle\hat{\delta}_{\hat{\boldsymbol{\Delta}}}^2\rangle$) 是推测目标信息的关键。首先，先给出一般结论，然后，再对量子雷达和基于热态的传统雷达分别进行计算。设 A′－C″的量子态为 $\boldsymbol{\rho}_{\mathrm{A'C''}}$，根据定义

$$\begin{aligned}\langle\hat{\boldsymbol{\Delta}}\rangle &= \mathrm{Tr}(\hat{\boldsymbol{\Delta}}\boldsymbol{\rho}_{\mathrm{A'C''}})\\ &= \frac{1}{\mathscr{K}}(\mathscr{K}\langle\hat{\boldsymbol{N}}_1\hat{\boldsymbol{N}}_2\rangle)-\frac{1}{\mathscr{K}^2}\left(\sum_{j=1}^{\mathscr{K}}\langle\hat{\boldsymbol{N}}_1^{(j)}\hat{\boldsymbol{N}}_2^{(j)}\rangle+\sum_{j=1}^{\mathscr{K}}\sum_{l=1,l\neq j}^{\mathscr{K}}\langle\hat{\boldsymbol{N}}_1^{(j)}\rangle\langle\hat{\boldsymbol{N}}_2^{(l)}\rangle\right)\\ &= \left(1-\frac{1}{\mathscr{K}}\right)(\langle\hat{\boldsymbol{N}}_1\hat{\boldsymbol{N}}_2\rangle-\langle\hat{\boldsymbol{N}}_1\rangle\langle\hat{\boldsymbol{N}}_2\rangle)\end{aligned}\tag{14.102}$$

式中，利用了以下两个重要结论：

（1）不是同一对的超级像素对的测量结果无关联。即当 $j\neq l$ 时，$\langle\hat{\boldsymbol{N}}_1^{(j)}\hat{\boldsymbol{N}}_2^{(l)}\rangle=\langle\hat{\boldsymbol{N}}_1^{(j)}\rangle\langle\hat{\boldsymbol{N}}_2^{(l)}\rangle$。

（2）不同对超级像素的测量结果均来自相同的量子态，因此，不同超级像素对的测量结果将服从相同的分布。即

$$\langle\hat{\boldsymbol{N}}_1^{(1)}\hat{\boldsymbol{N}}_2^{(1)}\rangle=\langle\hat{\boldsymbol{N}}_1^{(2)}\hat{\boldsymbol{N}}_2^{(2)}\rangle=\cdots=\langle\hat{\boldsymbol{N}}_1\hat{\boldsymbol{N}}_2\rangle\tag{14.103}$$

式中

$$\langle\hat{\boldsymbol{N}}_1\hat{\boldsymbol{N}}_2\rangle=\mathrm{Tr}(\hat{\boldsymbol{N}}_1\hat{\boldsymbol{N}}_2\boldsymbol{\rho}_{\mathrm{A'C''}})\tag{14.104}$$

可观测量的方差为

$$\langle\hat{\delta}_{\hat{\boldsymbol{\Delta}}}^2\rangle=\langle\hat{\boldsymbol{\Delta}}^2\rangle-\langle\hat{\boldsymbol{\Delta}}\rangle^2\tag{14.105}$$

式中

$$\hat{\boldsymbol{\Delta}}^2=\hat{\boldsymbol{P}}_1+\hat{\boldsymbol{P}}_2+\hat{\boldsymbol{P}}_3+\hat{\boldsymbol{P}}_4\tag{14.106}$$

经过计算①

$$\begin{aligned}\langle\hat{\boldsymbol{\Delta}}^2\rangle &= \mathrm{Tr}(\hat{\boldsymbol{\Delta}}^2\boldsymbol{\rho}_{\mathrm{A'C''}})=\sum_{i=1}^{4}\langle\hat{\boldsymbol{P}}_i\rangle\\ &= c_1\langle\hat{\boldsymbol{N}}_1^2\hat{\boldsymbol{N}}_2^2\rangle+c_2\langle\hat{\boldsymbol{N}}_1\hat{\boldsymbol{N}}_2^2\rangle\langle\hat{\boldsymbol{N}}_1\rangle+c_3\langle\hat{\boldsymbol{N}}_1^2\hat{\boldsymbol{N}}_2\rangle\langle\hat{\boldsymbol{N}}_2\rangle+c_4\langle\hat{\boldsymbol{N}}_1\hat{\boldsymbol{N}}_2\rangle^2+\\ &\quad c_5\langle\hat{\boldsymbol{N}}_1\hat{\boldsymbol{N}}_2\rangle\langle\hat{\boldsymbol{N}}_1\rangle\langle\hat{\boldsymbol{N}}_2\rangle+c_6\langle\hat{\boldsymbol{N}}_1^2\rangle\langle\hat{\boldsymbol{N}}_2\rangle^2+c_7\langle\hat{\boldsymbol{N}}_1\rangle^2\langle\hat{\boldsymbol{N}}_2^2\rangle+c_8\langle\hat{\boldsymbol{N}}_1\rangle^2\langle\hat{\boldsymbol{N}}_2\rangle^2\end{aligned}\tag{14.107}$$

式中

$$c_1=\frac{(\mathscr{K}-1)^2}{\mathscr{K}^3}\tag{14.108}$$

① 详细计算过程请参考 A.10。

$$c_2 = c_3 = -\frac{2(\mathscr{K}-1)^2}{\mathscr{K}^3} \tag{14.109}$$

$$c_4 = \frac{(\mathscr{K}-1)[\mathscr{K}^2-2\mathscr{K}+2]}{\mathscr{K}^3} \tag{14.110}$$

$$c_5 = -\frac{2(\mathscr{K}-1)(\mathscr{K}-2)^2}{\mathscr{K}^3} \tag{14.111}$$

$$c_6 = c_7 = \frac{(\mathscr{K}-1)(\mathscr{K}-2)}{\mathscr{K}^3} \tag{14.112}$$

$$c_8 = \frac{(\mathscr{K}-1)(\mathscr{K}^2-5\mathscr{K}+7)}{\mathscr{K}^3} \tag{14.113}$$

$$\langle\hat{\delta}_{\hat{\mathbf{\Delta}}}^2\rangle = d_1\langle\hat{N}_1^2\hat{N}_2^2\rangle + d_2\langle\hat{N}_1\hat{N}_2^2\rangle\langle\hat{N}_1\rangle + d_3\langle\hat{N}_1^2\hat{N}_2\rangle\langle\hat{N}_2\rangle + d_4\langle\hat{N}_1\hat{N}_2\rangle^2 + d_5\langle\hat{N}_1\hat{N}_2\rangle\langle\hat{N}_1\rangle\langle\hat{N}_2\rangle + d_6\langle\hat{N}_1^2\rangle\langle\hat{N}_2\rangle^2 + d_7\langle\hat{N}_1\rangle^2\langle\hat{N}_2^2\rangle + d_8\langle\hat{N}_1\rangle^2\langle\hat{N}_2\rangle^2 \tag{14.114}$$

式中

$$d_1 = \frac{(\mathscr{K}-1)^2}{\mathscr{K}^3} \tag{14.115}$$

$$d_2 = d_3 = -\frac{2(\mathscr{K}-1)^2}{\mathscr{K}^3} \tag{14.116}$$

$$d_4 = -\frac{(\mathscr{K}-1)(\mathscr{K}-2)}{\mathscr{K}^3} \tag{14.117}$$

$$d_5 = \frac{(\mathscr{K}-1)(6\mathscr{K}-8)}{\mathscr{K}^3} \tag{14.118}$$

$$d_6 = d_7 = \frac{(\mathscr{K}-1)(\mathscr{K}-2)}{\mathscr{K}^3} \tag{14.119}$$

$$d_8 = -\frac{(\mathscr{K}-1)(4\mathscr{K}-7)}{\mathscr{K}^3} \tag{14.120}$$

因此，只要计算出 A′C″两模量子态上观测到的$\langle\hat{N}_1^2\hat{N}_2^2\rangle$,$\langle\hat{N}_1\hat{N}_2^2\rangle$,$\langle\hat{N}_1^2\hat{N}_2\rangle$,$\langle\hat{N}_1\hat{N}_2\rangle$,$\langle\hat{N}_1^2\rangle$,$\langle\hat{N}_2^2\rangle$,$\langle\hat{N}_1\rangle$,$\langle\hat{N}_2\rangle$，就可以完成可观测量的实验测量均值（$\langle\hat{\mathbf{\Delta}}\rangle$）和实验不确定度（$\langle\hat{\delta}_{\hat{\mathbf{\Delta}}}^2\rangle$）的计算。需要说明的是，$\langle\hat{N}_1^2\hat{N}_2^2\rangle$,$\langle\hat{N}_1\hat{N}_2^2\rangle$,$\langle\hat{N}_1^2\hat{N}_2\rangle$都是关于粒子数的三次和四次项，需要利用光子数空间的密度矩阵完成其计算。由于量子雷达和传统雷达中$\boldsymbol{\rho}_{A'C''}$分别具有不同的形式，以下分别讨论之。

14.3.1 量子雷达

由式（14.60）知，在量子雷达中，最终到达 CCD 探测器的 A′C″的协方差矩阵的形式为

$$\begin{pmatrix} a & & c & \\ & a & & -c \\ c & & b & \\ & -c & & b \end{pmatrix} \tag{14.121}$$

可以利用第 7.6.2 节中的计算方法，完成其在光子数空间中密度矩阵的计算。特别地，对于式（14.121）所示的$(a,b,c,-c)$型的两模高斯态，其密度矩阵具有部分转置后分块对角的形式，在附录 A.11 中给出了其具体表达式。

然后，利用密度矩阵的对角元，就可以轻松地完成相应的计算①

$$\langle \hat{N}_1^2\hat{N}_2^2\rangle = \sum_{k_1=0}^{\infty}\sum_{k_2=0}^{\infty}(\boldsymbol{\rho}_{\mathrm{A'C''}})_{k_1,k_2,k_1,k_2}(k_1^2k_2^2) \tag{14.122}$$

$$\langle \hat{N}_1\hat{N}_2^2\rangle = \sum_{k_1=0}^{\infty}\sum_{k_2=0}^{\infty}(\boldsymbol{\rho}_{\mathrm{A'C''}})_{k_1,k_2,k_1,k_2}(k_1k_2^2) \tag{14.123}$$

$$\langle \hat{N}_1^2\hat{N}_2\rangle = \sum_{k_1=0}^{\infty}\sum_{k_2=0}^{\infty}(\boldsymbol{\rho}_{\mathrm{A'C''}})_{k_1,k_2,k_1,k_2}(k_1^2k_2) \tag{14.124}$$

由此，可以完成可观测量 $\hat{\boldsymbol{\Delta}}$ 的方差 $\langle\hat{\delta}_{\hat{\boldsymbol{\Delta}}}^2\rangle$ 的计算。

作为一个例子，数值仿真一下不同反射率 κ_t 条件下可观测量 $\hat{\boldsymbol{\Delta}}$ 的均值和方差。考虑采用 $N_S=0.075$ 的两模压缩真空态，CCD 探测器对于 A′，C″的探测效率均为 η_1，η_2，分束器 BS_2 的透过效率为 $T_2=0.3$。环境噪声水平为 $N_B=3.0$，光子有效截断取 $D=55$。图 14.5（a）给出了$\langle\hat{N}_1^2\hat{N}_2\rangle$，$\langle\hat{N}_1\hat{N}_2^2\rangle$，$\langle\hat{N}_1^2\hat{N}_2^2\rangle$随 κ_t 的变化关系。由此，可以计算出不同 κ_t 条件下可观测量的 $\hat{\boldsymbol{\Delta}}$ 的均值和方差，如图 14.5（b）和（c）所示。特别地，在图 14.5（b）和（c）中，用五角星标记出了 $\kappa_t=0$ 时的可观测量的均值和方差。随着 κ_t 的增大，可观测量的均值越大，其方差也越小，这也为更好地区分目标的“有”和“无”提供了方便。

事实上，对于一个 $\kappa_t>0$ 的目标，就是要根据该目标存在时可观测量 $\hat{\boldsymbol{\Delta}}$ 的均值和方差与目标不存在时可观测量 $\hat{\boldsymbol{\Delta}}$ 的均值和方差所形成的强烈对比来反推目标的相关信息。

为了定量地描述这种对比度，文献［33］定义了信噪比进行度量

$$f_{\mathrm{SNR}}^{\mathrm{Q}} = \frac{|\langle\hat{\boldsymbol{\Delta}}^{(0)}\rangle - \langle\hat{\boldsymbol{\Delta}}^{(1)}\rangle|}{\sqrt{\delta_{\mathrm{Q}}^{(0)}+\delta_{\mathrm{Q}}^{(1)}}} \tag{14.125}$$

式中

$$\hat{\boldsymbol{\Delta}}^{(0)} = \hat{\boldsymbol{\Delta}}(\kappa=0) \tag{14.126}$$

$$\hat{\boldsymbol{\Delta}}^{(1)} = \hat{\boldsymbol{\Delta}}(\kappa=\kappa_t) \tag{14.127}$$

$$\delta_{\mathrm{Q}}^{(0)} = \langle\hat{\delta}_{\hat{\boldsymbol{\Delta}}}^2\rangle(\kappa=0) \tag{14.128}$$

$$\delta_{\mathrm{Q}}^{(1)} = \langle\hat{\delta}_{\hat{\boldsymbol{\Delta}}}^2\rangle(\kappa=\kappa_t) \tag{14.129}$$

① 在对光子数空间进行数值计算时，由于计算时间和存储容量的限制，往往采取有限截断近似，采用公式 $\langle\hat{N}_1^2\hat{N}_2^2\rangle = \sum_{k_1=0}^{D-1}\sum_{k_2=0}^{D-1}(\boldsymbol{\rho}_{\mathrm{A'C''}})_{k_1,k_2,k_1,k_2}(k_1^2k_2^2)$ 进行计算，其中 D 为有限截断的维度。

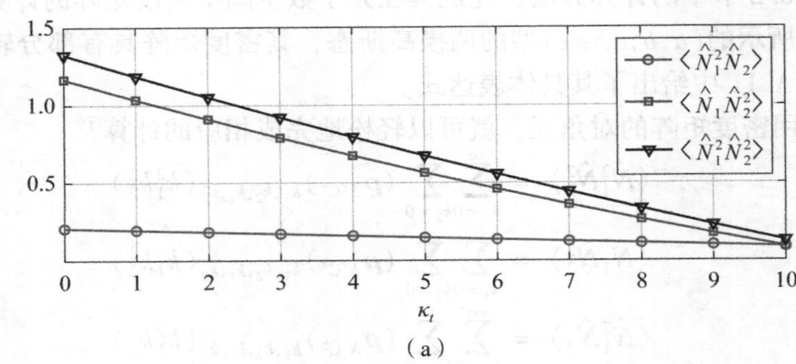

(a)

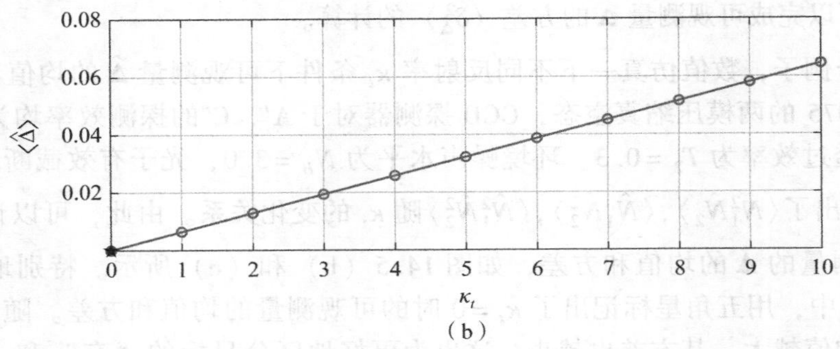

(b)

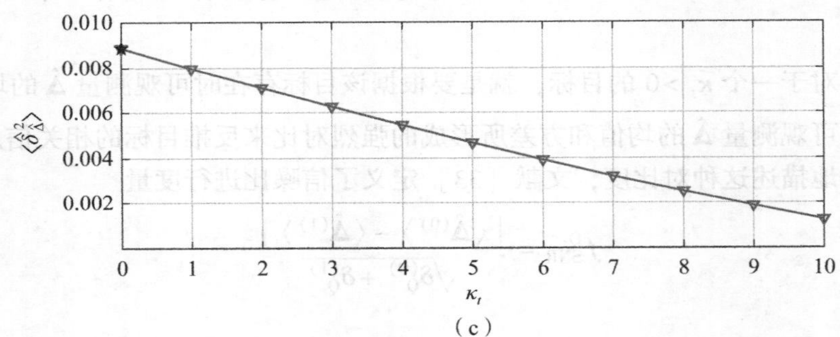

(c)

图 14.5　不同反射率 κ_t 条件下计算出的 $\langle \hat{N}_1^2\hat{N}_2 \rangle$，$\langle \hat{N}_1\hat{N}_2^2 \rangle$，$\langle \hat{N}_1^2\hat{N}_2^2 \rangle$ 及可观测量 $\hat{\Delta}$ 的均值和方差。其中参数取值为：$N_S=0.075$，$N_B=3.0$，$\eta_1=0.9$，$\eta_2=0.9$，$T_2=0.3$，$\mathscr{K}=80$，$D=55$

特别地，根据式（14.71）和式（14.114）易知

$$\langle \hat{\boldsymbol{\Delta}}^{(0)} \rangle = 0 \tag{14.130}$$

$$\langle \hat{\boldsymbol{\Delta}}^{(1)} \rangle = \left(1-\frac{1}{\mathscr{K}}\right)\eta_1\eta_2 N_S(N_S+1)\kappa_t \tag{14.131}$$

$$\delta_Q^{(0)} = e_1\langle \hat{N}_1^2\rangle\langle \hat{N}_2^2\rangle + e_2\langle \hat{N}_1\rangle^2\langle \hat{N}_2^2\rangle + e_3\langle \hat{N}_1^2\rangle\langle \hat{N}_2\rangle^2 + e_4\langle \hat{N}_1\rangle^2\langle \hat{N}_2\rangle^2 \tag{14.132}$$

式中

$$e_1 = \frac{(\mathscr{K}-1)^2}{\mathscr{K}^3} \tag{14.133}$$

$$e_2 = e_3 = \frac{1 - \mathscr{K}}{\mathscr{K}^2} \tag{14.134}$$

$$e_4 = \frac{\mathscr{K}^2 - 1}{\mathscr{K}^3} \tag{14.135}$$

图 14.6 中给出了 $f_{\mathrm{SNR}}^{\mathrm{Q}}$ 随着 κ_t 的变化关系。在 $\kappa_t = 0$ 时，$\hat{\mathbf{\Delta}}^{(1)} = \hat{\mathbf{\Delta}}^{(0)}$，信噪比为零。随着 κ_t 的增大，信噪比不断增加。这也与高反射率的目标更容易探测的客观事实相一致。同时，也不难看到，即使在 $\kappa_t = 1.0$ 时，也有 $f_{\mathrm{SNR}}^{\mathrm{Q}} = 1.781$。因此，为了进一步提高探测的信噪比，仍然需要采用多次测量的办法。假设进行了 M 次探测。设第 i 次测量结果为 $\hat{\mathbf{\Delta}}_i$，则 M 次测量结果之和将服从高斯分布。具体地：

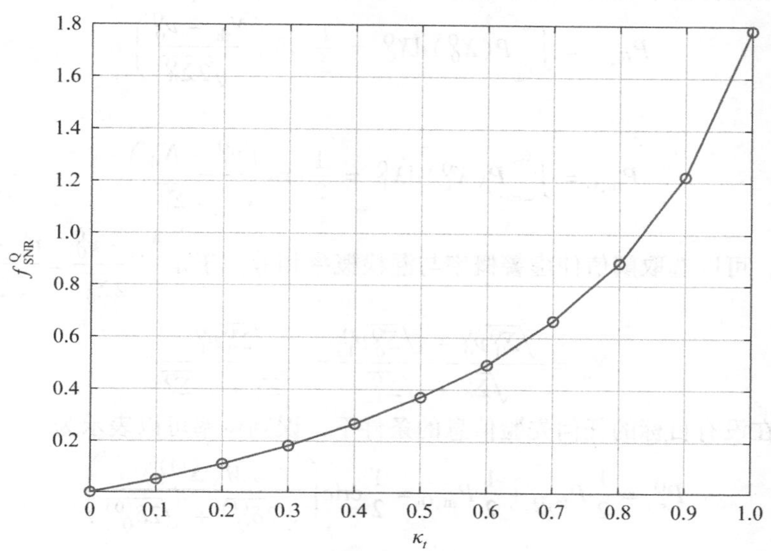

图 14.6　不同反射率 κ_t 条件下计算出的 f_{SNR}。其中参数取值为：$N_S = 0.075$，$N_B = 3.0$，$\eta_1 = 0.9$，$\eta_2 = 0.9$，$T_2 = 0.3$，$\mathscr{K} = 80$，$D = 55$

（1）如果目标不存在，则所探测到的可观测量的观测值之和将近似服从均值为 ν_0^{Q}、方差为 Σ_0^{Q} 的高斯分布

$$P(X_0^{\mathrm{Q}} = \sum_{i=1}^{m} \hat{\mathbf{\Delta}}_i^{(0)}) \sim \mathcal{N}(\nu_0^{\mathrm{Q}}, \Sigma_0^{\mathrm{Q}}) \tag{14.136}$$

式中

$$\nu_0^{\mathrm{Q}} = 0 \tag{14.137}$$

$$\Sigma_0^{\mathrm{Q}} = M\delta_{\mathrm{Q}}^{(0)} \tag{14.138}$$

（2）如果目标存在，则所探测到的可观测量的观测值之和将近似服从均值为 ν_1^{Q}、方差为 Σ_1^{Q} 的高斯分布

$$P(X_1^{\mathrm{Q}} = \sum_{i=1}^{m} \hat{\mathbf{\Delta}}_i^{(1)}) \sim \mathcal{N}(\nu_1^{\mathrm{Q}}, \Sigma_1^{\mathrm{Q}}) \tag{14.139}$$

式中

$$\nu_1^{\mathrm{Q}} = M\langle \hat{\boldsymbol{\Delta}}^{(1)} \rangle = M\left(1 - \frac{1}{\mathscr{K}}\right)\eta_1 \eta_2 N_S(N_S + 1)\kappa_t \tag{14.140}$$

$$\Sigma_1^{\mathrm{Q}} = M\delta_{\mathrm{Q}}^{(1)} \tag{14.141}$$

通过设置阈值 $N_{\mathrm{th}}(\nu_0^{\mathrm{Q}} < N_{\mathrm{th}} < \nu_1^{\mathrm{Q}})$，就可以实现目标存在与否的判断。推测规则如下：

推测规则 14.3.1 基于多次超级像素对测量的量子雷达目标推测规则

用 X 表示多次超级像素对的测量结果之和：

①如果 $X < X_{\mathrm{th}}$，则认为目标不存在。

②如果 $X > X_{\mathrm{th}}$，则认为目标存在。

于是，根据虚警概率和漏检概率的定义，易知

$$P_{\mathrm{fa,Q}} = \int_{X_{\mathrm{th}}}^{\infty} P(X_0^{\mathrm{Q}})\,\mathrm{d}X_0^{\mathrm{Q}} = \frac{1}{2}\mathrm{erfc}\left(\frac{N_{\mathrm{th}} - \nu_0^{\mathrm{Q}}}{\sqrt{2\Sigma_0^{\mathrm{Q}}}}\right) \tag{14.142}$$

$$P_{\mathrm{m,Q}} = \int_{-\infty}^{X_{\mathrm{th}}} P(X_1^{\mathrm{Q}})\,\mathrm{d}X_1^{\mathrm{Q}} = \frac{1}{2}\mathrm{erfc}\left(\frac{\nu_1^{\mathrm{Q}} - N_{\mathrm{th}}}{\sqrt{2\Sigma_1^{\mathrm{Q}}}}\right) \tag{14.143}$$

为了方便，可以选取阈值使虚警概率与漏检概率相等。于是$\dfrac{N_{\mathrm{th}} - \nu_0^{\mathrm{Q}}}{\sqrt{2\Sigma_0^{\mathrm{Q}}}} = \dfrac{\nu_1^{\mathrm{Q}} - N_{\mathrm{th}}}{\sqrt{2\Sigma_1^{\mathrm{Q}}}}$，即

$$N_{\mathrm{th}} = \frac{\sqrt{\Sigma_1^{\mathrm{Q}}}\nu_0^{\mathrm{Q}} + \sqrt{\Sigma_0^{\mathrm{Q}}}\nu_1^{\mathrm{Q}}}{\sqrt{\Sigma_0^{\mathrm{Q}}} + \sqrt{\Sigma_1^{\mathrm{Q}}}} = \frac{\sqrt{\Sigma_0^{\mathrm{Q}}}\nu_1^{\mathrm{Q}}}{\sqrt{\Sigma_0^{\mathrm{Q}}} + \sqrt{\Sigma_1^{\mathrm{Q}}}} \tag{14.144}$$

相应地，在没有目标的任何先验信息的条件下，误判概率可以表示为

$$P_{\mathrm{err}}^{\mathrm{Q}} = \frac{1}{2}P_{\mathrm{fa,Q}} + \frac{1}{2}P_{\mathrm{m,Q}} = \frac{1}{2}\mathrm{erfc}\left(\frac{\sqrt{M}\langle \hat{\boldsymbol{\Delta}}^{(1)} \rangle}{\sqrt{2\delta_{\mathrm{Q}}^{(1)}} + \sqrt{2\delta_{\mathrm{Q}}^{(0)}}}\right) \tag{14.145}$$

式中，$\langle \hat{\boldsymbol{\Delta}}^{(1)} \rangle$，$\delta_{\mathrm{Q}}^{(1)}$，$\delta_{\mathrm{Q}}^{(0)}$ 分别由式（14.131）、式（14.129）、式（14.132）给出。

当 $M \gg 1$ 时，利用近似 $\mathrm{erfc}(y) \approx \mathrm{e}^{-y^2}/(\sqrt{\pi}y)\ (y \gg 1)$，可以得到

$$P_{\mathrm{err}}^{\mathrm{Q}} \approx P_{\mathrm{err}}^{\mathrm{QA}} = \frac{1}{2}\frac{\exp(-MR_{\mathrm{P}}^{\mathrm{Q}})}{\sqrt{\pi MR_{\mathrm{P}}^{\mathrm{Q}}}} \tag{14.146}$$

式中

$$R_{\mathrm{P}}^{\mathrm{Q}} = \left(\frac{\langle \hat{\boldsymbol{\Delta}}^{(1)} \rangle}{\sqrt{2\delta_{\mathrm{Q}}^{(1)}} + \sqrt{2\delta_{\mathrm{Q}}^{(0)}}}\right)^2 \tag{14.147}$$

在图 14.7 中取 $\kappa_t = 0.1$，$N_S = 0.075$，$N_B = 3.0$，$\eta_1 = 0.9$，$\eta_2 = 0.9$，$T_2 = 0.3$，$\mathscr{K} = 80$，$D = 55$ 比较了不同的 M 时分别计算出的 $P_{\mathrm{err}}^{\mathrm{Q}}$ 和 $P_{\mathrm{err}}^{\mathrm{QA}}$。

14.3.2 传统雷达

由式（14.82）知，在基于热态的传统雷达方案中，最终到达 CCD 探测器的 A′C″的量子态的协方差矩阵为

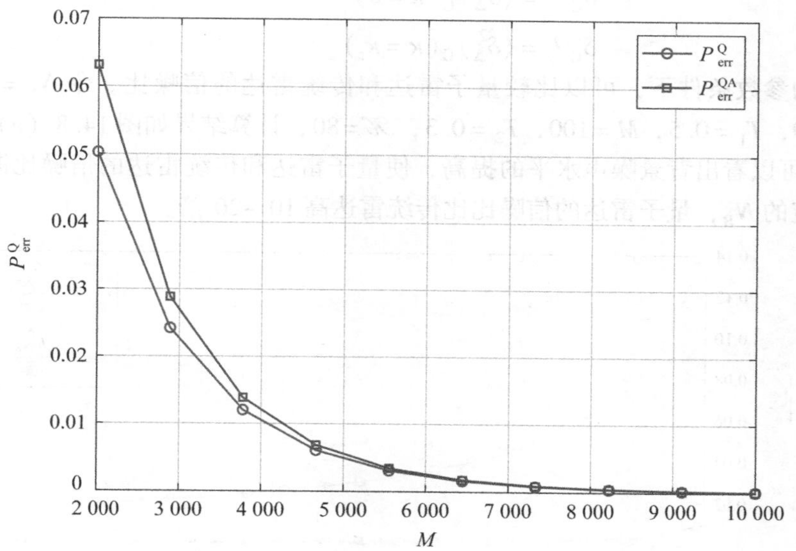

图 14.7 不同 M 条件下计算出的误判概率 P_{err}^{Q} 和 P_{err}^{QA}。其中参数取值为：$N_S=0.075$，$N_B=3.0$，$\kappa_t=0.1$，$\eta_1=0.9$，$\eta_2=0.9$，$T_2=0.3$，$\mathscr{K}=80$，$D=55$

$$\begin{pmatrix} a & & c & \\ & a & & c \\ c & & b & \\ & c & & b \end{pmatrix} \tag{14.148}$$

特别地，对于式（14.148）所示的(a,b,c,c)型的两模高斯态，其密度矩阵可以通过附录 A.12 中的计算算法给出。

采用式（14.122）、式（14.123）和式（14.124）的计算方法，可以计算出采用基于热态的传统雷达在探测时所对应的$\langle \hat{N}_1^2\hat{N}_2^2\rangle$，$\langle \hat{N}_1\hat{N}_2^2\rangle$，$\langle \hat{N}_1^2\hat{N}_2\rangle$，进而可以完成可观测量 $\hat{\boldsymbol{\Delta}}$ 的方差 $\langle \delta_{\hat{\boldsymbol{\Delta}}}^2\rangle$ 的计算。

以下用下标或上标 C 表示由式（14.82）的量子态所给出的计算结果，即$\langle \hat{O}\rangle=\mathrm{Tr}(\hat{O}\boldsymbol{\rho}_{A'C''})$，$\boldsymbol{\rho}_{A'C''}$为协方差为式（14.82）的高斯态的密度矩阵。可以计算出

$$\langle \hat{\boldsymbol{\Delta}}\rangle_{C}=\left(1-\frac{1}{\mathscr{K}}\right)\frac{N_S^2\kappa T_2\eta_1\eta_2}{1-T_2} \tag{14.149}$$

式中，考虑了 $N_S'=N_S/(1-T_2)$ 以及 $T_1=1-\kappa$。

由此，可以定义基于热态的传统雷达的信噪比

$$f_{SNR}^{C}=\frac{|\langle \hat{\boldsymbol{\Delta}}^{(0)}\rangle_{C}-\langle \hat{\boldsymbol{\Delta}}^{(1)}\rangle_{C}|}{\sqrt{\delta_{C}^{(0)}+\delta_{C}^{(1)}}} \tag{14.150}$$

式中

$$\langle \hat{\boldsymbol{\Delta}}^{(0)}\rangle_{C}=\langle \hat{\boldsymbol{\Delta}}\rangle_{C}(\kappa=0)=0 \tag{14.151}$$

$$\langle \hat{\boldsymbol{\Delta}}^{(1)}\rangle_{C}=\langle \hat{\boldsymbol{\Delta}}\rangle_{C}(\kappa=\kappa_t) \tag{14.152}$$

$$\delta_{\mathrm{C}}^{(0)} = \langle \tilde{\delta}_{\hat{\Delta}}^{2} \rangle_{\mathrm{C}} (\kappa = 0) \tag{14.153}$$

$$\delta_{\mathrm{C}}^{(1)} = \langle \tilde{\delta}_{\hat{\Delta}}^{2} \rangle_{\mathrm{C}} (\kappa = \kappa_t) \tag{14.154}$$

取相同的参数条件下，可以比较量子雷达和传统雷达的信噪比。令 $N_S = 0.075$，$\eta_1 = 0.9$，$\eta_2 = 0.9$，$T_1 = 0.5$，$M = 100$，$T_2 = 0.3$，$\mathscr{K} = 80$，计算结果如图 14.8（a）所示。随着 N_B 的增大，可以看出背景噪声水平的提高，使量子雷达和传统雷达的信噪比同时下降。但对于一个给定的 N_B，量子雷达的信噪比比传统雷达高 10 ~20 倍。

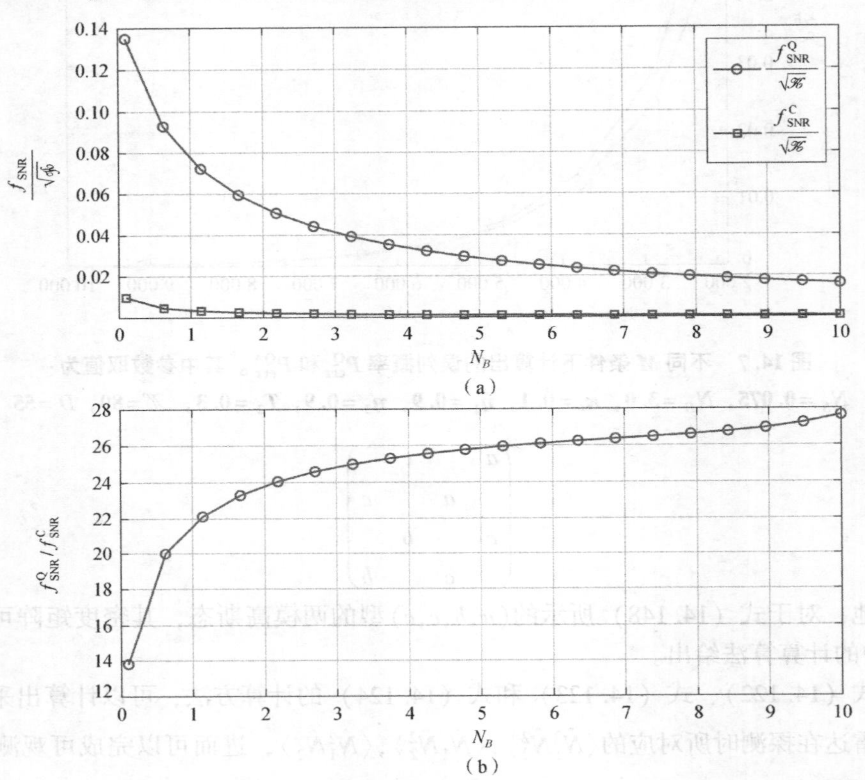

图 14.8　(a) 不同噪声强度下的信噪比 $\frac{f_{\mathrm{SNR}}}{\sqrt{\mathscr{K}}}$；(b) 量子雷达与传统雷达的信噪比之比

其中参数：$N_S = 0.075$，$\eta_1 = 0.9$，$\eta_2 = 0.9$，$T_1 = 0.5$，$M = 100$，$T_2 = 0.3$，$\mathscr{K} = 80$

信噪比的提高为误判概率的下降提供了有力的支持。在传统雷达中，仍然可以采用多份测量的办法，利用测量结果与阈值比较实现目标判定。目标推测规则与推测规则 14.3.1 相同，只是阈值选取为

$$X_{\mathrm{th}}^{\mathrm{Q}} = \frac{\sqrt{\Sigma_0^{\mathrm{C}} \nu_1^{\mathrm{C}}}}{\sqrt{\Sigma_0^{\mathrm{C}}} + \sqrt{\Sigma_1^{\mathrm{C}}}} \tag{14.155}$$

式中

$$\nu_1^{\mathrm{C}} = M\left(1 - \frac{1}{\mathscr{K}}\right)\frac{N_S^2 \kappa_t T_2 \eta_1 \eta_2}{1 - T_2} \tag{14.156}$$

$$\Sigma_0^{\mathrm{C}} = M\delta_{\mathrm{C}}^{(0)} \tag{14.157}$$

$$\Sigma_1^{\mathrm{C}} = M\delta_{\mathrm{C}}^{(1)} \tag{14.158}$$

可以得到误判概率为

$$P_{\mathrm{err}}^{\mathrm{C}} = \frac{1}{2}\mathrm{erfc}\left(\frac{\sqrt{M}\langle\hat{\boldsymbol{\Delta}}^{(1)}\rangle_{\mathrm{C}}}{\sqrt{2\delta_{\mathrm{C}}^{(1)}} + \sqrt{2\delta_{\mathrm{C}}^{(0)}}}\right) \tag{14.159}$$

$$\approx P_{\mathrm{err}}^{\mathrm{CA}} = \frac{1}{2}\frac{\exp(-MR_{\mathrm{P}}^{\mathrm{C}})}{\sqrt{\pi MR_{\mathrm{P}}^{\mathrm{C}}}} \tag{14.160}$$

式中

$$R_{\mathrm{P}}^{\mathrm{C}} = \left(\frac{\langle\hat{\boldsymbol{\Delta}}^{(1)}\rangle_{\mathrm{C}}}{\sqrt{2\delta_{\mathrm{C}}^{(1)}} + \sqrt{2\delta_{\mathrm{C}}^{(0)}}}\right)^2 \tag{14.161}$$

选取图 14.8 中的参数，图 14.9 比较了 $M=100$ 时，量子雷达与传统雷达的误判概率。通过比较可以发现，量子雷达的误判概率远远小于传统雷达。而且，为了说明误判概率随着 M 的下降速度，给出了不同的噪声强度下的 $R_{\mathrm{P}}^{\mathrm{Q}}/R_{\mathrm{P}}^{\mathrm{C}}$。背景噪声水平越大，该比值越大，表明量子雷达比传统雷达的误判概率随 M 减小得更快。这更加突显了量子雷达在强背景噪声水平下的优异的目标探测性能。

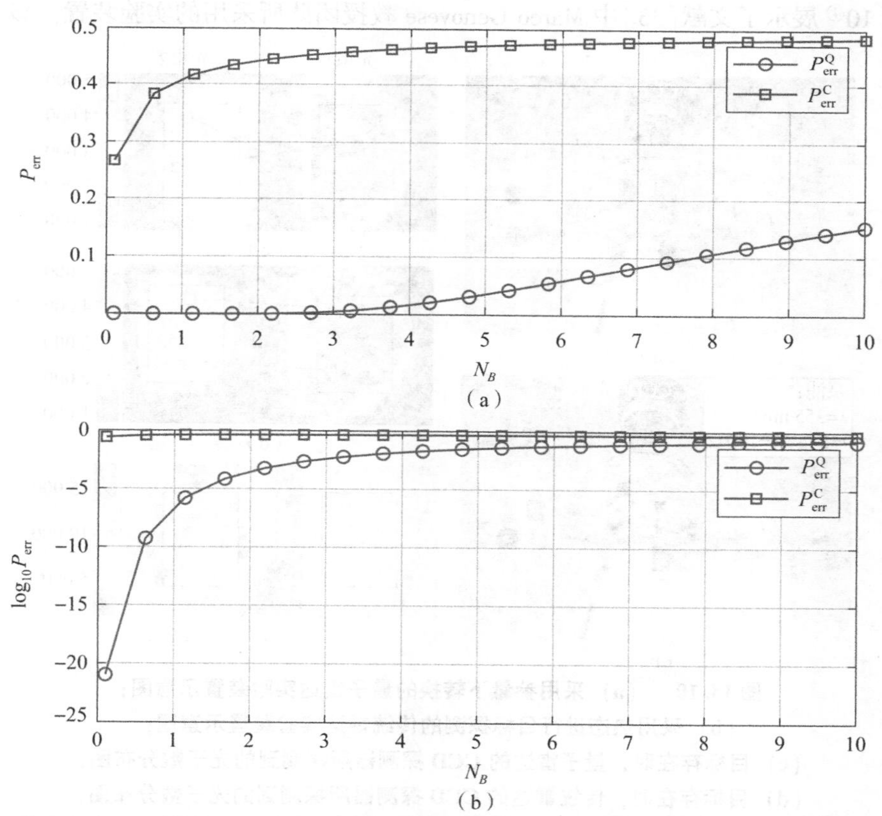

图 14.9　(a) 不同噪声强度下的量子雷达的误判概率 $P_{\mathrm{err}}^{\mathrm{Q}}$ 和传统雷达的误判概率 $P_{\mathrm{err}}^{\mathrm{C}}$；(b) 取对数下的误判概率；(c) 不同噪声强度下 $R_{\mathrm{P}}^{\mathrm{Q}}/R_{\mathrm{P}}^{\mathrm{C}}$。其中参数与图 14.8 相同

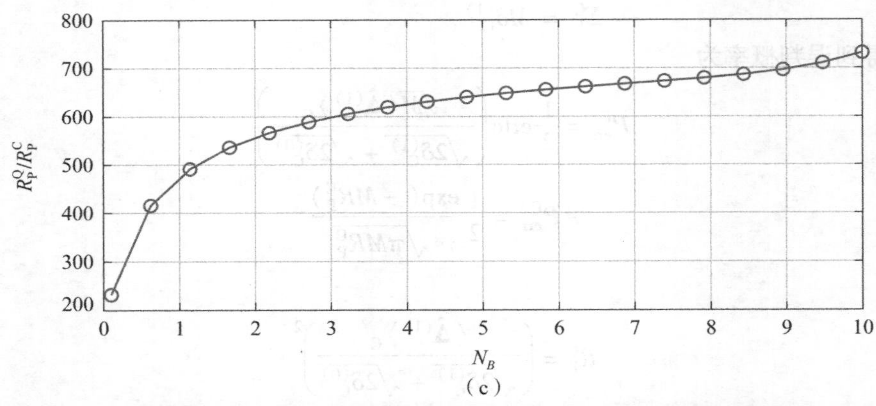

（c）

图 14.9 （a）不同噪声强度下的量子雷达的误判概率 P_{err}^Q 和传统雷达的误判概率 P_{err}^C；（b）取对数下的误判概率；（c）不同噪声强度下 R_p^Q/R_p^C。其中参数与图 14.8 相同（续）

14.4 实验结果

图 14.10① 展示了文献[33]中 Marco Genovese 教授团队所采用的实验装置。该实验中的

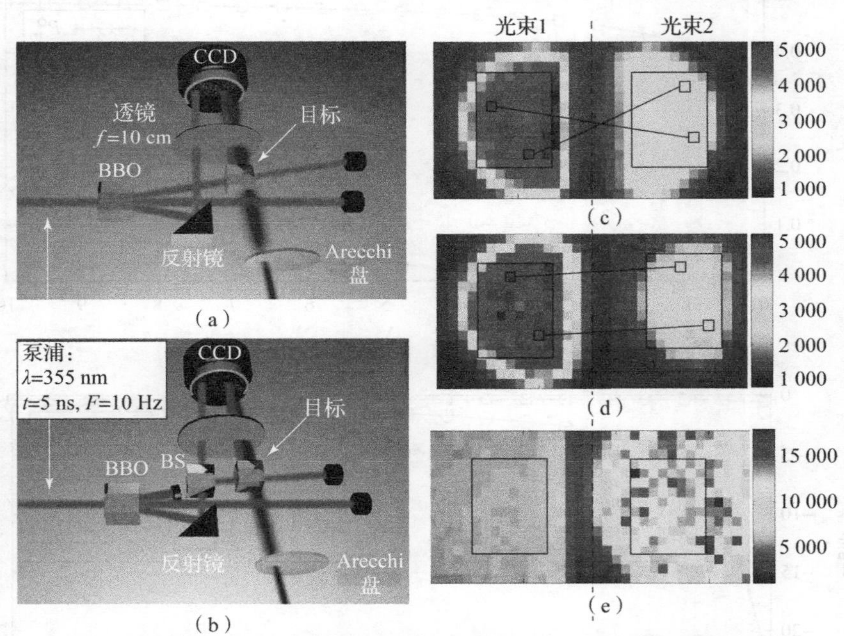

（a）（b）（c）（d）（e）

图 14.10 （a）采用参量下转换的量子雷达实验装置示意图；
（b）采用热态进行目标探测的传统雷达实验装置示意图；
（c）目标存在时，量子雷达的 CCD 探测器所探测到的光子数分布图；
（d）目标存在时，传统雷达的 CCD 探测器所探测到的光子数分布图；
（e）强背景噪声下的一次目标探测过程中 CCD 探测器所探测到的光子计数放大图

① 本图片及图 14.11 均来自献[33]，非常感谢意大利国家计量研究所的 Marco Genovese 教授和美国物理学会 *Phys. Rev. Lett.* 期刊的图片引用授权。

量子纠缠也是通过非线性晶体上的参量下转换过程产生的，下转换后的两个模式上的平均光子数相等，均为 $\mu = \sinh^2(r) = 0.075$。目标所处的噪声环境由另外一束激光器和旋转毛玻璃片（Arecchi disk）产生。激光器的工作重复频率为 10 Hz，每次激光脉冲的脉冲宽度为 5 ns，输出激光波长为 355 nm，BBO 晶体为 7 mm 的Ⅱ型晶体。经过 BBO 晶体之后输出的简并参量下转换光的波长为 710 nm。

实验采用的 CCD 阵列探测器为 Princeton Instrument Pixis 400 BRW，由 $1\,300 \times 400$ 个物理像素组成，每个物理像素大小为 20 μm，量子效率为 80%，每个物理像素的暗计数为 4 个。每个物理像素平均探测到的光子数为 $\langle N \rangle = 4\,000$。而实验中所设定的超级像素的大小为 $A_{pix} = (480\ \mu m)^2$，即把 $24 \times 24 = 576$ 物理像素组成一个超级像素。为了提高目标探测效果，选取了对 $\mathscr{K} = 80$ 对超级像素对进行了统计。实验综合考虑了实际光场的空间相干长度和时间相干长度，取 $M = 9 \times 10^4$。

图 14.11[33] 给出了不同的噪声水平下根据实验测量的结果所得到的量子雷达和传统雷达的信噪比。其中，实线和虚线均表示理论计算结果，而离散的点则表示该实验所测的结果。理论与实验的结果十分吻合。在实验中，研究者用一个可调参数 M_b 来决定在数据统计时所采取的背景噪声的模式数。实验分别选取了不同的模式数 $M_b = 57$，$M_b = 1\,300$ 进行统计。在同等的噪声水平下，M_b 越大，所对应的信噪比越高。

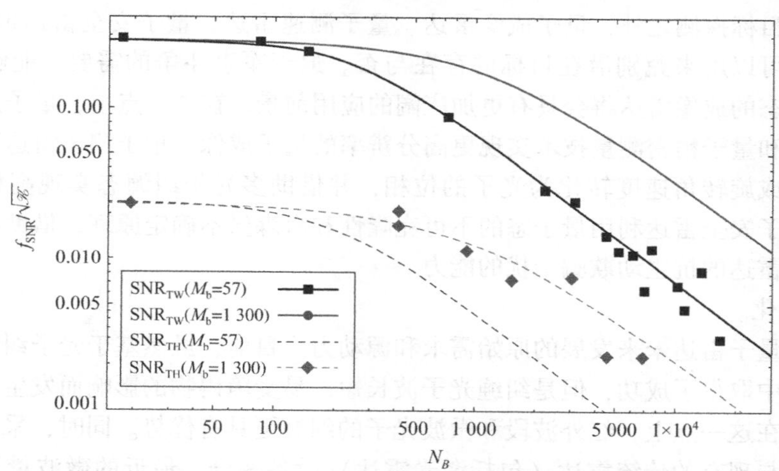

图 14.11 不同噪声水平条件下根据测量结果所得到的信噪比。其中，SNR_{TW} 表示量子雷达的信噪比 f_{SNR}^{Q}，SNR_{TH} 表示传统雷达的信噪比 f_{SNR}^{Q}

更多细节，读者可以参考文献 [33，252]。

14.5 小结

本章中介绍了基于参量下转换光源和光子数探测的量子雷达方案，这是国际上首个量子雷达的实验验证。实验中借助光子数关联的测量 $\langle \hat{N}_1 \hat{N}_2 \rangle$ 的办法证实了基于参量下转换光源的量子雷达的优越性。该实验原理简单，代表性强，对后续诸多的量子雷达实验都有重要影响。

第15章

总结与展望

15.1 国内外发展趋势总结

作为新型雷达技术，量子雷达技术近年来得到了迅猛的发展，其国内外发展趋势可以概括为以下几个方面：

（1）功能多样化。

除了量子目标探测之外，量子成像雷达、量子测速雷达、量子安全雷达也逐渐被提出。目前量子雷达可以用来甄别潜在目标的存在与否。迫于军事斗争的需要，能够显示目标大小、尺寸、姿态的成像雷达将会具有更加广阔的应用前景。在这一点上，量子成像雷达可以借助量子干涉和量子精密测量技术实现更高分辨率的量子成像。量子测速雷达可以将运动目标的线性速度或旋转角速度转化为光子的位相，并借助多光子纠缠态实现高精度的速度测量。另外，量子安全雷达利用量子态的不可克隆性和海森堡不确定原理，借助单光子的偏振信息可以提高雷达的抗主动欺骗干扰的能力。

（2）实用化。

实用化是量子雷达未来发展的原始需求和源动力。目前，虽然基于光子纠缠的量子雷达技术在实验室中取得了成功，但是纠缠光子波长短，易受障碍物的影响而发生光子损失、退相干等现象。在这一点上，红外波段和微波光子的纠缠更具有优势。同时，采用这些波段的量子雷达更易与现有的传统雷达（包括激光雷达）设备融合。最近的微波量子雷达理论也正是针对这一问题而提出的。

（3）集成化、小型化。

量子雷达的集成化和小型化是决定其能否走向大规模应用的关键。关于量子雷达小型化方面，国际上尚未有公开报道。但是，一个高度集成的小型化量子雷达设备可以更加灵活、广泛地应用到导弹、无人机、地面观测场站等各相关作战单元。

15.2 量子雷达的发展前景

通过对量子目标探测问题研究，更加深刻地认识到了量子雷达研究的重要性和紧迫性。这一研究也为后续研究打下了良好的基础。我们认为，可以从以下几个方面开展量子雷达的理论和实践。

1. 量子雷达的空间分辨力研究

雷达的空间分辨能力在未来的实际目标探测中具有重要意义。目前对量子雷达的研究往往集中在目标存在与否的判断上，对于目标的空间特性并不能给出较为合理的判断。虽然目前已经有一些论文[255]开始对多点目标区分进行了初步的研究和分析。但是，系统而全面地分析量子雷达条件下的空间分辨力仍然是一个亟待解决的问题。最近，美国亚利桑那大学的庄群韬教授提出了多元假设的量子检验理论，并基于此设计了具有一定空间分辨能力的量子测距方案。量子纠缠辅助下的量子测距比传统非纠缠方案有 6 dB 的提升，这为未来具有空间分辨能力的实用量子雷达打下了扎实的基础[256]。

2. 多模纠缠条件下的量子雷达的研究

量子目标探测的性能依赖于纠缠态的制备和选择。然而现在已经发表的文献都是从参量下转换产生的两模压缩真空态出发，比较基于两模纠缠态的量子照明与基于弱相干光场的照明方案的虚警概率。这其中一个最大的缺陷就是只能将其中的一个模式作为信号模式进行目标探测。但是若采用多模纠缠（$N \geqslant 3$），则可以把其中的两个、三个或甚至 $N-1$ 模式作为信号模用于目标探测，其他模式用作辅助模式进行全局量子测量，以进一步提升目标探测的性能极限。

图 15.1 展示了运用大规模量子纠缠进行目标探测的方案。大规模量子纠缠态无疑会对目标的存在与否更加敏感，更加有利于降低量子目标探测的虚警概率，提高量子目标探测的可用性。把多模纠缠分为两个部分，其中一个部分是多模纠缠态中作为探测信号的信号模，另一个部分则为多模纠缠的其余模式。这两个部分之间的关联可以为进行量子雷达的纠缠源的优化提供一些帮助和指导。

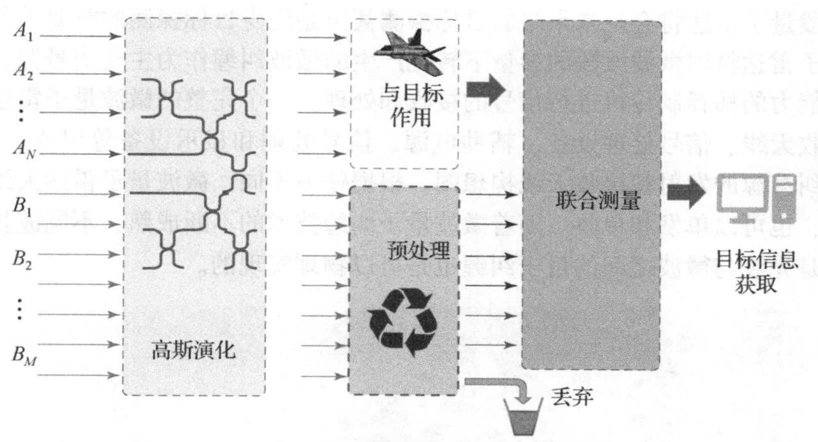

图 15.1 基于多模高斯量子纠缠态的量子雷达

3. 目标的量子散射特性分析

在经典雷达的信号处理中，目标对电磁波或光波的反射特性的分析和研究是目标探测中的重要环节。我们知道，光子与物质相互作用和激光或电磁波与物质的相互作用有所区别。不能简单地利用反射率作为唯一指标来描述。还需要把目标对光子位相的影响考虑进去，采用目标表面介质附近的光场量子化工具进行分析，实现对目标的量子雷达散射截面的全面分析。这一研究还将激发起对目标的量子散射截面的测量、校正等工作[44,257,258]。

4. 大气湍流条件下的量子雷达研究

现有的理论成果都是假设量子纠缠态的传输是无损耗传输，或是简单的像在文献［37］中所假设的固定损耗模型或是概率损耗模型。然而，实际的量子雷达问题中，目标大多存在于远处地面或是空间中。量子纠缠态中的信号在到达目标之前以及从目标反射回接收机的过程中，总是会经过包含有随机涨落在内的大气湍流信道。这种情况下，简单的固定损耗模型或是概率损耗模型已经不能适用。大气湍流条件下的量子照明性能评估就是一个重要的亟待解决的问题。而且，在大气湍流条件下的量子 Bell 不等式违背[259]和量子通信的研究[260]中，已有研究成果都表明，大气湍流信道比具有同等平均透过效率的固定损耗信道拥有更高的透过效率。这一结论在量子目标探测中是否同样成立是一个有趣的问题。该问题的研究可以对大气湍流给量子雷达带来的影响给出定量的分析，对于未来实际大气环境中的量子雷达方案设计也具有重要的参考价值。

5. 量子雷达下的隐身能力与隐身技术

雷达与反雷达是矛与盾的关系。对量子雷达的研究势必会催生量子条件下的隐身问题的研究。研究量子信号的高效吸波材料、开发利用量子纠缠的特性去实现量子雷达下的隐身、构建量子条件下的隐身设计理论和方法是未来新体制量子雷达研究中的重要课题。最近，本课题组充分利用了部分量子雷达需要较大信号量的特点，提出了一种基于概率混合模型的量子隐身方案，在典型条件下，该隐身方案可以提升目标的反探测能力[261]。

15.3 未来微波量子雷达构想

微波波段量子雷达将会是未来暗弱目标探测甚至是隐身目标探测的重要手段和工具。微波波段的量子雷达将以微波波段的参量下转化产生的微波纠缠作为主要信号源，接收机将采用更强制冷能力的稀释制冷机进行信号的接收和处理。一个完整的微波量子雷达系统将由微波发射和接收天线、信号处理设备、辅助电源、信号处理和显示设备等组成。图 15.2 展示了微波量子纠缠源的发射和接收天线构想图。根据任务不同，微波量子雷达天线可以采取收发一体配置，也可以单发和单收。随着微波量子纠缠技术的不断成熟，不同波长间的微波量子纠缠甚至是光波与微波之间的量子纠缠也是可以物理实现的。

图 15.2　微波量子雷达的发射和接收天线构想图

图 15.3 展示了微波纠缠源的产生和探测装置构想图。由于目前微波量子纠缠的信号弱，需要极低的工作温度如毫开尔文（10^{-3} K）的量级来尽可能地压制噪声。目前一般是用稀释制冷机技术进行降温。由于稀释制冷机成本较高，建议采用在同一台稀释制冷机中进行微波纠缠的产生和探测。2020 年，奥地利的科学家展示了工作在 7 mK 条件下的微波量子雷达[29]。微波量子雷达技术已经初见端倪。

图 15.3　微波量子雷达的纠缠产生和探测装置构想图

附　　录

A.1　五维量子态的仿真程序

A.1.1　基础版本

```
D = 5
IdM = eye(D)
ket0 = IdM(:,1)
ket1 = IdM(:,2)
ket2 = IdM(:,3)
ket3 = IdM(:,4)
ket4 = IdM(:,5)

psi = (1/sqrt(5)) * (ket0 + ket1 + ket2 + ket3 + ket4)
```

A.1.2　优化版本

```
function hang = HangFunc1(   y,DIMin)
hang = y + 1;
end

function hang = LieFunc1(   y,DIMin)
hang = y + 1
end

D = 5
psi = zeros(D,1)
for   n = 0:D - 1
    psi(HangFunc1(n,D)) = 1/sqrt(5);
end
```

A.2 分束器算例

$D=4$ 时，分束器 $\boldsymbol{U}(T)$ 是 16×16 的矩阵。在 256 个矩阵元中，只有 44 个为非零矩阵元。其非零矩阵元 $\langle i,j\mid \boldsymbol{U}(T)\mid n,m\rangle\,(i,j,n,m=0,1,2,3)$ 如下：

$i\,j\,n\,m$	$\langle i,j\mid \boldsymbol{U}(T)\mid n,m\rangle$
0 0 0 0	1
0 1 0 1	$\sqrt{T}$
0 1 1 1	$\sqrt{1-T}$
0 2 0 2	T
0 2 1 1	$\sqrt{2T(1-T)}$
0 2 2 0	$1-T$
0 3 0 3	$T^{3/2}$
0 3 1 2	$\sqrt{3(1-T)}T$
0 3 2 1	$\sqrt{3T}(1-T)$
0 3 3 0	$(1-T)^{3/2}$
1 0 0 1	$-\sqrt{1-T}$
1 0 1 0	$\sqrt{T}$
1 1 0 2	$-\sqrt{2T(1-T)}$
1 1 1 1	$2T-1$
1 1 2 0	$\sqrt{2T(1-T)}$
1 2 0 3	$-T\sqrt{3(1-T)}$
1 2 1 2	$\sqrt{T}(3T-2)$
1 2 2 1	$\sqrt{1-T}(3T-1)$
1 2 3 0	$\sqrt{3T}(1-T)$
1 3 1 3	$T(4T-3)$
1 3 2 2	$\sqrt{6T(1-T)}(2T-1)$
1 3 3 1	$-1+5T-4T^2$
2 0 0 2	$1-T$
2 0 1 1	$-\sqrt{2T(1-T)}$
2 0 2 0	T
2 1 0 3	$\sqrt{3T}(1-T)$
2 1 1 2	$(1-3T)\sqrt{1-T}$
2 1 2 1	$\sqrt{T}(3T-2)$

2 1 3 0	$\sqrt{3(1-T)}T$
2 2 1 3	$\sqrt{6T(1-T)}(1-2T)$
2 2 2 2	$1-6T+6T^2$
2 2 3 1	$\sqrt{6T(1-T)}(2T-1)$
2 3 2 3	$\sqrt{T}(3-12T+10T^2)$
2 3 3 2	$\sqrt{1-T}(1-8T+10T^2)$
3 0 0 3	$-(1-T)^{3/2}$
3 0 1 2	$\sqrt{3T}(1-T)$
3 0 2 1	$-\sqrt{3(1-T)}T$
3 0 3 0	$T^{3/2}$
3 1 1 3	$-1+5T-4T^2$
3 1 2 2	$\sqrt{6T(1-T)}(1-2T)$
3 1 3 1	$T(-3+4T)$
3 2 2 3	$\sqrt{1-T}(-1+8T-10T^2)$
3 2 3 2	$\sqrt{T}(3-12T+10T^2)$
3 3 3 3	$-1+12T-30T^2+20T^3$

对于更一般的维度 D，可以用 MATLAB 程序来数值地给出，可以用 MATLAB 编程直接计算。在第 A.3 节中给出相关的函数。

A.3　任意有限维度 D 下的光学分束器的 MATLAB 函数

```
function  UBS = BSfockUnitary(eta,DIM)

UBS = zeros(DIM^2,DIM^2);

for  m = 0:(DIM - 1)
for  n = 0:(DIM - 1)
for  k = 0:n
for  1 = 0:m

        if  ((n - k + 1 >= 0)&&(n - k + 1 <= DIM - 1)&&(m + k - 1 >= 0)&&(m + k - 1 <= DIM -
            1))
        coe1 = sqrt(nchoosek(n,k)) * sqrt(nchoosek(n - k + 1,1)) *
            sqrt(nchoosek(m,1)) * sqrt(nchoosek(m + k - 1,k));
        coe2 = power( - 1,1);
        coe3 = power(eta,05 * (m + n - k - 1));
```

```
            coe4 = power(1 - eta,05 * (k + 1));


                hh = HangFunc2(n - k + 1,m + k - 1,DIM);
                11 = LieFunc2(n,m,DIM);

                UBS(hh,11) = UBS(hh,11) + coe1 * coe2 * cos3 * coe4;
    end
end
end
end
end

end
```

注：nchoosek(n,m)函数实现的是二项式系数$\binom{n}{m}=\frac{n!}{m!(n-m)!}$。

其中，函数 HangFunc2()及 LieFunc2()均是实现 Fock 态中光子数向 MATLAB 中向量指标的映射，二者的定义是相同的，分别定义如下：

```
 function   hang = HangFunc2(x,y,DIMin)
hang = x * DIMin + y + 1;

 function   hang = LieFunc2(x,y,DIMin)
hang = x * DIMin + y + 1
```

A.4 最优量子态区分的误判概率计算

图 4.8 中误判概率的相关计算的 MATLAB 可执行文件。

```
fock 0 = [1;0]
fock 1 = [0;1];
faisup  = ( fock0 + fock1)/sqrt(2);
rho1 =  faisup  * (faisup')
rho0 =  fock 0 * ( fock 0')

M0 = fock0 *  fock0'
M1 = fock1 *  fock1'

U = [cos(pi/8), - sin(pi/8);
     sin(pi/8),[cos(pi/8);]

rho0 After U = U * rho0 * (U');
rho 1 After U = U *  rho 1 * (U');
```

```
P1cond0 = trace(M1' * M1 * rho0AfterU)
P0cond1 = trace(M0' * M0 * rho1AfterU)

Perr = 0.5 * (P1cond0 + P0cond1)
```

例 4.4.3 中最小误判概率的相关计算的 MATLAB 可执行文件。

```
fock1 = [0;1];
phi00 = (1/sqrt(2)) * (kron( fock0,fock0) + kron( fock1,fock1));
phi01 = (1/sqrt(2)) * (kron( fock0,fock0) - kron( fock1,fock1));
phi10 = (1/sqrt(2)) * (kron( fock0,fock1) + kron( fock1,fock0));
phi11 = (1/sqrt(2)) * (kron( fock0,fock1) - kron( fock1,fock0));

faisup = (fock0 + fock1)/sqrt(2);
rho1 = faisup * (faisup')
rho0 = fock0 * ( fock0')

trcdis1 = traceNorm(0.5 * phi00 * (phi00'),0.5 * phi01 * (phi01'),4 );
Perr0001 = 0.5 * (1 - trcdis1)

trcdis2 = traceNorm(0.5 * phi00 * ( phi00'),0.5 * phi10 * ( phi10'),4);
Perr0010 = 0.5 * (1 - trcdis2)

trcdis3 = traceNorm(0.5 * phi00 * (phi00.),0.5 * phi11 * ( phi11'),4);
Perr0010 = 0.5 * (1 - trcdis3)

trcdis4 = traceNorm(0.5 * phi01 * (phi01'),0.5 * phi10 * ( phi10'),4);
Perr0110 = 0.5 * (1 - trcdis4)

trcdis5 = traceNorm(0.5 * phi01 * (phi01'),0.5 * phi11 * (phi11'),4);
Perr0111 = 0.5 * (1 - trcdis5)

trcdis6 = traceNorm(0.5 * phi10 * (phi10'),0.5 * phi11 * (phi11'),4);
Perr1011 = 0.5 * (1 - trcdis6)
```

A.5 轭米多项式

物理学和数理统计中的轭米多项式定义稍有不同，为了更加明确，这里列出了所使用的轭米多项式具体定义。

轭米多项式定义为

$$H_n(x) = (-1)^n e^{x^2} \frac{d^n}{dx^n} e^{-x^2} \tag{A.1}$$

式中，n 代表阶数，$n=0$，1，2，3，…。具体地，前面几个低阶的轭米多项式为

$$H_0(x) = 1 \tag{A.2}$$

$$H_1(x) = 2x \tag{A.3}$$

$$H_2(x) = 4x^2 - 2 \tag{A.4}$$

$$H_3(x) = 8x^3 - 12x \tag{A.5}$$

厄米多项式具有以下性质：

（1）正交归一性：

$$\int_{-\infty}^{+\infty} \mathrm{e}^{-x^2} H_n(x) H_m(x) \mathrm{d}x = \delta_{mn} 2^n n! \sqrt{\pi} \tag{A.6}$$

（2）在 0 到∞的积分，当 $m \neq n$ 时，有[262]

$$\int_{0}^{+\infty} \mathrm{e}^{-x^2} H_n(x) H_m(x) \mathrm{d}x = \frac{\pi 2^{n+m}}{n-m} [F(n,m) - F(m,n)]$$

$$F(n,m) = \frac{1}{\Gamma\left[\frac{1}{2} - \frac{1}{2}n\right] \Gamma\left[-\frac{1}{2}m\right]} \tag{A.7}$$

式中，$\Gamma[\cdot]$代表的是伽马函数。

当 $m = n$ 时，可以得到[263]

$$\int_{-\infty}^{0} \mathrm{e}^{-x^2} H_n^2(x) \mathrm{d}x = \int_{0}^{+\infty} \mathrm{e}^{-x^2} H_n^2(x) \mathrm{d}x = 2^{n-1} n! \sqrt{\pi} \tag{A.8}$$

（3）积分[264]

$$\int_{-\infty}^{+\infty} H_m(x) H_n(x) \mathrm{e}^{-x^2} x \mathrm{d}x = \sqrt{\pi} [2^{n-1} n! \delta_{m,n-1} + 2^n (n+1)! \delta_{m,n+1}] \tag{A.9}$$

A.6 泡利矩阵

$$\boldsymbol{\sigma}_x = \begin{pmatrix} 0 & 1 \\ 1 & 0 \end{pmatrix} \tag{A.10}$$

$$\boldsymbol{\sigma}_y = \begin{pmatrix} 0 & -\mathrm{i} \\ \mathrm{i} & 0 \end{pmatrix} \tag{A.11}$$

$$\boldsymbol{\sigma}_z = \begin{pmatrix} 1 & 0 \\ 0 & -1 \end{pmatrix} \tag{A.12}$$

A.7 高斯积分

定理 A.7.1 设 A 是对称的正定矩阵，则有

$$\int_{-\infty}^{+\infty} \exp\left(-\frac{1}{2} \sum_{i,j=1}^{n} A_{ij} x_i x_j + \sum_{i=1}^{n} B_i x_i\right) \mathrm{d}^n x = \sqrt{\frac{(2\pi)^n}{\det \boldsymbol{A}}} \mathrm{e}^{\frac{1}{2} BA^{-1} B^{\mathrm{T}}} \tag{A.13}$$

式中，行向量 $B = (B_1, B_2, \cdots, B_n)$。

A.8 光子数探测诱导出的非高斯态证明

为了使证明更加简洁，这里首先给出如下定理。

定理 A.8.1 设 $\boldsymbol{A}$ 为 $n\times n$ 对称矩阵，向量 z，$\boldsymbol{B}$ 均是 $1\times n$ 的行向量，则有

$$z\boldsymbol{A}z^{\mathrm{T}}+z\boldsymbol{B}^{\mathrm{T}}+\boldsymbol{B}z^{\mathrm{T}}=(z+z')\boldsymbol{A}(z^{\mathrm{T}}+z'^{\mathrm{T}})-z'\boldsymbol{A}z'^{\mathrm{T}} \tag{A.14}$$

$$=(z+\boldsymbol{B}\boldsymbol{A}^{-1})\boldsymbol{A}(z+\boldsymbol{B}\boldsymbol{A}^{-1})^{\mathrm{T}}-\boldsymbol{B}\boldsymbol{A}^{-1}\boldsymbol{B}^{\mathrm{T}} \tag{A.15}$$

式中，$z'=\boldsymbol{B}\boldsymbol{A}^{-1}$。

该定理的证明可以参考文献[265]的附录 D。

下面先证明将 B 模式投影到真空态后，所得到的输出态的具体形式。

首先，我们知道，真空态所对应的魏格纳函数为

$$W(\boldsymbol{r}_{\mathrm{B}})\equiv W(x_3,x_4)=\frac{1}{\pi}\exp[-(\boldsymbol{r}_{\mathrm{B}}\boldsymbol{I}\boldsymbol{r}_{\mathrm{B}}^{\mathrm{T}})]=\frac{1}{\pi}\exp[-(x_3^2+x_4^2)] \tag{A.16}$$

定义 $\boldsymbol{\zeta}=(\zeta_1,\ \zeta_2,\ \zeta_3,\ \zeta_4)$；$P$ 为将 B 模投影到真空态 $|0\rangle\langle 0|$ 的概率；W_{out} 为投影后 A 模式上的输出态的魏格纳函数，则

$$W_{\mathrm{out}}(\boldsymbol{r}_{\mathrm{A}})\cdot P=2\pi\int W(\boldsymbol{r}_{\mathrm{AB}})W(\boldsymbol{r}_{\mathrm{B}})\mathrm{d}\boldsymbol{r}_{\mathrm{B}} \tag{A.17}$$

$$=2\pi\int W(\boldsymbol{r}_{\mathrm{AB}})\frac{1}{\pi}\exp[-(\boldsymbol{r}_{\mathrm{B}}\boldsymbol{I}\boldsymbol{r}_{\mathrm{B}}^{\mathrm{T}})]\mathrm{d}\boldsymbol{r}_{\mathrm{B}} \tag{A.18}$$

$$=\frac{2}{(2\pi)^4}\int\exp\left(-\frac{\boldsymbol{\zeta}\boldsymbol{V}\boldsymbol{\zeta}^{\mathrm{T}}}{2}+\mathrm{i}\,\overline{\boldsymbol{R}_{\mathrm{AB}}}\boldsymbol{\zeta}^{\mathrm{T}}\right)\exp(-\mathrm{i}\,\boldsymbol{r}_{\mathrm{AB}}\boldsymbol{\zeta}^{\mathrm{T}})\exp[-(\boldsymbol{r}_{\mathrm{B}}\boldsymbol{I}\boldsymbol{r}_{\mathrm{B}}^{\mathrm{T}})]\mathrm{d}\boldsymbol{r}_{\mathrm{B}}\mathrm{d}\boldsymbol{\zeta} \tag{A.19}$$

$$=\frac{2}{(2\pi)^4}\int\exp\left(-\frac{\boldsymbol{\zeta}\boldsymbol{V}\boldsymbol{\zeta}^{\mathrm{T}}}{2}+\mathrm{i}\,\overline{\boldsymbol{R}_{\mathrm{AB}}}\boldsymbol{\zeta}^{\mathrm{T}}\right)\exp[-\mathrm{i}(x_1,x_2,x_3,x_4)\boldsymbol{\zeta}^{\mathrm{T}}]\exp[-(x_3^2+x_4^2)]\mathrm{d}x_3\mathrm{d}x_4\mathrm{d}\boldsymbol{\zeta}$$

$$=\frac{2}{(2\pi)^4}\int\exp\left(-\frac{\boldsymbol{\zeta}\boldsymbol{V}\boldsymbol{\zeta}^{\mathrm{T}}}{2}+\mathrm{i}\,\overline{\boldsymbol{R}_{AB}}\boldsymbol{\zeta}^{\mathrm{T}}\right)\exp[-\mathrm{i}(x_1\zeta_1+x_2\zeta_2)]\times$$

$$\int\exp[-\mathrm{i}(x_3\zeta_3+x_4\zeta_4)]\exp[-(x_3^2+x_4^2)]\mathrm{d}x_3\mathrm{d}x_4\mathrm{d}\boldsymbol{\zeta} \tag{A.20}$$

利用高斯积分公式，易知

$$\int\exp[-\mathrm{i}(x_3\zeta_3+x_4\zeta_4)]\exp[-(x_3^2+x_4^2)]\mathrm{d}x_3\mathrm{d}x_4=\pi\exp\left(-\frac{\zeta_3^2+\zeta_4^2}{4}\right) \tag{A.21}$$

于是，式（A.20）可以进一步化简为

$$=\frac{2}{(2\pi)^4}\int\exp\left(-\frac{\boldsymbol{\zeta}\boldsymbol{V}\boldsymbol{\zeta}^{\mathrm{T}}}{2}+\mathrm{i}\,\overline{\boldsymbol{R}_{\mathrm{AB}}}\boldsymbol{\zeta}^{\mathrm{T}}\right)\exp[-\mathrm{i}(x_1\zeta_1+x_2\zeta_2)]\pi\exp\left(-\frac{\zeta_3^2+\zeta_4^2}{4}\right)\mathrm{d}\boldsymbol{\zeta}$$

$$=\frac{1}{(2\pi)^3}\int\exp\left[-\frac{(\overbrace{\zeta_1,\zeta_2}^{\zeta_A},\overbrace{\zeta_3,\zeta_4}^{\zeta_B})\boldsymbol{V}(\zeta_1,\zeta_2,\zeta_3,\zeta_4)^{\mathrm{T}}}{2}+\mathrm{i}\,\overline{\boldsymbol{R}_{\mathrm{AB}}}\boldsymbol{\zeta}^{\mathrm{T}}\right]\times$$

$$\exp[-\mathrm{i}(x_1\zeta_1+x_2\zeta_2)]\exp\left[-\frac{1}{2}\boldsymbol{\zeta}_{\mathrm{B}}\left(\frac{\boldsymbol{I}}{2}\right)\boldsymbol{\zeta}_{\mathrm{B}}^{\mathrm{T}}\right]\mathrm{d}\boldsymbol{\zeta} \tag{A.22}$$

为了方便，把 4×4 协方差矩阵 $\boldsymbol{V}$ 分块成 4 个 2×2 的子矩阵

$$V=\begin{pmatrix} M_{AA} & M_{AB} \\ M_{BA} & M_{BB} \end{pmatrix} \tag{A.23}$$

经过化简可以得到

$$W_{out}(r_A)\cdot P = 2\pi\int W(r_{AB})W(r_B)\mathrm{d}r_B \tag{A.24}$$

$$\begin{aligned}
&= \frac{1}{(2\pi)^3}\int \exp\left[-\frac{1}{2}(\zeta_A M_{AA}\zeta_A^T + \zeta_B M_{BA}\zeta_A^T + \zeta_A M_{AB}\zeta_B^T + \zeta_B M_{BB}\zeta_B^T)\right]\times \\
&\qquad \exp(-\mathrm{i}r_A\zeta_A^T + \mathrm{i}\bar{R}_A\zeta_A^T + \mathrm{i}\bar{R}_B\zeta_B^T)\exp\left[-\frac{1}{2}\zeta_B\left(\frac{I}{2}\right)\zeta_B^T\right]\mathrm{d}\zeta \\
&= \frac{1}{(2\pi)^3}\int \mathrm{d}\zeta_A\mathrm{d}\zeta_B\exp\left[-\frac{1}{2}(\zeta_A M_{AA}\zeta_A^T) - \mathrm{i}(r_A-\bar{R}_A)\zeta_A^T\right]\times \\
&\qquad \exp\left\{-\frac{1}{2}\left[\zeta_B\left(M_{BB}+\frac{I}{2}\right)\zeta_B^T + \zeta_B M_{BA}\zeta_A^T + \zeta_A M_{AB}\zeta_B^T\right]\right\}\times \\
&\qquad \exp(\mathrm{i}\bar{R}_B\zeta_B^T)
\end{aligned} \tag{A.25}$$

应用定理 A.8.1，易知

$$\begin{aligned}
&\zeta_B\left(M_{BB}+\frac{I}{2}\right)\zeta_B^T + \zeta_B M_{BA}\zeta_A^T + \zeta_A M_{AB}\zeta_B^T = \\
&(\zeta_B+z')\left(M_{BB}+\frac{I}{2}\right)(\zeta_B+z')^T - \zeta_A M_{AB}\left(M_{BB}+\frac{I}{2}\right)^{-1}M_{AB}^T\zeta_A^T
\end{aligned} \tag{A.26}$$

式中

$$z' = \zeta_A M_{AB}\left(M_{BB}+\frac{I}{2}\right) \tag{A.27}$$

于是可以得到积分

$$\begin{aligned}
&\int \mathrm{d}\zeta_B\exp\left\{-\frac{1}{2}\left[\zeta_B\left(M_{BB}+\frac{I}{2}\right)\zeta_B^T + \zeta_B M_{BA}\zeta_A^T + \zeta_A M_{AB}\zeta_B^T\right] + \mathrm{i}\bar{R}_B\zeta_B^T\right\} \\
&= \exp\left[\frac{1}{2}\zeta_A M_{AB}\left(M_{BB}+\frac{I}{2}\right)^{-1}M_{AB}^T\zeta_A^T\right]\times \\
&\quad \int \mathrm{d}\zeta_B\exp\left[-\frac{1}{2}(\zeta_B+z')\left(M_{BB}+\frac{I}{2}\right)(\zeta_B+z')^T + \mathrm{i}\bar{R}_B\zeta_B^T\right]
\end{aligned} \tag{A.28}$$

根据第 A.7 节中的高斯积分，可以得到

$$\begin{aligned}
&\int \mathrm{d}\zeta_B\exp\left[-\frac{1}{2}(\zeta_B+z')\left(M_{BB}+\frac{I}{2}\right)(\zeta_B+z')^T + \mathrm{i}\bar{R}_B\zeta_B^T\right] \\
&= \frac{2\pi\exp(-\mathrm{i}\bar{R}_B z'^T)}{\sqrt{\det\left(M_{BB}+\frac{I}{2}\right)}}\exp\left[-\frac{1}{2}\bar{R}_B\left(M_{BB}+\frac{I}{2}\right)^{-1}\bar{R}_B^T\right]
\end{aligned} \tag{A.29}$$

将式（A.29）代入式（A.25）中，不难得到

$$W_{out}(r_A)\cdot P = W(r_A, V_2, \overline{R_2})\frac{\exp\left[-\frac{1}{2}\bar{R}_B\left(M_{BB}+\frac{I}{2}\right)^{-1}\bar{R}_B^T\right]}{\sqrt{\det\left(M_{BB}+\frac{I}{2}\right)}} \tag{A.30}$$

式中，V_2，$\overline{R_2}$的定义见式（10.28）。也就是说，当 B 模式投影到 $|0\rangle\langle 0|$ 时，A 模式的态

为一个协方差矩阵为 $\boldsymbol{V}_2$、一阶矩为$\overline{\boldsymbol{R}_2}$的单模高斯态。投影到 $|0\rangle\langle 0|$ 的概率为

$$P = \frac{\exp\left[-\frac{1}{2}\overline{\boldsymbol{R}}_{\mathrm{B}}\left(\boldsymbol{M}_{\mathrm{BB}}+\frac{\boldsymbol{I}}{2}\right)^{-1}\overline{\boldsymbol{R}}_{\mathrm{B}}^{\mathrm{T}}\right]}{\sqrt{\det\left(\boldsymbol{M}_{\mathrm{BB}}+\frac{\boldsymbol{I}}{2}\right)}} \tag{A.31}$$

由此不难给出当 B 模投影到“开”的测量结果时的输出态。根据式（10.20）的定义，易知

$$W_{\mathrm{out}}(\boldsymbol{r}_{\mathrm{A}})\cdot P = 2\pi\int W(\boldsymbol{r}_{\mathrm{AB}})W_{\hat{\Pi}_{on}}(\boldsymbol{r}_{\mathrm{B}})\mathrm{d}\boldsymbol{r}_{\mathrm{B}} \tag{A.32}$$

$$= \int W(\boldsymbol{r}_{\mathrm{AB}})\mathrm{d}\boldsymbol{r}_{\mathrm{B}} - 2\pi\int W(\boldsymbol{r}_{\mathrm{AB}})W_{|0\rangle\langle 0|}(\boldsymbol{r}_{\mathrm{B}})\mathrm{d}\boldsymbol{r}_{\mathrm{B}} \tag{A.33}$$

利用积分的线性性质，分别对上式积分，易得输出态为两个高斯态的组合，两个高斯态的协方差矩阵和一阶矩分别由式（10.23），（10.24），（10.26）及（10.27）给出。

A.9 光子湮灭算符和产生算符的正序排列

量子光学中，光子湮灭算符和产生算符是不对易的，即 $[\hat{a},\hat{a}^{\dagger}]\neq 0$。二者的不同排列即代表着不同的意义。如

$$\hat{a}^{\dagger}\hat{a}\neq\hat{a}\hat{a}^{\dagger},\hat{a}^{\dagger}\hat{a}^{2}\neq\hat{a}^{2}\hat{a}^{\dagger} \tag{A.34}$$

而算符的正序排列是一种形式化定义，即强制把产生算符放在左边、把湮灭算符放在右边。如

$$:\hat{a}\hat{a}^{\dagger}: = \hat{a}^{\dagger}\hat{a} \tag{A.35}$$

$$:\hat{a}^{\dagger}\hat{a}: = \hat{a}^{\dagger}\hat{a} \tag{A.36}$$

$$:\hat{a}^{\dagger}\hat{a}\hat{a}\hat{a}^{\dagger}\hat{a}\hat{a}^{\dagger}\hat{a}: = \hat{a}^{\dagger 3}\hat{a}^{4} \tag{A.37}$$

光子数算符 $\hat{N}=\hat{a}\hat{a}^{\dagger}$ 相关的正序排列有如下结果：

$$:\hat{N}^{2}: = \hat{a}^{\dagger 2}\hat{a}^{2} \tag{A.38}$$

$$\hat{N}^{2} = \hat{a}^{\dagger}\hat{a}\hat{a}^{\dagger}\hat{a} = :\hat{N}^{2}: + \hat{a}^{\dagger}\hat{a} \tag{A.39}$$

A.10 $\hat{\Delta}^2$ 的计算

根据定义，知道

$$\hat{\Delta}^{2} = \hat{P}_1+\hat{P}_2+\hat{P}_3+\hat{P}_4 \tag{A.40}$$

因此，其测量平均值为

$$\langle\hat{\Delta}^{2}\rangle = \mathrm{Tr}(\hat{\Delta}^{2}\boldsymbol{\rho}_{\mathrm{BC}'}) = \langle\hat{P}_1\rangle+\langle\hat{P}_2\rangle+\langle\hat{P}_3\rangle+\langle\hat{P}_4\rangle \tag{A.41}$$

以下分别对 $\hat{P}_1$，$\hat{P}_2$，$\hat{P}_3$，$\hat{P}_4$ 进行计算。首先，

$$\hat{P}_1 = \frac{1}{\mathscr{K}^2}\sum_{k=1}^{\mathscr{K}}\sum_{k'=1}^{\mathscr{K}}\hat{N}_1^{(k)}\hat{N}_1^{(k')}\hat{N}_2^{(k)}\hat{N}_2^{(k')}$$

$$= \frac{1}{\mathscr{K}^2}\sum_{k=1}^{\mathscr{K}}(\hat{N}_1^{(k)})^2(\hat{N}_2^{(k)})^2 + \frac{1}{\mathscr{K}^2}\sum_{k=1}^{\mathscr{K}}\sum_{k'=1,k'\neq k}^{\mathscr{K}}\hat{N}_1^{(k)}\hat{N}_2^{(k)}\hat{N}_1^{(k')}\hat{N}_2^{(k')} \tag{A.42}$$

注意到，当$k\neq k'$时，易知$\langle\hat{N}_1^{(k)}\hat{N}_2^{(k)}\hat{N}_1^{(k')}\hat{N}_2^{(k')}\rangle=\langle\hat{N}_1^{(k)}\hat{N}_2^{(k)}\rangle\langle\hat{N}_1^{(k')}\hat{N}_2^{(k')}\rangle=\langle\hat{N}_1\hat{N}_2\rangle^2$。

于是，经化简得到

$$\langle\hat{P}_1\rangle=\frac{1}{\mathscr{K}}\langle\hat{N}_1^2\hat{N}_2^2\rangle+\left(1-\frac{1}{\mathscr{K}}\right)\langle\hat{N}_1\hat{N}_2\rangle^2 \tag{A.43}$$

其次，

$$\hat{P}_2=\frac{1}{\mathscr{K}^4}\sum_{j=1}^{\mathscr{K}}\sum_{l=1}^{\mathscr{K}}\sum_{j'=1}^{\mathscr{K}}\sum_{l'=1}^{\mathscr{K}}\hat{N}_1^{(j)}\hat{N}_2^{(l)}\hat{N}_1^{(j')}\hat{N}_1^{(l')} \tag{A.44}$$

于是，

$$\langle\hat{P}_2\rangle=\frac{1}{\mathscr{K}^4}\sum_{j=1}^{\mathscr{K}}\sum_{l=1}^{\mathscr{K}}\sum_{j'=1}^{\mathscr{K}}\sum_{l'=1}^{\mathscr{K}}\langle\hat{N}_1^{(j)}\hat{N}_2^{(l)}\hat{N}_1^{(j')}\hat{N}_1^{(l')}\rangle \tag{A.45}$$

在式（A.45）中，一共有$\mathscr{K}^4$个不同的$\langle\hat{N}_1^{(j)}\hat{N}_2^{(l)}\hat{N}_1^{(j')}\hat{N}_1^{(l')}\rangle$。根据$j$，$l$，$j'$，$l'$的取值，可以将$\mathscr{K}^4$个不同的组合$\langle\hat{N}_1^{(j)}\hat{N}_2^{(l)}\hat{N}_1^{(j')}\hat{N}_1^{(l')}\rangle$分为以下几大类：

（1）组合$\{j,l,j',l'\}$中元素均不相同，即该组合中有四个不同的取值。

（2）组合$\{j,l,j',l'\}$中元素只存在两个相同的取值，即组合中有三个不同的取值。

（3）组合$\{j,l,j',l'\}$中元素只有两个不同的取值。

（4）组合$\{j,l,j',l'\}$中元素全相同，即组合中只有一个不同的取值。

可以先分析第（1）种组合，该组合中不同元素个数为4。在$\mathscr{K}^4$种不同组合中，不同元素个数为4的组合共有$\mathscr{K}(\mathscr{K}-1)(\mathscr{K}-2)(\mathscr{K}-3)$种可能，这个数称为简并度。并且每一种可能所对应的$\langle\hat{N}_1^{(j)}\hat{N}_2^{(l)}\hat{N}_1^{(j')}\hat{N}_1^{(l')}\rangle$取值均相同，即

$$\langle\hat{N}_1^{(j)}\hat{N}_2^{(l)}\hat{N}_1^{(j')}\hat{N}_1^{(l')}\rangle=\langle\hat{N}_1\rangle^2\langle\hat{N}_2\rangle^2 \tag{A.46}$$

在表A.2中给出了(1)(2)(3)(4)四种组合的所有取值情况以及相应的简并度，容易验证所有的简并度之和恰为$\mathscr{K}^4$。这也表明了计算的完备性。

表A.2　(j，l，j'，l')的组合的分类及相应的$\langle\hat{N}_1^{(j)}\hat{N}_2^{(l)}\hat{N}_1^{(j')}\hat{N}_1^{(l')}\rangle$取值。其中简并度是指相应的组合在$\mathscr{K}^4$种可能中出现的次数

组合中不同元素个数	j,l,j',l'取值情况	$\langle\hat{N}_1^{(j)}\hat{N}_2^{(l)}\hat{N}_1^{(j')}\hat{N}_1^{(l')}\rangle$取值	简并度
4	$j\neq l\neq j'\neq l'$	$\langle\hat{N}_1\rangle^2\langle\hat{N}_2\rangle^2$	$\mathscr{K}(\mathscr{K}-1)(\mathscr{K}-2)(\mathscr{K}-3)$
3	$j=j',j\neq l\neq l'$	$\langle\hat{N}_1^2\rangle\langle\hat{N}_2\rangle^2$	$\mathscr{K}(\mathscr{K}-1)(\mathscr{K}-2)$
3	$j=l,j\neq j'\neq l'$	$\langle\hat{N}_1\hat{N}_2\rangle\langle\hat{N}_1\rangle\langle\hat{N}_2\rangle$	$\mathscr{K}(\mathscr{K}-1)(\mathscr{K}-2)$
3	$j=l',j\neq l\neq j'$	$\langle\hat{N}_1\hat{N}_2\rangle\langle\hat{N}_1\rangle\langle\hat{N}_2\rangle$	$\mathscr{K}(\mathscr{K}-1)(\mathscr{K}-2)$
3	$l=l',l\neq j\neq j'$	$\langle\hat{N}_2^2\rangle\langle\hat{N}_1\rangle^2$	$\mathscr{K}(\mathscr{K}-1)(\mathscr{K}-2)$
3	$l=j',l\neq j\neq l'$	$\langle\hat{N}_1\hat{N}_2\rangle\langle\hat{N}_1\rangle\langle\hat{N}_2\rangle$	$\mathscr{K}(\mathscr{K}-1)(\mathscr{K}-2)$
3	$j'=l',j'\neq j\neq l$	$\langle\hat{N}_1\hat{N}_2\rangle\langle\hat{N}_1\rangle\langle\hat{N}_2\rangle$	$\mathscr{K}(\mathscr{K}-1)(\mathscr{K}-2)$
2	$j=l\neq j'=l'$	$\langle\hat{N}_1\hat{N}_2\rangle^2$	$\mathscr{K}(\mathscr{K}-1)$
2	$j=j'\neq l=l'$	$\langle\hat{N}_1^2\rangle\langle\hat{N}_2^2\rangle$	$\mathscr{K}(\mathscr{K}-1)$

续表

组合中不同元素个数	j,l,j',l'取值情况	$\langle \hat{N}_1^{(j)}\hat{N}_2^{(l)}\hat{N}_1^{(j')}\hat{N}_1^{(l')}\rangle$取值	简并度
2	$j=l'\neq j'=l$	$\langle \hat{N}_1\hat{N}_2\rangle^2$	$\mathscr{K}(\mathscr{K}-1)$
2	$j=l=j'\neq l'$	$\langle \hat{N}_1^2\hat{N}_2\rangle\langle \hat{N}_2\rangle$	$\mathscr{K}(\mathscr{K}-1)$
2	$j=l=l'\neq j'$	$\langle \hat{N}_1\hat{N}_2^2\rangle\langle \hat{N}_1\rangle$	$\mathscr{K}(\mathscr{K}-1)$
2	$j=j'=l'\neq l$	$\langle \hat{N}_1^2\hat{N}_2\rangle\langle \hat{N}_2\rangle$	$\mathscr{K}(\mathscr{K}-1)$
2	$j\neq l=j'=l'$	$\langle \hat{N}_1\hat{N}_2^2\rangle\langle \hat{N}_1\rangle$	$\mathscr{K}(\mathscr{K}-1)$
1	$j=l=j'=l'$	$\langle \hat{N}_1^2\rangle\langle \hat{N}_2^2\rangle$	$\mathscr{K}$

根据表 A.2，容易得到

$$\langle \hat{P}_2\rangle=\frac{1}{\mathscr{K}^4}[\mathscr{K}(\mathscr{K}-1)(\mathscr{K}-2)(\mathscr{K}-3)\langle \hat{N}_1\rangle^2\langle \hat{N}_2\rangle^2+ \mathscr{K}(\mathscr{K}-1)(\mathscr{K}-2)(\langle \hat{N}_1^2\rangle\langle \hat{N}_2\rangle^2+4\langle \hat{N}_1\hat{N}_2\rangle\langle \hat{N}_1\rangle\langle \hat{N}_2\rangle+\langle \hat{N}_2^2\rangle\langle \hat{N}_1\rangle^2)+ \mathscr{K}(\mathscr{K}-1)(2\langle \hat{N}_1\hat{N}_2\rangle^2+\langle \hat{N}_1^2\rangle\langle \hat{N}_2^2\rangle+2\langle \hat{N}_1^2\hat{N}_2\rangle\langle \hat{N}_2\rangle+2\langle \hat{N}_1\hat{N}_2^2\rangle\langle \hat{N}_1\rangle)+ \mathscr{K}\langle \hat{N}_1^2\hat{N}_2^2\rangle] \tag{A.47}$$

采用相似的方法，可以得到

$$\langle \hat{P}_3\rangle=-\frac{1}{\mathscr{K}^3}\sum_{k=1}^{\mathscr{K}}\sum_{j=1}^{\mathscr{K}}\sum_{l=1}^{\mathscr{K}}\langle \hat{N}_1^{(k)}\hat{N}_1^{(j)}\hat{N}_2^{(k)}\hat{N}_2^{(l)}\rangle \tag{A.48}$$

表 A.3 中给出了不同的组合 $\{k,j,l\}$ 以及相应的 $\langle \hat{N}_1^{(k)}\hat{N}_1^{(j)}\hat{N}_2^{(k)}\hat{N}_2^{(l)}\rangle$ 取值和简并度。

表 A.3　(k,j,l) 组合的分类及相应的 $\langle \hat{N}_1^{(k)}\hat{N}_1^{(j)}\hat{N}_2^{(k)}\hat{N}_2^{(l)}\rangle$ 取值

组合$\{k,j,l\}$不同元素个数	k,j,l取值	$\langle \hat{N}_1^{(k)}\hat{N}_1^{(j)}\hat{N}_2^{(k)}\hat{N}_2^{(l)}\rangle$取值	简并度
3	$k\neq j\neq l$	$\langle \hat{N}_1\hat{N}_2\rangle\langle \hat{N}_1\rangle\langle \hat{N}_2\rangle$	$\mathscr{K}(\mathscr{K}-1)(\mathscr{K}-2)$
2	$k=j\neq l$	$\langle \hat{N}_1^2\hat{N}_2\rangle\langle \hat{N}_2\rangle$	$\mathscr{K}(\mathscr{K}-1)$
2	$k=l\neq j$	$\langle \hat{N}_1\hat{N}_2^2\rangle\langle \hat{N}_1\rangle$	$\mathscr{K}(\mathscr{K}-1)$
2	$j=l\neq k$	$\langle \hat{N}_1\hat{N}_2\rangle^2$	$\mathscr{K}(\mathscr{K}-1)$
1	$k=j=l$	$\langle \hat{N}_1^2\hat{N}_2^2\rangle$	$\mathscr{K}$

由此可以得到

$$\langle \hat{P}_3\rangle=-\frac{1}{\mathscr{K}^3}[\mathscr{K}(\mathscr{K}-1)(\mathscr{K}-2)\langle \hat{N}_1\hat{N}_2\rangle\langle \hat{N}_1\rangle\langle \hat{N}_2\rangle+ \mathscr{K}(\mathscr{K}-1)(\langle \hat{N}_1^2\hat{N}_2\rangle\langle \hat{N}_2\rangle+\langle \hat{N}_1\hat{N}_2^2\rangle\langle \hat{N}_1\rangle+\langle \hat{N}_1\hat{N}_2\rangle^2+ \mathscr{K}\langle \hat{N}_1^2\hat{N}_2^2\rangle] \tag{A.49}$$

运用同样的方法，可以计算得到

$$\langle \hat{P}_4\rangle=\langle \hat{P}_3\rangle \tag{A.50}$$

于是，综合以上，容易得到

$$\langle\hat{\boldsymbol{\Delta}}^2\rangle = \mathrm{Tr}(\boldsymbol{\rho}_{\mathrm{B'C''}}\hat{\boldsymbol{\Delta}}^2) = \sum_{i=1}^{4}\langle\hat{\boldsymbol{P}}_i\rangle$$
$$= c_1\langle\hat{\boldsymbol{N}}_1^2\hat{\boldsymbol{N}}_2^2\rangle + c_2\langle\hat{\boldsymbol{N}}_1\hat{\boldsymbol{N}}_2^2\rangle\langle\hat{\boldsymbol{N}}_1\rangle + c_3\langle\hat{\boldsymbol{N}}_1^2\hat{\boldsymbol{N}}_2\rangle\langle\hat{\boldsymbol{N}}_2\rangle + c_4\langle\hat{\boldsymbol{N}}_1\hat{\boldsymbol{N}}_2\rangle^2 +$$
$$c_5\langle\hat{\boldsymbol{N}}_1\hat{\boldsymbol{N}}_2\rangle\langle\hat{\boldsymbol{N}}_1\rangle\langle\hat{\boldsymbol{N}}_2\rangle + c_6\langle\hat{\boldsymbol{N}}_1^2\rangle\langle\hat{\boldsymbol{N}}_2\rangle^2 + c_7\langle\hat{\boldsymbol{N}}_1\rangle^2\langle\hat{\boldsymbol{N}}_2^2\rangle + c_8\langle\hat{\boldsymbol{N}}_1\rangle^2\langle\hat{\boldsymbol{N}}_2\rangle^2 \tag{A.51}$$

式中

$$c_1 = \frac{(\mathscr{K}-1)^2}{\mathscr{K}^3}, c_2 = c_3 = -\frac{2(\mathscr{K}-1)^2}{\mathscr{K}^3} \tag{A.52}$$

$$c_4 = \frac{(\mathscr{K}-1)(\mathscr{K}^2-2\mathscr{K}+2)}{\mathscr{K}^3} \tag{A.53}$$

$$c_5 = -\frac{2(\mathscr{K}-1)(\mathscr{K}-2)^2}{\mathscr{K}^3} \tag{A.54}$$

$$c_6 = c_7 = \frac{(\mathscr{K}-1)(\mathscr{K}-2)}{\mathscr{K}^3} \tag{A.55}$$

$$c_8 = \frac{(\mathscr{K}-1)(\mathscr{K}^2-5\mathscr{K}+7)}{\mathscr{K}^3} \tag{A.56}$$

在此，为了方便对各项的相对大小形成一个整体印象，考虑 $\mathscr{K}\gg 1$ 时的一个渐近情况。当 $\mathscr{K}\gg 1$ 时，容易得到

$$\lim_{\mathscr{K}\to\infty} c_1 = \lim_{\mathscr{K}\to\infty} c_2 = \lim_{\mathscr{K}\to\infty} c_3 = \lim_{\mathscr{K}\to\infty} c_6 = \lim_{\mathscr{K}\to\infty} c_7 = 0 \tag{A.57}$$

以及

$$\lim_{\mathscr{K}\to\infty} c_4 = \lim_{\mathscr{K}\to\infty} c_8 = 1, \lim_{\mathscr{K}\to\infty} c_5 = -2 \tag{A.58}$$

由此，得

$$\langle\hat{\boldsymbol{\Delta}}^2\rangle \approx \langle\hat{\boldsymbol{\Delta}}^2\rangle_{\mathrm{app}} = \langle\hat{\boldsymbol{N}}_1\hat{\boldsymbol{N}}_2\rangle^2 + \langle\hat{\boldsymbol{N}}_1\rangle^2\langle\hat{\boldsymbol{N}}_2\rangle^2 - 2\langle\hat{\boldsymbol{N}}_1\hat{\boldsymbol{N}}_2\rangle\langle\hat{\boldsymbol{N}}_1\rangle\langle\hat{\boldsymbol{N}}_2\rangle \tag{A.59}$$

$$\langle\delta_{\hat{\boldsymbol{\Delta}}}^2\rangle = \langle\hat{\boldsymbol{\Delta}}^2\rangle - \langle\hat{\boldsymbol{\Delta}}\rangle^2 \tag{A.60}$$
$$= d_1\langle\hat{\boldsymbol{N}}_1^2\hat{\boldsymbol{N}}_2^2\rangle + d_2\langle\hat{\boldsymbol{N}}_1\hat{\boldsymbol{N}}_2^2\rangle\langle\hat{\boldsymbol{N}}_1\rangle + d_3\langle\hat{\boldsymbol{N}}_1^2\hat{\boldsymbol{N}}_2\rangle\langle\hat{\boldsymbol{N}}_2\rangle + d_4\langle\hat{\boldsymbol{N}}_1\hat{\boldsymbol{N}}_2\rangle^2 +$$
$$d_5\langle\hat{\boldsymbol{N}}_1\hat{\boldsymbol{N}}_2\rangle\langle\hat{\boldsymbol{N}}_1\rangle\langle\hat{\boldsymbol{N}}_2\rangle + d_6\langle\hat{\boldsymbol{N}}_1^2\rangle\langle\hat{\boldsymbol{N}}_2\rangle^2 + d_7\langle\hat{\boldsymbol{N}}_1\rangle^2\langle\hat{\boldsymbol{N}}_2^2\rangle + d_8\langle\hat{\boldsymbol{N}}_1\rangle^2\langle\hat{\boldsymbol{N}}_2\rangle^2 \tag{A.61}$$

式中

$$d_1 = \frac{(\mathscr{K}-1)^2}{\mathscr{K}^3} \tag{A.62}$$

$$d_2 = d_3 = -\frac{2(\mathscr{K}-1)^2}{\mathscr{K}^3} \tag{A.63}$$

$$d_4 = -\frac{(\mathscr{K}-1)(\mathscr{K}-2)}{\mathscr{K}^3} \tag{A.64}$$

$$d_5 = \frac{(\mathscr{K}-1)(6\mathscr{K}-8)}{\mathscr{K}^3} \tag{A.65}$$

$$d_6 = d_7 = \frac{(\mathscr{K}-1)(\mathscr{K}-2)}{\mathscr{K}^3} \tag{A.66}$$

$$d_8 = -\frac{(\mathscr{K}-1)(4\mathscr{K}-7)}{\mathscr{K}^3} \tag{A.67}$$

A.11 $(a,b,c,-c)$型两模高斯态的密度矩阵计算

$(a,b,c,-c)$型两模高斯态是指一阶矩为零且协方差矩阵形如式（A.68）的两模高斯态。

$$\boldsymbol{V} = \begin{pmatrix} a & 0 & c & 0 \\ 0 & a & 0 & -c \\ c & 0 & b & 0 \\ 0 & -c & 0 & b \end{pmatrix} \tag{A.68}$$

仍然可以采用定理 7.6.8 的方法进行计算

$$\mathbb{A}_2 = \begin{pmatrix} a+\frac{1}{2} & 0 & c & 0 \\ 0 & a+\frac{1}{2} & 0 & -c \\ c & 0 & b+\frac{1}{2} & 0 \\ 0 & -c & 0 & b+\frac{1}{2} \end{pmatrix} \tag{A.69}$$

$$\det \mathbb{A}_2 = \frac{1}{16}(1+2a+2b+4ab-4c^2)^2 \tag{A.70}$$

及

$$f = \frac{1}{\sqrt{\det \mathbb{A}_2}} \exp[\xi_1(t_1t_2 + t_1't_2') + \xi_2 t_1 t_1' + \xi_3 t_2 t_2'] \tag{A.71}$$

$$\xi_1 = \frac{c}{\sqrt{\det \mathbb{A}_2}} \tag{A.72}$$

$$\xi_2 = \frac{-1+2a-2b+4ab-4c^2}{4\sqrt{\det \mathbb{A}_2}} \tag{A.73}$$

$$\xi_3 = \frac{-1-2a+2b+4ab-4c^2}{4\sqrt{\det \mathbb{A}_2}} \tag{A.74}$$

于是，矩阵元可以表示为

$$\langle k_1 k_2 | \boldsymbol{\rho} | m_1 m_2 \rangle \tag{A.75}$$

$$= \frac{1}{\sqrt{k_1!\,k_2!\,m_1!\,m_2!}} \partial_{t_1}^{k_1} \partial_{t_2}^{k_2} \partial_{t_1'}^{m_1} \partial_{t_2'}^{m_2} f \bigg|_{t_1=0,t_2=0,t_1'=0,t_2'=0} \tag{A.76}$$

$$= \frac{1}{\sqrt{k_1!k_2!m_1!m_2!\det \mathbb{A}_2}} \sum_{n=0}^{\infty} \frac{[\xi_1(t_1t_2 + t_1't_2') + \xi_2 t_1 t_1' + \xi_3 t_2 t_2']^n}{n!} \tag{A.77}$$

$$= \frac{1}{\sqrt{k_1!k_2!m_1!m_2!\det \mathbb{A}_2}} \sum_{n=0}^{\infty}$$

$$\sum_{n_1+n_2+n_3+n_4=n}\binom{n}{n_1,n_2,n_3,n_4}\frac{1}{n!}\xi_1^{n_1+n_2}\xi_2^{n_3}\xi_3^{n_4}t_1^{n_1+n_3}t_2^{n_1+n_4}t_1'^{n_2+n_3}t_2'^{n_2+n_4} \tag{A.78}$$

由于最终有贡献的为 $t_1=t_2=t_1'=t_2'=0$ 时的偏微分值，因此，(n_1,n_2,n_3,n_4) 需要满足以下条件

$$n_1+n_3=k_1,n_1+n_4=k_2,n_2+n_3=m_1,n_2+n_4=m_2 \tag{A.79}$$

这等价于

$$k_1-k_2=m_1-m_2=n_3-n_4 \tag{A.80}$$

事实上，如果式（A.80）成立，矩阵 $\boldsymbol{\rho}^{T_2}$（对两模高斯态第二个模式进行部分转置后的矩阵）是分块对角的。因此，得到

定理 A.11.1 *设 $\boldsymbol{\rho}$ 为式（A.68）的协方差矩阵，$\boldsymbol{\rho}^{T_2}$ 为对两模高斯态第二个模式进行部分转置后的矩阵，那么 $\boldsymbol{\rho}^{T_2}$ 为分块对角矩阵。*

根据定理 A.11.1，定义

$$\varrho\equiv\boldsymbol{\rho}^{T_2} \tag{A.81}$$

且

$$\langle k_1,m_2|\varrho|m_1,k_2\rangle=\langle k_1,k_2|\boldsymbol{\rho}|m_1,m_2\rangle \tag{A.82}$$

$$k_1+m_2\equiv m_1+k_2=K \tag{A.83}$$

于是，对于给定的 K，可以只考虑 k_1，m_1 这两个指标，即

$$\langle k_1,K-k_1|\varrho|m_1,K-m_1\rangle,\forall k_1=0,1,\cdots,K,m_1=0,1,\cdots,K \tag{A.84}$$

将 $k_2=K-m_1$，$m_2=K-k_1$ 代入式（A.79），容易得到

$$n_1+n_3=k_1,n_2+n_3=m_1,n\geqslant n_1,n_2,n_3,n_4\geqslant 0 \tag{A.85}$$

因此，只要找到所有可能的满足式（A.85）的 n_1，n_2，n_3，n_4 组合，就可以完成密度矩阵的计算。具体地：

（Ⅰ）当 $k_1\leqslant m_1$ 且 $k_1+m_1\leqslant K$ 时，只要让 n_3 在 0，1，2，…，k_1 之间自由变化，就可以穷尽该条件下的所有可能组合

$$n_3=0,1,2,\cdots,k_1 \tag{A.86}$$

$$n_1=k_1-n_3 \tag{A.87}$$

$$n_2=m_1-n_3 \tag{A.88}$$

$$n_4=K-k_1-m_1+n_3 \tag{A.89}$$

（Ⅱ）当 $k_1\leqslant m_1$ 用 $k_1+m_1\geqslant K$ 时，只要让 n_3 在 m_1+k_1-K，m_1+k_1-K+1，…，k_1 之间自由变化，就可以穷尽该条件下的所有可能组合

$$n_3=m_1+k_1-K,m_1+k_1-K+1,\cdots,k_1 \tag{A.90}$$

$$n_1=k_1-n_3 \tag{A.91}$$

$$n_2=m_1-n_3 \tag{A.92}$$

$$n_4=K-k_1-m_1+n_3 \tag{A.93}$$

综合（Ⅰ）和（Ⅱ）这两种情况，得到对于所有的 $k_1\leqslant m_1$，均有

$$C_{k_1,m_1}^{(K)}\equiv\langle k_1,K-k_1|\varrho|m_1,K-m_1\rangle$$

$$=\frac{1}{\sqrt{\det\mathbb{A}_2}}\sum_{n_3=n_{30}}^{k_1}\binom{k_1}{n_3}\binom{K-k_1}{m_1-n_3}\sqrt{\frac{\binom{K}{k_1}}{\binom{K}{m_1}}}\xi_1^{k_1+m_1-2n_3}\xi_2^{n_3}\xi_3^{K-k_1-m_1+n_3} \tag{A.94}$$

式中

$$n_{30} = \max\{m_1 + k_1 - K, 0\} \tag{A.95}$$

$$n_3 = n_{30}, n_{30} + 1, \cdots, k_1 \tag{A.96}$$

$$n_1 = k_1 - n_3 \tag{A.97}$$

$$n_2 = m_1 - n_3 \tag{A.98}$$

$$n_4 = K - k_1 - m_1 + n_3 \tag{A.99}$$

A.12 (a,b,c,c)型两模高斯态的密度矩阵计算

(a,b,c,c)型两模高斯态是指一阶矩为零且协方差矩阵形如式（A.100）的两模高斯态。

$$\boldsymbol{V} = \begin{pmatrix} a & 0 & c & 0 \\ 0 & a & 0 & c \\ c & 0 & b & 0 \\ 0 & c & 0 & b \end{pmatrix} \tag{A.100}$$

仍采用定理 7.6.8 的方法进行计算，可以得到

$$\mathbb{A}_2 = \begin{pmatrix} a+\frac{1}{2} & 0 & c & 0 \\ 0 & a+\frac{1}{2} & 0 & c \\ c & 0 & b+\frac{1}{2} & 0 \\ 0 & c & 0 & b+\frac{1}{2} \end{pmatrix} \tag{A.101}$$

$$\det \mathbb{A}_2 = \frac{1}{16}(1 + 2a + 2b + 4ab - 4c^2)^2 \tag{A.102}$$

于是，有

$$f = \frac{1}{\sqrt{\det \mathbb{A}_2}} \exp[\xi_1(t_1 t_2' + t_1' t_2) + \xi_2 t_1 t_1' + \xi_3 t_2 t_2'] \tag{A.103}$$

$$\xi_1 = \frac{c}{\sqrt{\det \mathbb{A}_2}} \tag{A.104}$$

$$\xi_2 = \frac{-1 + 2a - 2b + 4ab - 4c^2}{4\sqrt{\det \mathbb{A}_2}} \tag{A.105}$$

$$\xi_3 = \frac{-1 - 2a + 2b + 4ab - 4c^2}{4\sqrt{\det \mathbb{A}_2}} \tag{A.106}$$

密度矩阵元可以表示为

$$\langle k_1 k_2 | \boldsymbol{\rho} | m_1 m_2 \rangle \tag{A.107}$$

$$= \frac{1}{\sqrt{k_1!k_2!m_1!m_2!}} \partial_{t_1}^{k_1} \partial_{t_2}^{k_2} \partial_{t_1'}^{m_1} \partial_{t_2'}^{m_2} f \Big|_{t_1=0, t_2=0, t_1'=0, t_2'=0} \tag{A.108}$$

$$= \frac{1}{\sqrt{k_1!k_2!m_1!m_2!\det \mathbb{A}_2}} \sum_{n=0}^{\infty} \frac{[\xi_1(t_1 t_2' + t_1' t_2) + \xi_2 t_1 t_1' + \xi_3 t_2 t_2']^n}{n!} \tag{A.109}$$

$$= \frac{1}{\sqrt{k_1!k_2!m_1!m_2!\det \mathbb{A}_2}} \sum_{n=0}^{\infty}$$

$$\sum_{n_1+n_2+n_3+n_4=n} \binom{n}{n_1,n_2,n_3,n_4} \frac{1}{n!} \xi_1^{n_1+n_2} \xi_2^{n_3} \xi_3^{n_4} t_1^{n_1+n_3} t_2^{n_2+n_4} t_1'^{n_2+n_3} t_2'^{n_1+n_4} \tag{A.110}$$

同样地，由于只考虑 $t_1=t_2=t_1'=t_2'=0$ 时的偏微分值，因此，所关心的（n_1，n_2，n_3，n_4）需要满足

$$n_1+n_3=k_1, n_2+n_4=k_2, n_2+n_3=m_1, n_1+n_4=m_2 \tag{A.111}$$

由式（A.111），显然有

$$k_1+k_2=m_1+m_2=n \tag{A.112}$$

因此，可以看出 $\boldsymbol{\rho}$ 本身就是分块对角。这也是 (a,b,c,c) 型高斯态与 $(a,b,c,-c)$ 型高斯态最大的不同。

因此，当 $k_1+k_2=K$ 时，仅需要考虑 k_1 的指标即可。即以下计算只需要计算出矩阵元

$$\langle k_1,K-k_1|\boldsymbol{\rho}|m_1,K-m_1\rangle, \forall k_1=0,1,\cdots,K, m_1=0,1,\cdots,K \tag{A.113}$$

将 $k_2=K-m_1, m_2=K-k_1$ 代入式（A.111），式（A.111）可以化简为

$$n_1+n_3=k_1, n_2+n_3=m_1, n\geqslant n_1,n_2,n_3,n_4\geqslant 0 \tag{A.114}$$

因此，只要找到所有满足式（A.111）的可能组合 n_1，n_2，n_3，n_4，就可以完成矩阵元的计算。具体地：

（Ⅰ）当 $k_1\leqslant m_1$ 且 $k_1+m_1\leqslant K$ 时，只要让 n_3 在 0，1，2，…，k_1 之间自由变化，就可以穷尽该条件下的所有可能组合

$$n_3=0,1,2,\cdots,k_1 \tag{A.115}$$

$$n_1=k_1-n_3 \tag{A.116}$$

$$n_2=m_1-n_3 \tag{A.117}$$

$$n_4=K-k_1-m_1+n_3 \tag{A.118}$$

（Ⅱ）当 $k_1\leqslant m_1$ 且 $k_1+m_1\geqslant K$ 时，只要让 n_3 在 m_1+k_1-K，m_1+k_1-K+1，…，k_1 之间自由变化，就可以穷尽该条件下的所有可能组合

$$n_3=m_1+k_1-K, m_1+k_1-K+1,\cdots,k_1 \tag{A.119}$$

$$n_1=k_1-n_3 \tag{A.120}$$

$$n_2=m_1-n_3 \tag{A.121}$$

$$n_4=K-k_1-m_1+n_3 \tag{A.122}$$

综合（Ⅰ）和（Ⅱ）得到对于任意的 $k_1\leqslant m_1$，均为

$$\langle k_1,K-k_1|\boldsymbol{\rho}|m_1,K-m_1\rangle = \frac{1}{\sqrt{\det \mathbb{A}_2}} \sum_{n_3=n_{30}}^{k_1} \binom{k_1}{n_3}\binom{K-k_1}{m_1-n_3} \times \sqrt{\frac{\binom{K}{k_1}}{\binom{K}{m_1}}} \xi_1^{k_1+m_1-2n_3} \xi_2^{n_3} \xi_3^{K-k_1-m_1+n_3} \tag{A.123}$$

其中

$$n_{30}=\max\{m_1+k_1-K,0\} \tag{A.124}$$

$$n_3 = n_{30}, n_{30}+1, \cdots, k_1 \tag{A.125}$$

$$n_1 = k_1 - n_3 \tag{A.126}$$

$$n_2 = m_1 - n_3 \tag{A.127}$$

$$n_4 = K - k_1 - m_1 + n_3 \tag{A.128}$$

A.13　术语

1. 保真度

量子信息中用于衡量两个量子态的近似程度，保真度取值为 0 ~ 1 的实数。

2. 一阶矩

量子光场中正则坐标算符和正则动量算符的平均值。

3. Wigner 函数（魏格纳函数）

魏格纳函数本身是一个纯实数的函数，可正可负，它给出了描述量子力学问题的另外一种方式。魏格纳函数对正则坐标的积分可以得到正则动量的密度分布；对正则动量的积分可以得出正则坐标的密度分布。

4. 特征函数

特征函数为魏格纳函数的傅里叶变换。

5. 量子切诺夫界

量子切诺夫定理给出了在无限多份量子态条件下进行态区分的最小误判概率，这个概率又称为量子切诺夫界（Quantum Chernoff Bound）。

6. 纠缠负定

利用量子态密度矩阵的部分转置矩阵的负本征值所定义的纠缠大小的量度。

7. 薛定谔方程

1926 年，奥地利理论物理学家薛定谔所提出的方程，它是量子力学的基本方程。它在量子力学中的地位完全可以类比于牛顿第二定律在经典力学中的作用。薛定谔方程描述微观粒子的状态随时间变化的规律。

8. 光学分束器

光学分束器是把一束光分成两束或多束的光学器件。在量子光学中的光学分束器是 2 × 2 的。即两个输入和两个输出，输出需要满足对易关系。如果只有一束光通过光学分束器，另一个输入就被认为是真空态。理想的光学分束器本身无损耗，对输入的变换是酉正变换。

9. 非线性光学分束器

近年来，非线性光学分束器在提升精密测量的精度等方面产生重要应用。它是具有辅助增益的分束器，数学上对应着 SU(1,1) 的酉正变换。

10. 光子擦除

利用光学分束器和光子探测器实现的光子数减一的操作。在分束器透过率趋于 1、探测效率接近 100% 时，光子擦除操作逼近于湮灭算符所代表的操作。

11. 光子增加

利用光学分束器、辅助单光子态和光子探测器实现的光子数增加的操作。在分束器透过率趋于 1、探测效率接近 100% 时，光子增加操作逼近于产生算符所代表的操作。

12. 光子催化

利用光学分束器、辅助单光子态和光子探测器实现的光子数态空间中的变换。

13. 纠缠蒸馏

利用概率性局域操作的办法从大量低纠缠度的量子态提取出少量高纠缠度量子态的过程。根据纠缠的量子态所在的空间维度大小，可以分为离散型纠缠蒸馏和连续型纠缠蒸馏。

14. 光子数关联态

量子光学中，把形式写成 $\sum_n c_n|n\rangle|n\rangle\cdots|n\rangle$ 的量子纯态称作光子数关联态。

15. 压缩态

本书主要涉及的是光场的压缩态，又称压缩光。它是指一种非经典光场，其光场的一个正则分量（如正则坐标、正则动量或二者的线性组合）的涨落低于标准量子极限。

16. 压缩真空态

特指量子纯态 $\hat{S}(\xi)|0\rangle$，它是正则动量分量处于压缩状态，压缩度为 $20\xi\lg e$。

17. 压缩度

衡量压缩态涨落小于真空涨落的程度。真空态的压缩度为零。压缩态的涨落越小，其压缩度越高。

18. 相干态

1963 年，Roy J. Glauber 提出来的量子光场中的一种特殊状态。

19. 真空态

量子力学量子谐振子最低能量的纯态，可以理解为光子数为零的 Fock 态，也可以认为是平均光子数为零的相干态。

20. Fock 态

光子数算符 $\hat{N}=\hat{a}^{\dagger}\hat{a}$ 的本征态。

21. 两模压缩真空态

特指 $|\psi\rangle=\sum_n\sqrt{1-\lambda^2}\lambda^n|n\rangle|n\rangle$ 的两模纠缠态。它是连续变量量子信息中最具代表性、使用最广泛的量子纠缠。连续变量量子计算、量子密码等都是在两模压缩真空态的基础上设计的。

22. 量子态区分

利用量子测量的办法对未知量子态进行的分辨、识别。一般对于非正交态的区分，可以分为最小错误概率区分和无歧义区分。

23. 部分求迹

在处理两个及以上量子体系所构成的多体问题时经常采用的操作。对 A 部分求迹即是对 A 的所有可能的观测值进行概率平均。它类似于概率论中已知联合概率密度求解边缘概率密度的过程。

24. 局域测量（Local Measurement）

局域测量是指对于多体量子体系中的各个量子态进行分别测量的方式。它获取的信息量有限，实现起来较为方便。

25. 全局测量（Global Measurement）

全局测量又叫联合测量，是指把多个量子态组成的多体量子体系作为整体进行测量，它是信息量最大、难度也最大的测量。

26. 量子测量

量子测量是识别和获取未知量子态信息的过程。通过量子测量，量子态的信息被转化为宏观的经典信息。量子测量与经典测量有许多不同。

27. Bell 态

量子信息中，两个量子比特有 4 个相互正交的最大纠缠态：$|\phi^+\rangle=\frac{1}{\sqrt{2}}(|00\rangle+|11\rangle)$，$|\phi^-\rangle=\frac{1}{\sqrt{2}}(|00\rangle-|11\rangle)$，$|\psi^+\rangle=\frac{1}{\sqrt{2}}(|01\rangle+|10\rangle)$，$|\psi^-\rangle=\frac{1}{\sqrt{2}}(|01\rangle-|10\rangle)$。

28. Bell 不等式

1964 年，John Bell 提出的著名的验证量子力学非局域性的不等式。如果不等式被违背，则量子力学的非局域性成立。截至目前，所有的实验都证明 Bell 不等式在实验中是违背的。

29. 光子数空间

光子数算符的本征态 $|n\rangle$，$n=0$，1，2…组成的复数域上的线性空间。

30. 湮灭算符

量子物理学中的术语，它是指将处于特定粒子数的量子状态的粒子数减少 1 的算符，用 $\hat{a}$ 表示：$\hat{a}|n\rangle=\sqrt{n}|n-1\rangle$。

31. 产生算符

量子物理学中的术语，它是指将处于特定粒子数的量子状态的粒子数增加 1 的算符，用 $\hat{a}^\dagger$ 表示：$\hat{a}^\dagger|n\rangle=\sqrt{n+1}|n+1\rangle$。

32. 概率密度函数

描述从 x 到 $x+\mathrm{d}x$ 之间的概率 $p(x)\mathrm{d}x$ 的函数，它在全区间上的积分为 1，即 $\int \mathrm{d}x p(x)=1$。

33. 共轭转置

共轭转置是对矩阵的一种操作。具体操作是，先把矩阵的每一个矩阵元 $\boldsymbol{A}_{ij}$ 取复共轭，得到矩阵 $\boldsymbol{B}_{ij}=\boldsymbol{A}_{ij}^*$，而后将 $\boldsymbol{B}_{ij}$ 组成的矩阵 $\boldsymbol{B}$ 转置，即得 $\boldsymbol{C}_{ij}=\boldsymbol{B}_{ji}=\boldsymbol{A}_{ij}^*$。$\boldsymbol{C}_{ij}$ 组成的矩阵即为 $\boldsymbol{A}$ 的共轭转置。

34. 轭米矩阵

共轭转置等于其自身的方阵。

35. 酉正矩阵

酉正矩阵又称酉矩阵，即满足 $\boldsymbol{U}\boldsymbol{U}^\dagger=\boldsymbol{I}$ 的矩阵，其中 $\boldsymbol{U}^\dagger$ 为 $\boldsymbol{U}$ 的共轭转置。若酉矩阵的元素都是实数，其即为正交矩阵。

36. 漏检概率

目标存在，但检测器判定为不存在的概率。

37. 虚警概率

目标不存在，但检测器判定为存在的概率。

38. 误判概率

在目标的先验概率未知情况下，一般用漏检概率和虚警概率的加权平均作为误判概率，以此来衡量方案的目标探测性能。

39. 反射率

目标反射的辐射能量占总辐射能量的百分比，称为反射率。在本书中，采用反射率为 κ_t 的光学分束器表示目标。

参考文献

[1] Lloyd S. Enhanced sensitivity of photodetection via quantum illumination[J]. Science, 2008 (321):1463 - 1465.

[2] Bennett C H, Brassard G. Quantum cryptography: Public key distribution and coin tossing? [C]. in Proceedings of the IEEE International Conference on Computers, Systems, and Signal Processing, Bangalore, India, 1984:175.

[3] Shor P W. Algorithms for quantum computation: discrete logarithm and factoring [C]. Proceedings of the 35th Annual Symposium on Foundations of Computer Science, Santa Fe, NM, 1994.

[4] Grover L K. Quantum mechanics helps in searching for a needle in a haystack[J]. Phys. Rev. Lett. ,1997(79): 325 - 328.

[5] Grover L K. Quantum computers can search arbitrarily large databases by a single query[J]. Phys. Rev. Lett. ,1997(79):4709 - 4712.

[6] Harrow A W, Hassidim A, Lloyd S. Quantum algorithm for linear systems of equations[J]. Phys. Rev. Lett. ,2009(103): 150502.

[7] Lloyd S, Mohseni M, Rebentrost P. Quantum principal component analysis[J]. Nature Physics, 2014(10):631 - 633.

[8] Malik M, Magaña Loaiza O S, Boyd R W. Quantum - secured imaging[J]. Applied Physics Letters, 2012(101):241103.

[9] Nair R, Yen B J, Shapiro J H, et al. Quantum - enhanced ladar ranging with squeezed - vacuum injection, phase - sensitive amplification, and slow photodetectors[C]. in Quantum Communications and Quantum Imaging IX, vol. 8163 R. E. Meyers, Y. Shih, and K. S. Deacon, eds., International Society for Optics and Photonics. SPIE, 2011:203 - 216.

[10] 付毅飞. 我单光子量子雷达完成远程探测试验[N]. 科技日报,2018 - 8 - 16.

[11] Caves C M. Quantum - mechanical noise in an interferometer[J]. Phys. Rev. D, 1981(23): 1693 - 1708.

[12] Polino E, Valeri M, Spagnolo N, et al. Photonic quantum metrology[J]. AVS Quantum Science, 2020(2): 024703.

[13] Liu L Z, Zhang Y Z, Li Z D, et al. Distributed quantum phase estimation with entangled photons [J]. Nature Photonics, 2021(15): 137 - 142.

[14] Pezzè L, Smerzi A, Oberthaler M K, et al. Quantum metrology with nonclassical states of atomic ensembles[J]. Rev. Mod. Phys. ,2018(90): 035005.

[15]Song X B, Fu S Y, Zhang X, et al. Multimode quantum states with single photons carrying orbital angular momentum[J]. Scientific Reports, 2017(7): 3601.

[16]王书,任益充,饶瑞中,苗锡奎. 大气损耗对量子干涉雷达的影响机理[J]. 物理学报, 2017,66(15): 150301.

[17]葛鹏,葛家龙. 干涉式量子雷达的关键技术[J]. 电子技术与软件工程,2019(8):104.

[18]Shih Y. The physics of ghost imaging[M]. New York: Springer, 2012.

[19]Padgett M J, Boyd R W. An introduction to ghost imaging: quantum and classical [J]. Philosophical Transactions of the Royal Society A: Mathematical, Physical and Engineering Sciences, 2017(375): 20160233.

[20]张瑷敏. 量子雷达:撕开战场"隐身衣"[N]. 中国国防报,2019-09-17.

[21]Lanzagorta M. Quantum Radar[M]. San Rafael: Morgan Claypool Publishers, 2011.

[22]Lanzagorta M. 量子雷达 [M]. 周万幸,吴鸣亚,金林,译. 北京:电子工业出版社,2013.

[23]江涛,量子雷达[M]. 北京: 国防工业出版社,2017.

[24]Tan S H, Erkmen B I, Giovannetti V, et al. Shapiro, Quantum illumination with gaussian states [J]. Phys. Rev. Lett., 2008(101): 253601.

[25]Usha Devi A R, Rajagopal A K. Quantum target detection using entangled photons[J]. Phys. Rev. A, 2009(79): 062320.

[26]Zhang S, Guo J, Bao W, et al. Quantum illumination with photon - subtracted continuous - variable entanglement[J]. Phys. Rev. A, 2014(89): 062309.

[27]Fan L, Zubairy M S. Quantum illumination using non - gaussian states generated by photon subtraction and photon addition[J]. Phys. Rev. A, 2018(98): 012319.

[28]Zhang W Z, Ma Y H, Chen J F, et al. Quantum illumination assistant with error - correcting codes[J]. New Journal of Physics, 2020(22): 013011.

[29]Barzanjeh S, Pirandola S, Vitali D, et al. Microwave quantum illumination using a digital receiver[J]. Science Advances, 2020(6): eabb0451.

[30]Bourassa J, Wilson C M. Progress toward an all - microwave quantum illumination radar[J]. IEEE Aerospace and Electronic Systems Magazine, 2020(35): 58-69.

[31]Sofer S, Strizhevsky E, Schori A, et al. Quantum enhanced X - ray detection[J]. Phys. Rev. X, 2019(9): 031033.

[32]Guha S, Erkmen B I. Gaussian - state quantum - illumination receivers for target detection[J]. Phys. Rev. A, 2009(80): 052310.

[33]Lopaeva E D, Berchera Ruo I, Degiovanni I P, et al. Experimental realization of quantum illumination[J]. Phys. Rev. Lett., 2013(110): 153603.

[34]Zhang S, Zhang X. Photon catalysis acting as noiseless linear amplification and its application in coherence enhancement[J]. Phys. Rev. A, 2018(97): 043830.

[35]Wilde M M, Tomamichel M, Lloyd S, et al. Gaussian hypothesis testing and quantum illumination[J]. Phys. Rev. Lett., 2017(119): 120501.

[36]Ragy S, Berchera I R, Degiovanni I P, et al. Quantifying the source of enhancement in experimental continuous variable quantum illumination[J]. J. Opt. Soc. Am. B, 2014(31):

2045 - 2050.

[37]Zhang S,Zou X,Shi J,et al. Quantum illumination in the presence of photon loss[J]. Phys. Rev. A,2014(90):052308.

[38]Zhuang Q,Zhang Z,Shapiro J H. Entanglement - enhanced lidars for simultaneous range and velocity measurements[J]. Phys. Rev. A,2017(96):040304.

[39]Gregory T,Moreau P A,Toninelli E,et al. Imaging through noise with quantum illumination [J]. Science Advances,2020(6):eaay2652.

[40]Maccone L,Ren C. Quantum radar[J]. Phys. Rev. Lett. ,2020(124):200503.

[41]Salmanogli A,Gokcen D. Analysis of Quantum Radar Cross - Section by Canonical Quantization Method (Full Quantum Theory)[J]. IEEE Access, 2020 (8):205487 - 205494.

[42]田志富，吴迪，胡涛. 圆柱曲面单光子量子雷达散射截面的理论研究[J]. 物理学报，2022(71):034204.

[43]Heras Las U,Candia Di R,Fedorov K G,et al. Quantum illumination reveals phase - shift inducing cloaking[J]. Scientific Reports,2017(7):9333.

[44]Zhang T,Zeng H,Chen R. Simulation of quantum radar cross section for electrically large targets with gpu[J]. IEEE Access,2019(7):154260 - 154267.

[45]Shapiro J H. Defeating passive eavesdropping with quantum illumination[J]. Phys. Rev. A, 2009(80): 022320.

[46]Zhang Z,Tengner M,Zhong T,et al. Entanglement's benefit survives an entanglement - breaking channel[J]. Phys. Rev. Lett. ,2013(111):010501.

[47]Pirandola S. Quantum reading of a classical digital memory[J]. Phys. Rev. Lett. ,2011 (106):090504.

[48]Ortolano G,Losero E,Pirandola S,et al. Experimental quantum reading with photon counting [J]. Science Advances,2021(7).

[49]Mair A,Vaziri A,Weihs G,et al. Entanglement of the orbital angular momentum states of photons[J]. Nature,2001(412):313 - 316.

[50]郭光灿,周祥发. 量子光学[D]. 北京:科学出版社,2022.

[51]Einstein A,Podolsky B,Rosen N. Can quantum - mechanical description of physical reality be considered complete? [J]. Phys. Rev. ,1935(47):777 - 780.

[52]Lewis P. Quantum Ontology:A Guide to the Metaphysics of Quantum Mechanics[M]. Oxford: Oxford University Press,2016.

[53]Moreau P A,Toninelli E,Gregory T,et al. Imaging bell - type nonlocal behavior[J]. Science Advances,2019(5):eaaw2563.

[54]Knill E,Laflamme R,Milburn G J. A scheme for efficient quantum computation with linear optics[J]. Nature,2001(409):46 - 52.

[55]Wang X L,Chen L K,Li W,et al. Experimental ten - photon entanglement[J]. Phys. Rev. Lett.,2016(117):210502.

[56]Glauber R J. Coherent and incoherent states of the radiation field[J]. Phys. Rev. ,1963(131): 2766 - 2788.

[57] Mandel L, Wolf E. Optical Coherence and Quantum Optics [M]. Cambridge: Cambridge University Press,1995 .

[58] Zhang S. High – fidelity photon – subtraction operation for large – photon – number fock states [J]. Phys. Rev. A,2020(101):023835.

[59] Fong K Y, Li H K, Zhao R, et al. Phonon heat transfer across a vacuum through quantum fluctuations[J]. Nature,2019(576):243 247.

[60] Stoler D. Equivalence classes of minimum uncertainty packets[J]. Phys. Rev. D,1970(1): 3217 – 3219.

[61] Yuen H P. Two – photon coherent states of the radiation field[J]. Phys. Rev. A,1976(13): 2226 – 2243.

[62] Hong C K, Mandel L. Higher – order squeezing of a quantum field[J]. Phys. Rev. Lett. ,1985 (54):323 – 325.

[63] Hillery M. Amplitude – squared squeezing of the electromagnetic field[J]. Phys. Rev. A,1987 (36):3796 – 3802.

[64] Zhang Z M, Xu L, Chai J L, et al. A new kind of higher – order squeezing of radiation field[J]. Physics Letters A,1990(150):27 – 30.

[65] Ray A, Puri R R. Generation of squeezed atomic states in cavity qed[J]. Pramana,1998(50): 253 – 261.

[66] Gross C, Zibold T, Nicklas E, et al. Nonlinear atom interferometer surpasses classical precision limit[J]. Nature,2010(464):1165 – 1169.

[67] Riedel M F, Böhi P, Li Y, et al. Atom – chip – based generation of entanglement for quantum metrology[J]. Nature,2010(464): 1170 – 1173.

[68] Hosten O, Engelsen N J, Krishnakumar R, et al. Measurement noise 100 times lower than the quantum – projection limit using entangled atoms[J]. Nature,2016(529):505 – 508.

[69] Banaee M G, Young J F. Squeezed state generation in photonic crystal microcavities[J]. Opt. Express,2008(16):20908 – 20919.

[70] An N B. Exciton – induced squeezed state of light in semiconductors[J]. Phys. Rev. B,1993 (48):11732 – 11742.

[71] Yamamoto Y, Machida S, Richardson W H. Photon number squeezed states in semiconductor lasers[J]. Science,1992(255):1219 – 1224.

[72] Leroux I D, Schleier – Smith M H, Vuletić V. Implementation of cavity squeezing of a collective atomic spin[J]. Phys. Rev. Lett. ,2010(104):073602.

[73] Otterpohl A, Sedlmeir F, Vogl U, et al. Squeezed vacuum states from a whispering gallery mode resonator[J]. Optica,2019(6):1375 – 1380.

[74] Dunlop A E, Huntington E H, Harb C C, et al. Generation of a frequency comb of squeezing in an optical parametric oscillator[J]. Phys. Rev. A,2006(73): 013817.

[75] Roslund J, Araújo R M de, Jiang S, et al. Wavelength – multiplexed quantum networks with ultrafast frequency combs[J]. Nature Photonics,2014(8): 109 – 112.

[76] Cai Y, Roslund J, Ferrini G, et al. Multimode entanglement in reconfigurable graph states using

optical frequency combs[J]. Nature Communications,2017(8):15645.

[77]Rashid M,Tufarelli T,Bateman J,et al. Experimental realization of a thermal squeezed state of levitated optomechanics[J]. Phys. Rev. Lett. ,2016(117):273601.

[78]Wu L A, Kimble H J, Hall J L, et al. Generation of squeezed states by parametric down conversion[J]. Phys. Rev. Lett. ,1986(57):2520 – 2523.

[79]Vahlbruch H,Mehmet M,Danzmann K,et al. Detection of 15 dB squeezed states of light and their application for the absolute calibration of photoelectric quantum efficiency[J]. Phys. Rev. Lett. ,2016(117):110801.

[80]Shi S,Wang Y,Yang W,et al. Detection and perfect fitting of 13.2 dB squeezed vacuum states by considering green – light – induced infrared absorption[J]. Opt. Lett. ,2018(43):5411 – 5414.

[81]McKenzie K,Grosse N,Bowen W P,et al. Squeezing in the audio gravitational – wave detection band[J]. Phys. Rev. Lett. ,2004(93):161105.

[82]Vahlbruch H, Chelkowski S,Danzmann K,et al. Quantum engineering of squeezed states for quantum communication and metrology[J]. New Journal of Physics,2007(9): 371 – 371.

[83]Stefszky M S,Mow – Lowry C M,Chua S S Y,et al. Balanced homodyne detection of optical quantum states at audio – band frequencies and below[J]. Classical and Quantum Gravity, 2012(29):145015.

[84]Shih Y H,Alley C O. New type of einstein – podolsky – rosen – bohm experiment using pairs of light quanta produced by optical parametric down conversion[J]. Phys. Rev. Lett. ,1988(61): 2921 – 2924.

[85]Bhaskar M K, Riedinger R, Machielse B, et al. Experimental demonstration of memory – enhanced quantum communication[J]. Nature,2020(580): 60 – 64.

[86]Burnham D C,Weinberg D L. Observation of simultaneity in parametric production of optical photon pairs[J]. Phys. Rev. Lett. ,1970(25):84 – 87.

[87]Meda A,Losero E,Samantaray N,et al. Photon – number correlation for quantum enhanced imaging and sensing[J]. Journal of Optics,2017(19):094002.

[88]Lee C T. Nonclassical photon statistics of two – mode squeezed states[J]. Phys. Rev. A,1990 (42): 1608 – 1616.

[89]Ruo – Berchera I,Degiovanni I P,Olivares S,et al. One – and two – mode squeezed light in correlated interferometry[J]. Phys. Rev. A,2015(92): 053821.

[90]Anisimov P M, Raterman G M, Chiruvelli A, et al. Quantum metrology with two – mode squeezed vacuum: Parity detection beats the heisenberg limit [J]. Phys. Rev. Lett. , 2010 (104):103602.

[91]Adesso G, Ragy S, Lee A R. Continuous variable quantum information: Gaussian states and beyond[J]. Open Systems & Information Dynamics,2014(21):1440001.

[92]Wang X B,Hiroshima T,Tomita A,et al. Quantum information with gaussian states[J]. Physics Reports,2007(448):1 – 111.

[93]Schrödinger E. An undulatory theory of the mechanics of atoms and molecules[J]. Phys. Rev. , 1926(28):1049 – 1070.

[94] Walls D, Milburn G. Quantum Optics[M]. Berlin: Springer – Verlag, 2008.

[95] Hwang W Y. Quantum key distribution with high loss: Toward global secure communication [J]. Phys. Rev. Lett., 2003(91):057901.

[96] Gottesman D, Lo H, Lutkenhaus N, et al. Security of quantum key distribution with imperfect devices[C]. In International Symposium on Information Theory, 2004. ISIT 2004. Proceedings., 2004:136.

[97] Wang X B. Beating the photon – number – splitting attack in practical quantum cryptography [J]. Phys. Rev. Lett., 2005(94):230503.

[98] Lo H K, Ma X, Chen K. Decoy state quantum key distribution[J]. Phys. Rev. Lett., 2005 (94):230504.

[99] Matthews J C F, Thompson M G. An entangled walk of photons[J]. Nature, 2012 (484): 47 – 48.

[100] Wang J, Sciarrino F, Laing A, et al. Thompson, Integrated photonic quantum technologies[J]. Nature Photonics, 2020(14):273 – 284.

[101] Marlan O Scully, Suhail Zubairy M. Quantum optics[M]. Cambridge: Cambridge University Press, 1997 .

[102] Hong C K, Ou Z Y, Mandel L. Measurement of subpicosecond time intervals between two photons by interference[J]. Phys. Rev. Lett., 1987(59):2044 – 2046.

[103] Lopes R, Imanaliev A, Aspect A, et al. Atomic hong – ou – mandel experiment[J]. Nature, 2015(520):66 – 68.

[104] Kobayashi T, Ikuta R, Yasui S, et al. Frequency – domain hong – ou – mandel interference [J]. Nature Photonics, 2016(10):441 – 444.

[105] Loudon R. Photon bunching and antibunching[J]. Physics Bulletin, 1976(27):21 – 23.

[106] Holevo A S. Probabilistic and Statistical Aspects of Quantum Theory[M]. Amsterdam: North – Holland, 1982.

[107] Helstrom C W. Quantum Detection and Estimation Theory[M]. New York: Academic Press, 1976.

[108] Clerk A A, Devoret M H, Girvin S M, et al. Introduction to quantum noise, measurement, and amplification[J]. Rev. Mod. Phys., 2010(82):1155 – 1208.

[109] Nielsen M, Chuang I. Quantum computation and quantum information [M]. Cambridge University Press, 2000.

[110] Nehra R, Chang C H, Yu Q, et al. Photon – number – resolving segmented detectors based on single – photon avalanche – photodiodes[J]. Opt. Express, 2020(28):3660 – 3675.

[111] Takesue H, Nam S W, Zhang Q, et al. Quantum key distribution over a 40 – dB channel loss using superconducting single – photon detectors[J]. Nature Photonics, 2007(1):343 – 348.

[112] Lita A E, Miller A J, Nam S W. Counting near – infrared single – photons with 95% efficiency [J]. Opt. Express, 2008(16):3032 – 3040.

[113] Dauler E A, Kerman A J, Robinson B S, et al. Photon – number – resolution with sub – 30 – ps timing using multi – element superconducting nanowire single photon detectors[J]. Journal of

Modern Optics,2009(56): 364 -373.

[114] Mirin R. P, Nam S. W, Itzler M A. Single - photon and photon - number - resolving detectors [J]. IEEE Photonics Journal,2012(4):629 -632.

[115] Zou K, Meng Y, Xu L, et al. Superconducting nanowire photon - number - resolving detectors integrated with current reservoirs[J]. Phys. Rev. Applied,2020(14):044029.

[116] Raussendorf R, Briegel H J. A one - way quantum computer[J]. Phys. Rev. Lett. ,2001(86): 5188 -5191.

[117] Briegel H J, Browne D E, Dür W, et al. Measurement - based quantum computation[J]. Nature Physics,2009(5):19 -26.

[118] Raussendorf R, Wei T C. Quantum computation by local measurement[J]. Annual Review of Condensed Matter Physics,2012(3):239 -261.

[119] Massar S. Collective versus local measurements on two parallel or antiparallel spins[J]. Phys. Rev. A,2000(62):040101.

[120] Wootters W K, Zurek W H. A single quantum cannot be cloned[J]. Nature,1982(299): 802 -803.

[121] Spring J B, Metcalf B J, Humphreys P C, et al. Boson sampling on a photonic chip[J]. Science,2013(339):798 -801.

[122] Barros H G, Stute A, Northup T E, et al. Deterministic single - photon source from a single ion [J]. New Journal of Physics,2009(11):103004.

[123] Martini De F, Giuseppe Di G, Marrocco M. Single - mode generation of quantum photon states by excited single molecules in a microcavity trap[J]. Phys. Rev. Lett. ,1996(76):900 -903.

[124] Kurtsiefer C, Mayer S, Zarda P, et al. Stable solid - state source of single photons[J]. Phys. Rev. Lett. ,2000(85):290 -293.

[125] Brouri R, Beveratos A, Poizat J P, et al. Photon antibunching in the fluorescence of individual color centers in diamond[J]. Opt. Lett. ,2000(25):1294 -1296.

[126] Strauf S, Stoltz N G, Rakher M T, et al. High - frequency single - photon source with polarization control[J]. Nature Photonics,2007(1):704 -708.

[127] Guo X, Zou C L, Schuck C, et al. Parametric down - conversion photon - pair source on a nanophotonic chip[J]. Light:Science & Applications,2017(6):e16249.

[128] Montaut N, Sansoni L, Meyer - Scott E, et al. High - efficiency plug - and - play source of heralded single photons[J]. Phys. Rev. Applied,2017(8):024021.

[129] Zeng H Z J, Ngyuen M A P, Ai X, et al. Integrated room temperature single - photon source for quantum key distribution[J]. Opt. Lett. ,2022(47): 1673 -1676.

[130] Bai P, Zhang Y H, Shen W Z. Infrared single photon detector based on optical up - converter at 1550 nm[J]. Scientific Report, 2017(7): 15341.

[131] Hadfield R. Superfast photon counting[J]. Nature Photonics, 2020(14): 201 -202.

[132] Sacchi M F. Entanglement can enhance the distinguishability of entanglement - breaking channels[J]. Phys. Rev. A,2005(72):014305.

[133] Sacchi M F. Optimal discrimination of quantum operations [J]. Phys. Rev. A, 2005

(71):062340.

[134]A. Chefles. Quantum state discrimination[J]. Contemporary Physics,2010(41):401 - 424.

[135]Zhang S,Zou X,Li K,et al. Quantum circuit implementation of the optimal information - disturbance tradeoff of maximally entangled states[J]. Journal of Physics A: Mathematical and Theoretical,2008(41):035309.

[136] Lupaşcu A, Saito S, Picot T, et al. Quantum non - demolition measurement of a superconducting two - level system[J]. Nature Physics,2007(3):119 - 123.

[137]Barton D K. Radar Equations for Modern Radar[M]. Norwood:Artech House,2013.

[138] Sacchi M F. Optimal discrimination of quantum operations [J]. Phys. Rev. A, 2005 (71):062340.

[139] Sacchi M F. Entanglement can enhance the distinguishability of entanglement - breaking channels[J]. Phys. Rev. A,2005(72):014305.

[140]Ippoliti M,Kechedzhi K,Moessner R,et al. Many - body physics in the nisq era: Quantum programming a discrete time crystal[J]. PRX Quantum,2021(2): 030346.

[141]Bharti K,Cervera - Lierta A,Kyaw T H,et al. Noisy intermediate - scale quantum algorithms [J]. Rev. Mod. Phys. ,2022(94): 015004.

[142]Bouchard F,England D,Bustard P J,et al. Achieving ultimate noise tolerance in quantum communication[J]. Phys. Rev. Applied,2021(15):024027.

[143]Bell J S. On the einstein - podolsky - rosen paradox[J]. Physics,1964(1):195 - 200.

[144]Vedral V,Plenio M B. Entanglement measures and purification procedures[J]. Phys. Rev. A, 1998(57): 1619 - 1633.

[145]Piani M. Relative entropy of entanglement and restricted measurements[J]. Phys. Rev. Lett. , 2009(103):160504.

[146]Hill S,Wootters W K. Entanglement of a pair of quantum bits[J]. Phys. Rev. Lett. ,1997 (78):5022 - 5025.

[147]Wootters W K. Entanglement of formation of an arbitrary state of two qubits[J]. Phys. Rev. Lett. ,1998(80): 2245 - 2248.

[148] Vidal G, Werner R F. Computable measure of entanglement [J]. Phys. Rev. A, 2002 (65):032314.

[149]Oh S,Lee S,Lee H W. Fidelity of quantum teleportation through noisy channels[J]. Phys. Rev. A,2002(66):022316.

[150]Kitagawa A,Takeoka M,Sasaki M,et al. Entanglement evaluation of non - gaussian states generated by photon subtraction from squeezed states[J]. Phys. Rev. A,2006(73): 042310.

[151]Plenio M B. Logarithmic negativity: A full entanglement monotone that is not convex[J]. Phys. Rev. Lett. ,2005(95):090503.

[152]López C E,Romero G,Lastra F,et al. Sudden birth versus sudden death of entanglement in multipartite systems[J]. Phys. Rev. Lett. ,2008(101): 080503.

[153]Audenaert K M R,Calsamiglia J,Muñoz Tapia R,et al. Discriminating states: The quantum chernoff bound[J]. Phys. Rev. Lett. ,2007(98):160501.

[154] Calsamiglia J, Muñoz Tapia R, Masanes L, et al. Quantum chernoff bound as a measure of distinguishability between density matrices: Application to qubit and gaussian states[J]. Phys. Rev. A, 2008(77): 032311.

[155] Pirandola S, Lloyd S. Computable bounds for the discrimination of gaussian states[J]. Phys. Rev. A, 2008(78): 012331.

[156] Villabona – Monsalve J P, Varnavski O, Palfey B A, et al. Two – photon excitation of flavins and flavoproteins with classical and quantum light [J]. Journal of the American Chemical Society, 2018(140): 14562 – 14566.

[157] Schori A, Borodin D, Tamasaku K, et al. Ghost imaging with paired X – ray photons[J]. Phys. Rev. A, 2018(97): 063804.

[158] Braunstein S L, van Loock P. Quantum information with continuous variables[J]. Rev. Mod. Phys., 2005(77): 513 – 577.

[159] Weedbrook C, Pirandola S, García – Patrón R, et al. Gaussian quantum information[J]. Rev. Mod. Phys., 2012(84): 621 – 669.

[160] Grosshans F, Grangier P. Continuous variable quantum cryptography using coherent states[J]. Phys. Rev. Lett., 2002(88): 057902.

[161] Braunstein S L, Kimble H J. Teleportation of continuous quantum variables[J]. Phys. Rev. Lett., 1998(80): 869 – 872.

[162] Furusawa A, Sørensen J L, Braunstein S L, et al. Unconditional quantum teleportation[J]. Science, 1998(282): 706 – 709.

[163] Lloyd S, Braunstein S L. Quantum computation over continuous variables[J]. Phys. Rev. Lett., 1999(82): 1784 – 1787.

[164] Eberle T, Händchen V, Schnabel R. Stable control of 10 dB two – mode squeezed vacuum states of light[J]. Opt. Express, 2013(21): 11546 – 11553.

[165] Wang Y, Zhang W, Li R, et al. Generation of – 10.7 db unbiased entangled states of light[J]. Applied Physics Letters, 2021(118): 134001.

[166] Wigner E. On the quantum correction for thermodynamic equilibrium[J]. Phys. Rev., 1932(40): 749 – 759.

[167] Tatarskii V. The wigner representation of quantum mechanics[J]. Sov. Phys. Uspekhi, 1983(26): 311 – 327.

[168] Guo L L, Yu Y F, Zhang Z M. Improving the phase sensitivity of an SU(1,1) interferometer with photon – added squeezed vacuum light[J]. Opt. Express, 2018(26): 29099 – 29109.

[169] You C, Adhikari S, Ma X, et al. Conclusive precision bounds for SU(1,1) interferometers [J]. Phys. Rev. A, 2019(99): 042122.

[170] Li D, Yuan C H, Ou Z Y, et al. The phase sensitivity of an SU(1,1) interferometer with coherent and squeezed – vacuum light[J]. New Journal of Physics, 2014(16): 073020.

[171] Anderson B E, Gupta P, Schmittberger B L, et al. Phase sensing beyond the standard quantum limit with a variation on the SU(1,1) interferometer[J]. Optica, 2017(4): 752 – 756.

[172] Wodkiewicz K, Eberly J H. Coherent states, squeezed fluctuations, and the SU(2) am SU(1,

1) groups in quantum – optics applications[J]. J. Opt. Soc. Am. B,1985(2):458 – 466.

[173] Gerry C C. Dynamics of SU(1,1) coherent states[J]. Phys. Rev. A,1985(31):2721 – 2723.

[174] Agarwal G S, Puri R R. Cooperative behavior of atoms irradiated by broadband squeezed light [J]. Phys. Rev. A,1990(41):3782 – 3791.

[175] Brif C, Mann A. Nonclassical interferometry with intelligent light[J]. Phys. Rev. A, 1996 (54): 4505 – 4518.

[176] Steuernagel O, Scheel S. Approaching the heisenberg limit with two – mode squeezed states [J]. Journal of Optics B: Quantum and Semiclassical Optics,2004(6):S66 – S70.

[177] Yuen H P, Chan V W S. Noise in homodyne and heterodyne detection[J]. Opt. Lett., 1983 (8): 177 – 179.

[178] Abbas G L, Chan V W S, Yee TK. Local – oscillator excess – noise suppression for homodyne and heterodyne detection[J]. Opt. Lett., 1983(8):419 – 421.

[179] Lvovsky A I, Raymer M G. Continuous – variable optical quantum – state tomography[J]. Rev. Mod. Phys., 2009(81):299 – 332.

[180] Paul H, Jex I. Introduction to Quantum Optics: From Light Quanta to Quantum Teleportation [M]. Cambridge: Cambridge University, 2004.

[181] Braunstein S L, Crouch D D. Fundamental limits to observations of squeezing via balanced homodyne detection[J]. Phys. Rev. A,1991(43):330 – 337.

[182] Leonhardt U, Paul H. Measuring the Quantum State of Light [M]. Cambridge University Press, 1997.

[183] 彭堃墀,郭光灿. 双模光场压缩态的实验研究[J]. 物理学报,1993(7):1079 – 1085 .

[184] Breitenbach G, Schiller S, Mlynek J. Measurement of the quantum states of squeezed light[J]. Nature,1997(387):471 – 475.

[185] Ourjoumtsev A, Tualle – Brouri R, Laurat J, et al. Generating optical schrödinger kittens for quantum information processing[J]. Science,2006(312):83.

[186] Grosshans F, Assche Van G, Wenger J, et al. Quantum key distribution using gaussian – modulated coherent states[J]. Nature,2003(421):238 – 241.

[187] Wiseman H M. Adaptive phase measurements of optical modes: Going beyond the marginal q distribution[J]. Phys. Rev. Lett., 1995(75):4587 – 4590.

[188] Armen M A. Au J K, Stockton J K, et al. Adaptive homodyne measurement of optical phase [J]. Phys. Rev. Lett., 2002(89):133602.

[189] Kumar R, Barrios E, MacRae A, et al. Versatile wideband balanced detector for quantum optical homodyne tomography[J]. Optics Communications, 2012(285): 5259 – 5267.

[190] Fiurášek J. Improving entanglement concentration of gaussian states by local displacements [J]. Phys. Rev. A,2011(84):012335.

[191] Chen X Y. Fock – space inseparability criteria of bipartite continuous – variable quantum states[J]. Phys. Rev. A,2007(76):022309.

[192] Zhang S, van Loock P. Local gaussian operations can enhance continuous – variable entanglement distillation[J]. Phys. Rev. A,2011(84):062309.

[193]张胜利. 光子空间中高斯量子态密度矩阵计算软件[P]. 5104022,2020.

[194]Zhang S L, Yang S. Methods for derivation of density matrix of arbitrary multi – mode gaussian states from its phase space representation[J]. Chinese Physics Letters, 2019(36): 090301.

[195]Kitagawa A, Takeoka M, Sasaki M, et al. Entanglement evaluation of non – gaussian states generated by photon subtraction from squeezed states[J]. Phys. Rev. A, 2006(73): 042310.

[196]Cook R L, Martin P J, Geremia J M. Optical coherent state discrimination using a closed – loop quantum measurement[J]. Nature, 2007(446): 774 – 777.

[197]Zhang S L, Loock P van. Distillation of mixed – state continuous – variable entanglement by photon subtraction[J]. Phys. Rev. A, 2010(82): 062316.

[198]García – Patrón R, Fiurášek J, Cerf N J, et al. Proposal for a loophole – free bell test using homodyne detection[J]. Phys. Rev. Lett., 2004(93): 130409.

[199]Nha H, Carmichael H J. Proposed test of quantum nonlocality for continuous variables[J]. Phys. Rev. Lett., 2004(93): 020401.

[200]Opatrný T, Kurizki G, Welsch D G. Improvement on teleportation of continuous variables by photon subtraction via conditional measurement[J]. Phys. Rev. A, 2000(61): 032302.

[201]Shu A, Dai J, Scarani V. Power of an optical maxwell′s demon in the presence of photon – number correlations[J]. Phys. Rev. A, 2017(95): 022123.

[202]Usenko V C, Paris M G A. Multiphoton communication in lossy channels with photon – number entangled states[J]. Phys. Rev. A, 2007(75): 043812.

[203]Agarwal G S. Generation of pair coherent states and squeezing via the competition of four – wave mixing and amplified spontaneous emission[J]. Phys. Rev. Lett., 1986(57): 827 – 830.

[204]Zhang S, Zou X, Li C, et al. A universal coherent source for quantum key distribution[J]. Chinese Science Bulletin, 2009(54): 1863 – 1871.

[205]Chen D, Shang – Hong Z, Lei S. Measurement device – independent quantum key distribution with heralded pair coherent state [J]. Quantum Information Processing, 2016 (15): 4253 – 4263.

[206]Li X, Mao C, Zhu J, et al. Decoy – state reference – frame – independent quantum key distribution with the heralded pair – coherent source[J]. The European Physical Journal D, 2019(73): 86.

[207]Feng B, Zhao Z, Yang S, et al. Four – state reference – frame – independent quantum key distribution using heralded pair – coherent sources with source flaws[J]. Optoelectronics Letters, 2021(17): 636 – 640.

[208]Genoni M G, Paris M G A, Banaszek K. Measure of the non – gaussian character of a quantum state[J]. Phys. Rev. A, 2007(76): 042327.

[209]Straka I, Lachman L, Hloušek J, et al. Quantum non – gaussian multiphoton light[J]. npj Quantum Information, 2018(4): 4.

[210]Straka I, Predojević A, Huber T, et al. Quantum non – gaussian depth of single – photon states [J]. Phys. Rev. Lett., 2014(113): 223603.

[211]Eisert J, Scheel S, Plenio M B. Distilling gaussian states with gaussian operations is impossible

[J]. Phys. Rev. Lett. ,2002(89):137903.

[212] Giedke G, Cirac Ignacio J. Characterization of gaussian operations and distillation of gaussian states[J]. Phys. Rev. A,2002(66):032316.

[213] Zheng Y, Hahn O, Stadler P, et al. Gaussian conversion protocols for cubic phase state generation[J]. PRX Quantum,2021(2): 010327.

[214] Niset J, Fiurášek J, Cerf N J. No – go theorem for gaussian quantum error correction[J]. Phys. Rev. Lett. ,2009(102):120501.

[215] Olivares S, Paris M G A, Bonifacio R. Teleportation improvement by inconclusive photon subtraction[J]. Phys. Rev. A,2003(67):032314.

[216] Sasaki M, Suzuki S. Multimode theory of measurement – induced non – gaussian operation on wideband squeezed light: Analytical formula[J]. Phys. Rev. A,2006(73):043807.

[217] Takahashi H, Neergaard – Nielsen J S, Takeuchi M, et al. Entanglement distillation from gaussian input states[J]. Nature Photonics,2010(4): 178 – 181.

[218] Bennett C H, Bernstein H J, Popescu S, et al. Concentrating partial entanglement by local operations[J]. Phys. Rev. A,1996(53):2046 – 2052.

[219] Horikiri T, Takeno Y, Yabushita A, et al. Quantum key distribution with a heralded single photon source and a photon number resolving detector[C]. in Conference on Lasers and Electro – Optics/Quantum Electronics and Laser Science Conference and Photonic Applications Systems Technologies, Optica Publishing Group,2006.

[220] Soujaeff A, Nishioka T, Hasegawa T, et al. Quantum key distribution at 1550 nm using a pulse heralded single photon source[J]. Opt. Express,2007(15):726 – 734.

[221] Schiavon M, Vallone G, Ticozzi F, et al. Heralded single – photon sources for quantum – key – distribution applications[J]. Phys. Rev. A,2016(93):012331.

[222] Wisniak J. The history of catalysis. from the beginning to nobel prizes[J]. Educación Química,2010(21):60 – 69.

[223] Lvovsky A I, Mlynek J. Quantum – optical catalysis: Generating nonclassical states of light by means of linear optics[J]. Phys. Rev. Lett. ,2002(88):250401.

[224] Mičuda M, Straka I, Miková M, et al. Noiseless loss suppression in quantum optical communication[J]. Phys. Rev. Lett. ,2012(109):180503.

[225] Ralph T C, Lund A P. Nondeterministic noiseless linear amplification of quantum systems [C]. AIP Conference Proceedings,2009(1110):155 – 160.

[226] Fiurášek J, Cerf N J. Gaussian postselection and virtual noiseless amplification in continuous – variable quantum key distribution[J]. Phys. Rev. A,2012(86):060302.

[227] Blandino R, Leverrier A, Barbieri M, et al. Improving the maximum transmission distance of continuous – variable quantum key distribution using a noiseless amplifier[J]. Phys. Rev. A, 2012(86):012327.

[228] Ralph T C. Quantum error correction of continuous – variable states against gaussian noise

[J]. Phys. Rev. A,2011(84):022339.

[229] Hage B, Franzen A, DiGuglielmo J, et al. On the distillation and purification of phase - diffused squeezed states[J]. New Journal of Physics,2007(9):227 - 227.

[230] Tipsmark A, Neergaard - Nielsen J S, Andersen U L. Displacement - enhanced entanglement distillation of single - mode - squeezed entangled states[J]. Opt. Express, 2013(21): 6670 - 6680.

[231] Baumgratz T, Cramer M, Plenio M B. Quantifying coherence[J]. Phys. Rev. Lett., 2014 (113):140401.

[232] Chitambar E, Streltsov A, Rana S, et al. Assisted distillation of quantum coherence[J]. Phys. Rev. Lett.,2016(116):070402.

[233] Bromley T R, Cianciaruso M, Adesso G. Frozen quantum coherence[J]. Phys. Rev. Lett., 2015(114): 210401.

[234] Streltsov A, Singh U, Dhar H S, et al. Measuring quantum coherence with entanglement[J]. Phys. Rev. Lett.,2015(115):020403.

[235] Wang Y T, Tang J S, Wei Z Y, et al. Directly measuring the degree of quantum coherence using interference fringes[J]. Phys. Rev. Lett.,2017(118):020403.

[236] Zhang Y R, Shao L H, Li Y, et al. Quantifying coherence in infinite - dimensional systems [J]. Phys. Rev. A,2016(93):012334.

[237] Xu J. Quantifying coherence of gaussian states[J]. Phys. Rev. A,2016(93):032111.

[238] Eisert J, Simon C, Plenio M B. On the quantification of entanglement in infinite - dimensional quantum systems[J]. Journal of Physics A: Mathematical and General, 2002(35): 3911 - 3923.

[239] Lee T W, Huver S D, Lee H, et al. Optimization of quantum interferometric metrological sensors in the presence of photon loss[J]. Phys. Rev. A,2009(80):063803.

[240] Matsuoka F, Tomita A, Okamoto A. Entanglement generation by communication using phase - squeezed light with photon loss[J]. Phys. Rev. A,2016(93):032308.

[241] Silva M, Rötteler M, Zalka C. Thresholds for linear optics quantum computing with photon loss at the detectors[J]. Phys. Rev. A,2005(72):032307.

[242] Franson J D. Sensitivity of entangled photon holes to loss and amplification[J]. Phys. Rev. A, 2011(84): 043831.

[243] Zhang S, Dong Y, Shi J, et al. Roles of thermal noise and detector efficiency in distillation of continuous variable entanglement state[J]. J. Opt. Soc. Am. B,2013(30): 2704 - 2709.

[244] Meng G, Yang S, Zou X, et al. Noiseless suppression of losses in optical quantum communication with conventional on - off photon detectors[J]. Phys. Rev. A, 2012 (86):042305.

[245] Wittmann C, Elser D, Andersen U L, et al. Quantum filtering of optical coherent states[J]. Phys. Rev. A,2008(78):032315.

[246] Elser D, Bartley T, Heim B, et al. Feasibility of free space quantum key distribution with coherent polarization states[J]. New Journal of Physics,2009(11):045014.

[247] Vasylyev D, Semenov A A, Vogel W. Atmospheric quantum channels with weak and strong turbulence[J]. Phys. Rev. Lett. ,2016(117):090501.

[248] Bergmann M, Loock P van. Quantum error correction against photon loss using multicomponent cat states[J]. Phys. Rev. A,2016(94):042332.

[249] Terhal B M, Conrad J, Vuillot C. Towards scalable bosonic quantum error correction[J]. Quantum Science and Technology,2020(5):043001.

[250] Cai W, Ma Y, Wang W, et al. Bosonic quantum error correction codes in superconducting quantum circuits[J]. Fundamental Research,2021(1):50 – 67.

[251] Zhuang Q, Zhang Z, Shapiro J H. Optimum mixed – state discrimination for noisy entanglement – enhanced sensing[J]. Phys. Rev. Lett. ,2017(118):040801.

[252] Lopaeva E D, Berchera I R, Olivares S, et al. A detailed description of the experimental realization of a quantum illumination protocol[J]. Physica Scripta,2014(T160):014026.

[253] Assouly R, Dassonneville R, Peronnin T, et al. Quantum advantage in microwave quantum radar[J]. Nature Physics, 2023.

[254] Sekatski P, Sangouard N, Bussières F, et al. Detector imperfections in photon – pair source characterization[J]. Journal of Physics B: Atomic, Molecular and Optical Physics, 2012 (45):124016.

[255] Peshko I, Mogilevtsev D, Karuseichyk I, et al. Quantum noise radar: superresolution with quantum antennas by accessing spatiotemporal correlations[J]. Opt. Express, 2019 (27): 29217 – 29231.

[256] Zhuang Q. Quantum ranging with gaussian entanglement[J]. Phys. Rev. Lett. , 2021 (126):240501.

[257] Brandsema M J, Narayanan R M, Lanzagorta M. Theoretical and computational analysis of the quantum radar cross section for simple geometrical targets[J]. Quantum Information Processing,2017(16):1 – 7.

[258] Brandsema M J. Formulation and analysis of the quantum radar cross section[D]. Pennsylvania: The Pennsylvania State University,2017.

[259] Gumberidze M O, Semenov A A, Vasylyev D, et al. Bell nonlocality in the turbulent atmosphere[J]. Phys. Rev. A,2016(94):053801.

[260] Vasylyev D Y, Semenov A A, Vogel W. Toward global quantum communication: Beam wandering preserves nonclassicality[J]. Phys. Rev. Lett. ,2012(108):220501.

[261] Zhang S. Stealth in Quantum illumination with probabilistic mixed strategy[J]. J. Opt. Soc. Am. B,2022(39):1799 – 1806.

[262] Munro W J. Optimal states for bell – inequality violations using quadrature – phase homodyne measurements[J]. Phys. Rev. A,1999(59):4197 – 4201.

[263] Acín A, Cerf N J, Ferraro A, et al. Tests of multimode quantum nonlocality with homodyne measurements[J]. Phys. Rev. A, 2009(79):012112.

[264] Alan Jeffrey, Hui Dai. Handbook of Mathematical Formulas and Integrals, 4th edition[M]. New York: Academic Press, 2008.

[265] Garcia – Patron R. Quantum information with optical continuous variables: from bell tests to key distribution[D]. Bruxelles: Université Libre de Bruxelles, 2007.

[266] Cantoni A, Butler P. Eigenvalues and eigenvectors of symmetric centrosymmetric matrices[J]. Linear Algebra and its Applications, 1976(13):275 – 288.